# 毛线球 keitodama 18

# 绚烂的花朵花片

日本宝库社 编著　　风雨花 译

所谓旅行
photograph Toshikatsu Watanabe
styling Terumi Inoue
作品说明文字见90页

河南科学技术出版社
·郑州·

# 毛线球 18 keitodama
# 目录

# 印度（加尔各答）

## 印度人纺织品的宝库

上/仿照传统的布、民族特有的布、古董沙丽等的感觉，使用天然染料、蓝色染料进行研究创作
下/展示厅和店铺内景

1993年12月，承载着尽量让更多的手参与的使命，Weavers Studio诞生了。这里保存了约3500册有关纺织品的书籍和胶卷，以及国内外400种以上的布，雇佣了各种领域的女性，以丰富的资料为基础练习、制作作品。

材料主要选择了优质的印度棉、羊毛、真丝、麻。经过印度木板印花、丝网印刷、喷雾染色、手绘染色、扎染、蜡染等工艺处理后，再进行刺绣、拼布、贴布、毡化等加工，通过各种各样的技法进行装饰。

在展示厅和店铺中，陈列着印度绝佳的手工制作的女用头巾、披肩、艺术纺织品、沙丽、服装，在用纸型印染或扎染的女用头巾上，沿着图案做针脚细密的kantha刺绣等。那里有很多令人瞠目结舌的精美作品。

撰稿/成田明美

# 美国（贝灵翰姆）

## 把编织的“乳房”送过去吧

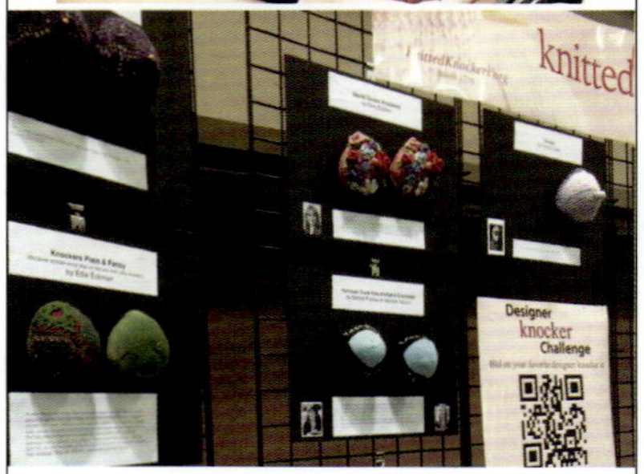

上/组织者芭芭拉·德莫雷斯特　下/Knockers是“乳房”的俚语。还出现了羊毛毡制作的及带有文胸的作品

2016年2月在美国西海岸的城市圣何塞召开了西部针织展(Stitches West)。进入会场，就能看到一整面墙的“编织乳房”。这是为了响应以华盛顿州贝灵翰姆为根据地活动的非营利团体Knitted Knockers Organization的活动，由设计师们带到会场来的。

切除了乳房的人们，在重塑之前，都需要戴着很重的硅胶垫并穿着专用的内衣，无论是从身体方面还是从经济方面考虑，都是很大的负担。组织者芭芭拉·德莫雷斯特也曾经罹患乳腺癌，她在与病魔抗争中，萌生了一个想法，希望制作轻巧柔软、可以穿在普通内衣中舒服的“乳房”，并送到世界各地从乳腺癌中生还的人们手中，她也一直身体力行地推广着这个活动。联系编织“乳房”的志愿者和需要者的个人和医疗机构，除了美国，已经扩展到了许多国家，据说现在已经有85个团体了，不过日本似乎还没有。

撰稿/三根宽子(Keito)

# 美国（纽约）

## 刺激纽约人的手工艺总部

上/可以让大家感受到创始人布雷特·巴拉的细致　下/一直走就能看到东河

布鲁克林手工艺公司(Brooklyn Craft Company)坐落在有东河流过的布鲁克林一侧的绿点大街上，于2年前开业，它所在的建筑曾经是铅笔工厂。可以从曼哈顿出发，乘坐E、M、7、L线到达皇后区换乘G线，或是从其他站换乘开往布鲁克林的G线，在绿点大街站下车，朝东河走2个街区左右的路程即可到达。

如同手工艺公司的名称一样，这里是开办适合现代生活的手工艺、DIY的课程以及各种活动的学校。课程包括缝纫、纺缝、棒针编织、钩针编织、刺绣和各种各样的针线活儿。另外还有染色、版画、纸艺、绳编、首饰设计、绘画、摄影、平面设计等，甚至包括有关美食的饼干和蛋糕装饰等课程。

创始人布雷特·巴拉出生于费城，现居住在布鲁克林。她的父母都很喜欢手工艺，她从小就在能接触到多种手工艺的环境中长大。她20多岁的时候曾担任杂志作家，又做过手提包设计师、婚礼蛋糕师，后来成为*Crochet Today*的总编，并担任过PBS(Pubilic Broadcasting Service) TV的“Knit and Crochet Now”的主持人。

在她离开*Crochet Today*后，又作为自由编辑、设计师、DIY专家，活跃在手工艺领域。2011年，她的著作*Sewing in a Straight Line*由兰登书屋出版。在人气动画网站Craftsy，她作为动画艺术指导，获得了很高的人气，并且在*Martha Stewart show*等DIY节目中，成为备受推荐的红角儿。

那里的课程全部是预约制，课程表会随时公布在网站上。她所选择的时尚又充满乐趣的课程，刺激了十分忙碌的纽约人的想象力，大部分课程在发布的同时就已经报满。今后她也会通过各种各样的企划，让纽约年轻的手工艺人队伍更壮大。

撰稿/风工房

印有巨大的织片的壁纸。这是对于编织喜欢得不得了的空间!

编织自不必说，从针线活儿，到与艺术有关的课程，内容丰富多彩

# 英国（伦敦东区）

## 时尚地区有态度的毛线店

店铺外观。位于伦敦东区繁华的索迪治的对面

在伦敦的编织者中，有一家名为“Knit with Attitude”的毛线店备受瞩目，或许这个店名可以翻译为“有态度的编织”。近年来，伦敦东区成为时尚的前沿地区，从2012年开始，挪威人玛雅在这里开起了这家毛线店。据说她小时候就从奶奶和母亲那里学到了入门的知识，编织也从此成为她生活中的一部分。

9年前，她曾参与了电影制作，为了拍摄纪录片，开始在伦敦长期居住。在挪威非常普通、随处可见的毛线店，在世界有名的超级大都市伦敦却很少见，这让她觉得很不可思议，于是萌生了开毛线店的想法。

寻求自己想要编织的毛线，可以说就是融入了编织者的“态度”，这家小小的店铺里，出售的就有自然环境和原毛的生长环境优越、流通环节少的小厂家生产的天然纤维毛线。

似乎是认同玛雅的态度，不仅有当地人喜欢，从世界各地都有许多客人前来。因为她与出售伦敦东区版画家的作品的画廊合作经营店铺，因此店铺内的陈设十分时尚。或许正因为这样，据说许多接触编织不多的年轻的初学者，也会突然逛到这里。

“大多的初学者，会先选择在店铺的前方摆放的美国人气品牌WOOL AND THE GANG的毛线。这些毛线对于初学者来说是看一下就能明白的基础毛线，标签也很时尚。选择每个季节公布的最流行的颜色，编织简单的围巾以及等针直编的毛衣，就已经十分漂亮，简直就是时尚品牌的成品。使用WOOL AND THE GANG的毛线编织了两三件作品之后，客人们又会对店铺后方摆放的特选毛线产生兴趣。”

玛雅会将自己对于厂家的生产背景、印象以及线材特征的了解仔细地介绍给客人，帮助大家来选择线材，服务很超值哦。

装饰着橱窗的阿兰毛衣花样的白色瓷器，是安妮特·巴甘斯第的作品

1/STITCH&STORY 的编织材料包。时尚的包装很受欢迎 2/加拿大的SWEETGEORGIA 混有真丝的线，糖果色十分可爱 3/使用WOOL AND THE GANG 的毛线，即便是很简单的织片，完成后的效果也超棒

撰稿 / 野口 光

右侧是展示艺术家作品的艺术画廊，
左侧是玛雅的商店

the umbrellas of cherbo
BLOW-UP
MICHELANGELO ANTONIONI

### 找出只属于我的特别花朵吧

# 全民皆爱！花朵花片

它只是放在那里，就会莫名让人感觉安心，还能带来朝气。无论是在野外盛开的可爱的花朵，还是华丽的大花朵，都让人爱不释手。花朵花片，无论是钩织的过程还是装饰出的效果，都拥有令人快乐的魔法。

photograph Shigeki Nakashima styling Kuniko Okabe hair & make-up Hitoshi Sakaguchi model Dasha Blaze, Miyako

# Flower Motif

**令人一见钟情的亮丽花朵**
**在夏日独领风骚!**

## 立体花朵赤脚凉鞋

这是与花朵花片最相配的夏日装饰。使用鲜艳的亮色线钩织的，挂在脚趾上、绑在脚腕上的赤脚凉鞋，终于在《毛线球》中登场了！上面的两款为成人款，左下方带有粉色小花的是给小孩子用的。花片中心圆圆的部分编入了圆环。在系绳中加入狗牙针，或者在顶端加入装饰等，细节也设计得很漂亮。一起引领足部的时尚潮流吧。

设计 / 风工房
编织方法 / 91页
使用线 / 芭贝

# 花片连接方领开衫

使用色彩极为丰富的强捻极细线，按照自己的喜好配色，钩织出了这件花片连接的作品。犹如花海一般的花片，由白色线连接在一起，最后以柠檬绿色线钩边。由于线很细，即便使用很多颜色，也依旧显得清爽。

设计 / 风工房
编织方法 / 92 页
使用线 /Hobbyra Hobbyre

# 设得兰蕾丝边花朵短裙

设得兰蕾丝的饰边和奢华的蝴蝶结腰带组合出了民族风的感觉，简直超级可爱！美丽的花朵花片仅使用了原白色线钩织，完成的短裙完美展示了甜而不腻的感觉。

设计 /SAICHIKA
编织方法 /95页
使用线 /Pierrot Yarn

**不为取悦别人，**
**只为自己，让花朵盛开吧♪**

## 花饰宽边遮阳帽

手编独有的质朴感觉，是它的魅力中心。手编的帽子，是清爽的夏日不可或缺的时尚搭配。使用大型的花朵花片来装饰帽子，可以成为简约而又自然的服装搭配中的亮点，是真正的锦上添花。白色的花朵直接使用花片展现出了盛开的花朵的样子，而红色及玫瑰红色的花朵，则是将相同的花片对折后使用，令人更加印象深刻。

设计/SAICHIKA
编织方法/94页
使用线/Pierrot Yarn

# 配色花片枕套和多用垫

这是装饰了多个四叶草花片的双色枕套和将大小花片连接在一起的迷你垫子。生活中的小杂货，在编织完成之后，马上就能用到。它们的魅力或许就在于让人一看到就会变得十分开心吧。

设计 /yohnKa
编织方法 /99、101页
使用线 /DMC

# 与喜爱的东西在一起的日子，每天都能有小而确定的幸福感

## 蕾丝花片树叶装饰带

只要增加少量的装饰，就能让熟悉的空间变得更时尚。只要改变颜色和花片，就能让房间变成不同的风格。树叶花片的装饰带，全部使用2根线并为1股编织，不时地将两种颜色搭配在一起，可以钩织出混色纱的感觉。可以装饰在简约的架子上面或是窗帘的下摆处。不同的创意能带来很多乐趣。

设计/yohnKa
编织方法/98页
使用线/DMC

## 被多彩的花朵所包围，不知为何，有一种获奖的感觉！

# 七彩花片彩旗挂饰

常见的三角形装饰彩旗，即便与其他形状的花片组合在一起，也能展现出各自可爱的一面。真想在房间中有一片只属于自己的花海。

设计 /yohnKa
编织方法 /100 页
使用线 /DMC

# 七彩花田套头衫

在茶色的底上盛开着各色鲜艳的花朵，形成了这件十分迷人的套头衫。将花片钩织好后再排好位置，最后使用网格针连接在一起，是爱尔兰蕾丝风格的编织方法。

设计 / 冈本启子　制作 / 野吕顺子
编织方法 /105页
使用线 / 和麻纳卡

# 对可爱的东西的喜欢
# 其实一直埋藏在心底♡

## 花朵领条纹开衫

在色彩柔和的条纹花样开衫上，点缀着的一朵朵立体的花片，看起来就像是松软的甜品一般，拥有无与伦比的魅力。口袋处通过改变编织方向而形成了纵向的条纹，是别出心裁的设计亮点。

设计 / 冈本启子　制作 / 佐伯寿贺子
编织方法 /108 页
使用线 / 和麻纳卡

# 立体花朵装饰半帘

漂亮的半帘，带来了复古的感觉。在半帘的上部，等距离地钉上了纽扣，可以方便地装饰上带有花朵花片的装饰链。也可以根据当天的场景灵活搭配。

设计 / 河合真弓　制作 / 堀口美雪
编织方法 /112 页
使用线 / 奥林巴斯蕾丝线

# 花片连接的手拎包

只能放入手机和手绢的迷你手提包，对于女孩子来说，是使用频率最高的必备品。在使用花朵花片连接而成的主体的基础上，穿入有特色的粗绳并打结作为提手。非常简单!

设计/笠间 绫
编织方法/111页
使用线/芭贝

# 荧光色花朵手拿包

没有提手的这款手拿包最后需要处理的工序并不多，编织方法简单、很快就能用上。而另一款鲜艳的荧光色的手提包，则可以充分地体验到配色的乐趣。在亮丽的粉色线的基础上加上卷出来的玫瑰，钩出来了这款充满女人味的手提包，使用的是特别适合夏天的类似于T恤的针织布的线材。这两款包不但手感好，带出门也不会有负担。

设计 / SAICHIKA
编织方法 /97 页
使用线 /DMC

## 今年夏天的花朵花片计划
## 就从粗线手提包开始吧！

# 清新花朵系带马甲

很多时候虽然不会说出来，但是真的很期待送给女宝宝亲手编织的礼物。这款系带马甲使用花朵和爆米花针来装饰，是最好不过了。

设计 / 兵头良之子　制作 / 矢部久美子
编织方法 / 114 页
使用线 / 和麻纳卡

# 清新花朵系带婴儿帽

对于自身调温能力较差的婴儿来说，童帽是必需品。为了不容易掉，系带也是必不可少的。这款帽子使用的是触感温柔的有机棉线。

设计 / 兵头良之子　制作 / 矢部久美子
编织方法 /114 页
使用线 / 和麻纳卡

**女宝宝独有的乐趣，**
**用花朵套装来代替花束**

# 清新花朵婴儿鞋

你一定会被这件小而圆的东西所散发出的可爱气息征服。婴儿鞋可以在短时间内钩织完成，令人乐在其中。

设计 / 兵头良之子　制作 / 矢部久美子
编织方法 /114 页
使用线 / 和麻纳卡

# GO!GO!编织探险队（17）

队长 / 广濑光治

photograph Yukari Shirai illustration Yosuke Kihara

公益财团法人日本编物检定协会简称“编检”，想必许多人有所耳闻。昭和38年（1963年），“编检”在日本国内被认定为全国范围内实施检定考试的机构，开始实施全日本唯一的编织鉴定考试。我第一次知道它，是在霞丘技艺学院上学的时候。水产公司的工作结束后，我每周二、周四在夜间部学习。因为学院的毕业资格是取得毛线、蕾丝1级证书，所以我开始挑战一年一次的考试。

本期访问的是编检会长中山恭子女士。编检有着50多年历史，是日本国内唯一一个得到文部科学省后援的组织，每年实施一次毛线编织、蕾丝编织技能检定考试。我希望更多人了解它，也希望更多人能够参加这个考试。

我们在议员会馆愉快地见面了。我先问了中山会长被委任为会长时的想法。

“没有取得相关职业资格的我是否可以胜任呢……有点担心，但也很开心。我非常喜欢小时候妈妈给我编织的一件浅绿色连衣裙。现在，打开裁缝箱看见里面的毛线时，也经常想着有一天能够自己编织。”

作为政治家日理万机的中山女士，开始聊起了手工的话题。

“乌兹别克斯坦有许多做刺绣的女性。哦，对了，这个靠垫……”中山女士谈起了充满回忆的十字绣装饰靠垫，它们的存在驱散了议员会馆事务所严肃的氛围。

队长：“我小时候和普通的男孩不一样，非常喜欢手工，但从来没有人指责过我什么。”

中山：“那是一个精神富足的时代。无论是父母对孩子，还是孩子对父母，都非常珍视对方。现在，每次看到与欺凌和杀人相关的新闻时，我的内心都很悲痛。”

中山女士的每一句话都有的放矢。会长这个职位，需要从非常细微的地方把握事情的内情，非常人所能。希望复兴文部科学省的检定考试，还有，是否可以考虑将大臣将授予考试成绩优秀的中小学生，我把我的这些希望传达给了中山会长。

访谈结束时，会长说：“将来我也要参加检定考试。”各位编织同仁，是否也要将参加编检考试作为今后的目标之一呢？说不定，考试的时候，旁边坐着中山会长呢。

充满驻乌兹别克斯坦大使时期回忆的各种手工物件。民族服装上有着华丽的金线刺绣

**广濑光治：**

曾在霞丘技艺学院夜间部学习。在准备毛线检定2级考试期间，获日本技能检定协会会长奖，实现了“夜间部成立以来的壮举”（当时指导教师语）。后来，取得毛线、蕾丝1级证书，从水产公司辞职来到日本宝库社担任编辑，后来独立创作。现任母校霞丘技艺学院院长。

各种级别的考试指南。
分毛线编织和蕾丝编织 2 种
公益财团法人 日本编物检定协会

在议员会馆拍的合影。里面有许多作为政治家要阅读的艰深的资料、书籍等

## “有着50年以上历史的编检。申请编织证书的人越来越多，和日本编织技术的提高紧密相连”

成为公益财团法人之后的海报。每年9月第3个星期日，在日本主要城市统一举行考试

考试会场。平成 9 年( 1997 年 )开始，实际技术考试从手工编织和机器编织中选择一个

毛线、蕾丝编织的实物示例

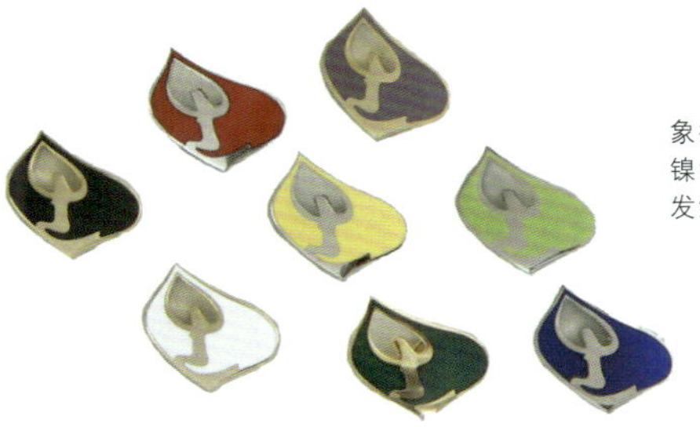

象征飞跃的编检标志“飞翔”。在镍银上做出七宝烧的协会标志，发给毛线、蕾丝各级考试合格者

**中山恭子：**
公益财团法人　日本编物检定协会会长。参议院议员。东京大学毕业后，入职大藏省。历任大臣官房审议官、国际交流基金常务理事、日本驻乌兹别克斯坦共和国大使、安倍内阁总理大臣辅佐官，迈入政界。历任内阁府特命担当大臣( 少子化对策、男女共同参与 ) 等。著作《乌兹别克斯坦的樱花》( 中央出版刊 )。

“手作让人觉得很安心。”会长说。儿子小时候，会长再怎么忙都会挤出时间为他制作身边的小物件

# 舒适的夏日棒针和钩针编织

特别适合初夏阳光的轻便的棒针、钩针编织的服装。从可以清爽单穿的衣服，到叠穿的衣服，都是百搭的款式。这些富有个性的设计，充分发挥了线材本身的特点，各具魅力。

photograph Hironori Handa styling Masayo Akutsu hair & make-up Masayoshi Okudaira model Keite Majerova

**Summer Crochet**

## 柴田淳钩针条纹套头衫

这是编织起来比想象中要简单许多的连肩袖套头衫。只需要按照规律，在重复多次交替钩织长针与短针的同时钩织成环形，即可出现自然的斜方向的镂空花样和下摆的波浪花边。

设计 / 柴田 淳
编织方法 /118 页
使用线 / Pierrot Yarn

**Summer Knit**

# 柴田淳棒针花样套头衫

这件套头衫鲜亮的粉色，能让肤色看起来更漂亮。由于选择了具有伸缩性的织片，即便是由4块正方形的织片组合在一起，也能够衬托出身体的线条。纵横的条纹花样组合在一起，还有显瘦的效果。

设计 / 柴田 淳
编织方法 /107 页
使用线 / Pierrot Yarn

**Summer Crochet**

# 大田真子钩针条纹侧开衩套头衫

这是一款靛蓝色的套头衫，钩织了多层的扇形边感觉的边缘编织，袖口及侧边开衩部分不缝合，更加增添了女人味。经常沦为配角的套头衫，这次也可以当主角了。

设计 / 大田真子　制作 / 须藤晃代
编织方法 /120 页
使用线 / Pierrot Yarn

**Summer Knit**

# 大田真子棒针条纹连衣裙

甜美的彩色条纹连衣裙，不但有浓郁的民族风，更有优雅的感觉，两种感觉的交织，仿佛是咸与甜交相辉映。蕾丝及褶边的设计，更添了一分女人味，也可与粗布装和运动鞋搭配出休闲的感觉。

设计 / 大田真子　制作 / 须藤晃代
编织方法 /117 页
使用线 / Pierrot Yarn

## Summer Crochet

# 森静代钩针娃娃衫

这是一件具有民族风情的宽松套头衫。袖子和下摆都很大，穿起来会很凉爽。看起来像是用连编花片的方法钩织成的，其实是用往返编织的方法织成的。

设计 / 森 静代
编织方法 /128 页
使用线 / 内藤商事

**Summer Crochet**

# 森静代钩针 POLO 领背心

这是POLO领的轻便无袖上衣。在鲜艳的芯线的基础上，捻入了多彩的圈圈毛线，即便是简单的米形编织片，也不会显得单调。

设计/森 静代
编织方法/122页
使用线/内藤商事

**Summer Knit**

# 野口智子非对称棒针开衫

横向编织的右身片和纵向编织的左身片形成的不对称设计很巧妙。使用容易搭配的原白色线编织，蝙蝠袖和爆米花针是亮点，还可以穿出民族风情。

设计 / 野口智子　制作 / 池上舞
编织方法 / 135 页
使用线 / 内藤商事

## Summer Knit

# 野口智子棒针露背背心

用手感轻柔的高品质毛线织成一件露背背心。可改变腰带蝴蝶结的打结位置，可以有多种穿着效果，尽情尝试吧。要不要大胆地挑战一下露背装呢？

设计／野口智子　制作／汤浅光海
编织方法／127页
使用线／内藤商事

*Beads Crochet*

## 新奇又怀旧

# 松本薰的串珠编织

看着这些静静地泛着光泽的串珠，就像发现了珍贵的宝贝一样让人心跳不已。
小心翼翼地编织，满怀珍惜地使用，就是这种心情。
无论是初次见面的人，还是故交，把串珠编织的手袋送给他们，一定备受喜爱。

photograph Toshikatsu Watanabe styling Terumi Inoue special thanks UTUWA

# 松本薰串珠口金包

32页/串珠编织的经典之作——蛙形口金包。使用烟青色的串珠，编织出来的口金包比较适合成人。

下/带着古典气息的手拎包，提手也是串珠编织而成的，颇具特色。很适合用在特别的日子里，当然，平日里使用也很赞。

设计/松本薰
制作方法/132页
使用珠/MIYUKI
使用线/DARUMA手编线

风工房编织

# 明艳的高品质丝线

photograph Shigeki Nakashima styling Kuniko Okabe hair & make-up Peko Kanesaka(WILHELMINA JAPAN) model alyoshka

## 沙米色中袖开衫

此款和麻纳卡新线含有真丝、金银丝线和长段染、短段染的棉线等，共使用了11种颜色，织出来的衣服很有时尚感。注意减针，将育克部分一起编织，织成一件外搭。

编织方法/140页

使用线/和麻纳卡

### 改变颜色

毛线有卡其色、浅蓝色、粉色、茶色等，丝线除了金色、银色，还有其他颜色，所以可以毫不突兀地和毛线融为一体，散发恰到好处的光泽。轻薄的外搭可以在春、夏、秋三个季节穿着。

全7色

从上至下(4)、(3)、(2)、(5)

Collaboration Knit

## Kazekobo、RichMore

# 深咖色一片式开衫

此款的和麻纳卡新线是通过给真丝加入含有金银丝线的强捻线制成的。因为是强捻线，所以很适合用钩针编织，织出来的织片也很漂亮，这里通过连编花片的方式将它织成了一件木菊图案的小衫。沿着平直方向不断编织，在袖口处收紧，这种处理方法不仅简单，还可以形成好看又自然的衣褶。

编织方法 /138 页

使用线 / 和麻纳卡

### 改变颜色

浅咖啡色、淡灰色、原白色，还有最新的粉色。每种颜色的金银丝线都完美展示了真丝的光泽。将每个花片连接在一起还会形成不同的花样，这点很有趣，请尽情享受这种乐趣并不断编织。

全 12 色

从上至下(3)、(2)、(1)、(17)

Collaboration Knit

## Kazekobo、RichMore

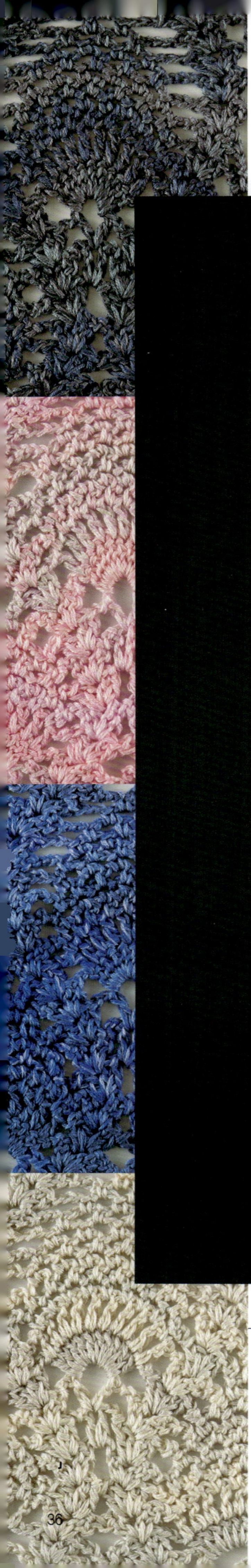

### 改变颜色

靛青色、粉色、深蓝色、米色。复杂的同色系段染效果会在编织的过程中逐渐显现，可以同时体验花样变化和色彩变化的乐趣。穿上柔软的、高品质披肩，心情也会变好。

全12色

从上至下(6)、(23)、(17)、(1)

# 墨绿色长方形披肩

这款100%真丝的长段染新毛线，最新的颜色是优雅的墨绿色。为了织出段染的效果，从上至下织出大大的菠萝花花样。据说深色线的防紫外线效果更好，夏季出门时一定需要一件。

编织方法/125页

使用线/和麻纳卡

# 橙色蕾丝边三角披肩

此款的和麻纳卡新线使用的是产自印度的丝线，淡淡的橙色非常适合夏季。真丝是最亲近皮肤的纤维，近年来，它的防紫外线功效备受注目，同时还具有透气性、吸水性、保暖性，非常适合做成披肩。因丝线捻得松，所以织出来的衣服非常轻盈，最适合用来抵御空调的冷气。

编织方法 /137 页

使用线 / 和麻纳卡

## 改变颜色

绿色、浅灰色、薰衣草色、蓝色，每种颜色都带着烟灰色的感觉，很好搭配衣服。将树叶图案编织成带状，然后挑针做往返编织，编织起伏针至最上方。

全 11 色

从上至下(7)、(2)、(5)、(6)

World Report

# 时尚人士也着迷的再生素材

被称为“real clothes（真我霓裳）”的服装颇具现实性，中规中矩的简约时尚，近来备受瞩目。
形状、颜色、布料，各种洋溢着生命力的时尚，在编织设计中也出现了。
下面就为大家介绍正在发布熠熠生辉的作品的新人设计师。

撰稿 / 野口 光

1、2/ 在凯蒂家的院子中，装饰着手作的彩旗和植物吊架。夏季，这里也是她的工作场地
3/ 她麻利的动作，犹如使用彩色铅笔在做涂色画一般！她穿的毛衣，是已故的奶奶为她编织的

凯蒂·琼斯出生于南英格兰的一个小村庄。在第二次世界大战期间，不只是奶奶，连爷爷都一起参加了为俘虏、士兵编织袜子的慈善活动，她也因此学会了编织。自那以来，编织就成了他们生活的一部分，全家都成了编织爱好者，她也在此有利的环境中长大。但是，家人编织出来的东西，在别人的眼里，无论是配色还是花样都十分大胆……凯蒂刚懂事的时候，就因为穿着十分艳丽、具有个性的毛衣，再加上她的红头发和比较高的个子，常成被欺负的对象。这些经历也让她更想成为一名设计师，希望更多的人能接受她非常喜欢的世界。

她在 16 岁的时候，决定成为一名编织设计师。到 2013 年从时尚界的名门中央圣马丁学院的研究生院毕业为止的 8 年间，她一直专心学习设计。一般来说，应聘时尚设计师时，都要展示出 8~10 件的系列作品审查，但当时凯蒂的毕业设计，却只交出了一件在织片上下足了功夫的素雅的灰色作品。只有这一件作品，对于找工作来说非常不利，但由于预算与时间都已经不允许，所以她只能用手中剩余的线材，随着自己的想法编织出来了多彩的展示作品。这些展示作品之后引起了伦敦时尚界的关注。由于英国时尚委员会的支持，她获得了在伦敦时装周进行时装展示的机会。

“原本并不是想作为商品出售的作品，在收到订单的时候，我在高兴的同时，也有一些紧张。”凯蒂还是有些怀念刚出道的感觉。日本、中国有买家对她的一件作品很感兴趣，而欧洲的买家为了能够买到与时装展中看到的相同的东西，提出了即便是少量，也要规范、量产的流程。第 4 次的展示结束后，顾客也增加了许多，在 2016 年 1 月，汇聚了伦敦时尚人士的塞尔福里奇百货公司的橱窗中，摆满了凯蒂的商品，真的是势头正佳！

她的时尚观念，一直以来都是坚持使用再生材料。在秋冬的时装展中发表的作品也是将从英国的阿兰毛衣工厂收来的瑕疵品或不良库存的毛衣再次利用，拆开后重新染色制作而成的作品。春夏的时装展以钩针作品居多，拼布中使用的皮革及粗棉布，是从沙发工厂和粗棉布工厂收来的零布头及边角料。

说到再次利用和再生素材的时尚，人们大多会认为比较环保，但与考究的设计相差甚远，这也是事实。但不愧是凯蒂，作品展示照片不但独特，更充满了个性，十分时尚。边角料及废品素材的颜色或者材质都不能确定，比起购买新的材料，收集与管理都更加费事。像是偶然接到的任务的材料筹备、通过详尽计算而得到的高度的设计、手工业不惜劳动与时间的制作，这些细致的工程组合在一起而制作出来的，无不是充满魅力的作品。

“以前我都是在自己家工作的，前几天，我在伦敦的中心地带，拥有了自己的工作室。与工作人员一起一边聊天一边编织，真是一件愉快的事情。进行这样单调的、耗费时间的工作，我认为对于缓解压力也是有一定效果的。这是我想告诉年轻人的。”

我们将继续关注凯蒂今后在时尚界的活跃表现。

5

4

# KATIE JONES

4、7/ 选自 2016 年春夏时装展 5/ 在凯蒂的作品中最受欢迎的阿兰毛衣。所使用的毛线，是将从编织工厂中作为废弃品的毛衣拆开,重新在厨房染色后制作而成的再生材料。看起来并不幼稚和廉价，这源于她独特的品位和技术 6/ 选自 2015 年春夏时装展

7

6

源自日本、畅销60年的蕾丝线

# 金票备受喜爱的理由

在日本，半个多世纪以来一直为人们喜爱的奥林巴斯金票系列蕾丝线着实了不起。人们为什么这么喜爱金票呢？因为它是色调柔和、富有光泽、手感细腻的埃及棉，非常容易编织！几十年始终如一的品质正是它一直为人们喜爱的原因。

photograph Shigeki Nakashima styling Kuniko Okabe hair & make-up Peko Kanesaka(WILHELMINA JAPAN) model alyoshka

## Lace collar

## 原白色蕾丝装饰边

可爱的花片织成的蕾丝领和袖口可以让普通的衣服变得精致起来。衣领从第2列开始，在后部中心分开编织，这样就可以完美地贴合肩部。原白色的蕾丝线，和珍珠纽扣相得益彰。

设计／河合真弓　制作／栗原由美
编织方法／141页
使用线／奥林巴斯蕾丝线

# Beautiful Lace

## Lace Blouse

## 橄榄绿色法式袖开衫

蕾丝开衫是高雅女士的必备款。作为罩衫套穿在外面时最推荐菠萝花花样。因为是从身片中心开始钩织的，这种均匀的放射状花样使所有的花样形成一个整体。法式三角袖和前门襟的设计也让人眼前一亮。

设计 / 安井和美　制作 / 冈 千代子
编织方法 /142 页
使用线 / 奥林巴斯蕾丝线

# Beautiful Lace

## Lace Shawl

## 浅橙色扇形边三角披肩

柔和的浅橙色很适合夏天。虽然看起来比较板正，但披肩整体依然给人一种宁静优美的感觉。织成15条同样的织片，端头连成圆弧状，然后装饰上流苏即可。

设计 / 冈本真希子
编织方法 /149页
使用线 / 奥林巴斯蕾丝线

## Lace Handkerchief

# 绿色蕾丝花朵纱布手帕

给现成的纱布材质的手帕边缘加上蕾丝花边，并在角落绣上蕾丝花样，手帕的整体感觉焕然一新。金票蕾丝纤细的纹理很适合！可以把网格状的蕾丝重叠在一起，或者做成流苏，也可以用狗牙针装饰，或者使用渐变色的线，来体验各种变化。

设计 / 冈本真希子
编织方法 /147 页
使用线 / 奥林巴斯蕾丝线

# 筱原均：（65岁）

## 从领口向下编织的快乐

photograph Noriaki Mmoriya text Hiroko Tagaya

**筱原均：**

现居神奈川县。5年编织经验。退休后自学编织，邂逅从领口向下编织的编织方法。后来，一边使用此方法来编织作品，一边致力于运营将编织的魅力传递给他人的博客。擅长用简明的语言解说从领口向下编织的方法以及它的方便之处。爱好兜风、钓鱼、旅行、参观历史名胜等。

本期男人编织的嘉宾是大手钢铁公司的工程师筱原均先生。他常年只身在外工作，60岁时回到总公司。回到老家后，不知不觉中就开始了编织。

“我看着妻子编织时，感觉自己也可以。编织之前，我一直在钓鱼，像个普通的大叔那样（笑）。”

筱原先生，现在正忙着编织博客的事情。他找到了克服编织新手经常遇见的尺寸问题的绝妙方法。

“首先，最容易出错的地方是尺寸。毛线和密度都因人而异，所以很难完全照搬书上的编织方法。可以帮助我们的是外国杂志上的编织方法。”

这个编织方法就是从领口向下编织。因为是从衣领开始编织的，所以很容易调整编织密度的误差，一边穿着试试，一边根据自己的肩宽加减针。不用看编织图，只要眼前的衣服穿着合适就可以，这一点很让人着迷。

“从领口向下编织的方法不太容易诉诸于图，所以编织图非常复杂。不过，国外的编织书上，都是使用简单明了的文字叙述每一行的编织方法，按照叙述逐行编织就行，很方便。不方便的一点是看英语很麻烦（笑）。为了方便他人避开看编织图和英语的麻烦，我想通过图解把这种方法传达给其他人，从此开始运营博客。”

筱原先生最感兴趣的还是编织方法，他正在研究和“从领口向下编织”相反的“从下摆向上编织”的方法。

“不过，还是从领口向下编织比较有趣。从下摆向上编织的话，要先编织无趣的身体和袖子部分然后才到肩膀，感觉比较没有成就感（笑）。但是，我还会再研究研究，好好比较一下。”

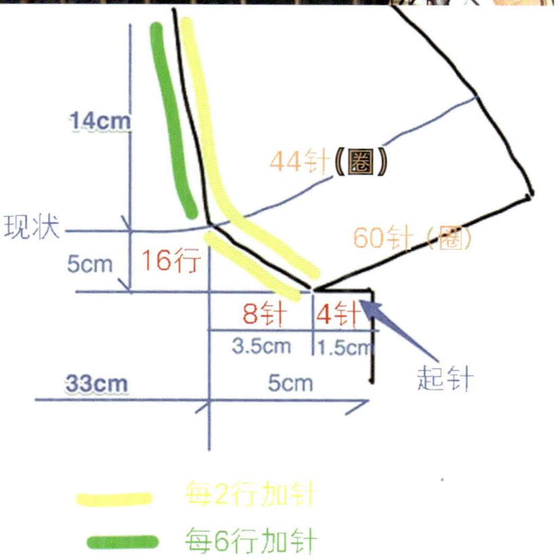

富有变化的作品让人情不自禁想要动手挑战一下，所用的工具密集，携带方便

1/"虽然很少能够钓到鱼，但只要天气好，心情就已经足够美好了。"他已经很久没有享受去附近的码头垂钓的乐趣了 2/在博客上用便于理解的手绘图来说明编织方法 3/和2岁的孙女一起散步。孙女穿的毛衣当然是他亲手编织的 4/实际编织之前，先在笔记本上计算一下大致尺寸 5/"跟着感觉来编织，这点很有趣。我有时偷偷想，大家或许编织得过于认真了(笑)。多少有些偏差也无所谓。自由、快乐地编织更重要。"筱原先生说。

听起来，似乎从领口向下编织比较吸引人，而日本的编织方法却大多是从下摆向上编织或者分别织好身片和袖再连到一起。

"缝合织片的方法，也就是将一个个部件组合在一起，这种想法应该来源于缝纫。从设计师的角度来说，这种方法也更加自由。不过，好不容易开始编织，还是更想采用编织特有的思维来进行。而且，使用环形针，一圈圈地从领口开始编织也很方便。"

一针见血的分析，是筱原先生的强项。例如，当我们谈起日本的编织图走向海外后会遇到什么情况时，他说："尺寸应该是瓶颈，因为欧美人比日本人体格大，所以改变尺寸是必然的。"

原来如此。他总能简明、准确地找到事情的问题点。作为钢铁公司的工程师，筱原先生甚至亲手去做熔矿炉作业。这双撑起日本产业支柱的专业人士的眼睛，也在其他事情中发挥着作用。

除了编织，在长达14年的时间里，从日本桥到京都三条大桥，他和妻子在这里来来往往。连续10年，筱原先生参加电视上每年都会看到的"日本国际鸟人锦标赛"，这种花费时间用心做好一件事的耐心，应该也是他从事编织的原因吧。我又请教了这位编织男子今后的发展方向。

"现在也上年纪了，眼睛很容易累。经常在电影里看到一些老太太不用看就能编织，这个，是怎么做到的呢？"（笑）

不拘泥于现有的编织方法，积极寻找简单的编织方法，这样坚持下去的话，筱原先生找到令人惊叹的简单编织方法应该也不远了……我很期待。

参加村中婚礼的人们。“村”类似大家族的集合体。人们穿着鲜艳的印花布做成的衣服，举全村之力为婚礼做准备

世界手工艺纪行⑱（塞内加尔共和国）

## 太阳、风、大地的香气

# 非洲印花布

采访、撰文、当地摄影／马野晶子　摄影／森谷则秋　协助编辑／春日一枝

孕育了50多个国家的非洲大陆面积宽广，虽然统一称为非洲，但东西南北的气候、民族、文化却有着天壤之别。不可思议的是，他们所穿的服装以及服装的面料却没有特别明显的差异。

我居住的地方是位于非洲最西端的塞内加尔共和国。说起塞内加尔，人们听得最多的是达喀尔（Dakar）。不错，就是著名的“巴黎—达喀尔拉力赛”中的“达喀尔”，也就是塞内加尔的首都。

塞内加尔紧邻撒哈拉沙漠南端，属于沙漠性气候。大地被沙漠覆盖，零星点缀着猴面包树之类的树木。强烈的太阳光，随风飞扬的沙粒，穿着色彩鲜艳、印花图案张扬的衣服的人们和热带沙漠风光完全融为一体。这些印花就是“非洲印花布”。没有非洲印花布，就不是完整的非洲风光。

内陆村恩德木『玛木桑巴』工作室正在给棉布染色的女子。20多年前，法国的项目指导师来到这里，找到了可以在撒哈拉地区贫穷的内陆生存的产业

### 非洲印花布的源头是印度更纱

非洲印花布看起来似乎完完全全地展现了人们对非洲的印象，实际上，它起源于印度更纱（Sarasa）。印度更纱经过几个阶段的发展后，远渡欧洲大陆，进而转化为“非洲之物”成为非洲印花布，但人们对此知之甚少。

“Sarasa”在印度语中的意思是“最高级”。染料使用茜草、蓼蓝，通过“媒染法”、“防染法”给棉布染上各种各样鲜艳的图案，这就是印度更纱。史料记载，公元1世纪，印度更纱开始输出非洲大陆以及东南亚。15世纪，传至日本。所有美好的、令人愉悦的事物，都不会囿于一方之地，终将经由丝绸之路或者季候风，传递至世界各地。

17世纪，印度更纱的染织技法和图案传往欧洲。自此，真正意义上的印花产业开始兴起。初期，印花布存在色彩不牢固以及变色问题，渐渐地这些问题被克服。进入19世纪，乘产业革命之势，这些带着染色图案的棉布开始大批量生产，并取代之前在世界各地流通的传统印度更纱，仿造印度更纱生产的欧洲印花更纱开始向各国供应。

19世纪中叶，欧洲开始向其统治的非洲殖民地输出印花更纱。自此，代替非洲各地以酒椰为原料手工纺织而成的布料，工业制品印花更纱开始进入人们的生活。

达喀尔外海约2000米远的大西洋洋面上的格雷岛曾经是奴隶贸易中心，我在塞内加尔时，访问了那里的历史博物馆。里面展示有19世纪以前的人们穿的由植物纤维纺织成的布做成的硬质衣服。和这些相比，印花更纱材质轻盈、手感优良，不难想象，对当时的人们来说，无疑是可称为“划时代”的东西。

### 受到绝对欢迎的非洲印花布

扎根于非洲大地的印花更纱开始被统称为非洲印花布。而后，甚至出现“非洲印花布做成的日常衣物”就是“民族服装”的叫法。但正如前文所述，其自身优良的手感、轻盈的材质以及和非洲人喜好、需求、风土、风光等万事万物的水乳交融才是关键。硕大的花纹和鲜艳的色彩组合在一起穿在非洲人的身上，恰到好处地展现了图案之美。独特的图案素材，比实物更有感觉，充满无穷的乐趣。不输于强烈的太阳光带来的乐趣，对于生活在严苛的自然环境中的人们来说，也是生活下去的一种寄托。

非洲印花布以欧洲人的设计为基础，根据非洲的市场销量，不断开发新的印花图案、颜色。最早在欧洲生产，非洲独立后在当地设立法人，开始在非洲各国生产。现在也有不少从亚洲进口的。

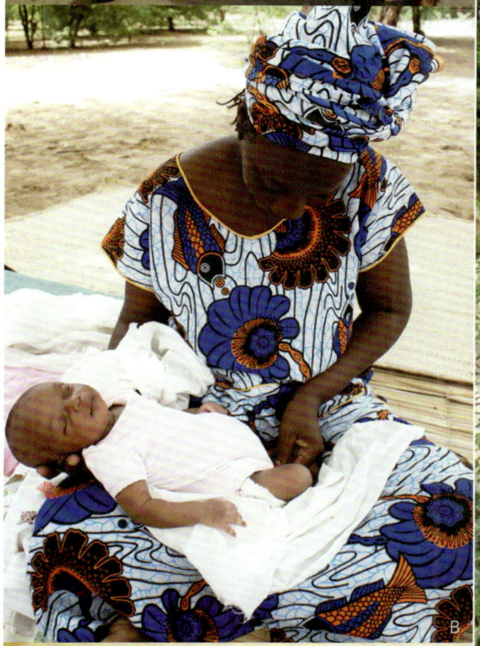

A/渔村“戈•恩达尔”的某天下午。许多人居住在这个小地方，路上穿着用非洲印花布制作的服装的人很多　B/邦戈村的母亲。她怀里抱的是第11个孩子。强烈的太阳光照映着非洲的印花布　C/塞内加尔西北部的圣路易地区是稻米之乡。图为在碾米所工作的女性　D/穿着上下一套的非洲印花布做成的日常服装，搬运装在盆里的午饭。装着五六人份的午饭的盆是相当重的，但她们顶在头上步履从容地走着

## 和国民性相合的多彩图案

非洲印花布以6磅（将近6米）为单位进行销售。据说，当地的6磅做成上衣、半身裙、头巾正合适。现在重点说一说西部非洲的民族服装。上衣是宽敞的七分长大衣或者大小正合适的衣服。女性的半身裙是过膝长裙，男性穿的是略宽松的短裤，头上包裹着头巾。据说，塞内加尔的国民穿着非常讲究，特别是女性，经常从头到脚穿得严严实实的。这是这个国家历来就有的价值观，抑或是为了在伊斯兰地区一夫多妻的习俗下张扬女性的意识，我没有问。

下面，我们对非洲印花布的图案做一下大致分类。①印度更纱系列的图案（图片I）；②动植物图案（图片H）；③几何图案（图片E）；④工业制品、人为产物随意排列的通俗图案（图片F）；⑤字母、图书、黑板等辅助提高识字率的图案以及讴歌妇女、儿童人权的以启蒙为目的的图案（图片G）。第④类工业制品经常出现的电风扇、手机、啤酒瓶、包包、香水等，特别一些的还有卫生间的便器、护身符（还有根本无从判断源自哪个国家的怪异的美元纸币）等。可以说它们直观地展现了非洲人民的愿望吧。第⑤类以启蒙为目的的印花在日常穿着的衣服上以图案的方式帮助提升人们的认知水平。这和东部非洲流通的布料上印着当地语言书写的谚语、常识是相通的，应该是非洲特有的图案吧。这些印花图案都是在受到印度更纱影响的基础上融入非洲元素开发出来的。也就是说，这一方面是因为更纱具备根据当地的风土人情随机变化的灵活性，另一方面也是因为非洲人具有接受外来文化的包容性。

世界手工艺纪行⑱

（塞内加尔共和国）

# 非洲印花布

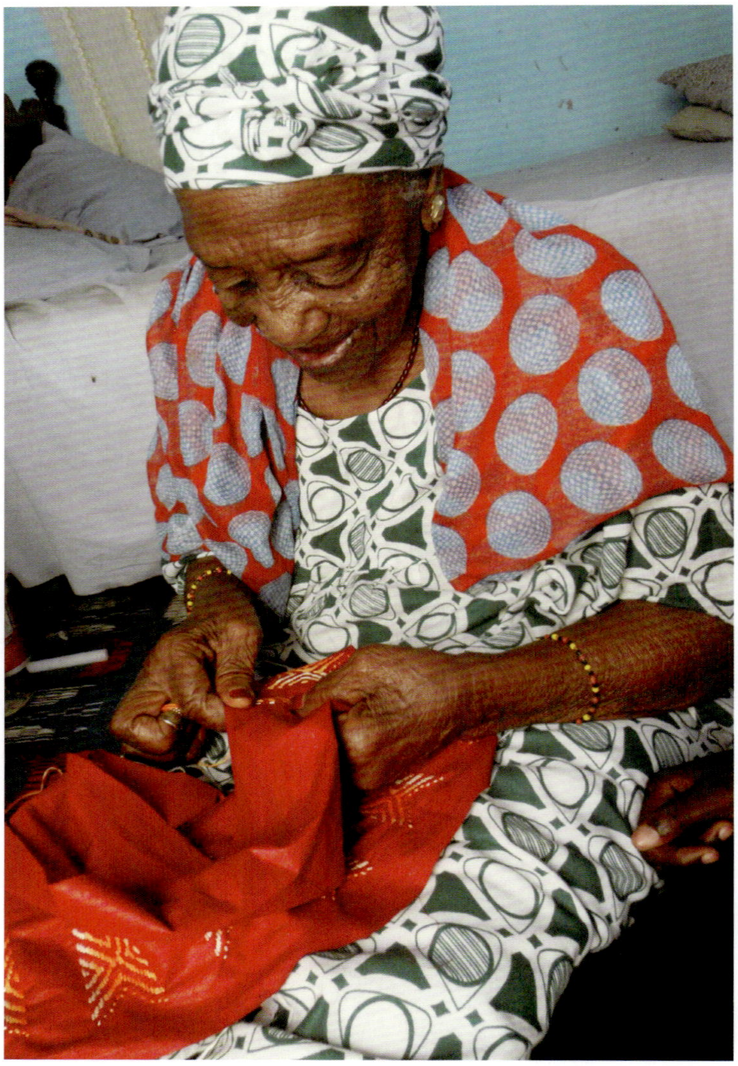

塞内加尔西北部邦戈村的迪奥普家的老奶奶。她在给举行仪式时穿的衣服上的装饰布做刺绣

## 非洲印花布的无限可能性

在塞内加尔，去市场购物时，在买鱼、肉、蔬菜以及其他日用品的旁边，可以看见堆得高高的卖布的角落。以6磅为单位折叠好的非洲印花布会堆得和人一样高，另外，店里的墙壁和房梁上也挂着图案分明的布。

这里的男女老少都穿着非洲印花布做成的民族服装。特别是在对伊斯兰教徒非常重要的聚礼日和祭礼的时候，它是必不可少的。还有，祭礼和工作等正式场合的服装是带着光泽的高级面料做成的“巴赞（Bazin）”。斑点图案的面料叫作“图布（Tube）”。

和衬衫、牛仔裤等进口的成衣相比，选好面料让裁缝店做的衣服更具性价比，一定程度上可以说是奢侈品。但是，年轻人大多喜欢西式的服装，所以市场上也出售有来自欧洲和亚洲的成衣，在街上也经常看见有人将T恤和非洲印花布做成的半身裙、短裤搭配在一起穿。现在，电视和网络已经普及到村落，在其影响下，服装的西化也是不可避免的。

我希望日本人也能够了解深受非洲人喜爱的非洲印花布，就成立了“Petite Africaine”品牌。当然不是原封不动地介绍当地人穿的服装，而是运用非洲印花布做成包包、围裙等。在这个过程中，我再次深切地感受到非洲印花布的包容性和无限可能性，它和不同的素材搭配，无论怎么运用，都可以变身成为一件洗练、特别、浑然天成的作品。如果你亲自用过后，能切实感受它的美妙之处，进而开始想要更深地了解非洲，这将是我莫大的喜悦。我在塞内加尔生活的这段时间，日益为非洲印花布着迷。今后，为了让更多人感受到那里的太阳、风以及大地的香气，我会不断奔走推广。

E

I

F

H

G

J

K

L

M

N

O

**非洲印花布的主要图案**

E/几何图案　F/工业制品、人为产物随意排列的通俗图案　G/辅助提高识字率的图案和讴歌妇女、儿童人权的以启蒙为目的的图案　H/动植物图案　I/印度更纱系列的图案

**在日本设计制作的包包们**

J、K/设计独特的非洲风情3.3寸口金包，还有时尚的手袋。当作小杂货使用，布料的裁剪位置不同，图案效果也各不相同，着实有趣　L/和帆布面料搭配在一起制作的拉链手包　M/气球包是典型的几何印花图案　N/手提包图案的手提包。为了凸显图案，手提包稍微做得大一点　O/非洲经典的燕子图案的包包　P/位于达喀尔的工作室"卡桔"里可爱的儿童款连衣裙 。面料大多在相关工作室染色。独特的色彩搭配带着浓浓的非洲风情

**马野晶子：**

上智大学外国语专业毕业。先在公司上班，后来和家人一起赴英国、塞内加尔生活。用自己独特的视角介绍在塞内加尔生活的3年中邂逅的非洲文化，以"孕育在非洲慢生活中的手工"、"法国风的非洲杂货"为中心，经营"Petite Africaine"品牌。2016年5月12~28日在东京Bahai举办非洲印花布展览。

P

调色板

# Color Palette

## 盛夏的蕾丝风情

美丽的浅色调是快乐的源泉。清爽的蕾丝花样可以让人的心情好起来，让夏季的闷热随之消散。

photograph Shigeki Nakashima styling Kuniko Okabe hair & make-up Peko Kanesaka(WILHELMINA JAPAN) model alyoshka

设计（5件均为）/笠间 绫
编织方法/151页
使用线/奥林巴斯手编线

### 海军蓝色

海军蓝色是夏装中不可缺少的经典色。它带着丝丝缕缕怀念的气息，深深打动了穿着它的人。横向编织以锁针为基础的花样，织成了这款纵向的条纹马甲。平直的织片，只需要引拔接合即可，非常简单。

### 休闲色

这条围巾很容易让人想起松脆的煎饼和香郁的牛奶咖啡。在品味着喜爱的咖啡度过下午时光的时候，请一定戴上这条舒服的3色条纹围巾；让小小的幸福触手可及。

### 薄荷绿色

薄荷绿色的披肩带来一阵清爽的风。从中间开始，向左右两边钩织三角形。边缘用黑色的毛线钩织，可以很好地衬托温柔的绿色。再用3针狗牙针装饰一下边缘，形成亮点。

### 冷艳色

冷色系的短围巾是扮时尚的必备利器。单色也很好看，薄荷绿色、紫色、浅灰色等3色是最佳组合，有无与伦比的美。

### 桃粉色

网格花是钩织蕾丝花样的基础花样。通过换线以及整段挑起的方法，使2根线织出的网格花看起来像一个个心形图案。浓淡相宜的桃粉色，给人清新可爱的感觉。是不是有一种可以美美地度过夏季的预感？

# 两人打造的理想品牌——Ventriloquist

“Ventriloquist”是根本贵史和伊藤里惠子一起打造的品牌。这个品牌经常参加各种展会，不断发布新的作品。今年春天，在安比昂斯（AMBIANCE）展会上，我有幸邂逅了二人创作的裙子。

美丽的自然褶非常纤细，让人不禁感叹好漂亮。然后，会不禁想要摸摸它的材质，这时会再次被惊到——毛线织成的，好厉害！

不错，这些裙子是毛线织成的。家用编织机织出的自然褶，美得让人惊讶。伊藤女士当天穿的提花开衫也是用家用编织机织成的，精致的工艺让人叹为观止。

虽然作品是二人一起设计，但编织方面是由毕业于文化服装学院编织设计专业的伊藤女士负责的。我问了她几个问题。

“设定好品牌每个季节的主题，然后在定好整体感觉的前提下，围绕主题进行设计。这次的主题是‘雨’，以此为出发点，探索它在编织上的表现形式。”伊藤女士说。

设计时，经常会在很细微的地方产生一些想法。“例如，在琢磨编织一个有趣的作品时，自己先试着编织一个小织片，然后不断思考它用哪种毛线编织能达到最佳效果，怎么穿、怎么搭配会更加好看，由此捕捉整体的印象。”

编织是有生命的东西，即使是同一件衣服，不同的人编织出来的感觉也不一样。衣服的样式和线材是否适合，编织时候的松紧程度，甚至编织时候的天气，这些都很重要，它们都会影响到最终的编织效果。这也是编织最大的特征。

“有时候会转到不太好的方向，也有时候会转到完全没有预料到的好方向，这种无法预估正是编织的魅力之一。我是这么认为的。”

不愧是精通编织的伊藤女士，我不禁心生佩服。本期为大家介绍的4个作品分别有着不同的内涵。无论是哪个作品，都让编织的世界更加开阔，带着独有的迷人魅力。二人在作品中倾注的真挚感情，一定会传递到每个人的心中。

**伊藤里惠子：**
2005年，以文化服装学院编织设计专业第一名的成绩毕业后，供职于著名服饰品牌HIROKO KOSHINO INTERNATIONAL。2008年赴意大利，作为自由编织设计师活跃于圈内。2011年，作为OEM编织设计师入职丸安毛线株式会社。2011年，成立“Ventriloquist”品牌。2012年，在东京新人设计师时装大赛专业组获奖。

**根本贵史：**
2003年，毕业于文化服装学院设计专业。获得神户时装秀最高奖后，赴意大利。在意大利马兰戈尼学院时尚设计专业取得硕士学位后（INSTITUTO MARANGONI MILANO ITALY Master In Fashion Design），师从英国著名时装设计师安东尼奥·贝拉尔迪（ANTONIO BERARDI）。后来又先后供职于HIROKO KOSHINO INTERNATIONAL、Max Mara。2011年，和伊藤里惠子一起创办“Ventriloquist”品牌。

照片提供／Ventriloquist

**大塚阳子：**
时装新闻记者。一直采访东京时装展，还参加巴黎、米兰等国际时装展，精通海内外时装信息。担任东京时装设计师协会（CFD）议长。

**开衫**

以古典的蕾丝图案为编织花样，由夹克改造而成。用细细的圈圈毛线给花样部分加入细细的金银丝线，表现被雨水打湿后熠熠生辉的样子。

**连衣裙**

采用连衣裙的款式，用毛线织成。流畅的自然褶是它最大的亮点，很容易让人想起雨滴落到水池中时溅起的波纹。

**套头衫**

下摆中加入了几个大小不同的褶边，使整件衣服更加具有立体感。因为分量比较重，所以使用了非常轻柔的、经过起毛加工的毛线。

**夹克**

由男士软领长大衣激发的设计灵感。使用了英国渔夫毛衫常用的British Tweed公司的毛线。使用家用罗纹机织出的细节很是引人注目。

1/ 由"东北钩织村"开发出来的商品化的安和卡洛斯的花朵
2/ 扣在纽扣上也很可爱哦
3/ 安和卡洛斯的庭院也到了有小鸟到访的季节

# Arne & Carlos

## 安 & 卡洛斯的庭院 ⑪

text& photograph Setsu Inoue special thanks Nordic Culture Japan
photograph Toshikatsu Watanabe, Shigeki Nakashima styling Terumi Inoue, Kuniko Okabe
hair & make-up Hitoshi Sakaguchi model Dasha Blaze

花开了。
安 & 卡洛斯上一次访问日本东北地区是 2014 年 5 月。
他们乘坐的车行驶在浅粉色的山樱和绿色的树木之间，
先后去了仙台、南三陆、远野、釜石。
这一次向大家介绍的立体花朵的设计，
就是由以远野为据点活动的"东北钩织村"提供的。
"我们在远野一起钩织了这个花呢。"
请让这些漂亮的花朵在你喜欢的地方绽放吧。

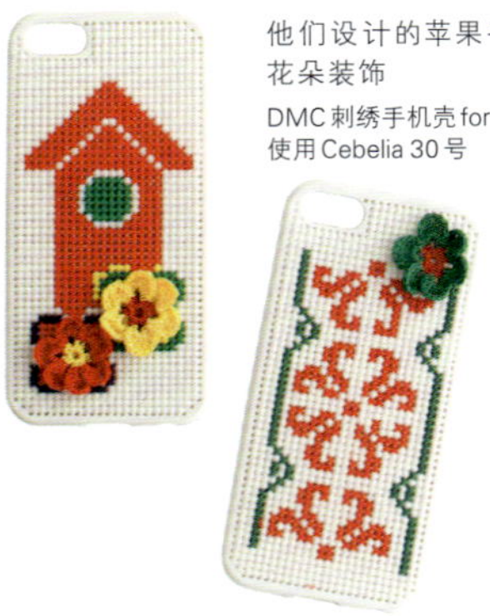

他们设计的苹果手机壳上也有花朵装饰
DMC 刺绣手机壳 for iPhone5/5s
使用 Cebelia 30 号

**Arne Nerjordet**
安（右）
**Carlos Zachrison**
卡洛斯（左）

挪威人安和瑞典人卡洛斯相遇后，在 2002 年组成了设计二人组"安 & 卡洛斯（Arne&Carlos）"。在奥斯陆以北 180 公里的地方，他们改建了一个废旧的车站，作为自己的家兼工作室，进行创作活动。他们设计的特点是从挪威的传统图案以及斯堪的纳维亚半岛的民俗艺术、雄伟的自然中汲取灵感。

二人原计划 2016 年初夏前往日本，因日程所限延期至 2017 年。下次去日本将会安排更加充实的行程，其中包括访问东北。

# 七彩花朵立体装饰

在市售的无痕内衣基础上，开满了一朵朵小花。可以搭配在牛仔外套或是粗布衬衫的里面穿着。多钩织一些小花，缝在各种地方吧！

设计创意 / 原田睦美
制作 / 石塚真理
编织方法 / 153 页
使用线 / 芭贝

我家的狗狗最棒！

# 与狗狗在一起

photograph Hironori Handa

#16

"正反两用的作品最适合狗狗。"佐野 光女士说。莫克在毛毯上似睡非睡。

精神满满的小狗鲁奇最有社交才能。
散步的时候也不忘和大家打招呼。

老二是米奇，很会体贴年纪比它大的莫克，会营造气氛。

佐野 光女士的家中有3只爱热闹的小狗。她养的第一只狗是吉娃娃莫克，它非常稳重，总是一副悠闲自在的样子，性格温和而且聪明。唤它名字的时候，散步的时候，玩玩具的时候，看着它就觉得很开心。莫克就这样温柔地陪伴了她 4年，给她带来了许多快乐。

蝴蝶犬米奇和约克夏梗犬鲁奇原本是佐野女士的丈夫养的狗，结婚后也和她成为一家人了。这两只狗的性格和莫克相反，非常爱撒娇而且总是精力充沛。米奇一派天真烂漫的样子，很喜欢和人亲近。它的表情很丰富，经常让人忍俊不禁。鲁奇对那些比自己的体格大好几倍的巨型犬也毫无怯意，总是主动去打招呼，可谓社交型的狗狗。它就像是家中最小的孩子，经常会有一些任性的举动，不过，佐野女士觉得，"它任性的时候也很可爱"。

现在，三只性格迥异的狗狗已经成为"如胶似漆"的好朋友了，佐野女士对它们是百看不厌，生活基本上被它们占据了。"日常生活中，如果忽然感觉到看向自己的目光，那一定是它们三只中的某只在看我。非常感谢为我带来安稳和幸福的狗狗们。当然，也得感谢为我带来米奇和鲁奇的丈夫。"她说。（笑）

设计 / 佐野 光　制作 / 平野亮子
编织方法 /153 页
使用线 / 芭贝

档案

| | |
|---|---|
| 狗狗 | 莫克　吉娃娃 |
| | 14岁 |
| | 米奇　蝴蝶犬 |
| | 8岁 |
| | 鲁奇　约克夏梗犬 |
| | 8岁 |
| 主人 | 佐野 光 |

# 一气呵成！不需剪线的连编花片

创造连编花片这种方法的人，是不是觉得将花片连在一起虽然很好看，但处理线头好麻烦呢！不需剪线就可以编成，只有编织起点和终点需要处理线头。只要掌握了编织要领，迎接大家的就是充实的编织时光了。

photograph Shigeki Nakashima styling Kuniko Okabe hair & make-up Peko Kanesaka(WILHELMINA JAPAN) model alyoshka

## 两穿的配色条纹外搭

连续用长针钩织出圆形花片，连在一起一列一列地钩织。两端的花片不要连在一起，而是做出流苏的感觉，随着走动而摇曳，带来清凉的夏意。改变包扣的固定方法，衣服整体的感觉也会变化。穿着方法多样。

设计／今泉史子　制作／广岛和代
色彩选择／大田真子
编织方法／146页
使用线／芭贝

arrange ment

《1根线钩到底！美丽绽放的连编花片升级版》

这次我们迎来能够充分发挥连编花片的特色进行作品设计的人气编织大师今泉史子。6月22日，今泉大师在宝库学园东京校区举办连编花片的讲习会。

咨询：宝库学园东京校区
TEL 03-5261-5085

# 连编花片纯色护腕

将手指插到花片的空隙中，就可以当作手套戴了，也可以直接套在手腕上当作护腕。不用担心处理线头的麻烦，钩织方法也很简单，搭配衣服四季皆可。一旦尝试，便忍不住想多织几件。

设计／今泉史子
色彩选择／大田真子
编织方法／155页
使用线／芭贝

# 黑白配多用披肩

这件作品既可以用作围脖，又可以用作半身裙，还可以用作披肩。“伸缩性不强的夏季用线，很适合从圆环上挑针开始钩织”，这是今泉老师独创的秘密编织方法，提升了作品的完成度。

设计 / 今泉史子　制作 / 望月美和
色彩选择 / 大田真子
编织方法 /156 页
使用线 / 芭贝

# 配色花片迷你围巾

将五颜六色的花片连在一起钩织，织成一件迷你围巾。先钩织好中心的花片，然后用花片的连接方法将周围连接在一起。扣眼利用织片现有的孔充当，可以根据场合自由决定。

设计 / 今泉史子
色彩选择 / 大田真子
编织方法 / 158 页
使用线 / 芭贝

arrange ment

# Let's Knit in English!

## 西村知子的英语编织—❺

本期和大家分享的是钩针编织。
以前介绍了钩针编织常见的表达方法以及略写，
本期将进一步介绍英式英语和美式英语在表述上的区别以及基本针法的表达方法。

针法表述不同很容易引起混乱，写成文字更长、更复杂，钩针编织时，大多使用和日本相同的编织图。
只是，文字表述并没有日本编织图那样精确符号化，有必要阅读相关说明性的文字以把握要点。例如，枣形针的针数，前一行是锁针时下一行的挑针方法，整段挑起还是挑取针目等区别很大。下面将介绍几种基本的针法。

先从大家都很熟悉的爆米花针（popcorn）开始。
Popcorn : Work 5dcs into next stitch. Remove hook from loop , reinsert it into the top of the first stitch and into the loop. Then gather the stitches by drawing the loop through the top of the first stitch. Yarn over and draw through to secure.
<汉语>
爆米花针：在下一个针目中织入5针长针。暂时抽出钩针，插入第1针的头部以及刚抽出的第5针中。从第1针的头部拉出第5针，然后织锁针并拉紧针目。

日本把爆米花针叫作“パプコーン”、“パップコーン”。不仅有长针的爆米花针，还有5针中长针和5针长长针的爆米花针。
下面介绍的是中长针的枣形针（puff stitch）（这里是2针中长针）。

Puff : Yarn over, insert hook into stitch and pull up a loop, yarn over, insert hook into the same stitch and pull up once more. Yarn over and pull through all loops.
<汉语>
2针中长针的枣形针：钩针挂线，插入下一个针目，挂线并拉出长长的线圈。钩针挂线，从同一个针目中拉出线圈，然后一次性从钩针上的针目中引拔出。

中长针织成的枣形针比较蓬松，英语里叫作“puff stitch”。顺便说一下，长针和长长针的枣形针（编织几个未完成的针目，最后一次性引拔）统称为“cluster”。

最后介绍的是日本编织符号一目了然、英语却需要用文字说明的spike stitch。它用于不在下一个针目中钩织而在几行下面的针目中钩织的情况。这里前面钩织的是短针。

Spike single crochet (sc) : Insert hook into stitch below the next stitch and pull up a loop to current level, yarn over and pull through 2 loops.
<汉语>
织入前一行的短针：将钩针插入下一个针目前一行的针目中，将线拉至现在行的高度，然后钩织短针。

**美式英语和英式英语的针法表述不同**

| 汉语 | 美式英语 | 英式英语 |
|---|---|---|
| 短针 | Single crochet(sc) | Double crochet(dc) |
| 中长针 | Half-double crochet(hdc) | Half-treble crochet(htc) |
| 长针 | Double crochet(dc) | Treble crochet(tc) |

**边缘编织的花样**

Rnd 1 with Color A:
Make a slipknot and work 1 sl st into first st, 2ch, 1 puff, 2ch, 1 puff into the second st, 2ch, *** Sl st into the next st, 2ch, 1 puff, 2ch, 1 puff into following st, 2ch;** repeat from * . End rnd by working sl st into the sl st worked at the beginning of rnd. Fasten off.
Rnd 2 with Color B:
Work spike sc into where sl st was worked in the previous rnd, *** ch3, popcorn into ch2-space, ch3, spike sc into where sl st was worked in the previous rnd;** repeat from * to end of round. End by working sl st into the sc worked at the beginning of rnd. Fasten off.
(sl st = slip stitch, rnd = round, ch = chain, sc = single crochet)

对应的日本编织符号图如下

**边缘编织**

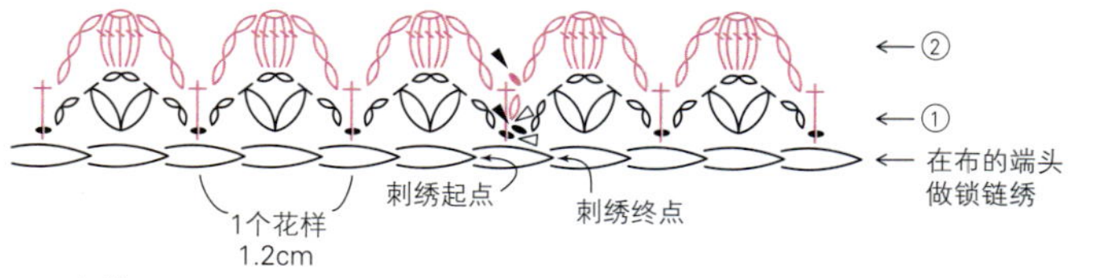


▷ = 加线
► = 剪线

**配色表**

| | 黄色的手帕 | 原色的手帕 |
|---|---|---|
| ——A色 | A.灰绿色（1119） | L.灰色（1848） |
| ——B色 | 粉色（929） | 酒红色（2408） |

※使用2/0号钩针

**锁链绣**

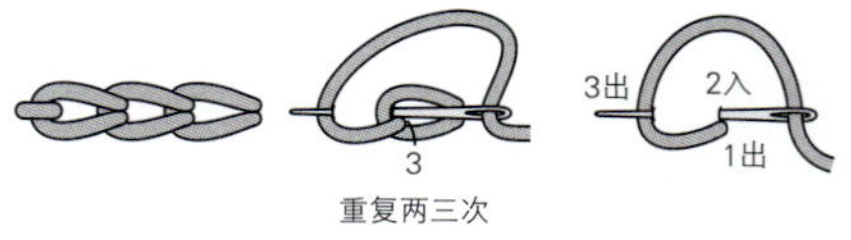

# 爆米花针饰边亚麻手帕

今天，一直被收在柜子里的亚麻线惊艳亮相了。推荐使用不张扬、时尚的色彩搭配。

设计 / 西村知子
使用线 /Avril

**西村知子：**
少年时代接触编织和英语，学生时代开始沉迷于编织。短期大学毕业后进修了英语，现在一边做自由翻译者，一边编织，并开办讲习班。日本手艺普及协会手编老师、宝库学园“英语编织”讲师。

# 亚麻和棉
# 自由变化的清爽织物

轻柔的触感，清爽的线条，
亚麻线的季节来了。从深色到浅色，丰富的色彩！
使用亚麻和棉，一起编织初夏的人气小物和人气背心吧！

photograph Hironori Handa styling Masayo Akutsu hair & make-up Masayoshi Okudaira model Keite Majerova

*cap*

## 海蓝色条纹亚麻帽

可以遮阳防晒的条纹帽子，通气性也好。富有张力的亚麻线，编织出来的帽子软垮垮的，可以体验到编织的另一番趣味。帽子边可以直接箍在头上，折起来也很好看。

*socks*

## 海蓝色条纹亚麻袜

这是夏天的必备款——亚麻袜子。用细细的亚麻线编织薄薄的袜子，清爽的条纹带给穿的人愉悦的心情。下针编织部分有着恰到好处的宽松，会忍不住想要和凉鞋、木屐搭配，一定非常可爱。

Vest

## 海蓝色亚麻V领背心

用简单的下针编织做出的V领背心。随意的烟灰色边缘使它既可以当作便服穿又可以穿得很优雅。中长款和今年流行的百褶裙非常搭配。

设计/兵头良之子　制作/小泉香织（帽子、背心）、饭田奈津子（袜子）
编织方法/160页
使用线/手织屋

*cap*

## 多色混合蓝边贝雷帽

这款贝雷帽蓝色的修饰边缘给人很时尚的感觉。将5种颜色的线并在一起使用8mm粗的棒针编织，进度很快。织片的感觉也随着编织的进展不断发生变化，编织的过程很快乐。

*bag*

## 混色编织手提包

起伏针编织的A4纸尺寸的手提袋。深粉色的提手和五彩缤纷的包身，一定可以成为搭配的亮点。

Vest

# 大圆领无袖条纹背心

亲肤的棉线和色彩优美的亚麻线并在一起编织出这件少女风情的背心。白色的起伏针中间插入五颜六色的下针条纹，给人丰富的层次感。衣领开口和袖窿的大小刚好合适。

设计／冈真理子　制作／指田容子（背心）
编织方法／159页
使用线／手织屋

# Ecological Yarn
# 最适合夏天的再生纤维线包包

夏天日常使用的包包，如果带着时尚的光泽，看起来会更加洗练。
100% 人造丝，由纸浆生产而成的和麻纳卡 Eco-Andaria 线手感优良，富有光泽。

photograph Toshikatsu Watanabe styling Terumi Inoue
special thanks UTUWA

## 大花朵装饰拉链包

这款优雅的迷你小包上，花朵是主角。先将短针织成的包身折叠起来，然后和立体的花朵组合在一起。对于现在的季节来说，藏青色给人冷静的感觉，和麻纳卡 Eco-Andaria 线特有的时尚魅力仍让人不禁怦然心动。包口处使用的红色拉链也足以成为亮点。

设计 / 冈本启子 制作 / 清野加奈惠
制作方法 / 162 页
使用线 / 和麻纳卡

## 方形花片手提包

这款夏天的基本款——方形花片手提包，推荐使用鲜艳的色彩编织。用黄色线连接，会增加明媚的感觉。条纹图案的包底以及糖果图案装饰的提手使这款手提包充满个性。每天都忍不住想提着它出门。

设计 / 冈本启子　制作 / 宫崎满子
制作方法 /163 页
使用线 / 和麻纳卡

## 花朵装饰夏日钩针包

编织一个自然风情的夏日钩针包怎么样？使用最受欢迎的柔和色调的线织出条纹底色，然后在上面绣出花朵，非常漂亮。在系绳上连接花朵、叶子，进一步提升整体的感觉。

设计 / 冈本启子
制作 / 小出映子、中村千穗子（刺绣）
制作方法 /165 页
使用线 / 和麻纳卡

photograph Alexandra Feo

NANCY MARCHANT
南希·马尔尚
编织作家。出生于美国印第安纳州。为《Vogue Knitting》《Designer Knitting》《Interweave Knits》等著名编织杂志供稿。著作《Knitting Fresh Brioche》是元宝针花样集锦。现居荷兰阿姆斯特丹，现在是一名画报设计师。

# Brioche Knitting

## 南希女士的元宝针

"南希女士的元宝针"迎来了最后一次。这次，南希女士为大家介绍的是"大线结"花样。看起来确实很像是一个个线结连在一起的样子。纵向延伸的花样很好记，这点也很值得庆幸！

翻译、监修/西村知子

photograph Shigeki Nakashima　styling Kuniko Okabe　hair & make-up Peko Kanesaka(WILHELMINA JAPAN)　model alyoshka

## 线结花样插肩袖开衫

70页 / 元宝针特有的配色效果和马海毛蓬松柔软的感觉互相映衬，形成了这件不需要缝合的从领口向下编织的开衫。部分使用线结花样，和纵向的条纹连接在一起，给人干脆利落的感觉。 制作 / 西村知子 编织方法 /168页 使用线 / Avril

## 线结花样包肩袖背心

上 / 即使使用相同颜色的线，将不同的线材组合在一起，也会起到突出花样的效果，这正是元宝针的乐趣之一。和其他作品相比，这里的减针稍微有些麻烦，适合选择相对简单的款式。 制作 / 西村知子 编织方法 /166页 使用线 / Avril

### 色彩搭配

反面 正面

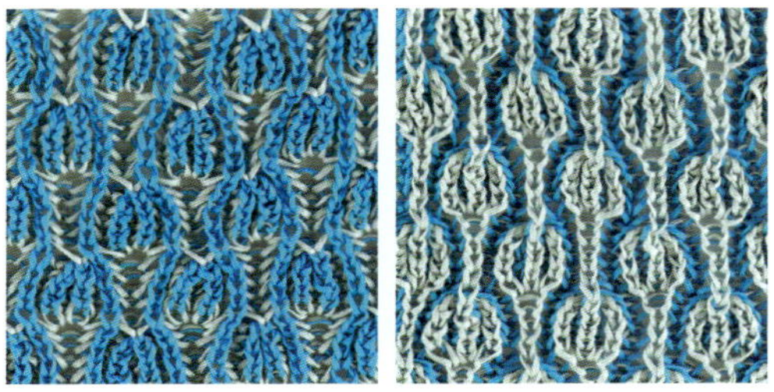

使用线 / 芭贝 （1009）、（4623）

反面 正面

使用线 / 和麻纳卡 （3）、（48）

反面 正面

使用线 / DMC （N06）、（N51）

# 元宝针的编织方法

本期是最后一次介绍元宝针了，是不是依然有读者觉得它很难呢？
觉得它难的原因之一，大概在于它使用了2种颜色的毛线起针。不过，本期的作品只使用1种颜色的线起针，请大家一定尝试一下。
下面，针对想要编织元宝针作品的读者介绍一下起针方法的相关技巧及变化。

photograph　Noriaki Moriya

## 编织起点的变化

编织图1

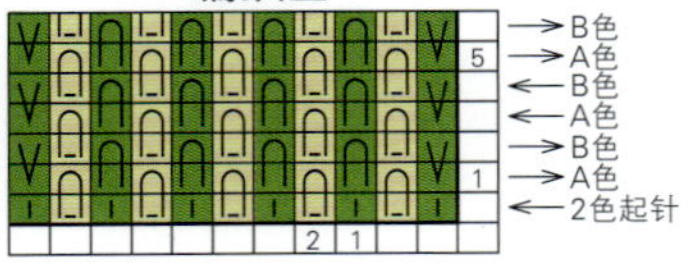


编织图2、3

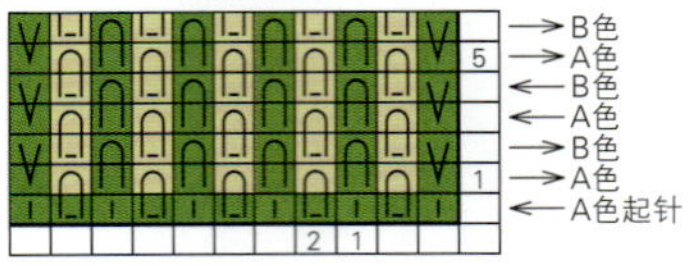


编织图1

前几期介绍的2色起针，因为可以将美丽的纵向条纹编织到端头，所以最开始想要加入花样时就要使用这种技巧。

编织图2

另线锁针起针开始编织，用A色线做单罗纹针收针。也可以用A色线连续编织数行。

编织图3

和编织图2相同的织片，用B色线做单罗纹针收针。如果收针没处理好的话，针目很显眼，更适合本期背心的配色。

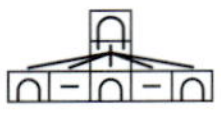

## 拉针的中上5针并1针

**1.** 将右棒针插入左棒针上面的2个线圈中，移至右棒针。

**2.** 下一个针目也按照相同的方法移至右棒针。

**3.** 后面的2个针目移到记号圈上。

**4.** 将右棒针插入下一个针目中，编织下针。

**5.** 盖住步骤2中移至右棒针的针目，然后移至左棒针。

**6.** 盖住下一个针目（2个线圈），将针目移至右棒针。

**7.** 盖住步骤1中移至右棒针的针目。

**8.** 将记号圈上的针目移回左棒针，然后将右棒针上的针目移至左棒针。

**9.** 盖住记号圈上移回的针目（2个线圈）。

**10.** 拉针的中上5针并1针完成。

# 《毛线球》第 20 期
# 将带你独家回顾
# 70 年代
# 流行风潮

**《毛线球》将于 2016 年底推出回馈增刊**

独家曝光风工房、冈本启子、兵头良之子、
原田睦美等编织大师的早期作品，
和大家一起重温 20 世纪 70 年代的流行风尚，
感受大师们在经典基础上的推陈出新。

---

更多精彩活动邀请你们一起参与，
敬请关注下期《毛线球》活动预告。

2012 年，《毛线球》中文版诞生了。
从 1 数到 20，只需要几秒钟，
但从忐忑至极地为你们捧出我们努力制作的第一本高端编织刊物，
到现在每一期的精益求精，
却需要长长的四年多。
《毛线球》中文版即将迎来第 20 期之际，
让我们将目光往回看，
回到梦最开始的地方——
20 世纪 70 年代《毛线球》创刊初期，
追本溯源，访古谈今，
看当时的流行风潮如何在今天重放异彩，
看今天的《毛线球》如何延续昨日的辉煌和荣耀。
流行是个圈，
风潮随时变换，
但我们对编织、对毛线的热爱和执着，
却从来都不曾放弃。

第8回 **冈本启子的**

# Knit+1

泰丝备受启子青睐，光泽、材质都是最高级的。
“长大以后想穿的衣服”，把这样的梦想一点点地实现了吧。

photograph Hironori Handa styling Masayo Akutsu
hair & make-up Masayoshi Okudaira model Keite Majerova

冬季是又轻又暖的山羊绒，夏季是手感舒适、光泽度高的海岛棉线或者丝线等，全部是高级的线材。承担供应泰国王室的丝绸的养蚕农户与 K’s K 合作，共同推出了高档的“Royal Thai Silk”。

丝线中最高级的泰丝拥有独特的光泽及质感，穿起来十分清爽、舒适，穿着体验极佳，可以说是十分适合成人的线材。

首先使用棒针编织出了宽松、多彩的毛衣。波浪状的条纹，通过绕线编的手法，就能轻松完成。

另一件，设计成了具有女人味十足的钩针编织的连衣裙。由于泰丝具有一定的质感，所以不容易显露身体的线条，这也是它的一个特点。今年春夏给大家推荐的是纤细的菠萝花花样，颜色看起来十分柔和。高级的材料，要多花费一些时间，仔细地钩织才好。这是了解其价值的成人才享有的奢华。

线名：Royal Thai Silk
材质：丝 100%

## 水波纹插肩袖套头衫

74 页 / 利用绕线编编织出了波浪的形状，宽松的套头衫选择了插肩袖的设计，让条纹连接在了一起。淡淡的柔和的配色，让整件作品显得更加高档。

设计 / 宫本宽子　编织方法 /172 页
使用线 /K' sK

## 菠萝花荷叶边连衣裙

右 / 这是与棒针编织感觉完全不同的奢华钩针编织菠萝花花样连衣裙。线材略粗，会钩织得比想象中更快一些。

设计 / 彦坂祐子　编织方法 /174 页
使用线 / K' sK

**冈本启子：**
Atelier K' sK 的主管。作为编织设计师及指导者，奔走于日本全国。2012 年，在阪急梅田总店的 10 楼，开办了店铺"K' sK"。公益财团法人日本手艺普及协会理事。著作颇多。

## 选自《志田瞳最新棒针编织花样260》

# 志田瞳的变化编织作品

在集志田老师之大成的《志田瞳最新棒针编织花样260》中，汇聚了她各种各样的创意。将所遇到的织片，都幻化为志田风，全新的志田的世界呈现在你的眼前。

photograph Shigeki Nakashima styling Kuniko Okabe hair & make-up Hitoshi Sakaguchi model Dasha Blaze

《毛线球16. 快乐的圣诞编织》的企划中，3位设计师分别从《志田瞳最新棒针编织花样260》中选择了不同花样，创作出了新鲜而又漂亮的作品。

全部使用一种花样而构成的全花样的作品，纵向选取一条花样再与其他花样组合在一起的作品，将花样变大或是变小的作品等，设计出许多从未想到过的花样集的使用方法以及花样的变化创意作品，都成了令人开心的经验。

这一次我收到的主题是“从自己的花样集中选择花样，设计新的作品”，要设计什么呢，我一度陷入了迷茫。这个花样集中加入了其他花样集中很少见到的圆育克花样，这次特意从中选择了一款来创作作品，其余两款作品也是将花样变小之后设计的。

花样的变化方法多种多样，越想会变得越多，我认为，能遇到的花样都是有缘分的。一方面，自己喜欢的花样通过变化不但会衍生出更多花样，也会更加喜欢那个花样。这样的花样虽说并不常见，但每次遇到都令人开心。另一方面，当时没有选择的花样，经过很长时间后，可能也会变得顺眼，感觉会随着时间的推移而变化。

在《毛线球15. 爱意满满的手工生活》中，从《志田瞳优美花样毛衫编织》的1、2、3之中不加变化，直接选取了花样，创作出了等针直编的作品。那个时候，我认识到花样不会过时。最近，重新看花样的机会变多，我越发觉得，花样不仅不会过时，随着爱的注入，花样还会逐渐成长。或许因为我一直都在追求花样设计，最近回看曾经的花样时，经常会有这样的感觉。

创作花样集的时候，我的内心产生了一种前所未有的感觉，这在先前创作作品、集结成册时都不曾有过。将作品集中的花样，通过花样集的形式集结成册，让一个个花样无论用在何处，无论以何种形式使用，都带着一种全新的、自由的感觉——一个个花样都从自己原来的地方独立出来。

一个个花样就像长了翅膀的鸟儿一样飞了起来。这些花样在广阔世界中自由飞翔，再通过与其他花样相遇，不断地变化、成长。这本花样集就让我看到了这种无穷无尽的可能性。

从合作编织作品到变化编织作品，我渐渐有了如上的想法。

选自《毛线球15. 爱意满满的手工生活》
志田瞳的等针直编毛衣

选自《毛线球16. 快乐的圣诞编织》
志田瞳的合作编织作品

《志田瞳最新棒针编织花样260》正在热卖中

# 志田瞳蕾丝花样斗篷

从编织花样集“分散加减针”部分选取183号蕾丝花样，编织了夏季的斗篷。
为了让2片树叶的花样更显眼，减少了左右两侧的上针，带有小球球的扭针的蕾丝部分的宽度，每个花样的针数虽然相同，但为了使其下摆变大，稍加变化。
为了让每个花样不变形，通过分散减针，将每个花样逐渐变小，也与肩部的弧线更加吻合。
边缘编织选用了204号花样的一小部分，并利用了编织起点的曲线。

制作 / 今井泰子
编织方法 /171页
使用线 / 钻石线

# 志田瞳交叉花样圆育克套头衫

身片选用了下针编织，更加突出了圆育克。圆育克是使用基础花样和交叉花样的103号花样变化而来。为了让花样不变形，选择了分散减针，使其逐渐变小。

下摆和袖口的褶边，是将饰边255号花样中3倍的褶边减为2倍多一点的饰边，减少了重叠度。袖口部分的行数也减少了一些。

衣领的边缘编织，使用了饰边212号花样的一部分，将扭针的单罗纹针的部分变长了。

制作 / 牧野惠子

编织方法 / 180 页

使用线 / 钻石线

# 志田瞳串珠花样
# 手提包、装饰领

以纵向花样中144号花样为基础，设计了迷你手提包和装饰领。手提包是直接按照花样编织的，通过刺绣串珠，让整体感觉更加华丽。

边缘编织选取了259号的褶边，这里并没有加针，而成为包裹口金的部分。

衣领选取了每行的斜针编织的蕾丝部分，通过分散减针编织。特别利用了编织起点会变成褶边形状的特点，成为独特的花样。为了保证整体的感觉，编织了一颗纽扣，再编入串珠进行装饰。

制作／草川澄子

编织方法／178页

使用线／钻石线

维斯比的停车器也精心地设计成羊的形状

令人憧憬的哥特兰羊的毛线和工艺品，如果没有时间去郊外的纺织所观看，就去市中心的各个商店转转吧！

瑞典的世界遗产之岛

# Gotland 艺术家之岛——哥特兰岛——③

众多艺术家因被这里优美的自然风光倾倒而移居至此。哥特兰岛又被称作“艺术家之岛”。这次给大家介绍的是一些去维斯比时不能错过的商店。

取材、撰文 / 松原裕子

在哥特兰岛的首府维斯比，被城墙包围的区域是石板铺成的道路，路旁点缀着可随意闲逛的咖啡店和小商店。观光胜地屈指可数的特产店熙熙攘攘，也有许多其他吸引我们目光的小店。大部分的商店都和哥特兰羊有关，但各不相同的商品以及独特的品位都很值得一看。

城墙南门旁边有一个名为“Ringmurens hemslojd”的手工艺品商店，正如它的店名“hemslojd（手工艺）”，它不同于普通的特产店。在哥特兰岛内，只有这家商店出售前面几期和大家介绍过的著名的伊勒纺织所生产的深色毛线，里面还有厄兰岛（Oland）的毛线以及哥特兰岛传统花样手套，让人忍不住有想要购买的欲望。

位于维斯比中心主干道上的“Munkvalvet”，乍一看是一个普通的特产店，商店里面摆满了精美的工艺品，但市内只有这家商店出售哥特兰羊毛纺织所生产的毛线，当然，它还出售哥特兰毛线做成的编织物。

赤土色的外廊入口是有名的“YLLET”商店。几年前，它更换了店主，现在以室内装饰为主营业务，但也出售有特色的毛线产品。在哥特兰毛线中加入少量福克兰群岛产的美利奴毛线是在丹麦纺织生产的。店里还有来自同一个纺织所的美丽的渐变色毛线。

“YLLET”正对面是“boel”商店，主营业务是基于传统花样设计的高密度的毛衣，运气好的话可以看见里面的工作室里编织的情形。店里富有独创性的哥特兰毛线以及使用这些毛线编织毛衣的材料包也非常受人欢迎。

“YLLET”斜对面有一家很有品位的商店，店名叫作“Lewin Creation”。店里不仅有充分发挥哥特兰羊天然色泽的毛衣，还有许多陶艺制品，并且有委托个人纺织者生产的具有特色的哥特兰岛毛线，商品种类丰富。

GKF Gotländska Konsthantverkare & Formgivare

哥特兰羊毛的使用方法也很现代，让人忍不住啧啧称赞

Lewin Creation

哥特兰乡村特色的商品陈列色彩搭配非常好

boel
富有特色的哥特兰毛线是特别委托哥特兰羊毛纺织所生产的

YLLET
以室内装饰为主的商店。如果你喜欢羊毛制品，一定不要错过这家店

ADELSGATAN27
除了皮革制品和陶艺等，还有琳琅满目的羊毛毡、毛线、毛衣等

Kvinn Folki
羊皮也被设计得非常现代，让人忍不住想穿上试试

“ADELSGATAN27”是直接以住址命名的商店，由几位女艺术家共同经营，她们轮流到店里上班。店里用机器编织的衣物再现了越橘枝、哥特兰岛玫瑰等哥特兰岛传统花样。另外，店里和丹麦“Kauni”同一个公司生产的独特的毛线虽然不是哥特兰岛毛线，但精美绝伦的渐变色以及丰富多样的颜色让看到它的人无法忽视。

Donners 广场附近的“Kvinn Folki”商店出售的陶艺、木工、小饰品等主要是经过 15 位女性之手完成的。当然，店里还有羊皮、毛衣、羊毛毡等各种和哥特兰羊相关的产品。给灰色调的毛线染上天然的色彩，更加适合女性，这一点也很让人开心。

“GKF”含义是哥特兰岛的艺术家和设计师,取首字母为“GKF”，它的定位是哥特兰岛艺术设计商店。以“10 Gruppen”的成员纺织设计师为首，15 名创作家手里的艺术空间给人强烈的刺激。

到了夏天，艺术家们会面向大众开放工作室，出售作品，会摆出写着“garn（毛线）”“hernslojd（手工艺）”的招牌，即使这篇文章中没有介绍，也请大家去试着寻找这样的招牌。如果我们用心感受他们孕育在淳朴的性情和简单的自然里的生活以及亲手编织的温润的作品，我们一定会更加喜欢这个名为“哥特兰岛”的地方。

**松原裕子**
出生于日本神户。离开贸易公司后留学瑞典。现在和瑞典出生的丈夫、女儿一起生活在达拉纳省。一边经营瑞典手工艺杂货网上商店，一边研究瑞典的传统手工艺技法纳宾德宁（Nålbindning，《毛线球6.欧洲经典圆育克编织》的“GO!GO!编织探险队”和《毛线球15.爱意满满的手工生活》的“世界手工新闻”中均有相关介绍），并将其介绍到日本。

Ringmurens hemslöjd
店里除了伊勒羊毛纺织所的毛线和厄兰岛的毛线之外，还有许多让人爱不释手的手工艺品

Munkvalvet
除木工和皮毛制品之外，店里还可以看到哥特兰羊毛纺成的毛线以及毛衣、毛毯等物

# 编织师的极致编织

18

【第18回】他编织的竖笛是一道风景

do-do、so-so、la……

他有一支竖笛。

桌子上，放着他的竖笛。

在空无一人的音乐室，

有他的竖笛。

do-do、so-so、la……

文、图/203gow　参考作品

**编织师203gow：**
持续编织非同寻常的“奇怪的编织物”。成立让编织充满街头的游击编织集团“编织奇袭团”，还涉足百货店的橱窗、时尚杂志背景、美术馆、画廊展示、舞台美术以及讲习会等活动。曾在青山双子大厦东馆地下1楼Sennheiser Japan Window、千代田区九段下光辉商业广场4楼作品展示。

# CarryC Long

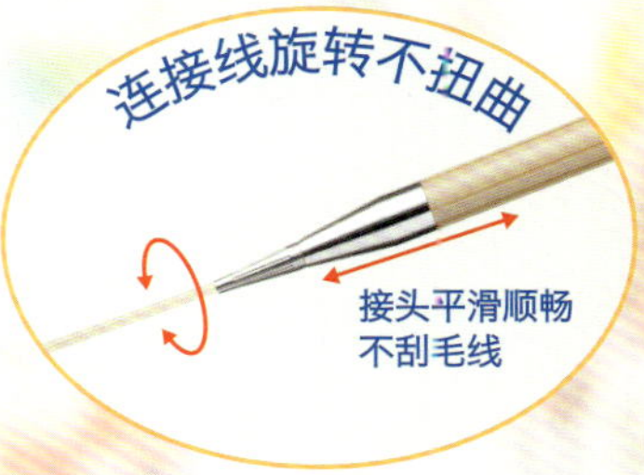


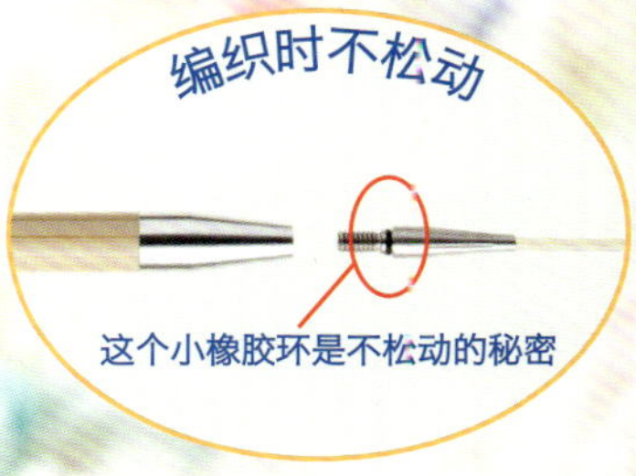

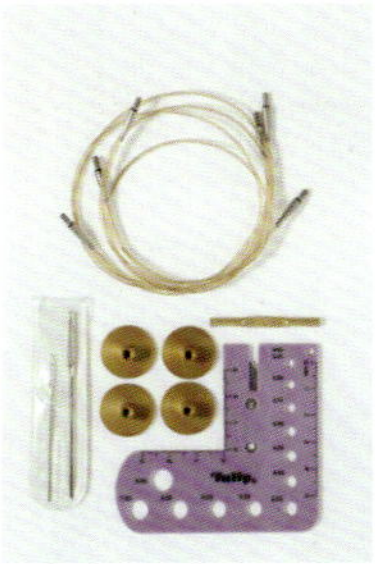

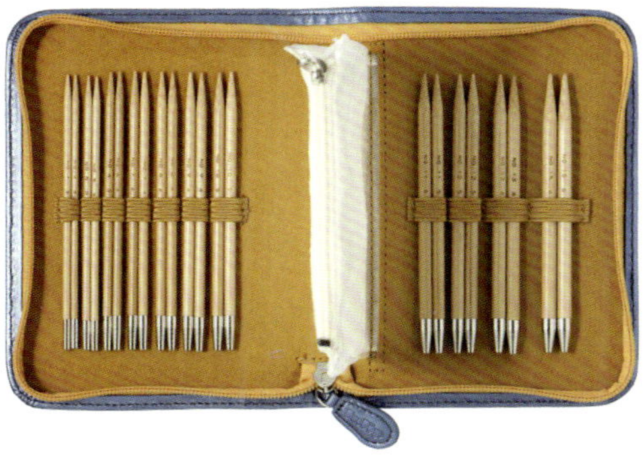

TCC-05
CarryC Long 可拆换环竹针套装

套装内容：环竹针 11 付　4 号 (3.30mm), 5 号 (3.60mm), 6 号 (3.90mm), 7 号 (4.20mm), 8 号 (4.50mm), 9 号 (4.80mm), 10 号 (5.10mm), 11 号 (5.40mm), 12 号 (5.70mm), 13 号 (6.00mm), 15 号 (6.60mm)，连接线 3 根 (50cm, 60cm, 80cm), 延长接管 1 个, 防脱堵头 4 个, 毛线缝针 2 根, 带切线的棒针号卡, 收纳包

CarryC Long
可拆换环竹针　各2根

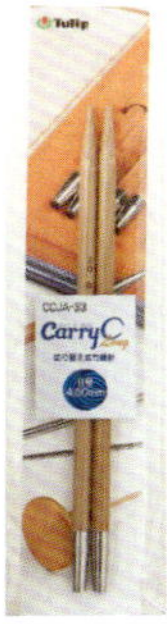

| 编号 | 型号 | 尺寸 |
|---|---|---|
| CCJA-29 | 4号 | 3.30mm |
| CCJA-30 | 5号 | 3.60mm |
| CCJA-31 | 6号 | 3.90mm |
| CCJA-32 | 7号 | 4.20mm |
| CCJA-33 | 8号 | 4.50mm |
| CCJA-34 | 9号 | 4.80mm |
| CCJA-35 | 10号 | 5.10mm |
| CCJA-36 | 11号 | 5.40mm |
| CCJA-37 | 12号 | 5.70mm |
| CCJA-38 | 13号 | 6.00mm |
| CCJA-39 | 15号 | 6.60mm |
| CCJA-45 | 7mm | 7.00mm |
| CCJA-46 | 8mm | 8.00mm |
| CCJA-47 | 9mm | 9.00mm |

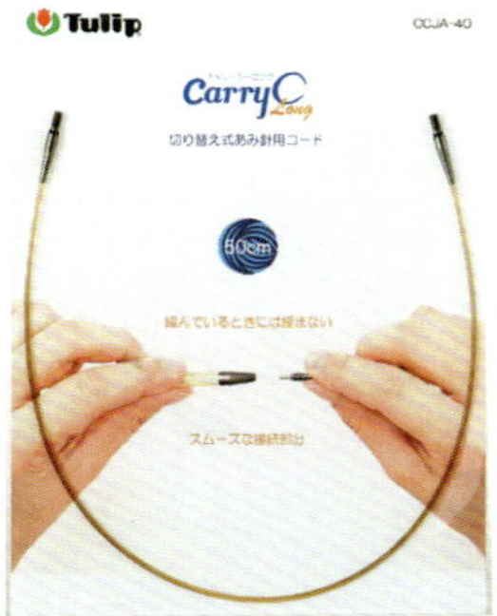

CarryC Long
替换用连接线　各1根

| 编号 | 尺寸 |
|---|---|
| CCJA-40 | 50cm |
| CCJA-41 | 60cm |
| CCJA-42 | 80cm |
| CCJA-43 | 100cm |
| CCJA-48 | 120cm |
| CCJA-49 | 150cm |

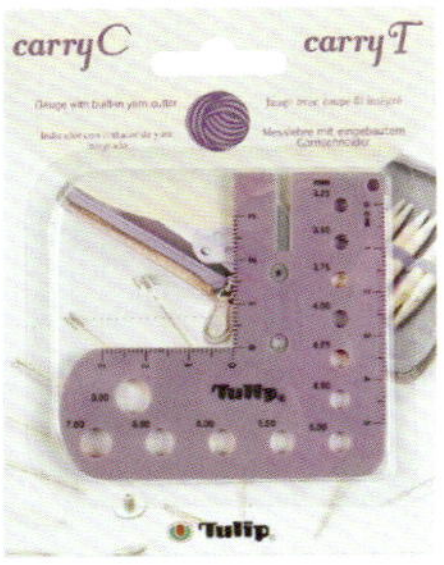

CTMM-26
带切线的棒针号卡　1个

CCJA-27
连接线延长用接管　2个

CCJA-44　CCJA-28
连接线用防脱堵头　2个，4个

Tulip

Tulip Company Limited
郁金香株式会社

WM·DIY

爱玩美手工（郑州如一文化发展有限公司），是中原出版传媒集团下属河南科学技术出版社聚力打造的现代创意手工品牌。依托河南科学技术出版社1000余种手工图书和丰富多彩的手工培训课程提供知识服务与输出。

爱玩美手工已形成了线上线下深度图书出版融合发展的立体化产业模式，为中国手工爱好者和从业者提供全媒体手工出版、教育培训、手工素材和工具设备选购、手工文创、直播录播、国际博览会、艺术大赛、社团团建、休闲体验等一站式综合服务。

爱玩美手工

一站式手工服务和文创平台

手工行业平台服务商

（知识输出、电商、教育培训、视频平台等）

手工教育培训输出商

（团建、社团、沙龙等）

手工原材料综合服务商

（面料、工具、设备、辅料等）

爱玩美手工拥有一站式“中国国际手工文化创意博览中心”、4万平方米“国际手工文化创意产业园”，致力于打造手工教育培训知识输出商、手工行业平台服务商和手工原材料综合服务商。

毛线球快讯

# 毛线世界

## 时尚达人的手艺时光之旅❺：
## 迷人的珠绣

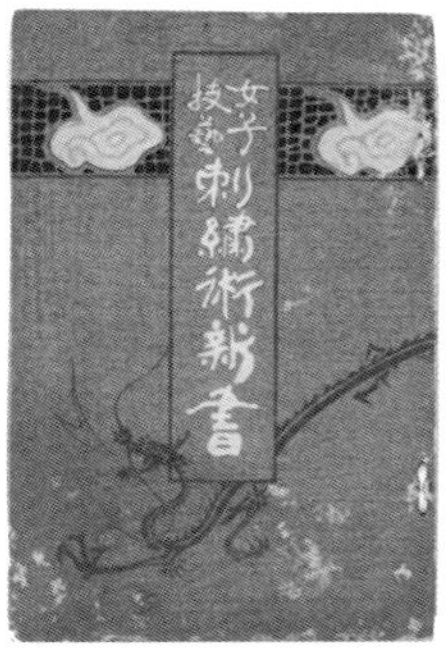

《女子技艺刺绣术新书》柞原彬
明治44年（1911年）

千叶县传统工艺商店“柏珠”里面的口金包

珠绣相框的制作方法
《编织指南》石井富子　明治41年（1908年）

复原的珠绣相框
珠绣：辻真理子
材料：方珠200粒、
透明松紧绳、蕾丝线、蝴蝶结

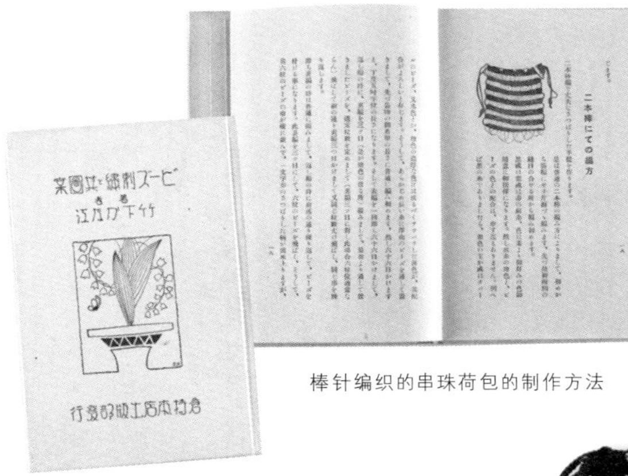

棒针编织的串珠荷包的制作方法

《珠绣及其图案》
竹下加奈江　大正14年（1925年）

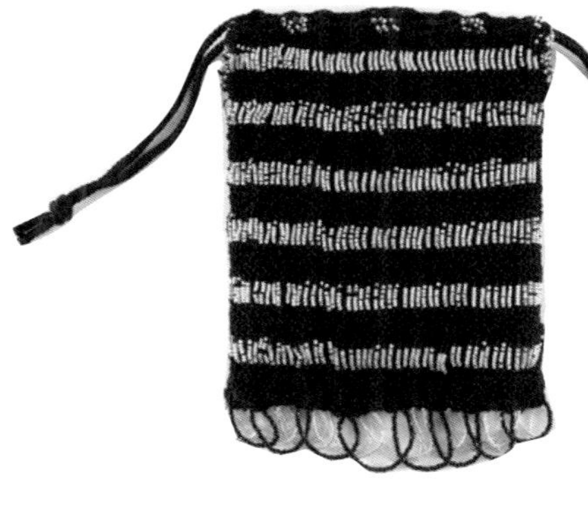

复原的珠绣荷包
材料：丝线、银珠

至今依然让人着迷的串珠是飞鸟时代（592~710年）作为“南京玉”由中国传入日本的。江户时代（1603~1867年），明朝的玻璃匠人把串珠的生产工艺带到了日本，因产量和色泽无法和欧洲串珠媲美，所以当时的手艺人还是主要使用欧洲串珠。明治时代（1868~1912年）后期，在《女子技艺刺绣术新书》中，作为“缝南京玉”的方法，对珠绣做了介绍。直到第二次世界大战结束后美智子（明仁天皇妃子）订婚时携带了珠绣手袋，珠绣才真正引起人们的注意。现在，千叶县传统工艺商店“柏珠”继承了当时的工艺和图案。

同一时期，人气编织作家石井富子在《少女世界》杂志上刊载了珠绣装饰的相框作品。珠绣主要使用的是经过切割的方珠。在毛线店，主要使用北波西米亚地区生产的进口珠子，然后穿到线上，以100粒（1条）为单位出售。方珠是2钱1条（现在的400日元，折合人民币20多元），普通的珠子是1钱1条。制作相框大约要用到200粒珠子，非常昂贵。顺带说一下，当时银座木村屋（百年老字号）总店最受欢迎的夹馅面包，总是排起30分钟以上的长队购买. 那个面包的价格是1个1钱，而当时最受欢迎的“银座巴西咖啡馆”（员工全是年轻人）的咖啡是1杯5钱，可见珠绣手艺在当时人们心中的地位。

后来，进口珠子越来越受人欢迎，大正14年（1925年），珠绣名家竹下加奈江在著作《珠绣及其图案》中，作为“串珠配色的最前沿”，刊载了棒针编织的串珠荷包。下面，让我们听一听珠绣达人的金玉良言。

“例如，如果使用的是黑色线，就比较适合银色或乳白色珠子。浅蓝色线或原色线之类则尽量和清爽的浅色珠子搭配。”

偶尔像时尚达人那样去银座购物，买些串珠，再吃点夹馅面包，然后一边喝着咖啡，一边仔细品味珠绣令人心跳不已的魅力，岂不是很好？

**彩色蕾丝资料室　北川景**
因对日本近代手艺人的热情着迷，不断追寻那些湮没在历史长河中的美丽身影。非常喜爱蕾丝，在担任蕾丝编织讲师的同时，在东京品川区开办“彩色类似资料室”。孔斯特蕾丝俱乐部主管。

# 口金的组装方法

## [ 制作内袋]

下面开始进入编织好主体后的工序。若想长期使用，考虑到实用性，做个内袋吧。
只需要简单地手缝即可，不懂裁剪的人也可以轻松搞定。
选择喜欢的布料，打开包包的时候一定会有一个好心情。

※下面的说明是 8 处，作品是 6 处

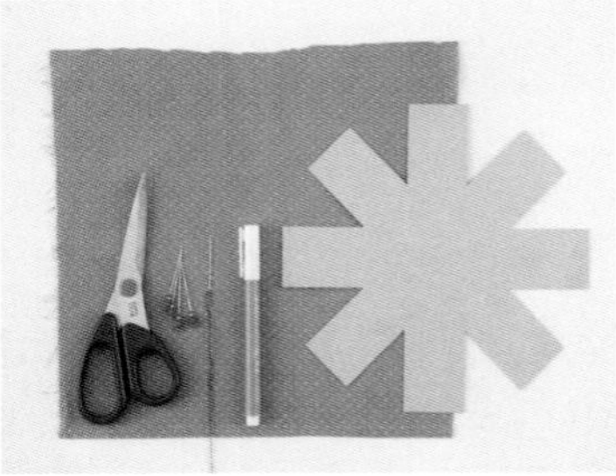

**准备**
布（纸型的大小外加缝份）
纸型
水消笔
手缝针
手缝线
珠针
剪刀

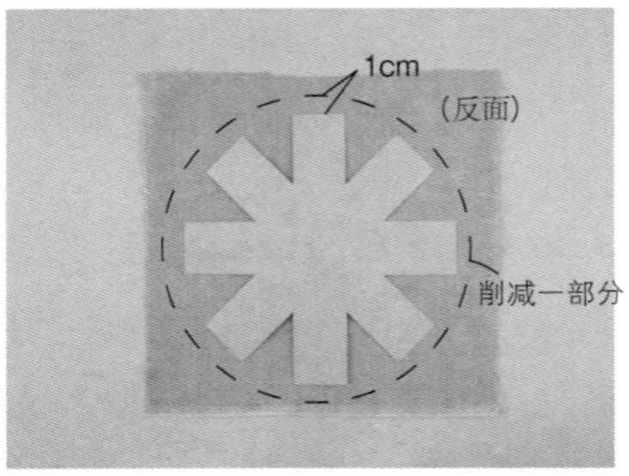


**1.**
将纸型描绘在布上，留 1cm 缝份，剪布。

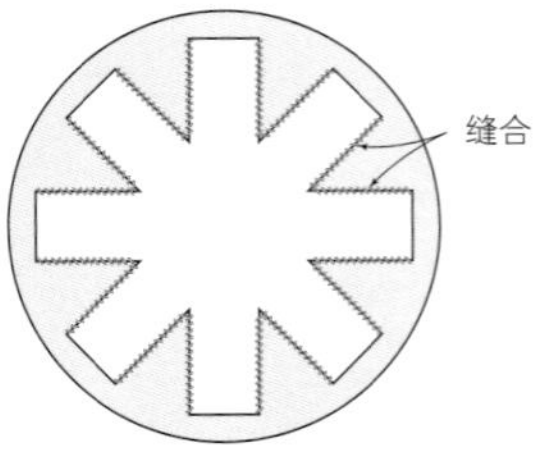


**2.**
将相邻的两边对齐，然后将布叠起来，逐一缝合。缝合时，比包口侧多缝 1 针。

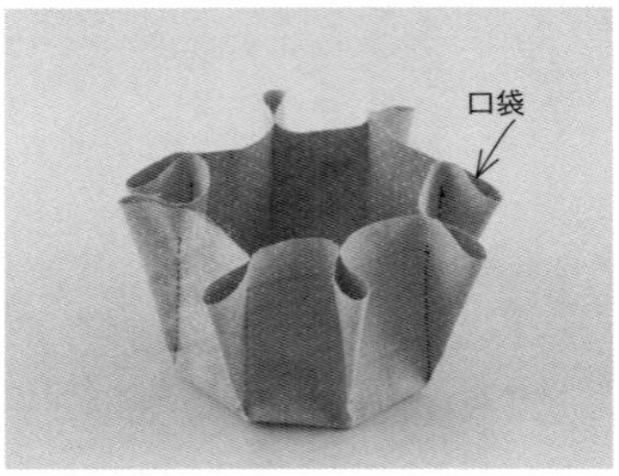


**3.**
缝好了 8 处。外侧形成口袋。

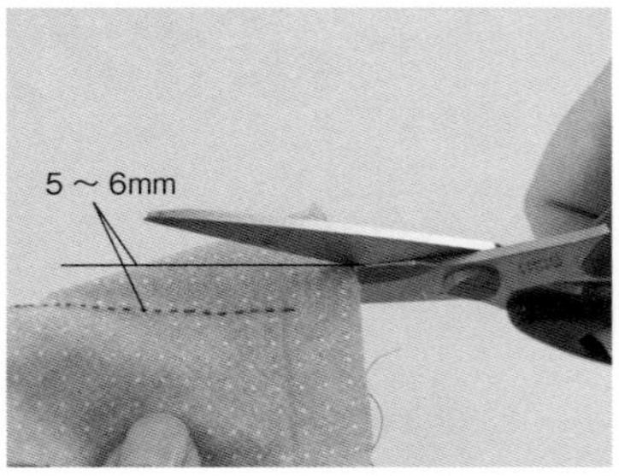


**4.**
在距离针迹 5~6mm 的地方剪下口袋。

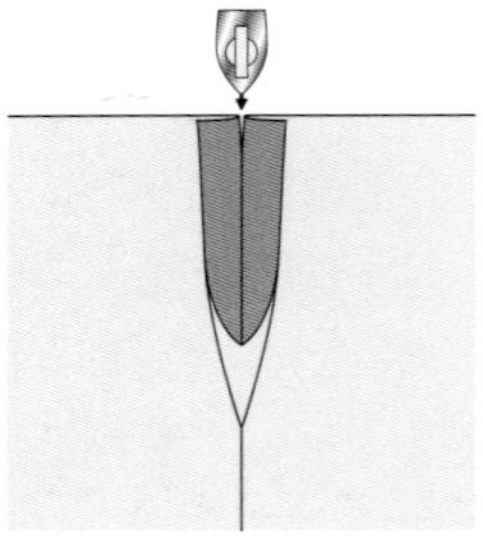

**5.**
打开剪下口袋后留下来的剪口，熨烫平整。

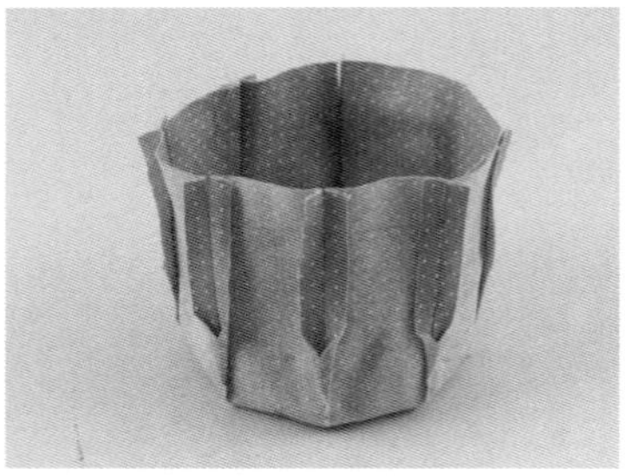

**6.**
打开 8 处剪口，全部熨烫平整。布的正面将变为内侧。

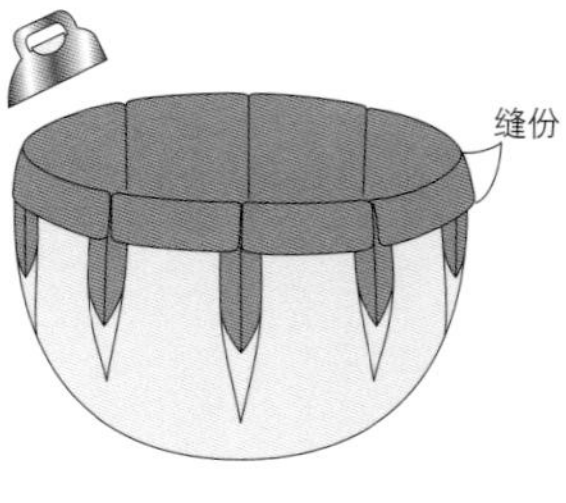


**7.**
将包口的缝份部分向外翻折，熨烫平整。

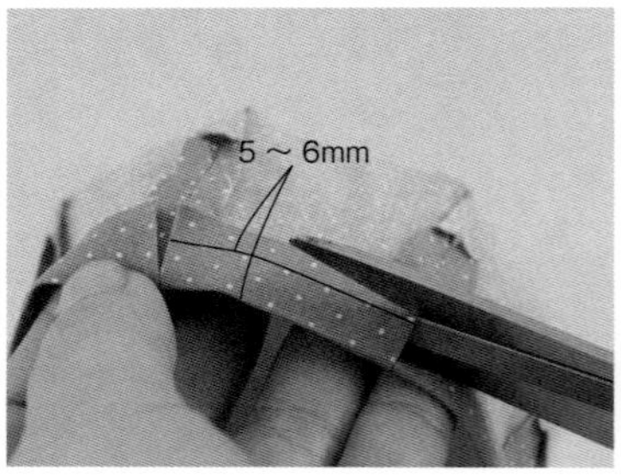


**8.**
在距离折边 5~6mm 的地方剪下多余的布。

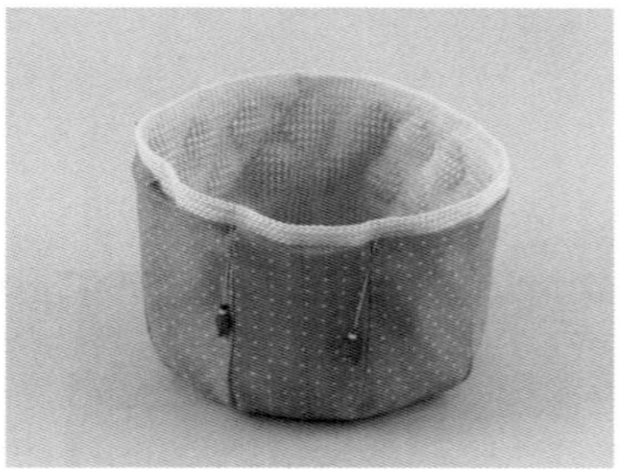

**9.**
将内袋正面翻到外面，按照图示，布袋的反面与主体的反面相对对齐，均匀地别上珠针固定。

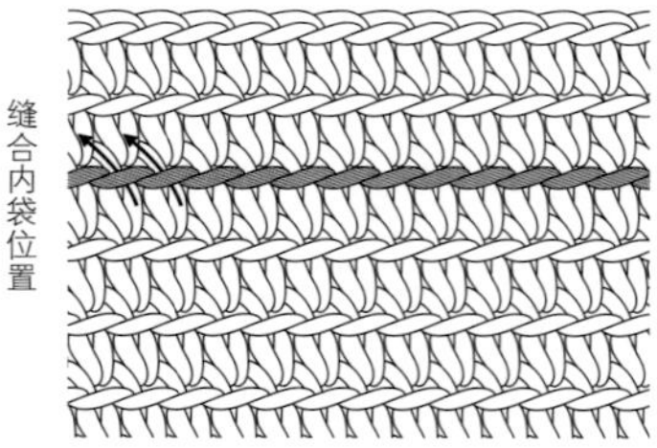


**10.**
图为缝上内袋的主体反面。将针插入主体缝份（2 行）下的条纹中，缝合内袋。

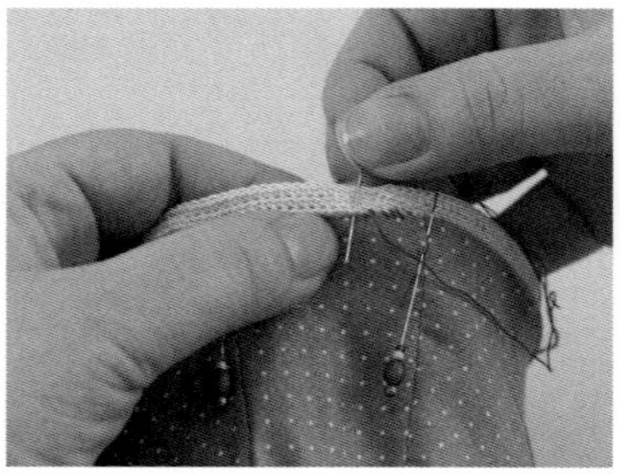

**11.**
按照卷针缝的要领，将针一针一针地插入主体的条纹中缝合固定。

**12.**
缝好 1 圈。将主体翻到正面。

## [ 缝口金 ]

主体缝上内袋后，就该缝口金了。口金夹在侧面缝合时留出的位置，分 2 次缝。
使用带针孔的口金。下面介绍可以让口金包开口更加饱满的缝口金方法。

口金图解

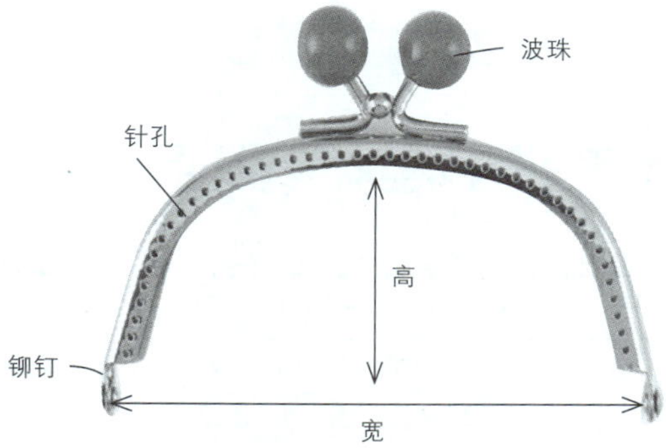


**准备**
口金、天蚕丝 3 号线、针、胶棒

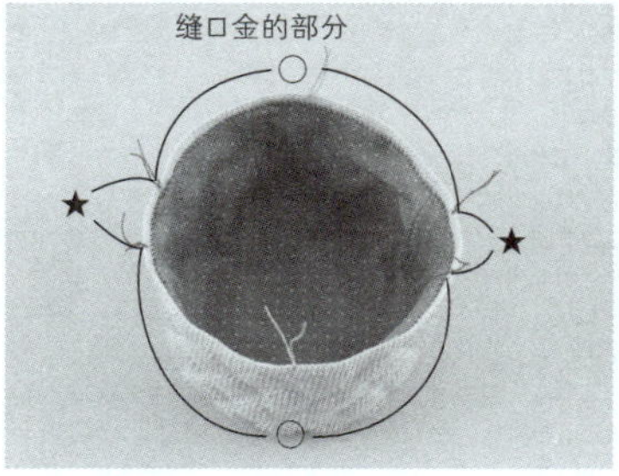


**1.**
在口金包开口处，分别用线在缝口金部分（○）和不缝口金部分（★）的交界处做个记号。

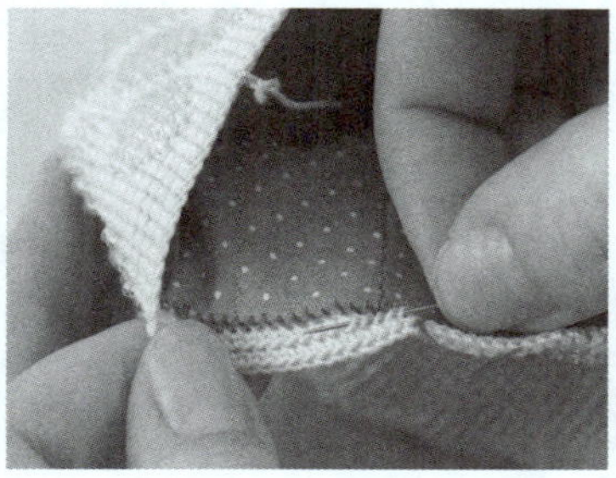

**2.**
给针穿上天蚕丝线，将针插入距离不缝口金部分的记号约 1cm 处一行下面的条纹中。

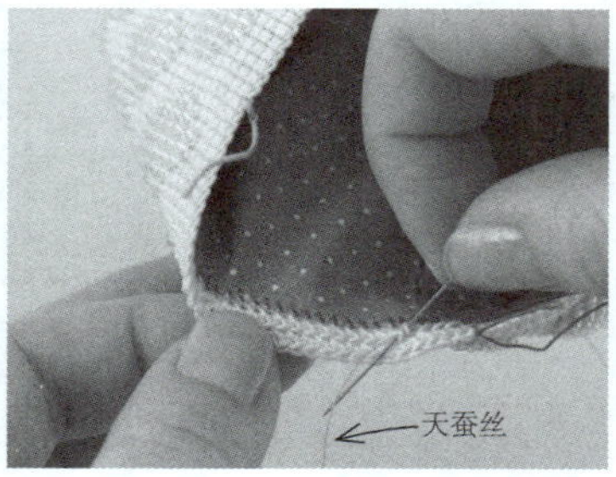


**3.**
回针缝 3mm，然后将针插入天蚕丝线针迹中打个结。

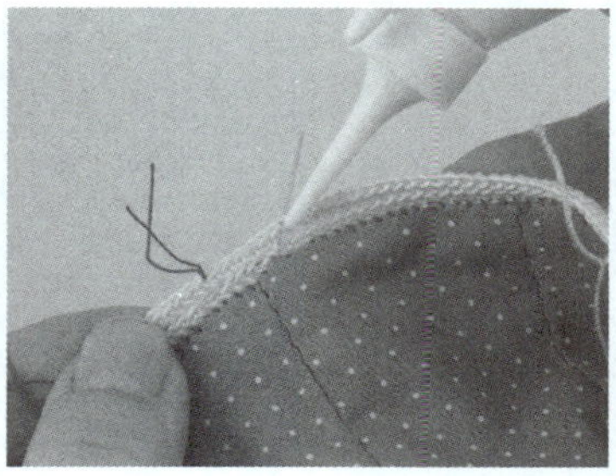

**4.**
用黏合剂将步骤 3 打的线结固定住。这是天蚕丝线端头的处理方法。

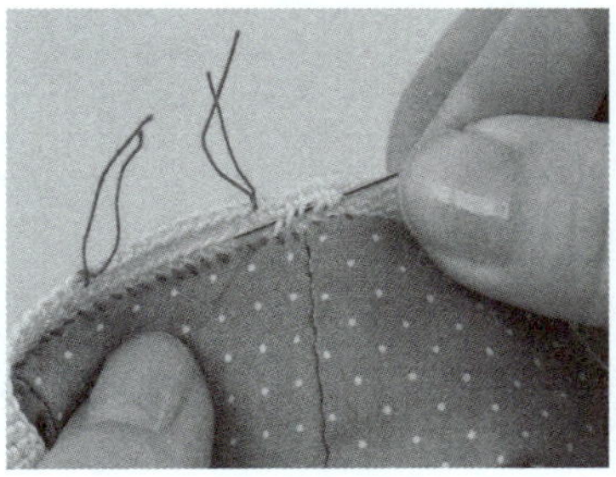

**5.**
回到线头标记的位置，然后开始缝口金。

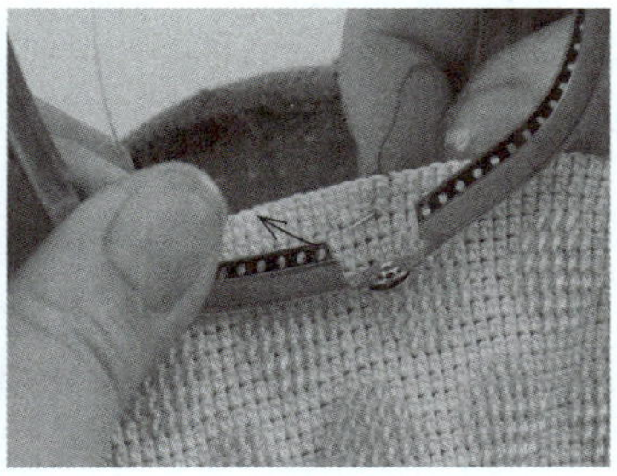

**6.**
口金在前，主体在后，拿好。从线头标记下方 2 行出针，然后插入口金最端头的针孔中。

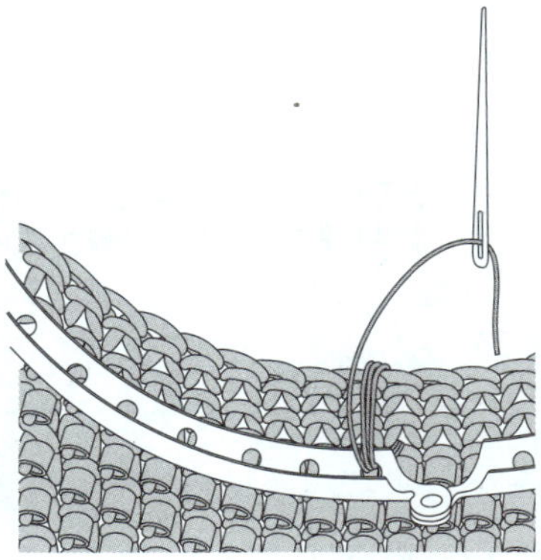

**7.**
起点在同一个针孔中重复两三次以加固。

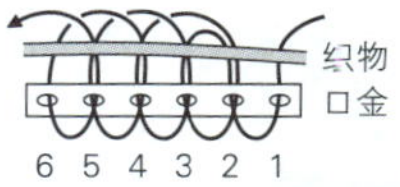


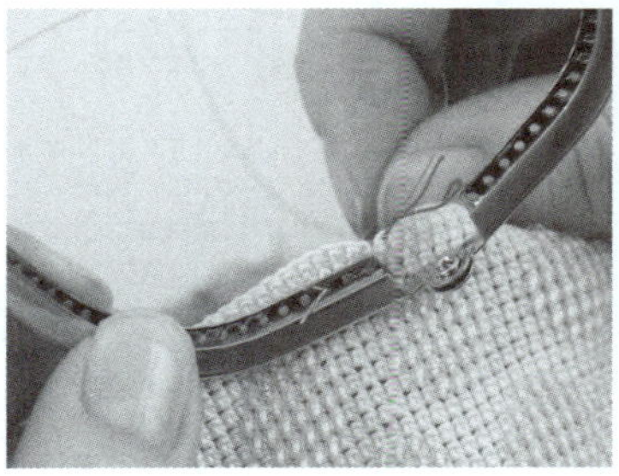

**8.**
缝口金时，入针顺序为 [1] → [2]、[3] → [2]、[4] → [3] → [5] → [4] → [6]，用半回针缝的方法缝口金。

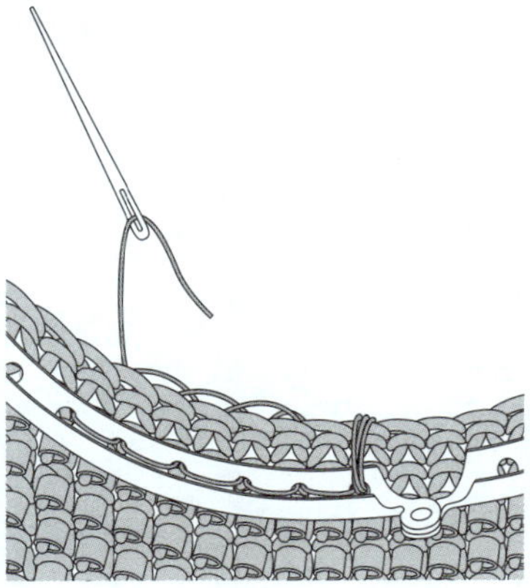

**9.**
为了使口金的针孔与主体的中心对齐，在缝合的过程中需要将主体的针目调整均匀。

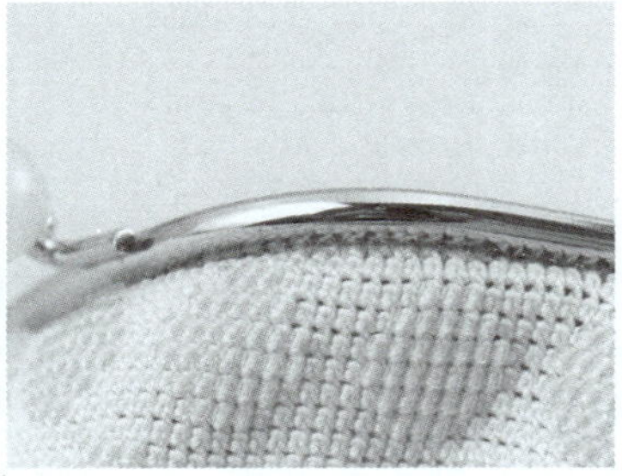

**10.**
主体入口处的口金连上了。缝到口金中心后，确认主体是否有扭曲、错开。

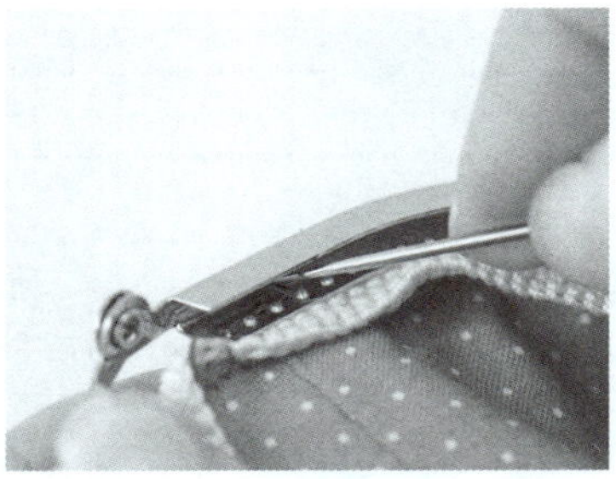

**11.**
从口金的起点开始，按顺序用针挑起渡向反面的天蚕丝线，不断向前拨送。

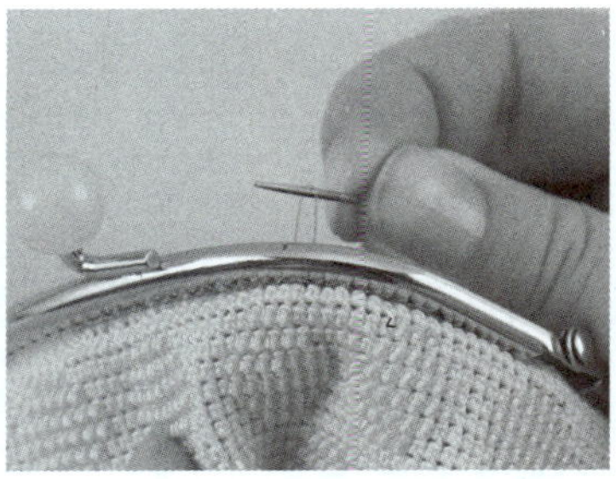

**12.**
在将多余的天蚕丝线向前拨送的过程中，收紧口金和织片的针迹。

## 第 1 页图片的文字说明：

《源氏物语》的《夕颜》中出现的女童。制作时在递向对方的姿势和眼神上下了一番功夫。
创作：羊毛仓库

每年夏天，我们全家一定会一起去旅行。一年比一年忙的儿子和搞个体经营的我们夫妇俩，看着日历来定日期，是旅行的第一步。提前一个月能确定下日程，当然是最好不过了，但常有很多的不确定因素。若是简单的国内旅行的话，有时候会突然提出“呀!三天之后没问题”，于是就在临出发之前才决定。

旅行对于我来说，就是随意地坐在汽车的后排座放松。司机和前排的座位属于丈夫和儿子，他们会一直不停地聊天，我只要有一搭没一搭地听着就可以了。8毫米摄像机的录影带开始在我脑中运转，就像是在拍摄一部不会经过剪辑的公路电影。旅游胜地当然不错，但对于我们家来说，在车子的挡风玻璃中映射出来的景象，才是最吸引人的地方。

去年我们选择了北海道的最北端。没想到，那里夏天居然会那么冷，而且行程中的一半时间都在下雨。在稍显冷清的海洋馆中看到的乌黑的有些恐怖的、海豹眼睛等，在我的脑海中不断回放着。旅行真的非常有趣，我不知不觉就脱口而出：“那么，我们明年去哪儿玩呢？”

羊毛仓库：人偶作家铃木千晶的笔名。现居住于热海。在宝库学园东京、横滨、名古屋、心斋桥校区担任讲师。

# 作品的编织方法

★的个数代表作品的难易程度和对编织者的水平要求　★…初学者可放心选择　★★…拥有一定自信者都可以尝试
★★★…有毅力的中上级水平者可以完成　★★★★…对技术有自信者都可大胆挑战
※ 线为实物粗细
※ 图中未注明单位的数字均以厘米（cm）为单位

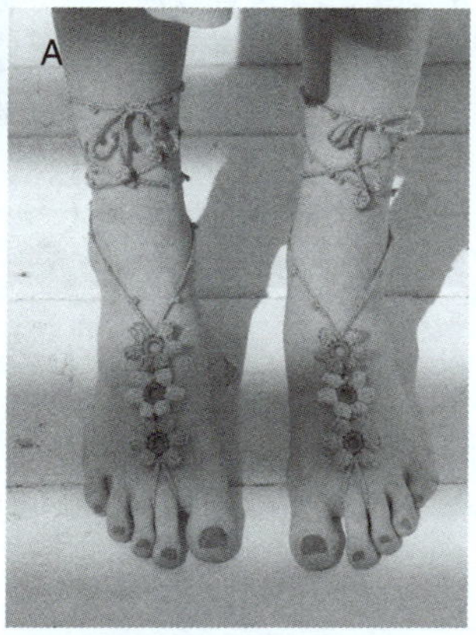

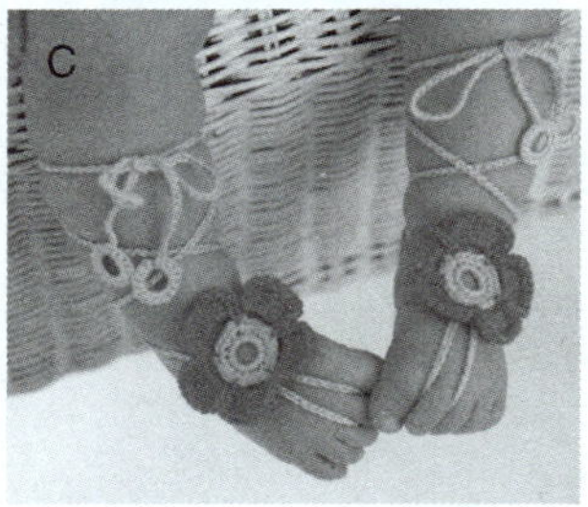


**材料**

[A] 芭贝Cotton Kona灰蓝色(63) 10g/1团，黄绿色(77)、绿色(81) 各5g/各1团，深粉色(82)少量/1团；外径12mm的手工艺用圆环18个

[B] 芭贝Cotton Kona藏青色(80) 10g/1团，白色(1) 5g/1团，黄绿色(77)少量/1团；外径12mm的手工艺用圆环24个

[C] 芭贝Cotton Kona深粉色(82) 10g/1团，黄绿色(77) 5g/1团；外径12mm的手工艺用圆环8个

**工具**

钩针4/0号

**成品尺寸**

[A] 长72cm

[B] 长63cm

[C] 长48.5cm

**编织密度**

花片的大小参见图示

**编织要点**

● A…从花片a开始钩织，第2圈与挂脚趾部分连在一起钩织。钩织花片b、c的同时，分别与相邻的花片使用引拔针连接在一起。系绳与花片c使用引拔针连接在一起后开始钩织。

● B…参见图示，钩织主体与花朵花片。将花朵花片以藏针缝缝合到主体上。

● C…钩织主体，参见图示在花芯上钩织花瓣。

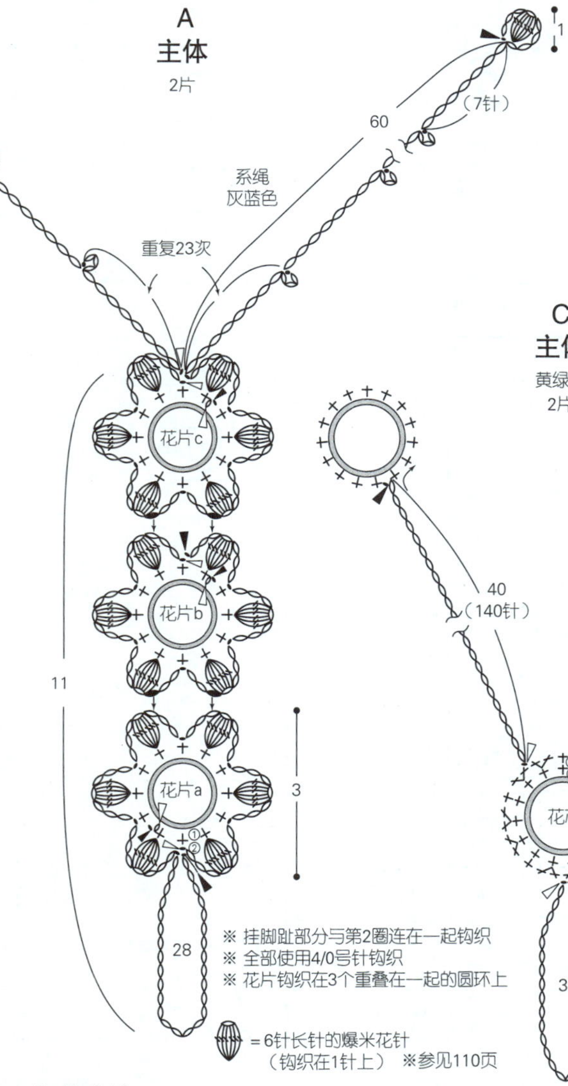


**A的配色**

| | 第1圈 | 第2圈 |
|---|---|---|
| 花片a | 深粉色 | 绿色 |
| 花片b | 深粉色 | 黄绿色 |
| 花片c | 深粉色 | 灰蓝色 |

▷ = 加线
▶ = 剪线

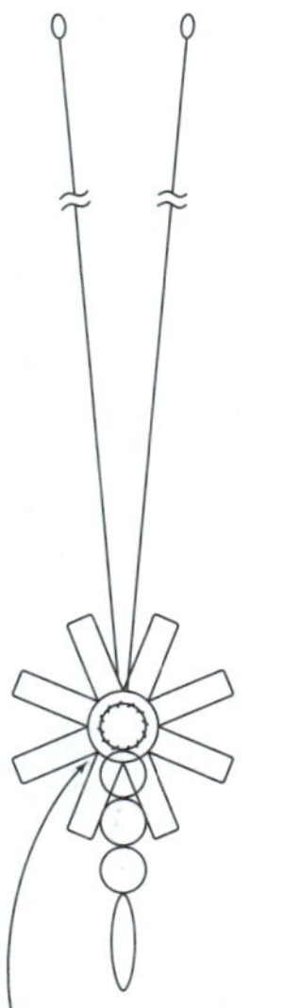


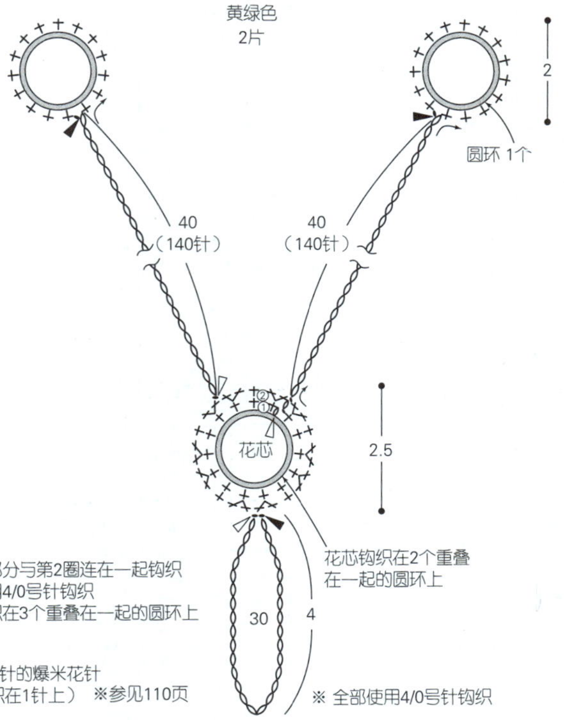


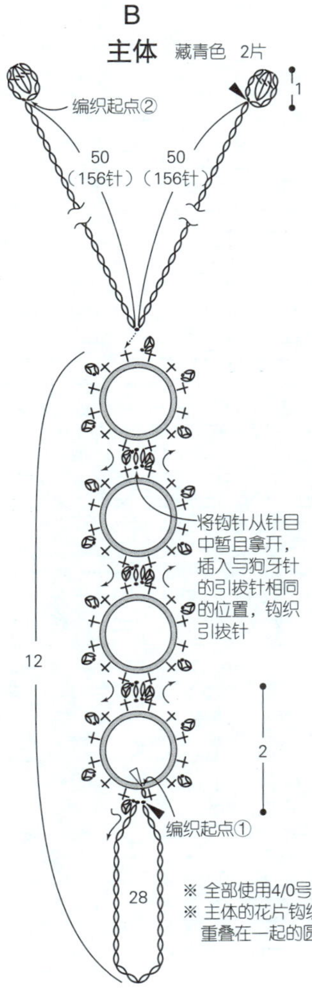


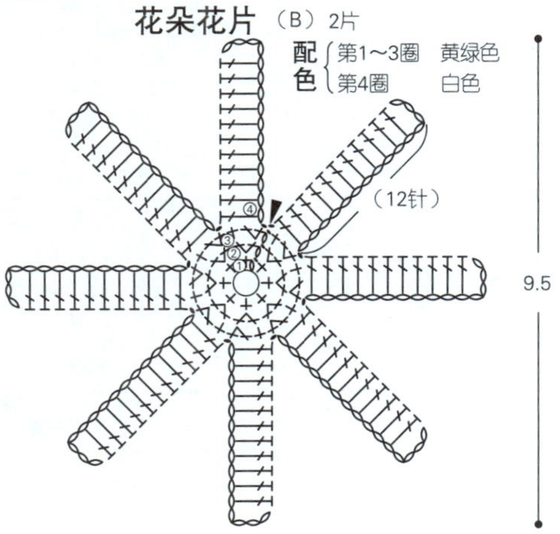


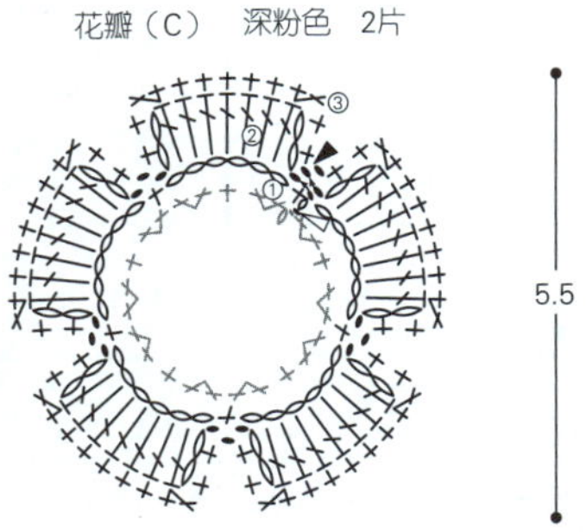

后背花样

**材料**

Hobbyra Hobbyre Crochet Cotton 颜色、色号、使用量请参见表；直径15mm的纽扣1颗

**工具**

蕾丝针0号

**成品尺寸**

胸围96cm，衣长53cm，连肩袖长33cm

**编织密度**

花片的边长为8cm

**编织要点**

●身片…使用花片连接的方法钩织。花片配色参见表。从第2片花片开始，在钩织最后1圈的同时，与相邻的花片使用引拔针钩织连接在一起。

●组合…下摆、前端、衣领以及袖口挑取指定数量的花样，环形钩织边缘编织。利用花片的花样做扣眼。

**花片的配色及片数**

| | A（10片） | B（11片） | C（9片） | D（13片） | E（12片） | F（9片） | G（11片） | H（9片） |
|---|---|---|---|---|---|---|---|---|
| 第7、8圈 | 白色 | 白色 | 白色 | 白色 | 白色 | 白色 | 白色 | 白色 |
| 第6圈 | 绿色 | 黄绿色 | 橙色 | 米色 | 浅蓝色 | 黄色 | 深粉色 | 浅绿色 |
| 第5圈 | 橙色 | 粉色 | 浅蓝色 | 浅绿色 | 深粉色 | 蓝色 | 浅蓝色 | 黄绿色 |
| 第4圈 | 黄色 | 浅绿色 | 米色 | 绿色 | 黄绿色 | 橙色 | 原白色 | 蓝色 |
| 第3圈 | 蓝色 | 橙色 | 深粉色 | 黄色 | 原白色 | 浅蓝色 | 绿色 | 浅天蓝色 |
| 第2圈 | 浅蓝色 | 浅天蓝色 | 绿色 | 深粉色 | 蓝色 | 粉色 | 黄绿色 | 灰绿色 |
| 第1圈 | 黄绿色 | 深粉色 | 黄色 | 浅蓝色 | 浅绿色 | 原白色 | 橙色 | 粉色 |

**线的使用量**

| 颜色（色号） | 使用量 |
|---|---|
| 白色（01） | 70g/3团 |
| 黄绿色（31） | 30g/2团 |
| 浅蓝色（34） | 20g/1团 |
| 米色（02） | 各15g/各1团 |
| 黄色（29） | |
| 橙色（30） | |
| 浅绿色（32） | |
| 绿色（33） | |
| 蓝色（36） | |
| 深粉色（38） | |
| 原白色（10） | 10g/1团 |
| 浅天蓝色（24） | 各5g/各1团 |
| 灰绿色（26） | |
| 粉色（37） | |

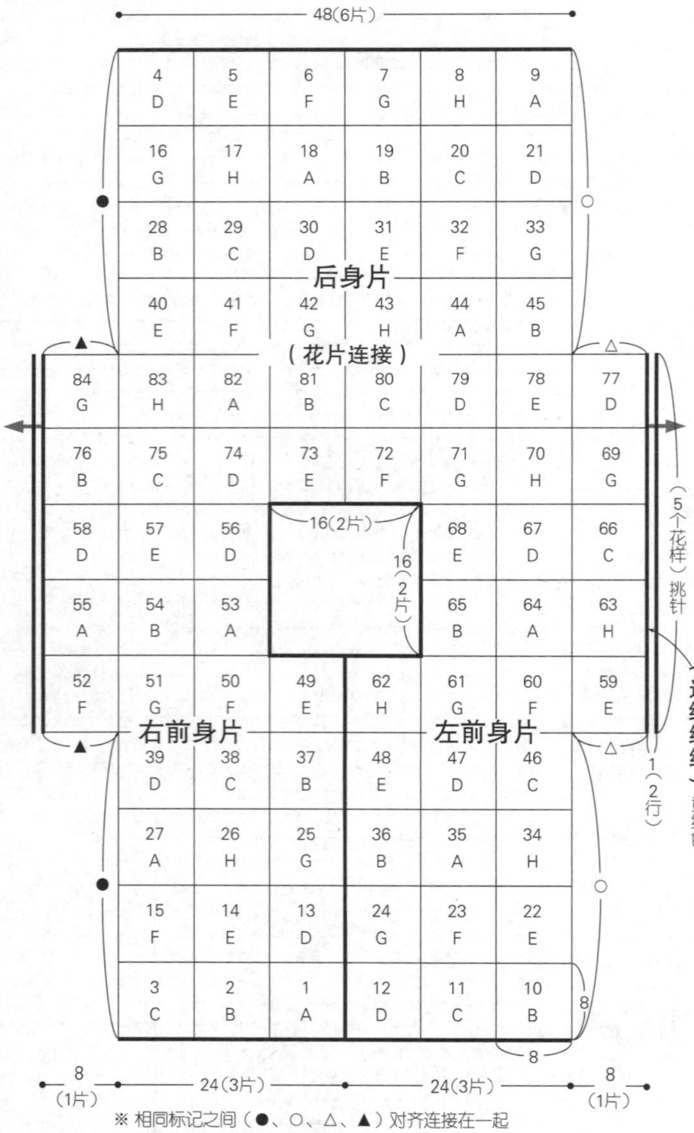


※ 相同标记之间（●、○、△、▲）对齐连接在一起

※ 全部使用0号蕾丝针钩织

※ 花片内的数字表示连接的顺序

※ 花片转角的连接方法参见113页

**花片** 84片

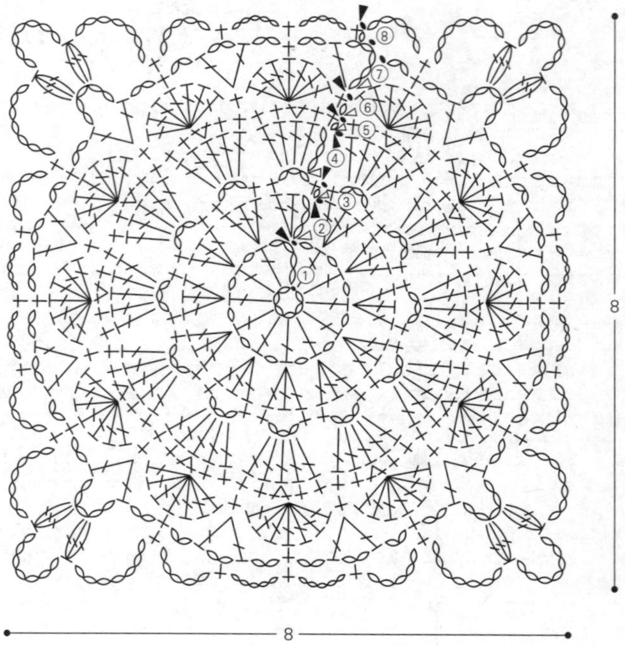


▷ = 加线

► = 剪线

## 边缘编织

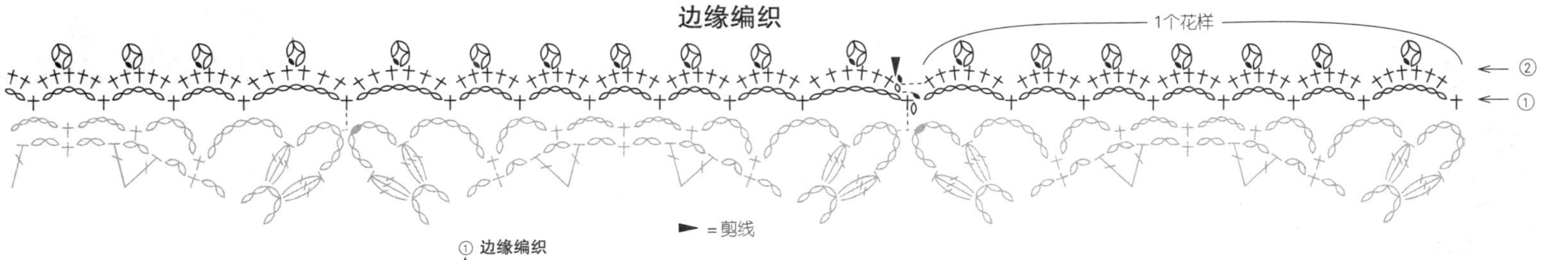


## 花片的连接方法

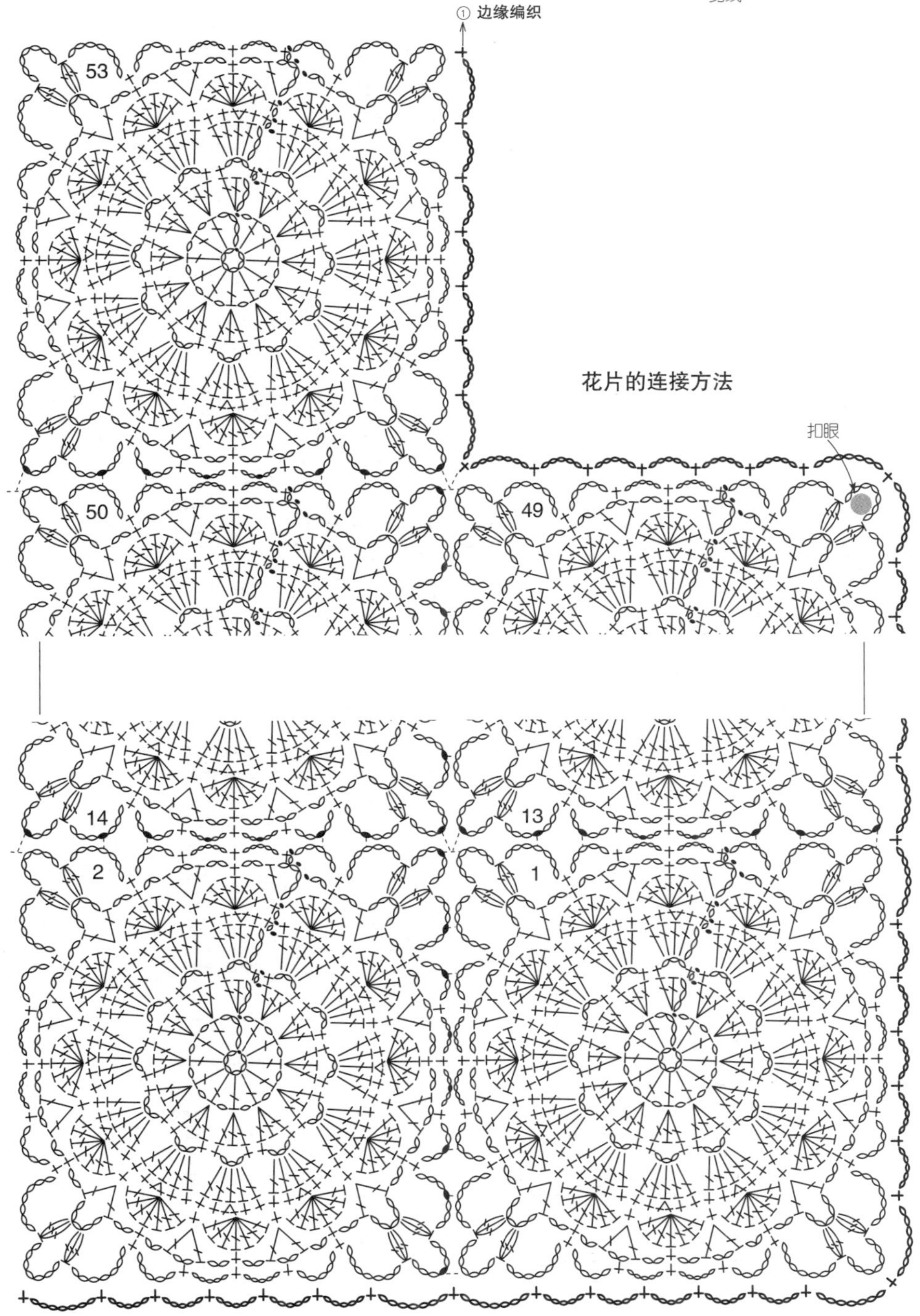


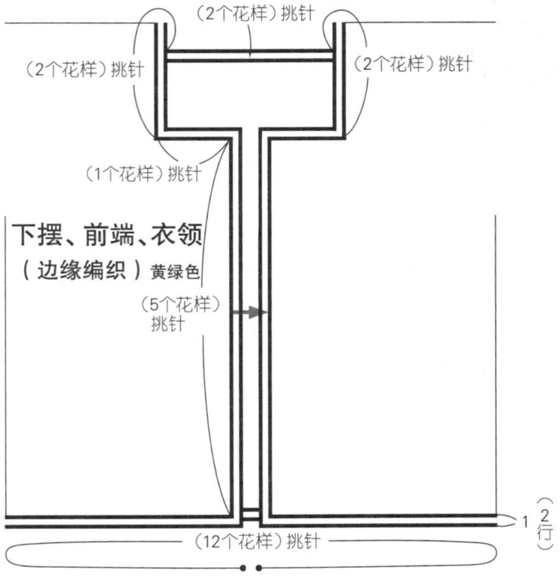


### 茎a

A…白色
B…深绿色

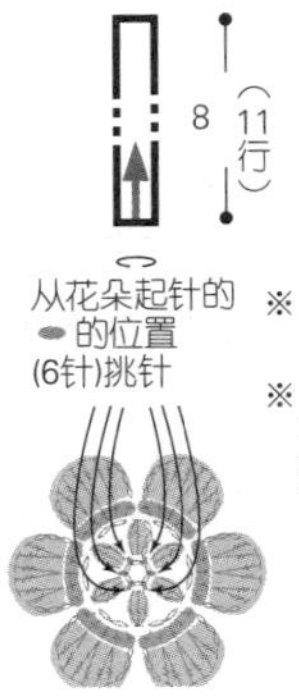


※ A看着花朵的反面挑取针目，B看着花朵的正面挑取针目

※ 钩织短针时，与主体相同，不钩织锁针的立针，直接环形钩织

### 茎b

A…白色
B…深绿色

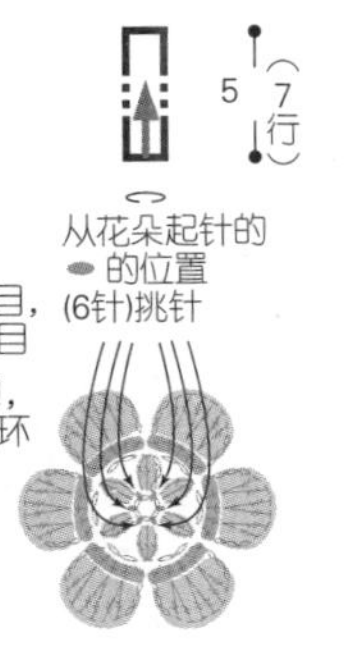


### 组合方法

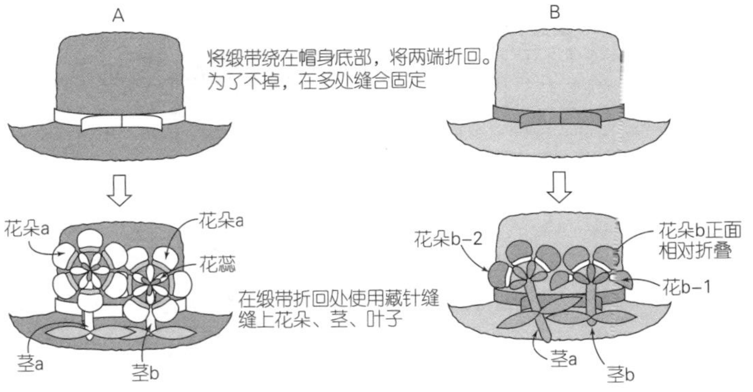


接94页▶

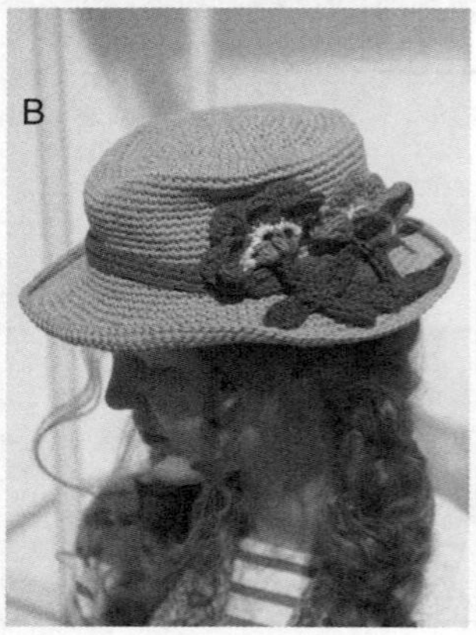


**材料**

[A] Pierrot Yarn Wild life深海军蓝色(16) 145g/2桄，白色(01) 10g/1桄，鼠尾草蓝色(03) 10g/1桄；直径0.7mm的手工艺用定型绳190cm

[B] Pierrot Yarn Wild life春绿色(05) 135g/2桄，浅红色(10) 25g/1桄，深绿色(07)、粉色(09)各10g/各1桄，白色(01) 5g/1桄；直径0.7mm的手工艺用定型绳190cm

**工具**

钩针6/0号

**成品尺寸**

头围54cm，帽深10cm

**编织密度**

10cm×10cm面积内：短针15.5针，17行

**编织要点**

●环形起针，从帽顶开始钩织。参见图示，在钩织短针的同时加针。帽檐最后的2圈，包裹着定型绳钩织。最后钩织1圈引拔针。钩织缎带、花朵、叶子。茎a、b从花朵的起针上挑取针目，钩织短针。A钩织花蕊，缝在茎上。参见组合方法，将缎带、花朵、茎a和b、叶子缝合到主体上。

**帽子主体** A…深海军蓝色 B…春绿色

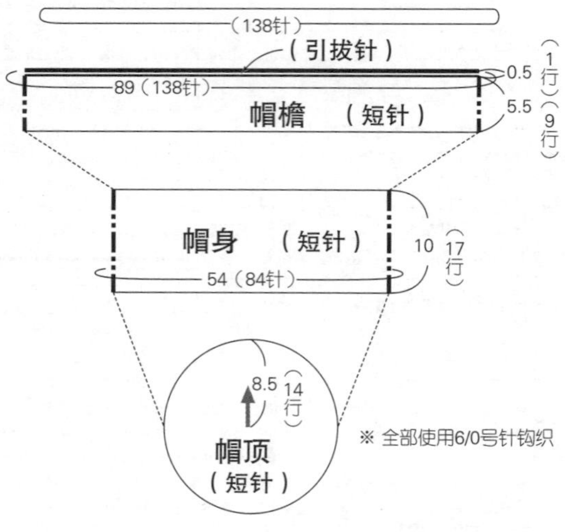


※ 全部使用6/0号针钩织

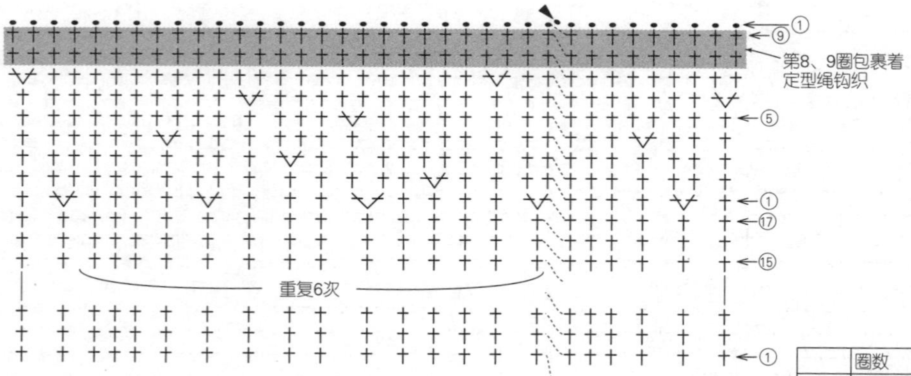


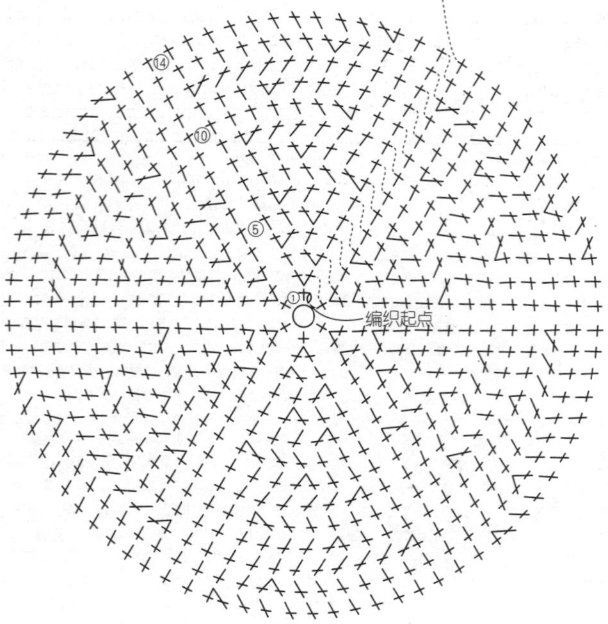


| | 圈数 | 针数 | |
|---|---|---|---|
| 帽檐 | 第1圈 | 138针 | 引拔针 |
| | 第8、9圈 | 138针 | |
| | 第7圈 | 138针 | (+6针) |
| | 第6圈 | 132针 | (+6针) |
| | 第5圈 | 126针 | (+6针) |
| | 第4圈 | 120针 | (+6针) |
| | 第3圈 | 114针 | (+6针) |
| | 第2圈 | 108针 | (+6针) |
| | 第1圈 | 102针 | (+18针) |
| 帽身 | 第1~17圈 | 84针 | |
| 帽顶 | 第14圈 | 84针 | (+6针) |
| | 第13圈 | 78针 | (+6针) |
| | 第12圈 | 72针 | (+6针) |
| | 第11圈 | 66针 | (+6针) |
| | 第10圈 | 60针 | (+6针) |
| | 第9圈 | 54针 | (+6针) |
| | 第8圈 | 48针 | (+6针) |
| | 第7圈 | 42针 | (+6针) |
| | 第6圈 | 36针 | (+6针) |
| | 第5圈 | 30针 | (+6针) |
| | 第4圈 | 24针 | (+6针) |
| | 第3圈 | 18针 | (+6针) |
| | 第2圈 | 12针 | (+6针) |
| | 第1圈 | 6针 | |

**花朵**

▷ = 加线
▶ = 剪线
● = 茎的挑针位置

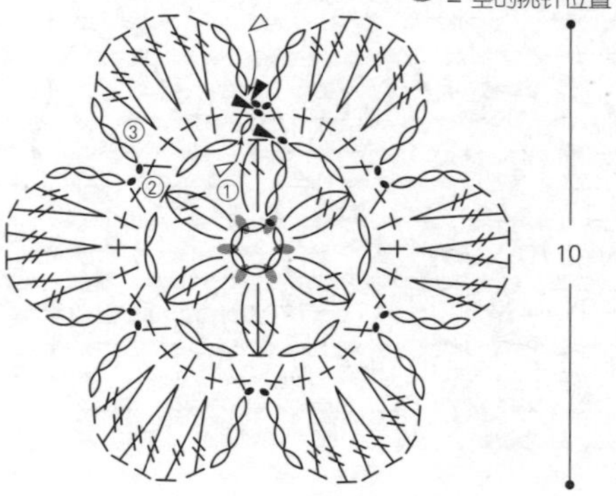


**花朵的配色**

| | 第1圈 | 第2圈 | 第3圈 | |
|---|---|---|---|---|
| a | 白色 | 鼠尾草蓝色 | 白色 | 2片 |
| b-1 | 浅红色 | 白色 | 粉色 | 1片 |
| b-2 | 粉色 | 白色 | 浅红色 | 1片 |

**叶子** A…鼠尾草蓝色 2片 B…深绿色 2片

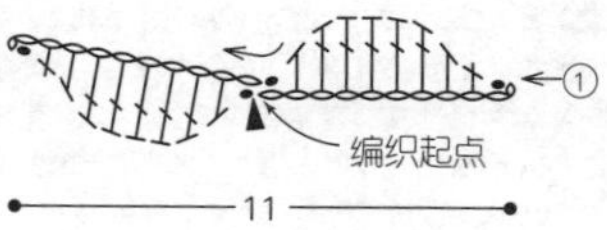


**缎带** A…白色 B…浅红色

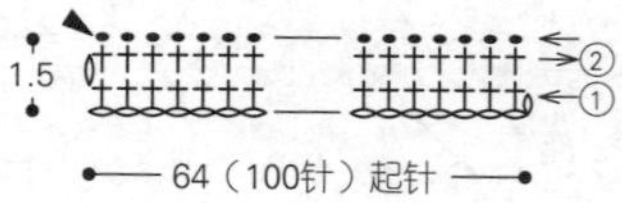


**花蕊**

A…深海军蓝色 2片

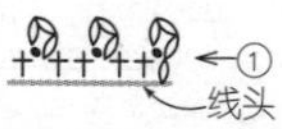


留出较长的一段线头开始钩织，包裹着该线头钩织短针。钩织完成后，拉紧线头，成为环形。将花朵摆在中心位置，缝合固定在茎的上端

◀接93页

**材料**

Pierrot Yarn Tours 原白色( vanilla 03) 335g/12 团；宽 20mm 的松紧带 70cm

**工具**

棒针 4 号，钩针 5/0 号、4/0 号、3/0 号

**成品尺寸**

腰围 76cm，裙长 51cm

**编织密度**

10cm×10cm 面积内：上针编织 20 针，28 行；编织花样 A，1 个花样 12 针为 4.5cm，28 行为 10cm；花片的大小参见图示

**编织要点**

●主体、下摆…2 根线并为 1 股编织。主体共线锁针起针开始编织，组合编织花样 A 和上针编织。编织终点做伏针及休针。下摆与主体使用同样的方法起针，按编织花样 B 编织。编织终点做伏针收针。主体和下摆从反面使用手缝针挑针缝合在一起。侧边缝的休针做下针编织无缝拼接。

●组合…参见图示钩织边缘编织 A、B。下摆的边缘编织 A 与开衩一周一起钩织。腰头使用 1 根线挑取指定数量的针目钩织短针，包裹着连接成了环形的松紧带做藏针缝缝合。在腰头的外侧钩织缎带襻。钩织花朵、叶子、茎的花片，使用藏针缝缝合到指定的位置。花朵与叶子使用 2 根线并为 1 股钩织，茎使用 1 根线钩织。使用 1 根线用短针钩织缎带，穿到缎带襻中。

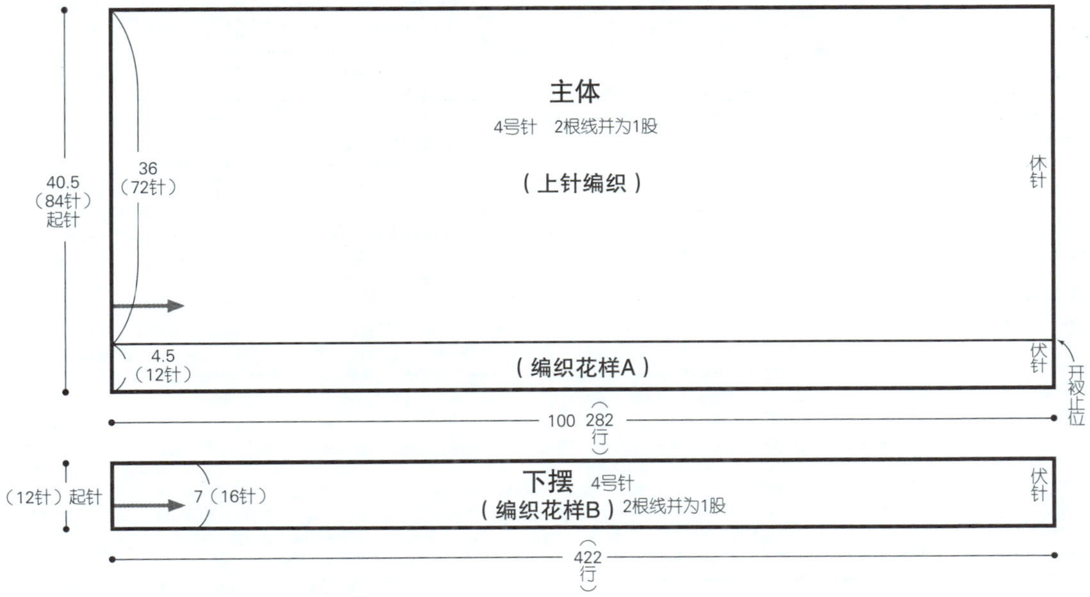


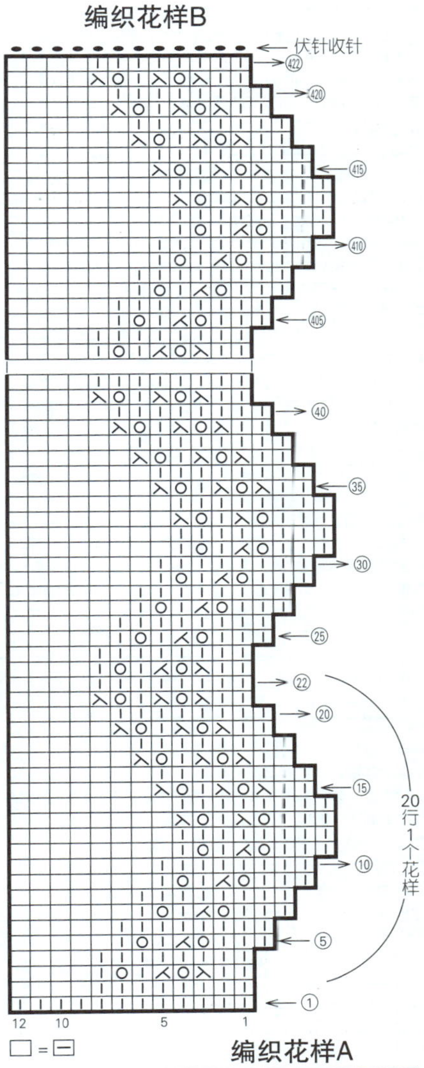


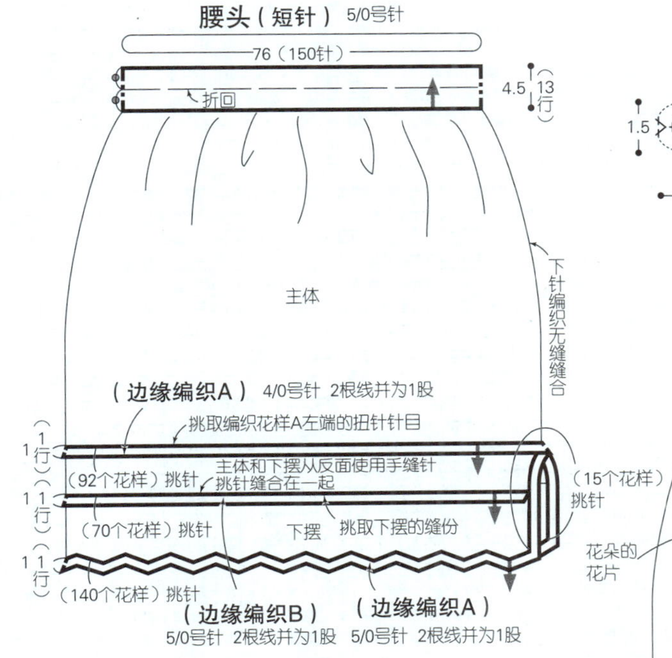


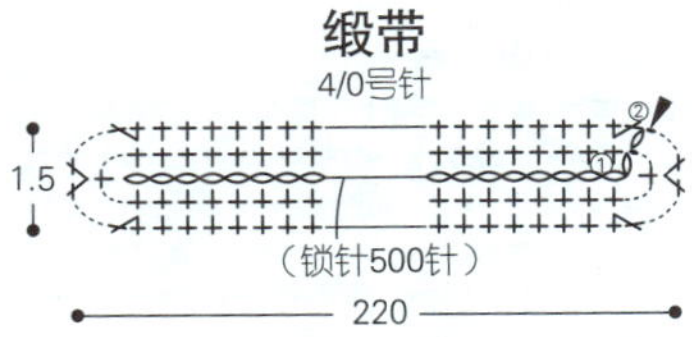


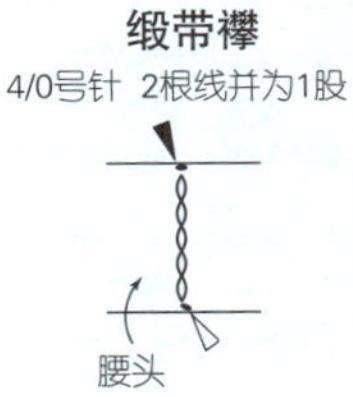


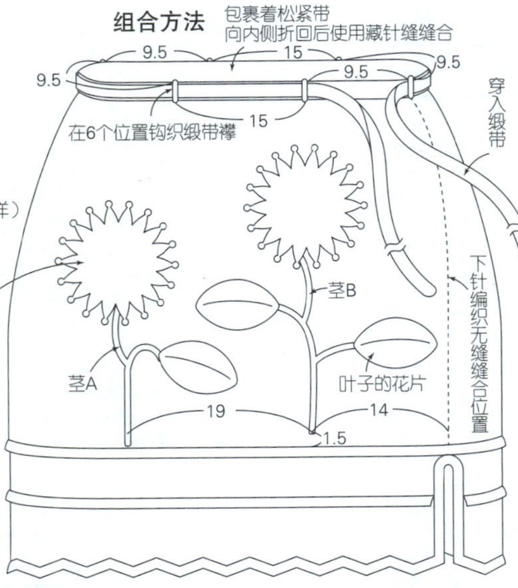


※ 将各个花片使用藏针缝的方法缝合到指定位置

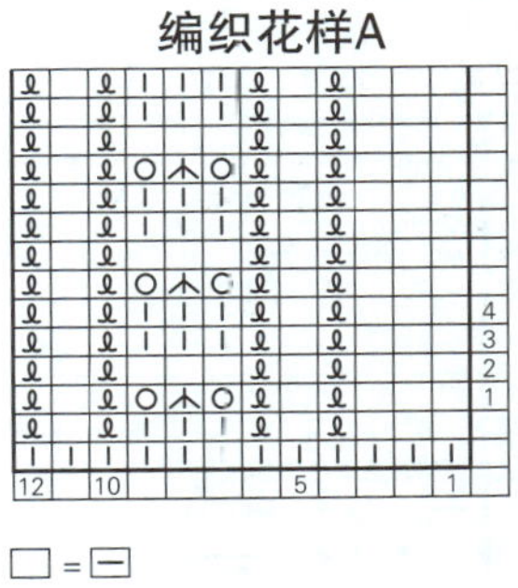


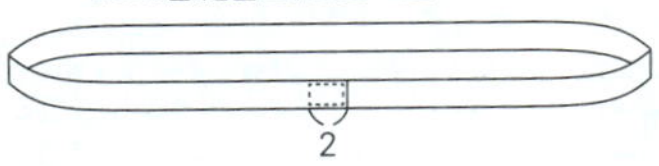


▷ = 加线
▶ = 剪线

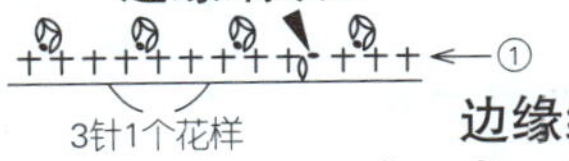


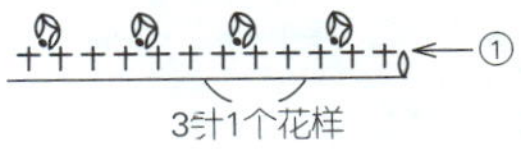

## 花朵的花片 2片

4/0号针 2根线并为1股

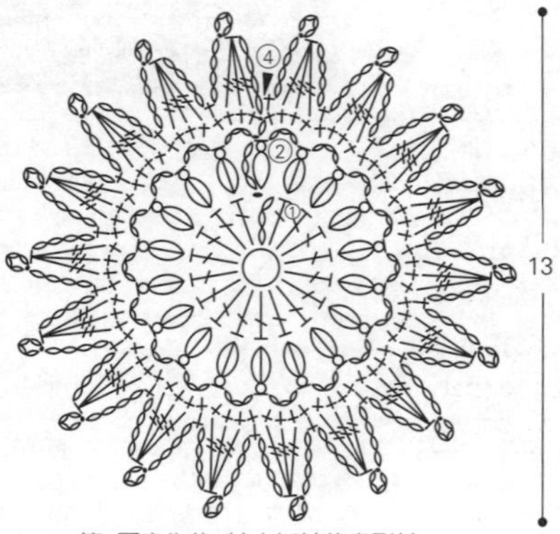


※ 第2圈变化的3针中长针的枣形针是将线拉出一定的长度后钩织

※ 第1~3圈将反面当作正面使用，钩织第4圈时翻转织片

= 变化的3针中长针的枣形针

※编织方法参见128页

## 茎A

3/0号针

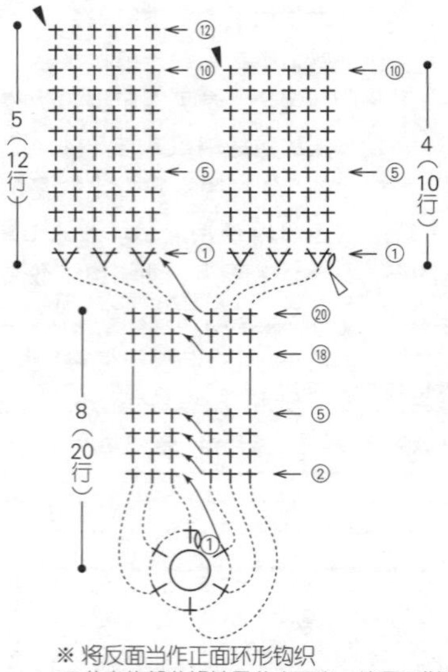


※ 将反面当作正面环形钩织

※ 分支的部分将针目分成两半，使用同样的方法钩织

## 茎B

3/0号针

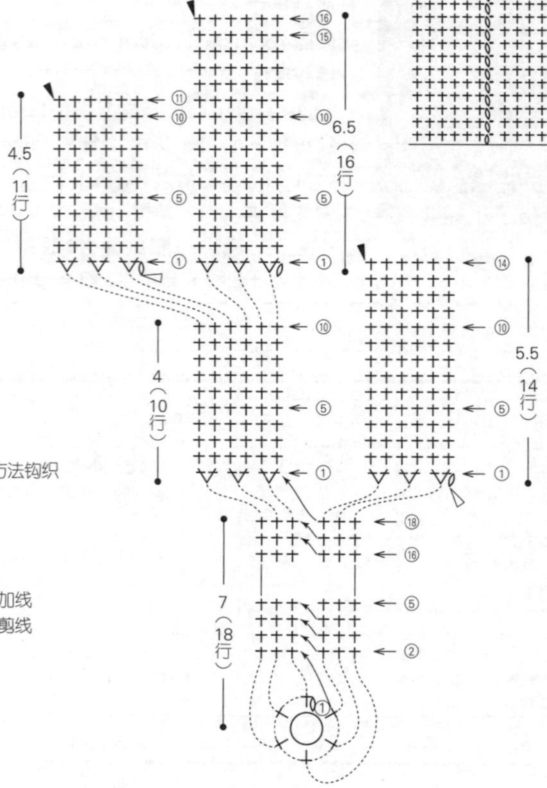


## 短针 （腰头）

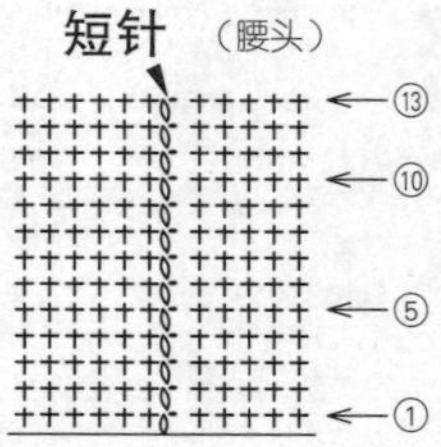

## 叶子的花片 3片

4/0号针 2根线并为1股

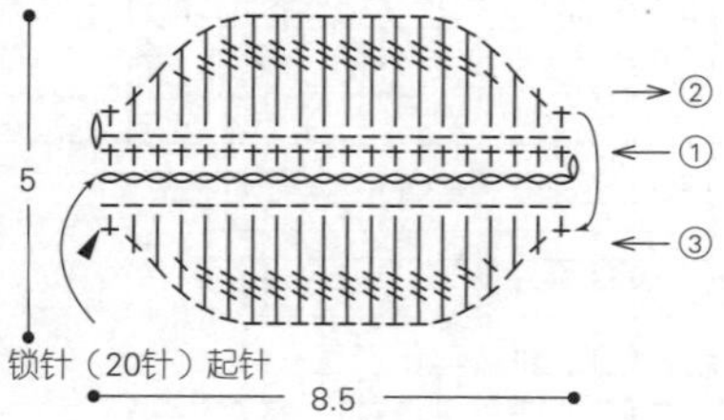


※ 第1行挑取起针的锁针的里山钩织，第2行挑取第1行短针上侧的后侧1根线钩织，第3行挑取第1行短针头部剩下的1根线钩织

※ 将花片的反面当作正面使用

▷ = 加线

▶ = 剪线

接99页▶

※ 全部使用10/0号针钩织

※ 横向渡线的短针的配色花样的方法参见110页

## 配色花样A （前片）

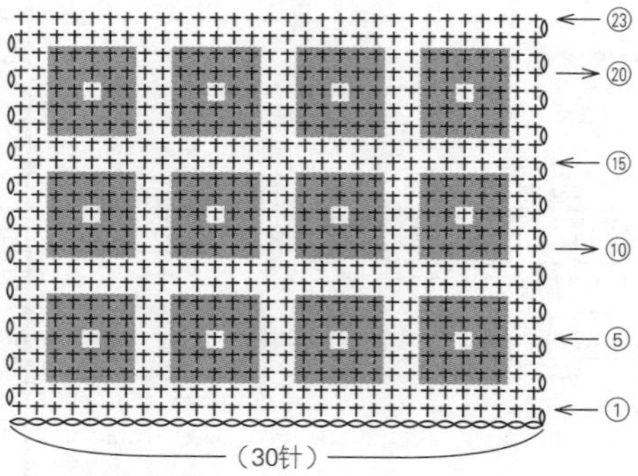


配色 { — = 浅灰色 ▬ = 荧光粉色 }

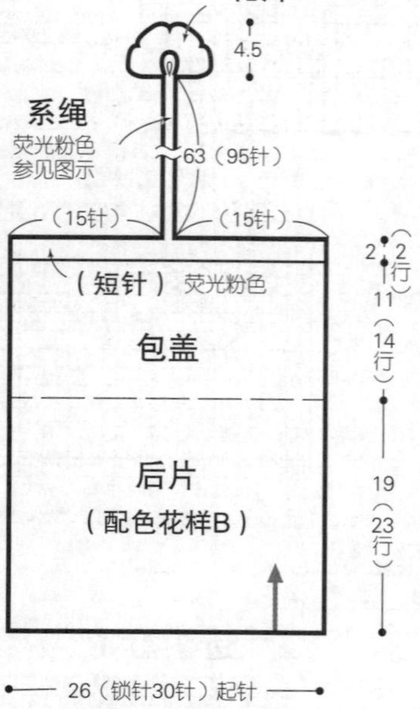


※ 钩织短针到指定位置后开始钩织系绳

## 组合方法

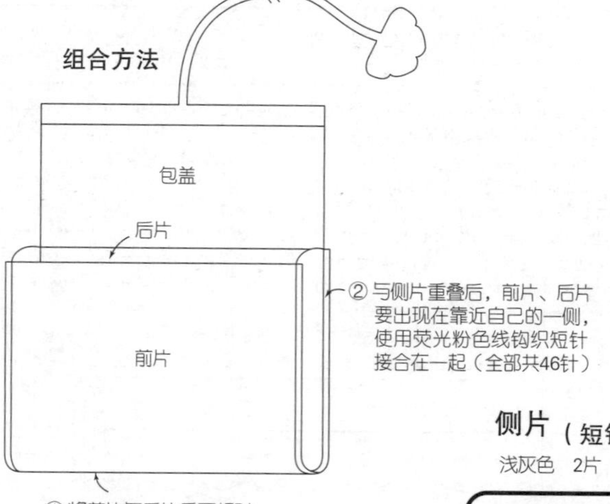


① 将前片与后片反面相对，起针的针目之间做回针缝

② 与侧片重叠后，前片、后片要出现在靠近自己的一侧，使用荧光粉色线钩织短针接合在一起（全部共46针）

## 花片

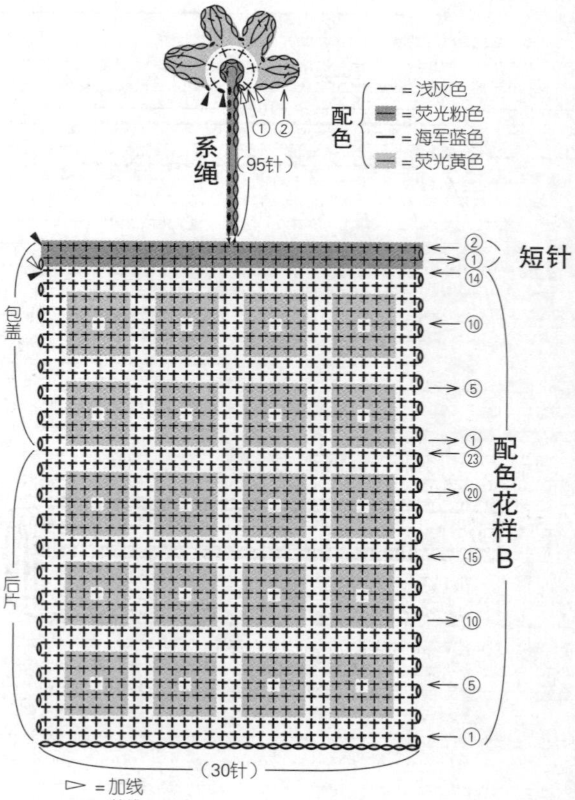


配色 { — = 浅灰色 ▬ = 荧光粉色 — = 海军蓝色 ▬ = 荧光黄色 }

▷ = 加线

▶ = 剪线

## 侧片 （短针）

浅灰色 2片

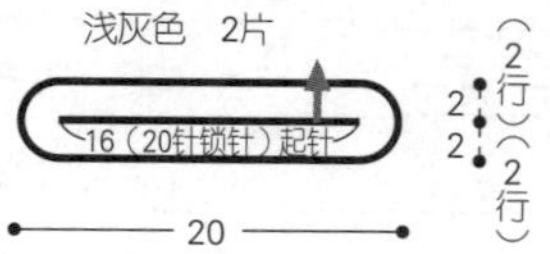


## 短针 （侧片）

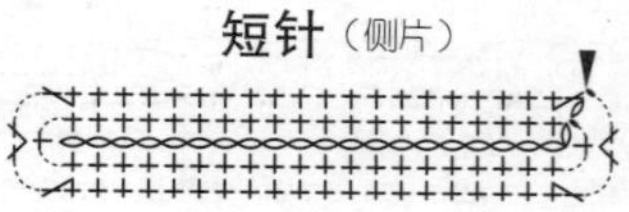

## 19页的作品 ★★

**材料**

DMC Hoooked RIBBONXL粉色(27 Bubblegum)325g/2团，白色(28 Pearl White)90g/1团

**工具**

棒针10mm，钩针7mm

**成品尺寸**

宽30cm，包深18cm

**编织密度**

10cm×10cm面积内：短针9.5针，10行；条纹花样11.5针，20行

**编织要点**

●主体锁针起针，钩织短针。随后从主体上挑取针目，按条纹花样编织包盖。编织终点从反面做伏针收针。看着条纹花样的反面，使用边缘编织钩织包盖的侧边。侧片与主体的起针方法相同，参见图示钩织短针。参见图示将侧片与主体重叠，并将主体放在靠近自己的一侧，钩织短针接合在一起。钩织花朵与叶子的花片，参见组合方法，将流苏与花片连接到主体上。

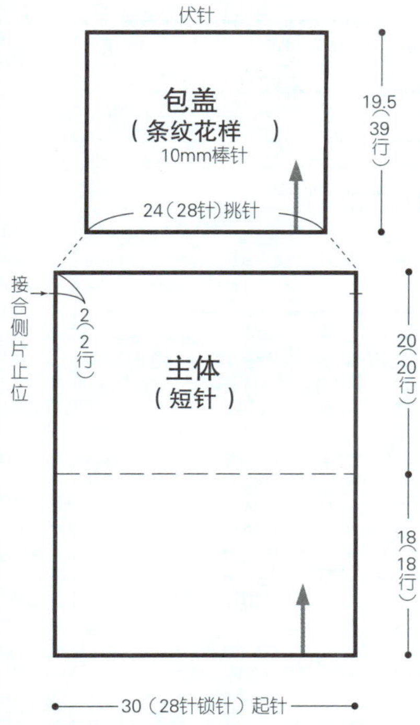


### 条纹花样

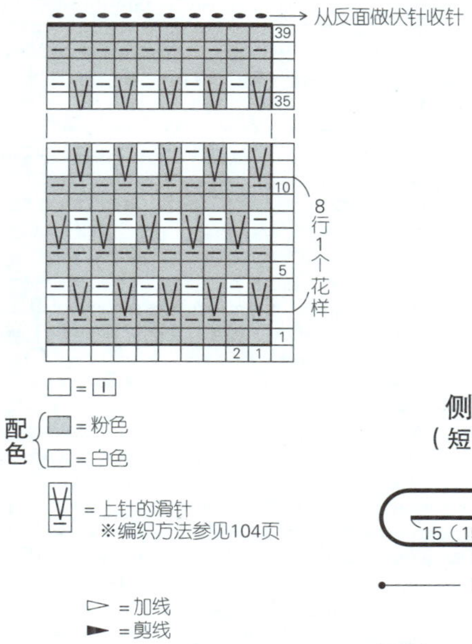


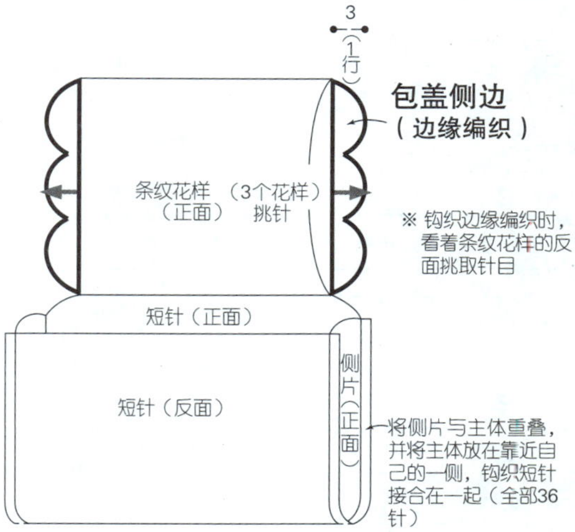


### 侧片 2片 (短针)

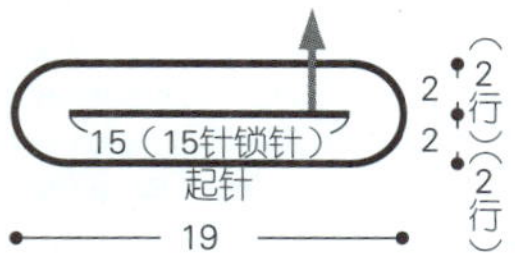


### 边缘编织

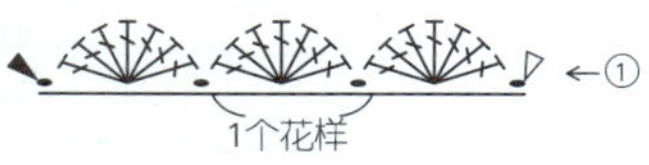


### 短针 (侧片)

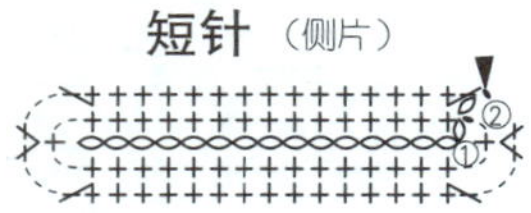


### 花朵的花片 7mm钩针 白色

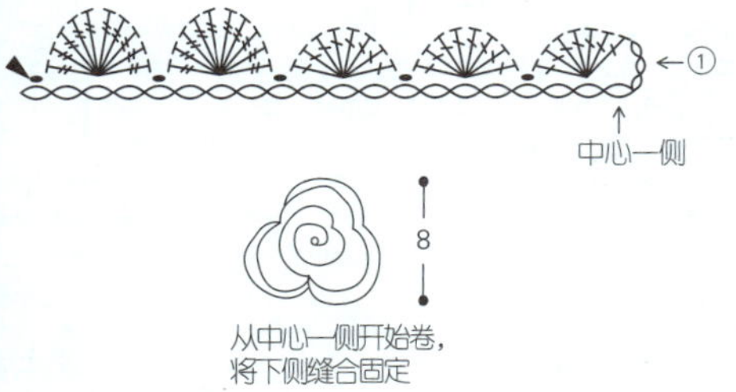


### 叶子 2片

7mm钩针 白色

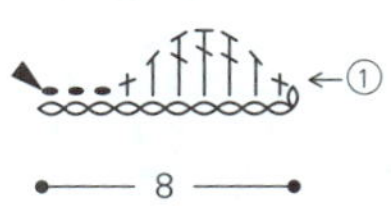


### 流苏的连接方法

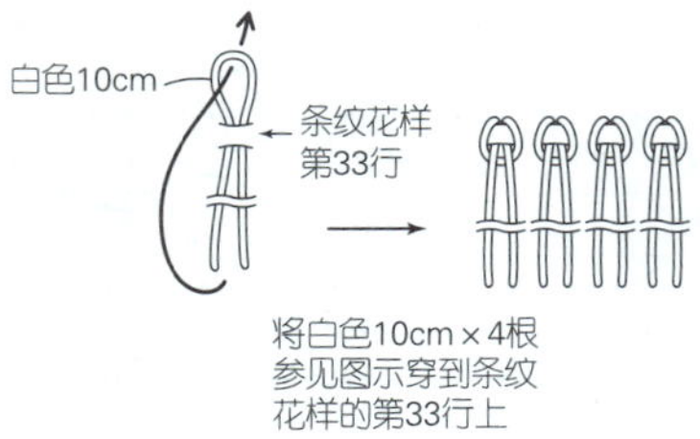


### 组合方法

按照流苏、叶子的花片、花朵的花片的顺序，逐一缝合到包盖上

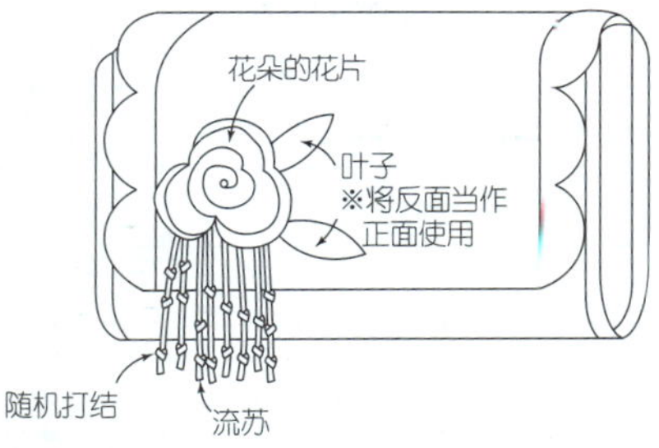

## 19页的作品 ★★

**材料**

DMC myboshi海军蓝色(155 navy)、浅灰色(193 silver)各50g/各1团，荧光粉色(182 neon pink)、荧光黄色(185 neon yellow)各40g/各1团

**工具**

钩针10/0号

**成品尺寸**

宽26cm，包深19cm

**编织密度**

10cm×10cm面积内：编织花样A、B均为11.5针，12行

**编织要点**

●锁针起针开始钩织，前片钩织配色花样A，后片、包盖钩织配色花样B和短针。配色花样A、B采用横向渡线的方法钩织。在钩织到短针第2行的指定位置时，接着钩织系绳。参见图示，在系绳的顶端钩织花片。侧片与前片使用同样的方法起针，钩织短针。参见组合方法，将前片、后片使用回针缝缝合在一起，与侧片之间使用短针接合在一起。

◀编织方法接96页

**材料**

[A][B]DMC Natura线的色号、颜色、使用量请参见表所示；外径12mm和21mm的手工艺用圆环各5个

**工具**

钩针6/0号

**成品尺寸**

长60cm

**编织密度**

编织花样A，20针为10cm，3行为3cm，花片的大小参见图示

**编织要点**

●全部使用指定颜色的线2根并为1股钩织。锁针起针，钩织编织花样A、B。挂饰参见图示钩织，钩织完成20行后，穿到编织花样A的指定位置，一起挑取起针与第20行的针目，继续钩织。参见图示钩织花片，引拔连接到指定的位置。

## 挂饰 6片 A：浅卡其色 B：茶色

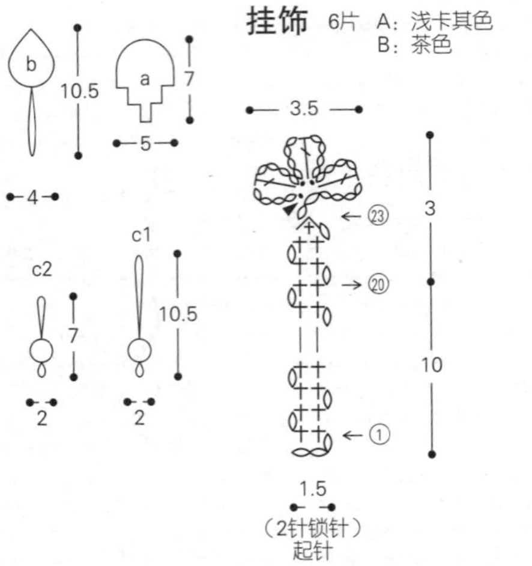


※钩织完成20行后，穿到编织花样A连接挂饰的位置，钩织第21行时，一起挑取起针与第20行的针目，成为环形

## 装饰带

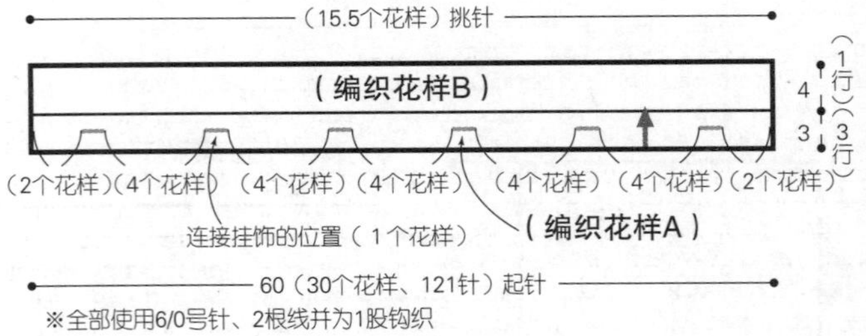


※全部使用6/0号针、2根线并为1股钩织

## 花片的连接方法

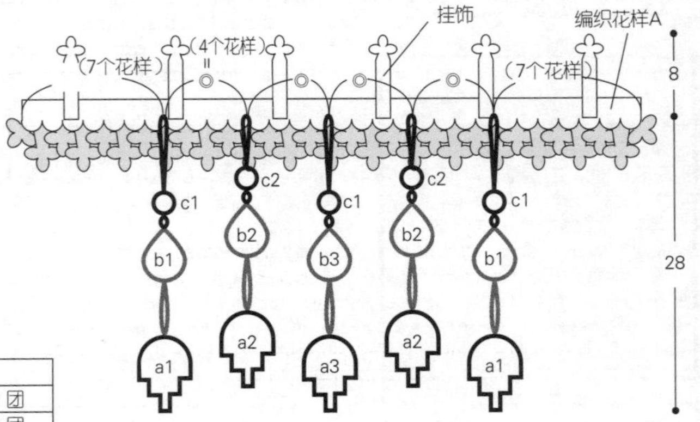


※花片c1、c2，引拔连接在编织花样A第3行的短针下侧

**花片的配色**

| | A | B |
|---|---|---|
| a1 | 浅卡其色 2根线 | 灰绿色、浅卡其色 各1根线 |
| a2 | 米色、浅卡其色 各1根线 | 茶色、浅卡其色 各1根线 |
| a3<br>b1 | 浅卡其色 2根线 | 灰绿色 2根线 |
| b2 | 米色 2根线 | 茶色 2根线 |
| b3 | 米色、浅卡其色 各1根线 | 灰绿色、浅卡其色 各1根线 |
| c1、c2 | 浅卡其色 2根线 | 茶色 2根线 |

**线的使用量**

| | 色号、英文名 | 颜色 | 使用量 |
|---|---|---|---|
| A | N38·Liquen | 浅卡其色 | 45g／1团 |
| | N36·Gardenia | 米色 | 20g／1团 |
| | N85·Giroflee | 金黄色 | 15g／1团 |
| B | N39·Ombre | 茶色 | 35g／1团 |
| | N54·GreenSmoke | 灰绿色 | 25g／1团 |
| | N48·Chartreuse | 亮绿色 | 15g／1团 |
| | N38·Liquen | 浅卡其色 | 10g／1团 |

## 花片c1 3片 / 花片c2 2片

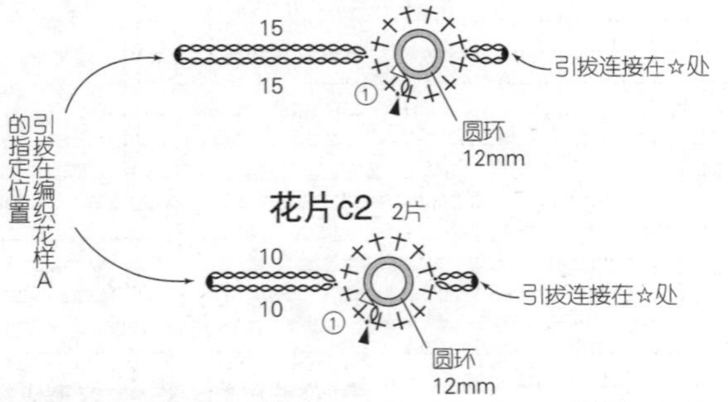


## 花片b 5片

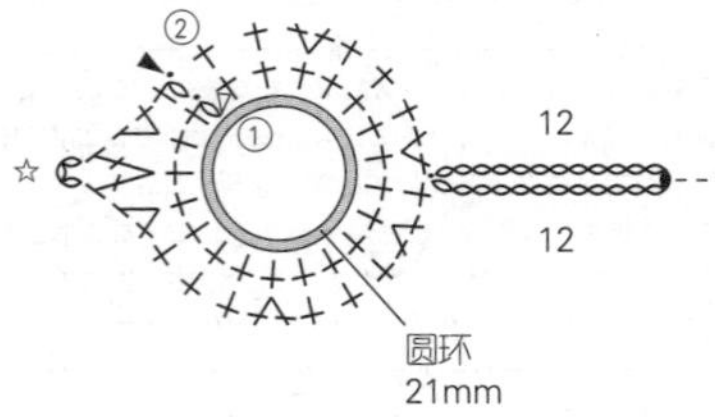


## 花片a 5片

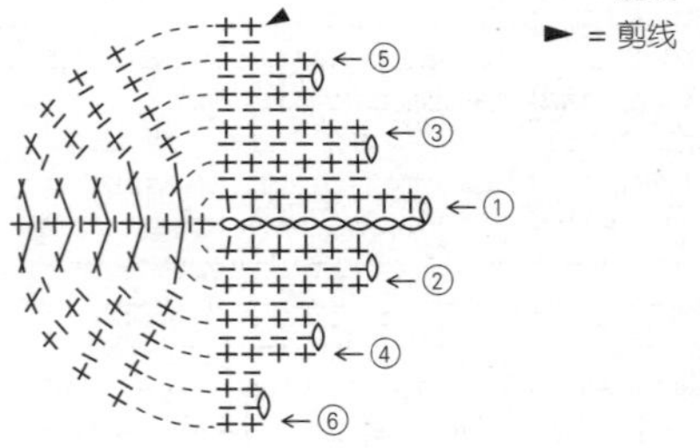


±＝短针的棱针

※编织方法参见109页

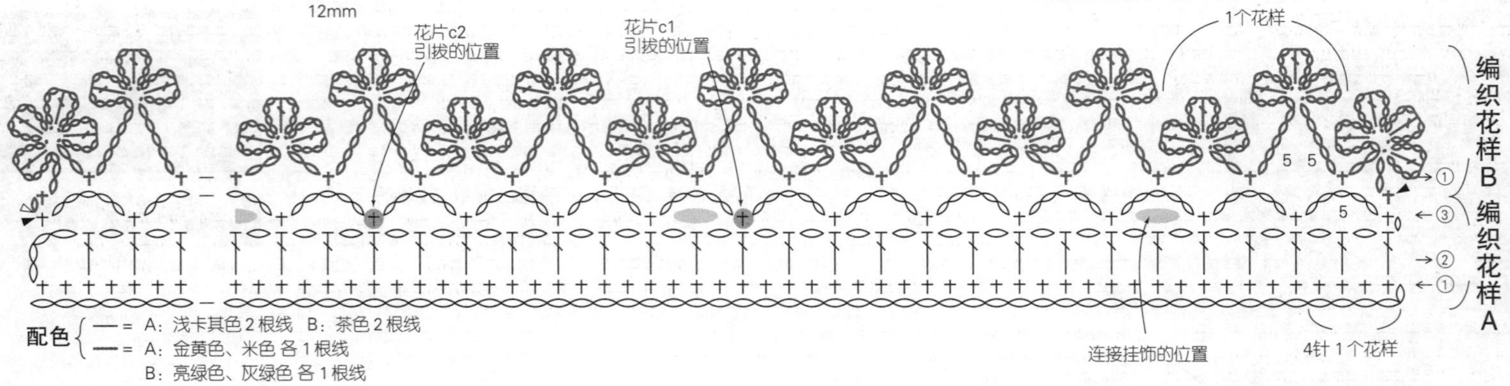


配色 —＝A：浅卡其色2根线 B：茶色2根线
—＝A：金黄色、米色 各1根线
B：亮绿色、灰绿色 各1根线

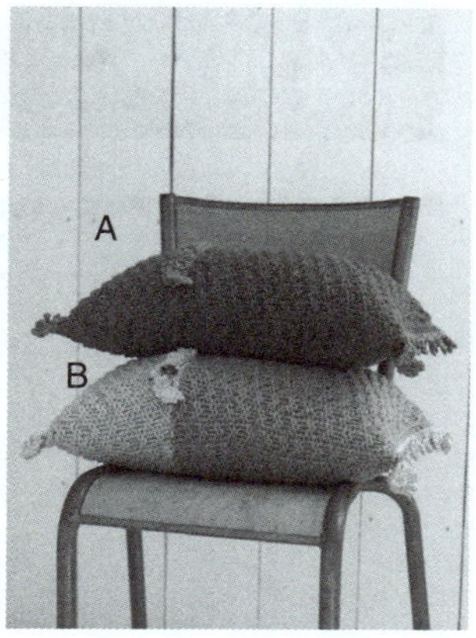

**材料**

[A][B]DMC Natura XL、Natura线的色号、颜色、使用量请参见表所示；直径23mm的纽扣各2颗，32cm×47cm的靠垫内芯各1个

**工具**

棒针8mm，钩针10/0号、6/0号

**成品尺寸**

宽27cm，长57.5cm

**编织密度**

10cm×10cm面积内：桂花针9.5针，17.5行

**编织要点**

●手指起针，环形编织桂花针。编织完成第52圈后，在指定的位置做伏针收针，其他的针目休针。使用b色线手指起针，起24针，编织6圈双罗纹针。随后从☆的针目开始编织桂花针。编织终点做伏针收针。边缘编织A的第1圈环形编织，在第2圈，将前、后的针目合在一起，挑取内侧的半针钩织。参见图示钩织边缘编织B。在指定的位置钉上纽扣后即完成。利用边缘编织B花样的空隙做扣眼。

## 枕套

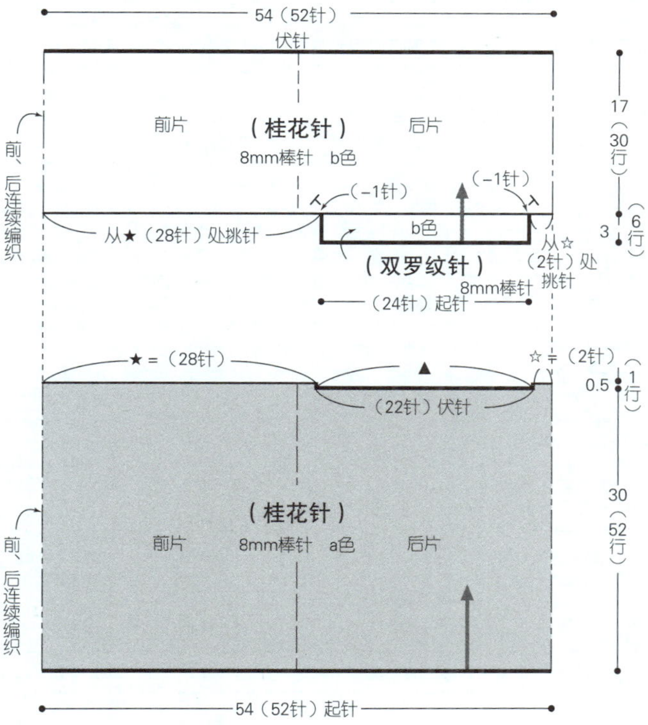


## 线的使用量及配色

| | A | B | 使用量 |
|---|---|---|---|
| a色 | Natura XL 深绿色(08) | Natura XL 灰绿色(72) | 各165g / 各2团 |
| b色 | Natura XL 蓝色(71) | Natura XL 米色(32) | 各90g / 各1团 |
| c色 | Natura 亮绿色(N48·Chartreuse) | Natura 金黄色(N85·Giroflee) | 各20g / 各1团 |
| | Natura 灰绿色(N54·Greensmoke) | Natura 米色(N36·Gardenia) | 各20g / 各1团 |

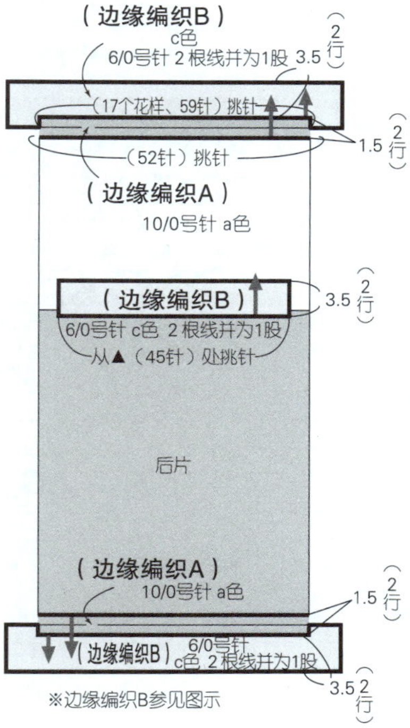


## 桂花针

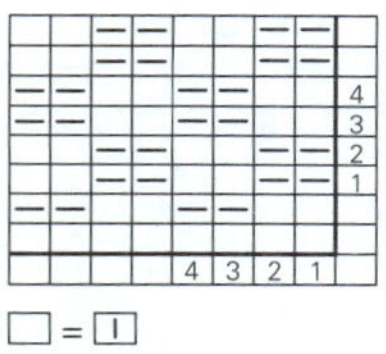


## 双罗纹针

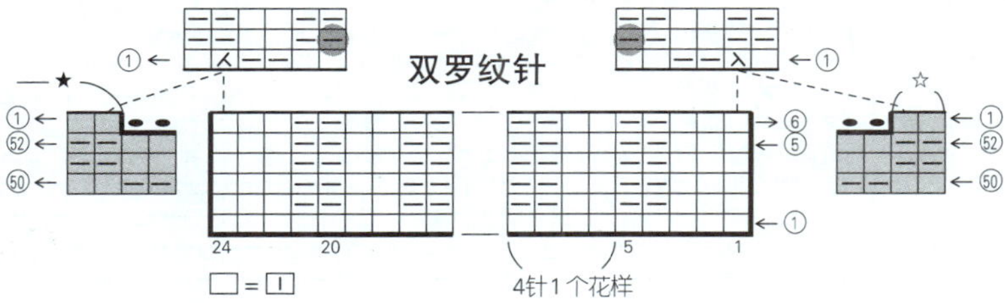


● =缝纽扣位置

※利用边缘编织B的花样的孔充当扣眼

## 边缘编织A

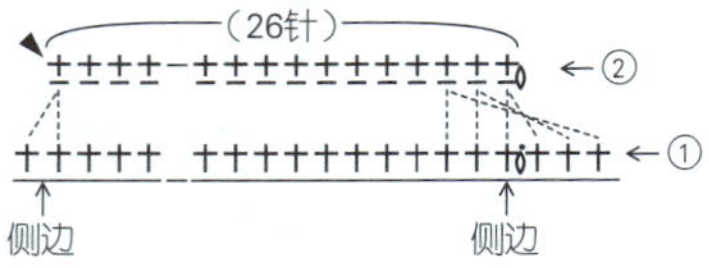


※第1行环形编织；在第2行，将前、后的针目合在一起，挑取内侧的半针钩织26针短针

## 边缘编织B（开口）

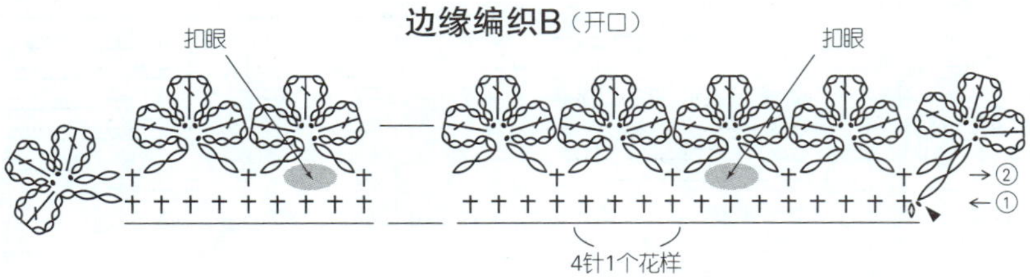


## 边缘编织B（两端）

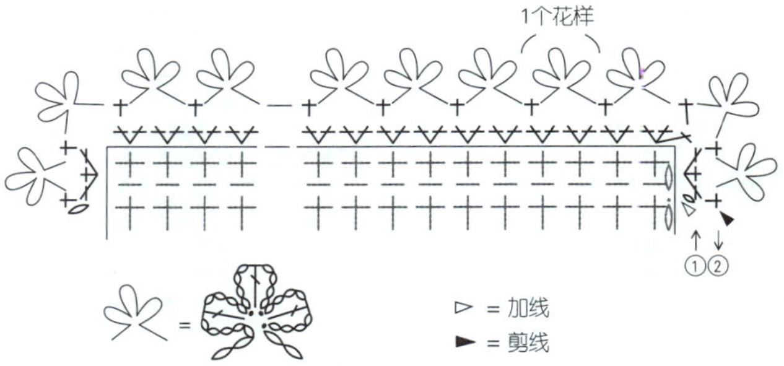


▷ = 加线

▶ = 剪线

**材料**

DMC Natura线的色号、颜色、使用量请参见表所示；外径12mm的手工艺用圆环12个

**工具**

钩针6/0号、2/0号

**成品尺寸**

长136cm

**编织密度**

花片的大小参见图示

**编织要点**

●参见图示钩织花片A~D。随后钩织花片E、F、F'，在钩织最后1圈时，与相邻的花片使用引拔针钩织连接在一起。

**彩旗**（花片连接）

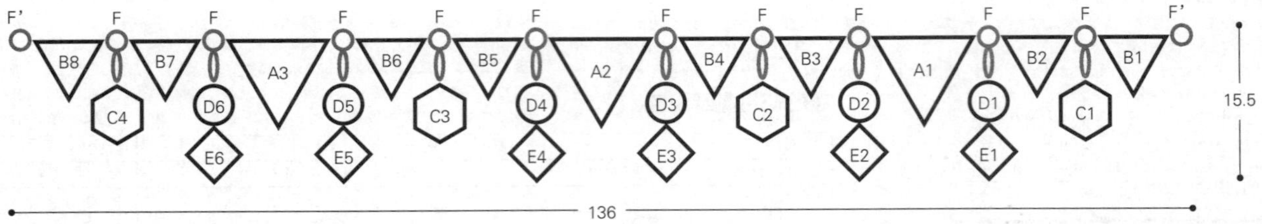


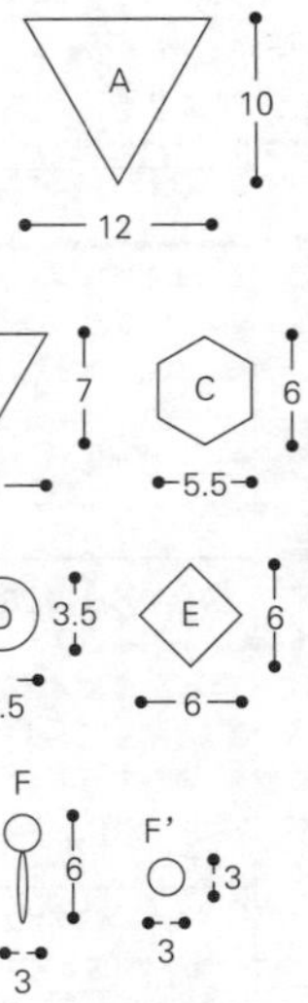


**花片A** 6/0号针 2根线并为1股 3片

**花片F** 2/0号针 浅卡其色 10片

**花片B** 6/0号针 2根线并为1股 8片

**花片F'** 2/0号针 浅卡其色 2片

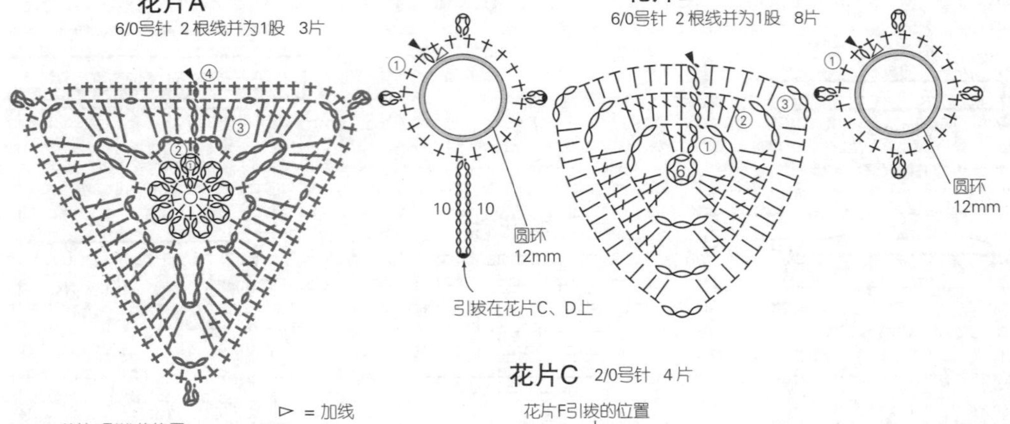


▷ = 加线
▶ = 剪线

**花片D** 2/0号针 6片

**花片E** 2/0号针 6片

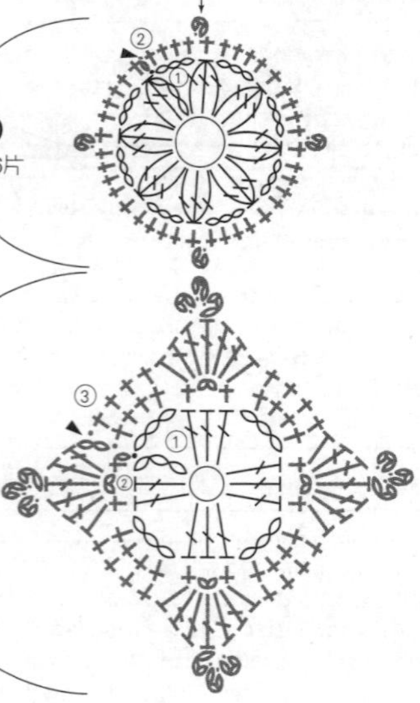


**花片C** 2/0号针 4片

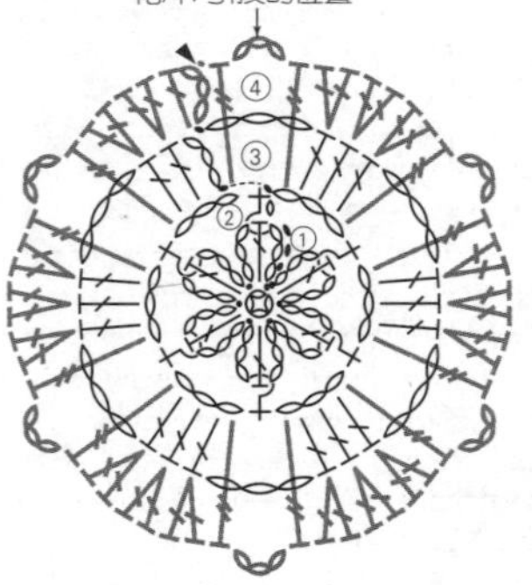


= 短针的反拉针

※第4圈的长长针，包裹着第3圈，整段挑取第2圈的锁针钩织

**线的使用量**

| 色号、英文名 | 颜色 | 使用量 |
|---|---|---|
| N38·Liquen | 浅卡其色 | 20g / 1团 |
| N36·Gardenia | 米色 | 各15g / 各1团 |
| N39·Ombre | 茶色 | |
| N48·Chartreuse | 亮绿色 | |
| N85·Giroflee | 金黄色 | |
| N07·SpringRose | 浅粉色 | 各10g / 各1团 |
| N52·Geranium | 粉色 | |
| N54·GreenSmoke | 灰绿色 | |

**花片的配色**

| | 第1圈 | 第2～4圈 |
|---|---|---|
| A1 | 金黄色 | 浅卡其色 |
| A2 | 米色 | 亮绿色 |
| A3 | 浅粉色 | 茶色 |

| | |
|---|---|
| B1 | 茶色 |
| B2 | 灰绿色 |
| B3 | 粉色 |
| B4 | 米色 |
| B5 | 浅卡其色 |
| B6 | 金黄色 |
| B7 | 亮绿色 |
| B8 | 浅粉色 |

| | 第1～3圈 | 第4圈 |
|---|---|---|
| C1 | 金黄色 | 米色 |
| C2 | 亮绿色 | 灰绿色 |
| C3 | 粉色 | 浅卡其色 |
| C4 | 金黄色 | 茶色 |

| | 第1圈 | 第2圈 |
|---|---|---|
| D1 | 茶色 | 灰绿色 |
| D2 | 粉色 | 浅卡其色 |
| D3 | 米色 | 茶色 |
| D4 | 亮绿色 | 浅卡其色 |
| D5 | 金黄色 | 灰绿色 |
| D6 | 灰绿色 | 浅卡其色 |

| | 第1圈 | 第2～3圈 |
|---|---|---|
| E1 | 浅卡其色 | 金黄色 |
| E2 | 米色 | 灰绿色 |
| E3 | 金黄色 | 粉色 |
| E4 | 灰绿色 | 茶色 |
| E5 | 茶色 | 亮绿色 |
| E6 | 米色 | 浅粉色 |

**短针的反拉针**

**（在下面2行的短针上钩织的情况）**

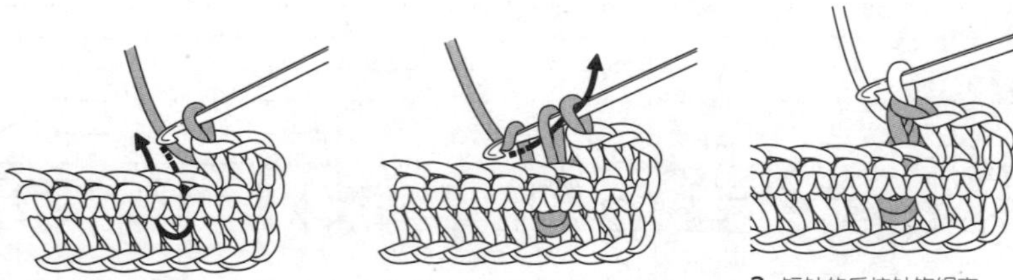

1 按照箭头的方向，从后侧将针插入上面2行的短针处，将线拉出。

2 在针上挂线，从针上的2个线圈中引拔出。

3 短针的反拉针钩织完成。

**材料**

DMC Natura XL米色(32)140g/2团，深绿色(08)、灰绿色(72)各65g/各1团，蓝色(71)50g/1团，浅粉色(41)、蓝绿色(81)、黄绿色(82)各30g/各1团

**工具**

钩针10/0号

**成品尺寸**

宽41.5cm，长66.5cm

**编织密度**

花片的大小参见图示

**编织要点**

●配色表参见图示，使用花片连接的方法连接。花片A~F环形起针开始钩织，在钩织最后1圈时，与相邻花片连接在一起。随后钩织花片L、L'，在钩织的同时与A~K连接在一起。

## 多用垫（花片连接）

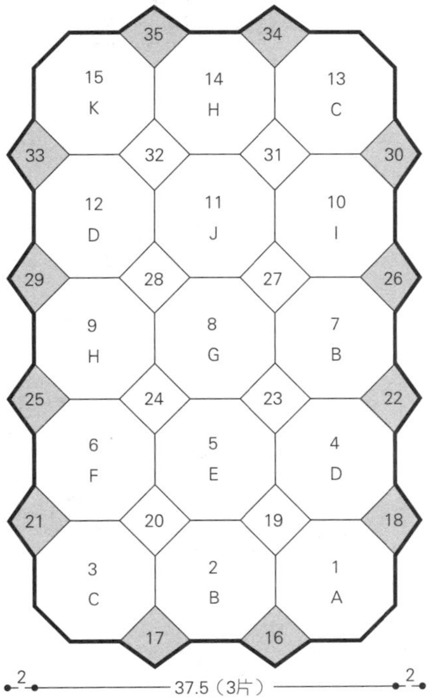


※全部使用10/0号针钩织

※花片内的数字表示连接的顺序

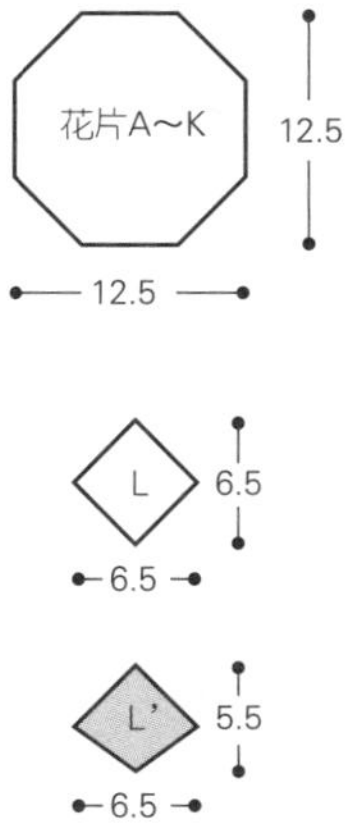


## 花片A~K

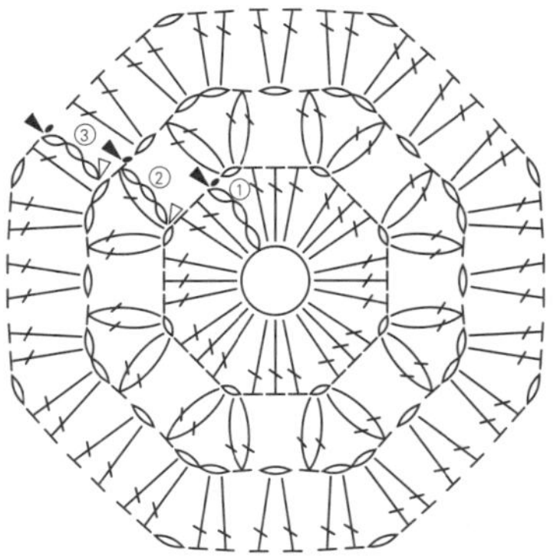

## 花片L

※花片L'参见图示

▷ = 加线

▶ = 剪线

## 花片的配色及片数

| 花片 | 第1圈 | 第2圈 | 第3圈 | 片数 |
|---|---|---|---|---|
| A | 浅粉色 | 米色 | 深绿色 | 1片 |
| B | 蓝绿色 | 米色 | 蓝色 | 2片 |
| C | 黄绿色 | 米色 | 深绿色 | 2片 |
| D | 黄绿色 | 米色 | 灰绿色 | 2片 |
| E | 浅粉色 | 灰绿色 | 深绿色 | 1片 |
| F | 蓝绿色 | 米色 | 灰绿色 | 1片 |
| G | 黄绿色 | 蓝色 | 灰绿色 | 1片 |
| H | 浅粉色 | 米色 | 蓝色 | 2片 |
| I | 浅粉色 | 米色 | 灰绿色 | 1片 |
| J | 蓝绿色 | 灰绿色 | 深绿色 | 1片 |
| K | 蓝绿色 | 米色 | 深绿色 | 1片 |
| L | 米色 | | | 8片 |
| L' | 米色 | | | 12片 |

## 花片连接方法

## 使用长针连接的方法

将长针连接在一起时，在连接的前1针位置，先将钩针从针目中拿开，将钩针插入要连接的针目中，把刚刚松开的针目引拔出，再钩织下一针长针。重复这个步骤。

接106页▶

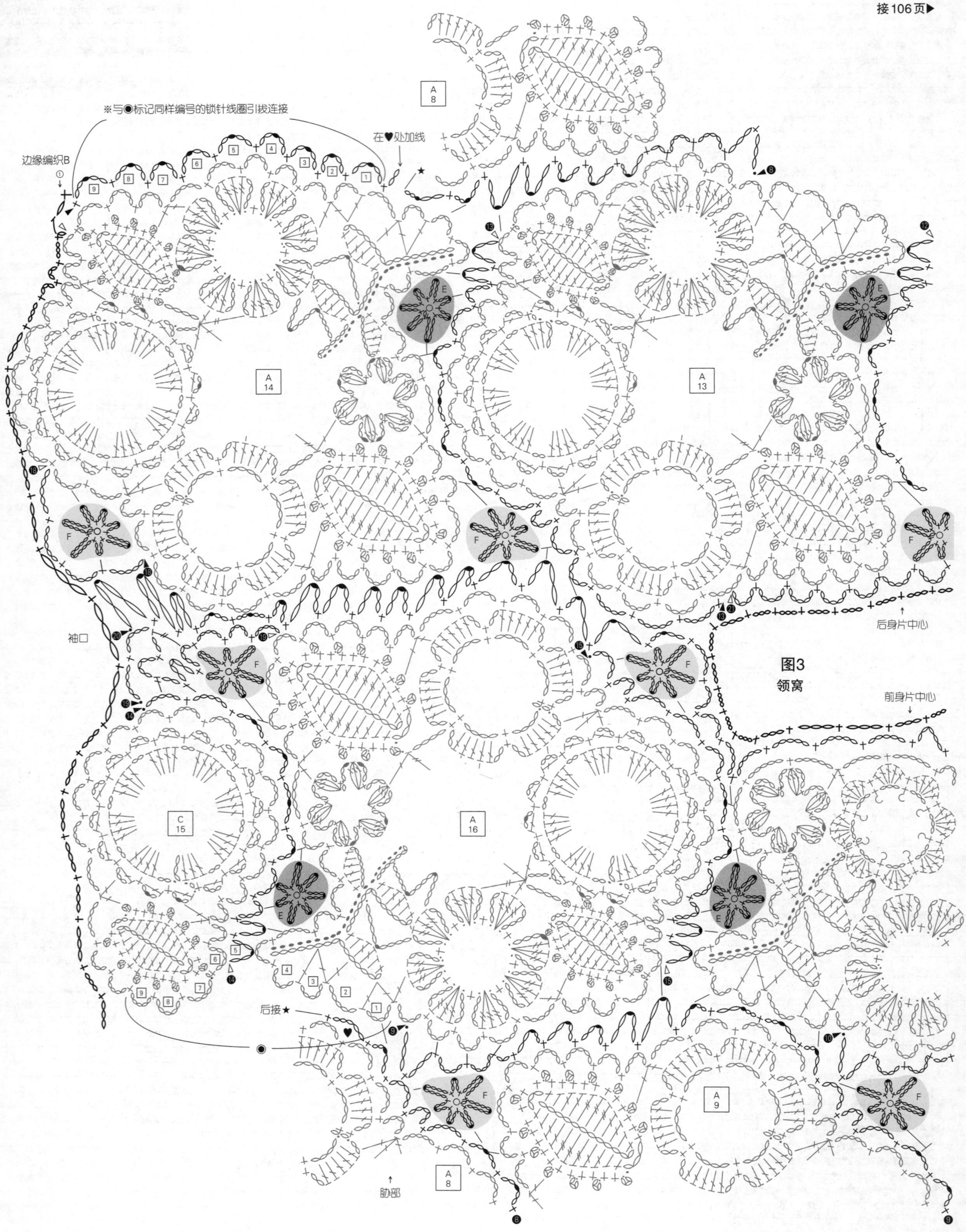
A 8
※与◉标记同样编号的锁针线圈引拔连接
在♥处加线
边缘编织B
A 14
A 13
袖口
图3
领窝
后身片中心
前身片中心
C 15
A 16
后接★
A 9
A 8
胁部

▷ = 加线
► = 剪线
※❶为花片A~D的连接顺序
❶~⓱连接到一起之后，再钩织花片E、F以及⓲~㉑

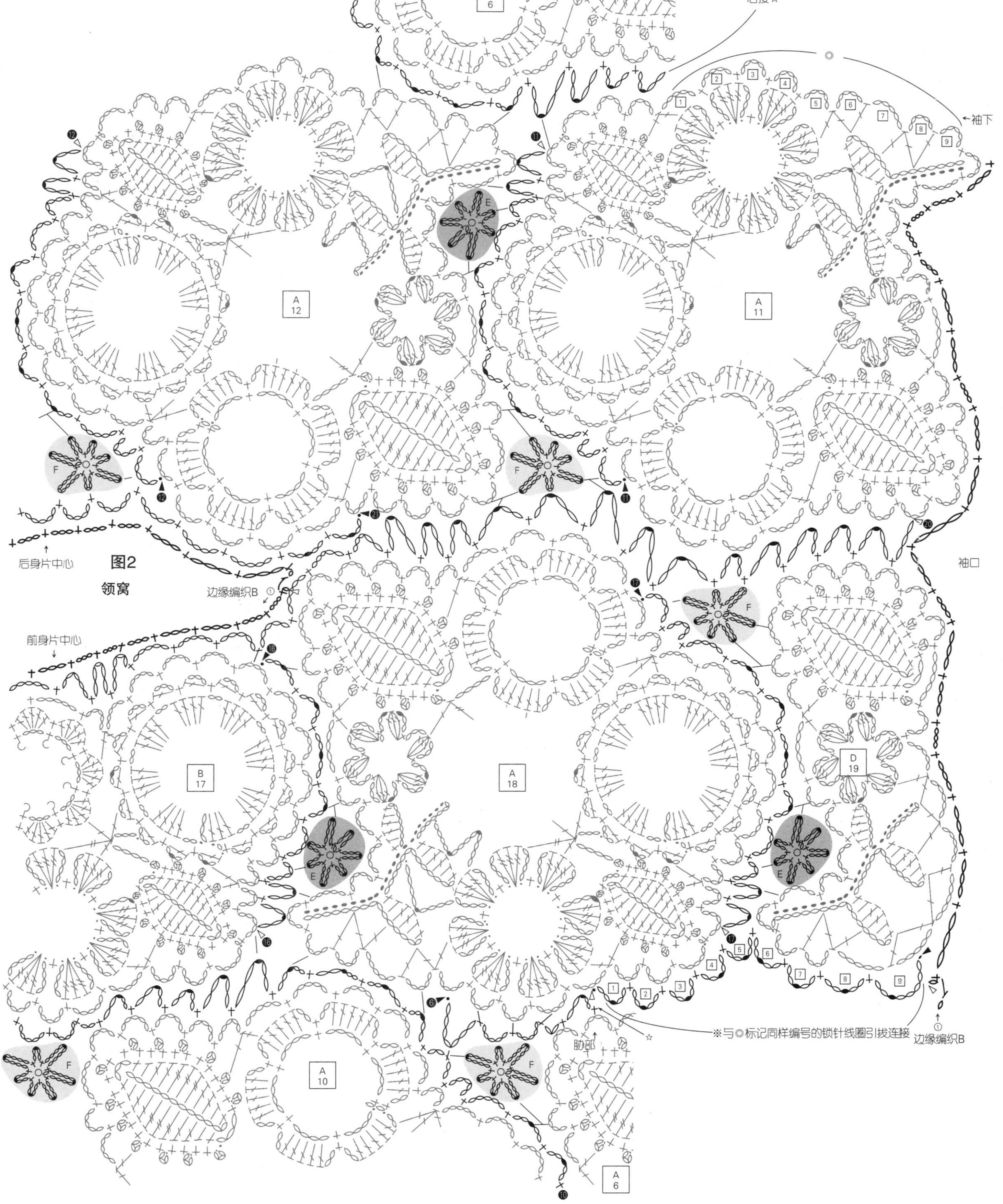

## 上针的滑针
## （2行的情况）

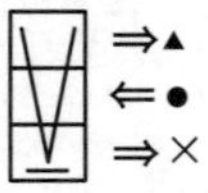


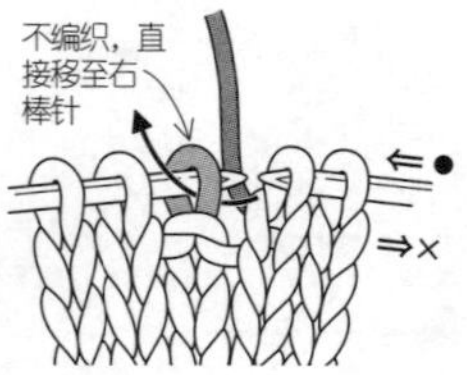


1 ×行为上针的行。将线留在后侧，不改变针目的朝向，直接移至右棒针。

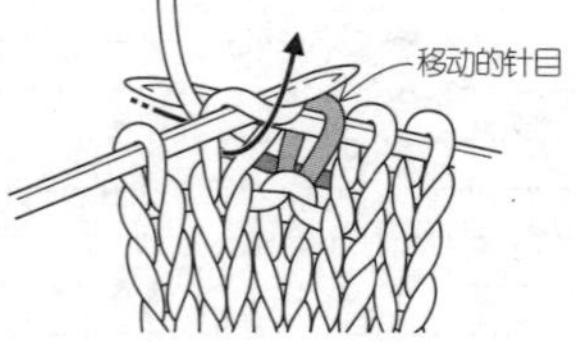


2 将针插入下一针中，编织下针。

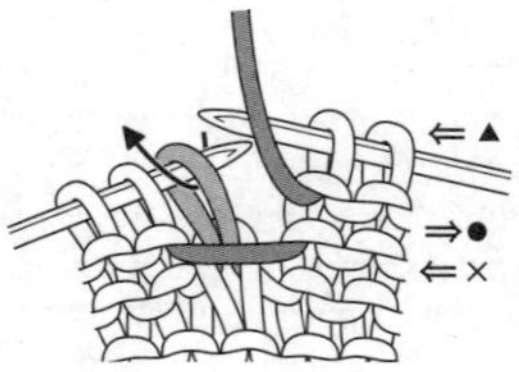


3 到了从反面编织的行时，将线留出前侧，不改变针目的朝向，不编织，直接移至右棒针。

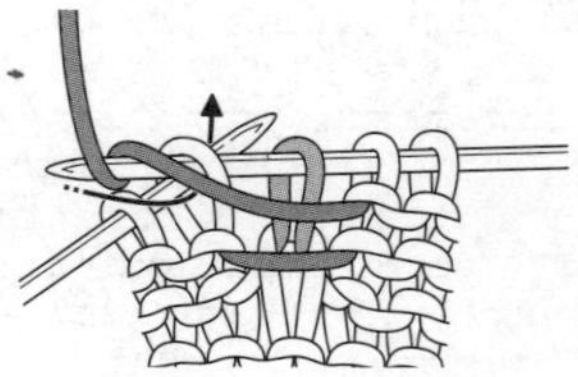

4 下一针编织上针。2行的上针的滑针编织完成。

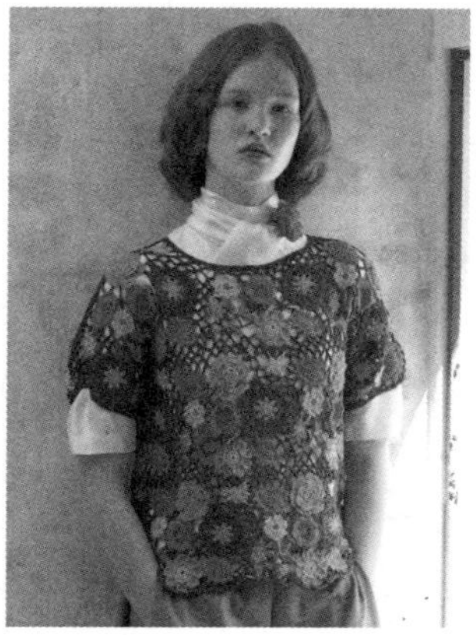

**材料**

和麻纳卡Rich More Giza茶色(12) 85g/3团，橙色(6) 60g/2团，深粉色(7) 50g/2团，黄绿色(11) 45g/2团，蓝紫色(8) 40g/1团，浅橙色(5)、浅蓝色(9)各30g/各1团，绿色(10) 15g/1团

**工具**

钩针5/0号

**成品尺寸**

胸围84cm，衣长51.5cm，连肩袖长36cm

**编织要点**

●身片…先钩织所需片数的叶子a~c备用。在钩织花朵a~e最后1圈的同时，与事先钩织好的叶子连接在一起。连接完成后，参见图示钩织周围的空间，钩织指定片数的花片A~D。参见图示，将相邻的花片之间使用锁针与花片E、F钩织连接在一起。随后将袖下的相同标记对齐钩织连接在一起。

●组合…挑取指定数量的针目，下摆环形钩织边缘编织A，衣领、袖口分别环形钩织边缘编织B。

**后身片** （花片连接）　　　　**前身片** （花片连接）

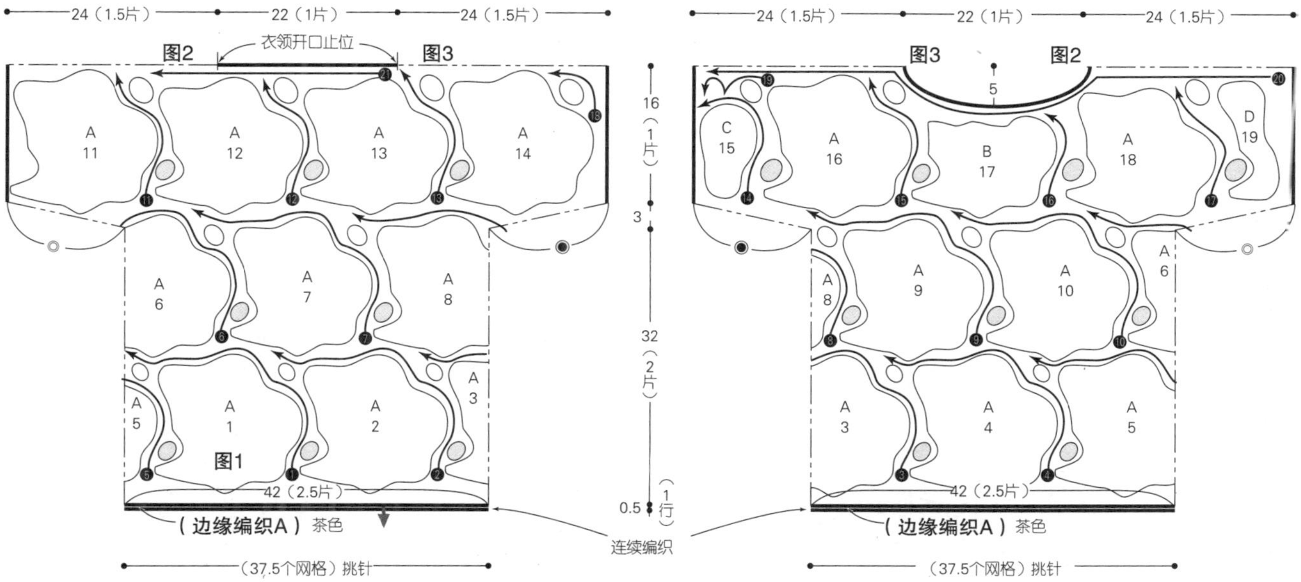


※全部使用5/0号针钩织

※数字❶～㉑（原书符号）为花片A~D的连接顺序

※边缘编织A在不同的地方针数有可能不同，请参见图示

◯ = 花片E　　◯ = 花片F

▷ = 加线　　▶ = 剪线

**花朵a** 深粉色 17片

※第3圈短针的反拉针，挑取第1圈长针的下侧

※短针的反拉针的编织方法参见100页

**花朵b** 18片 第1圈＝深粉色 第2圈＝浅橙色

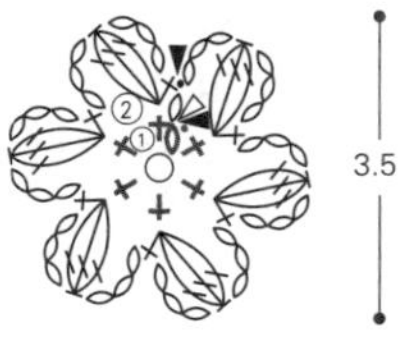


**花朵c** 18片 第1圈＝橙色 第2～3圈＝蓝紫色

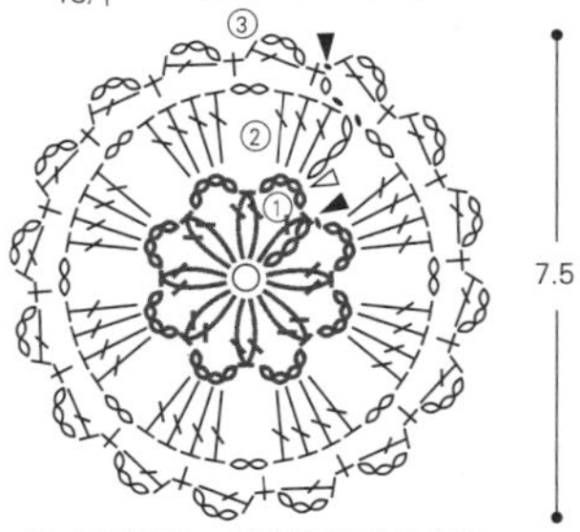


※第3圈的长针，按照狗牙针的方法，挑取短针的上侧和下侧各1根线钩织

**叶子c** 绿色 18片

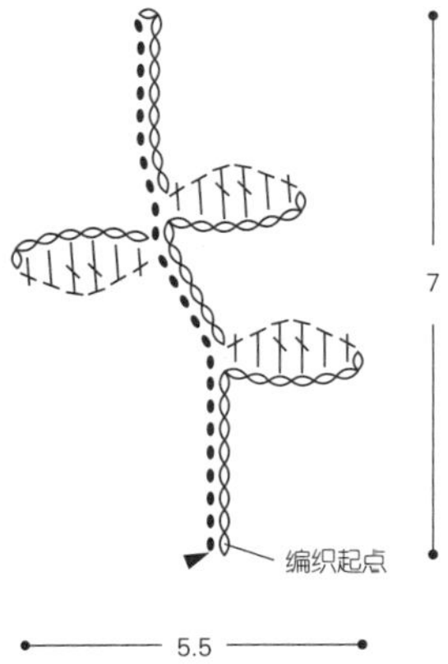


**花朵d** 橙色 16片

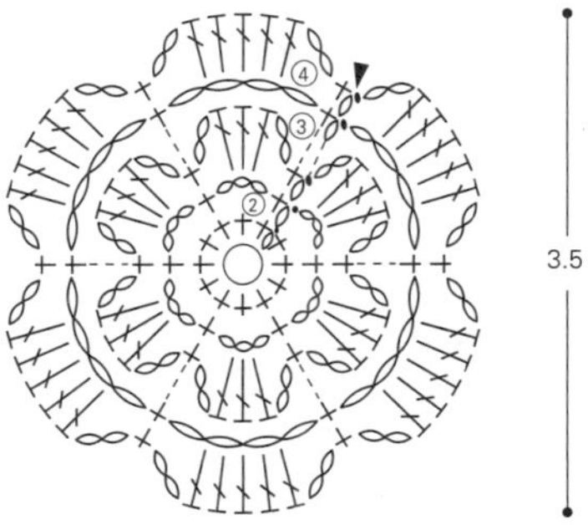


**花朵** 17片 第1～2圈＝浅橙色 第3圈＝浅蓝色

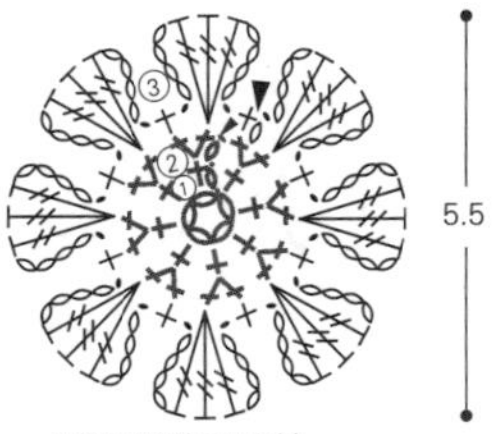


※第3圈的引拔针与长长针在同一针目上钩织

**叶子a** 黄绿色 17片

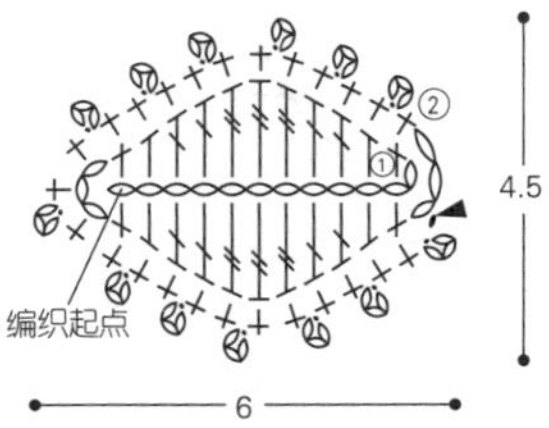


**叶子b** 黄绿色 18片

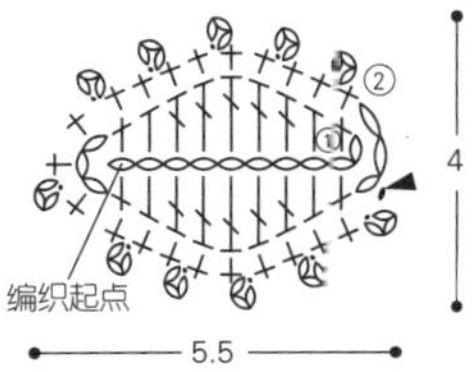

## 衣领、袖口（边缘编织B）茶色

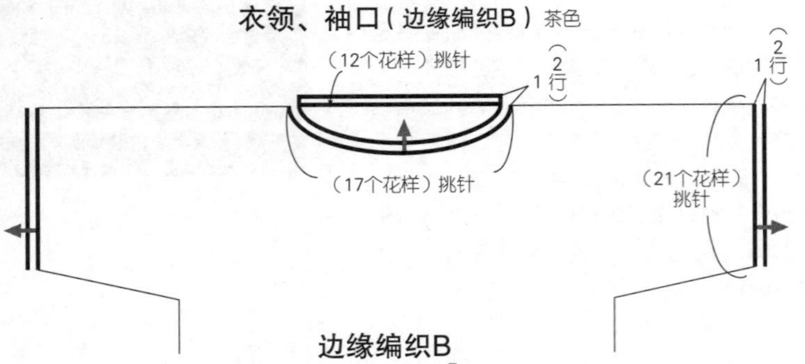


## 边缘编织B

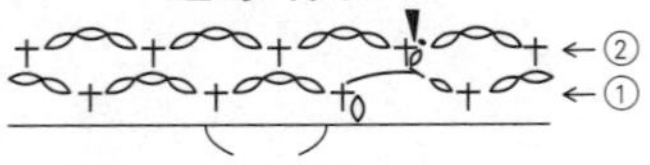


## 编织方法的顺序

1.钩织指定片数的叶子a~c
2.在钩织花朵a~e的同时钩织花片A~D
※请参见花片A的钩织顺序
3.参见104~106页，花片A~D按照❶~⓱的顺序钩织连接在一起
4.钩织花片E、F
5.钩织⓲~㉑
6.将袖下的◎、◉处钩织连接在一起
7.钩织下摆、衣领、袖口

## 花片A的钩织顺序

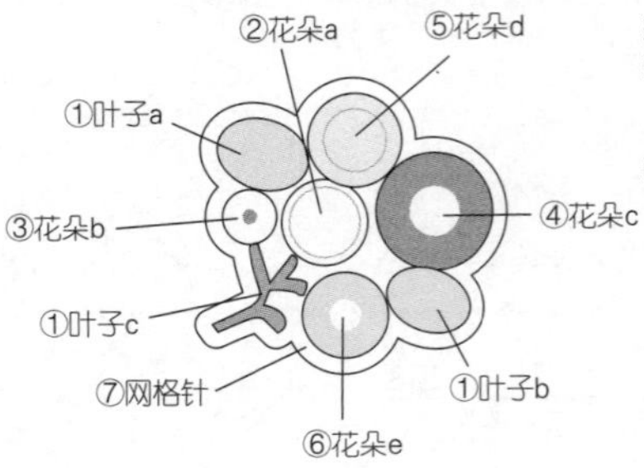


※先钩织叶子a~c备用
※将长针、长长针连接在一起的时候，暂且将钩针从针目中拿出来，插入所要连接的针目，将刚刚松开的针目从该针目中引拔出
※花片B、C、D相同

## 花片A
16片

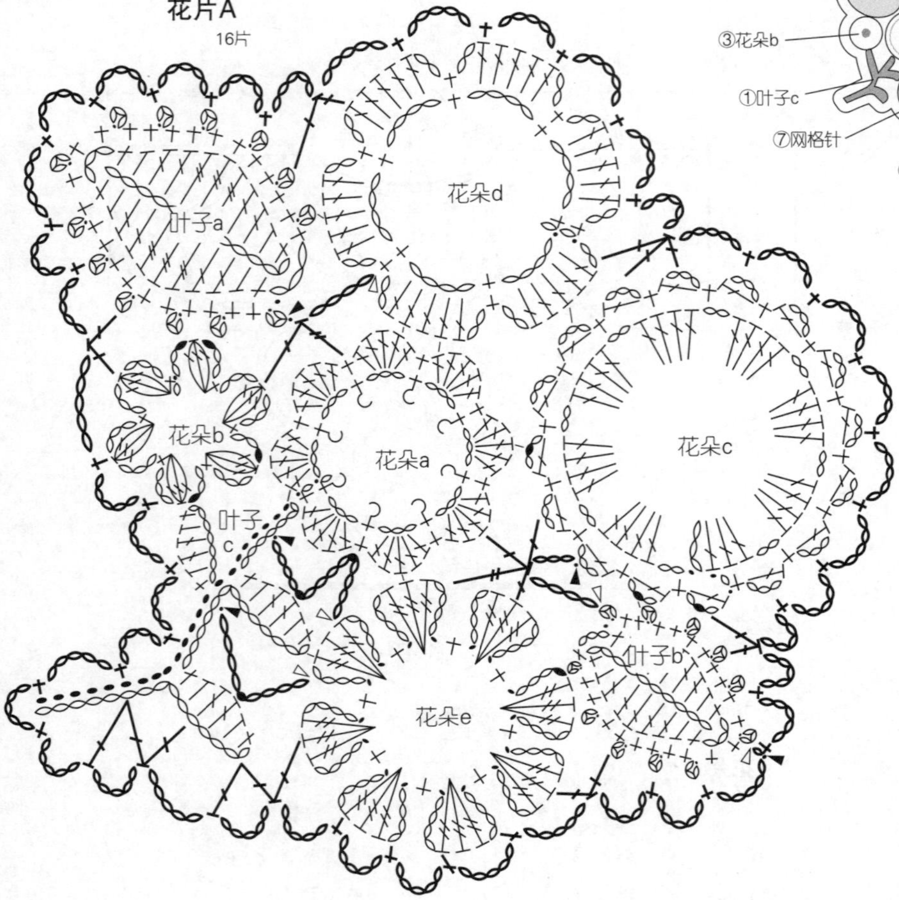


—— = 茶色

## 花片C 1片

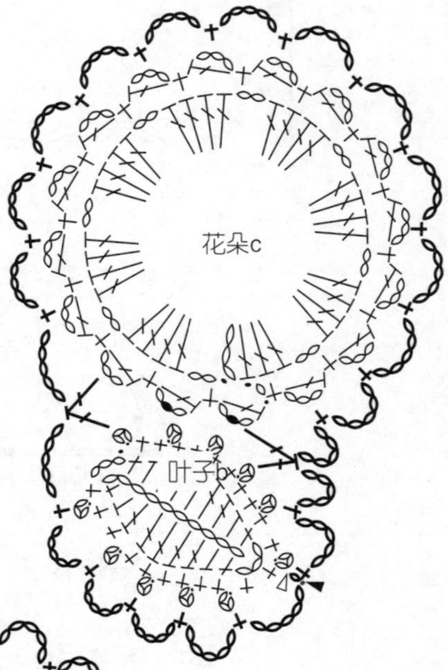


## 花片D
1片

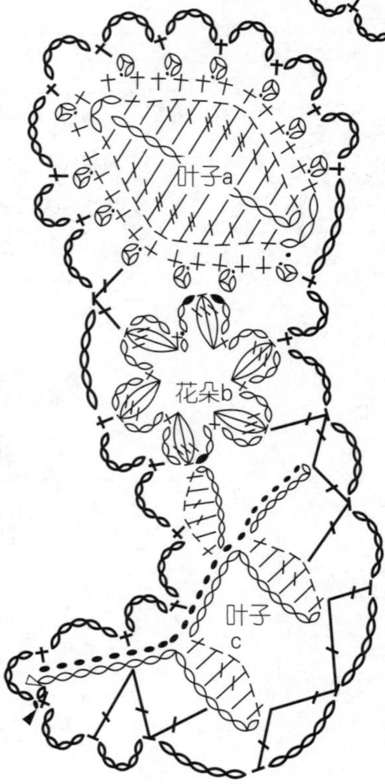


## 花片B 1片

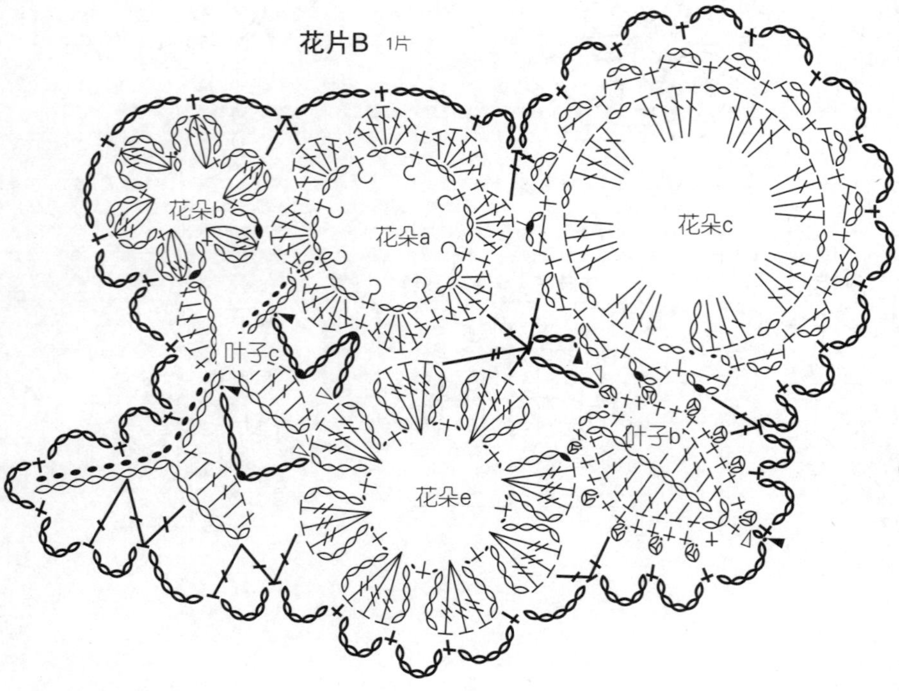


## 花片E
橙色 17片

## 花片F
浅橙色 17片

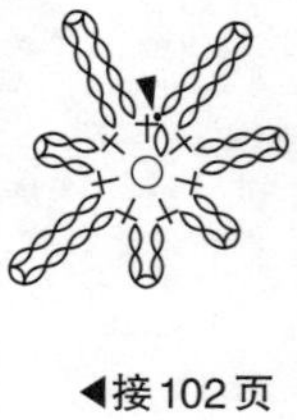

◀接102页

**材料**

Pierrot Yarn Le Rhone 粉色(fraise 05)175g/5团,浅米色(litchi 08)50g/2团

**工具**

棒针5号,钩针4/0号

**成品尺寸**

胸围98cm,衣长58cm,连肩袖长25cm

**编织密度**

10cm×10cm面积内:条纹花样18针,36行

**编织要点**

●身片…全部使用指定颜色的线2根并为1股编织,按照①~④的顺序编织。手指起针,编织条纹花样。①的起针是从反面开始编织的行。①编织95行后,做伏针收针。②从①的行上挑取指定数量的针目,编织终点与①的处理方法相同。使用同样的方法编织至④为止。最后,将①与④对齐针与行,使用毛线缝针缝合。

●组合…肩部、胁部针与行对齐,使用毛线缝针缝合。下摆、衣领、袖口环形钩织边缘编织。

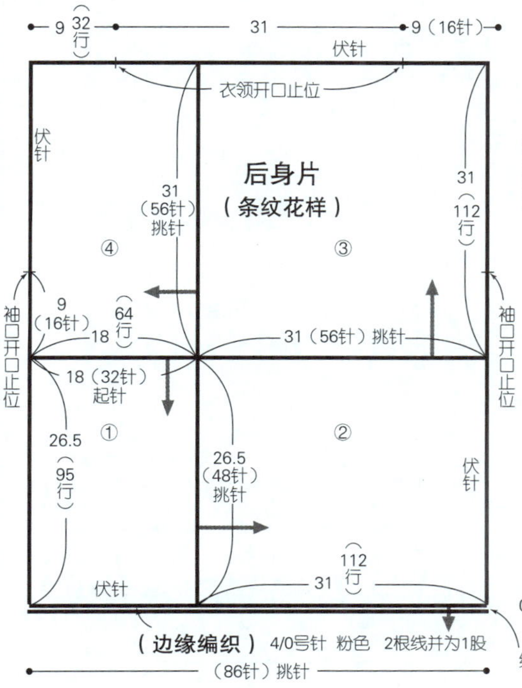


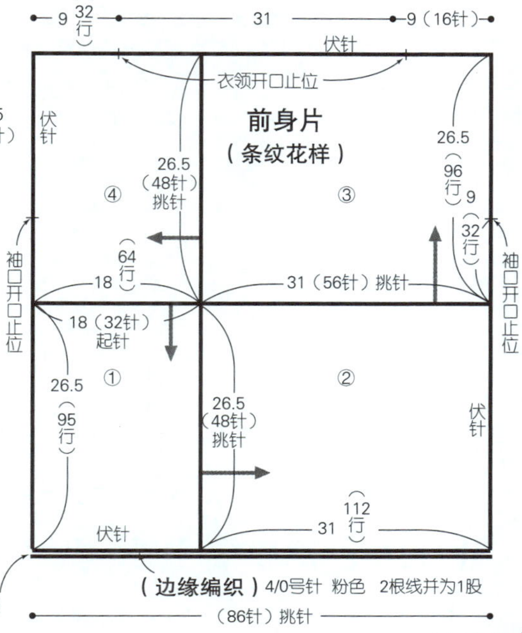


※ 除指定以外均用5号针编织
※ 全部使用2根线并为1股编织

**条纹花样**

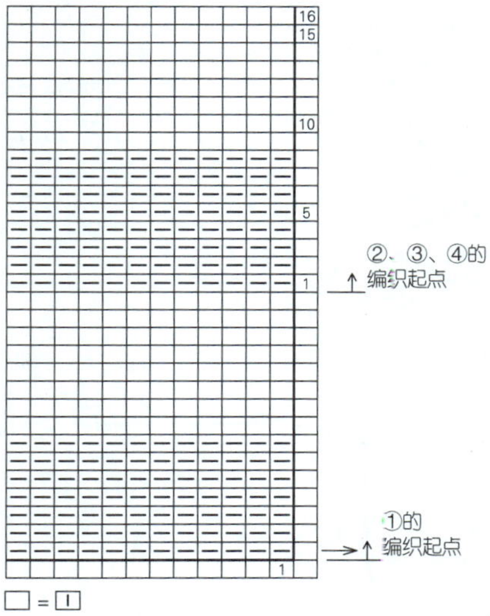


□ = 丨

配色 { ⊟ = 粉色和浅米色 2根线并为1股
　　 { □ = 粉色 2根线并为1股

**边缘编织**

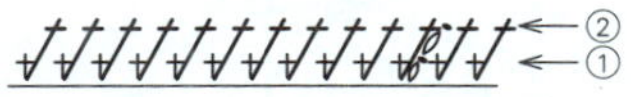


※ 第2行的短针与第1行插入同一位置,包裹着第1行钩织

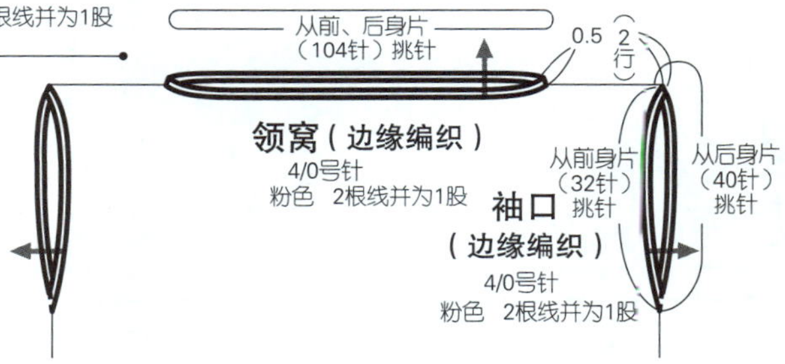


**土耳其起针**

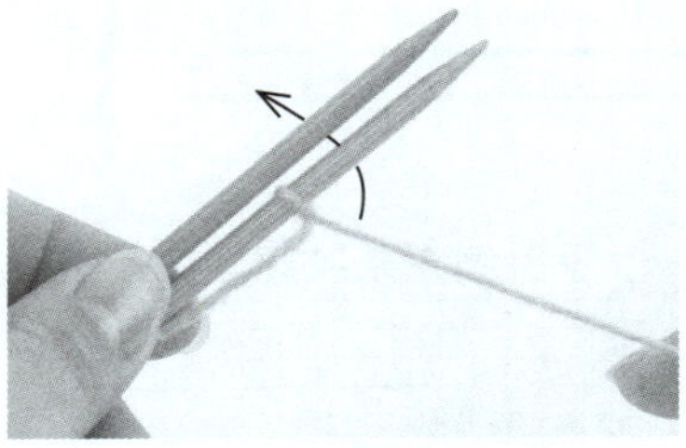

1. 将环形针的两头并在一起拿在手中,将线打一个结后,穿入下侧的针中,拉动线头,使线圈缩小。将线从下侧向后绕。

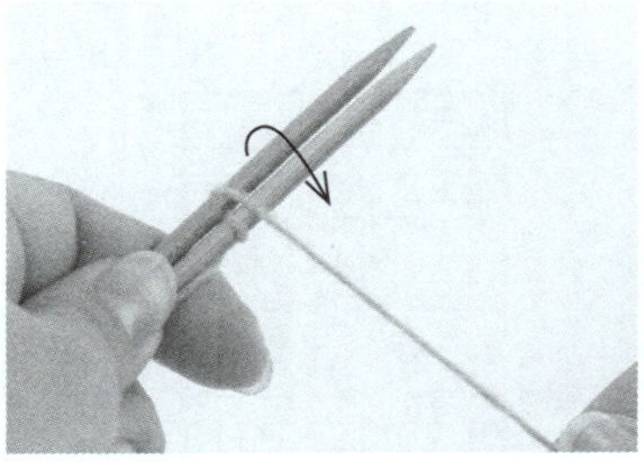

2. 再绕到前侧。

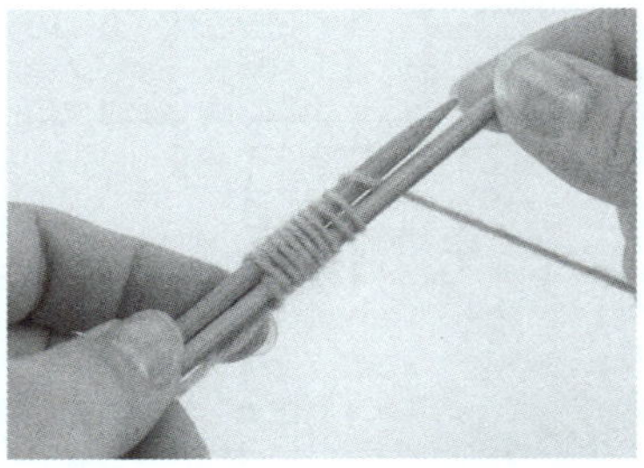

3. 在下侧的针上绕出所需数量一半的针目后,将线绕到2根针的中间,开始只在上侧的针上绕。

4. 捏住线,使其不要松散,将下侧的针拉出,按照箭头的方向入针,编织下针。

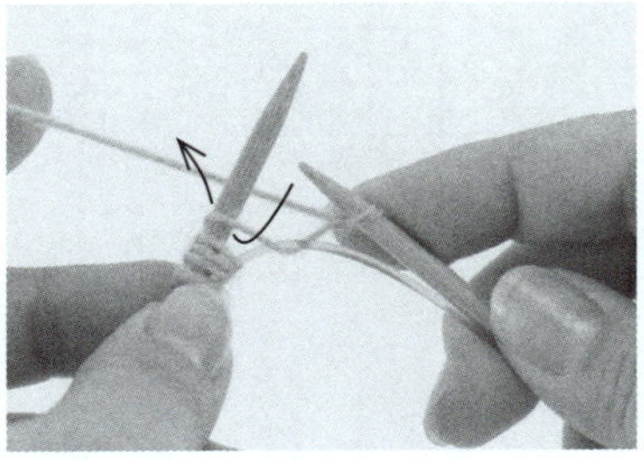

5. 剩余的针目按照箭头的方向入针,编织下针。

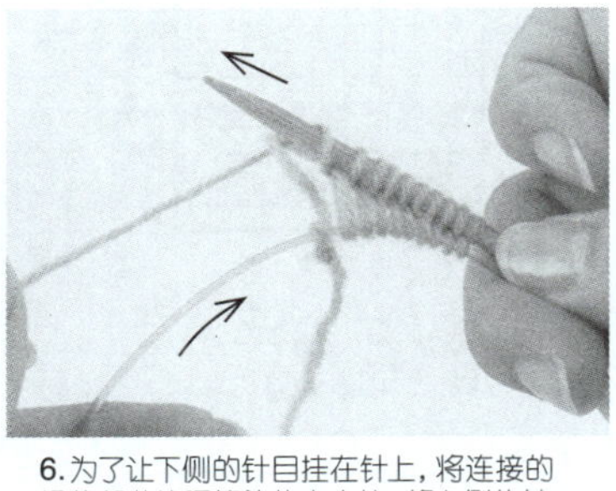

6. 为了让下侧的针目挂在针上,将连接的绳的部分按照箭头的方向拉,将上侧的针拉出。

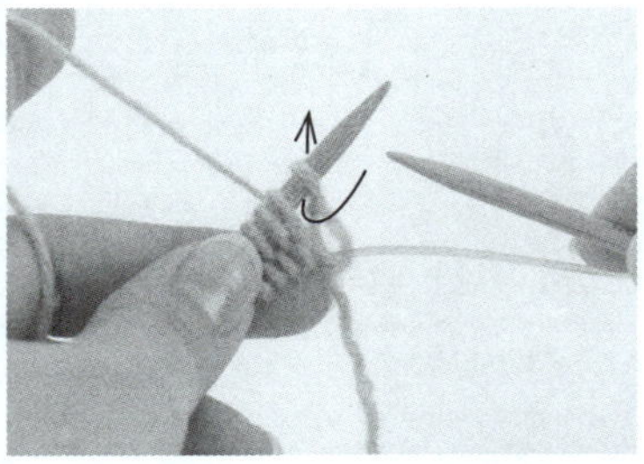

7. 将织片反过来拿,左针上面的针目编织下针。

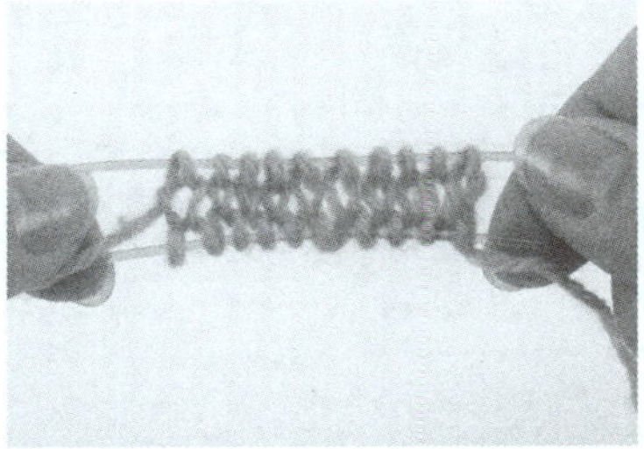

8. 第1行编织完成后的样子。

**材料**

和麻纳卡 Rich More Fine Panache 白色（1）140g/4团，奶油色（3）125g/4团；直径8mm的按扣3组

**工具**

棒针4号、3号，钩针3/0号

**成品尺寸**

胸围99.5cm，肩宽35cm，衣长52cm，袖长26.5cm

**编织密度**

10cm×10cm面积内：下针编织条纹花样24.5针，33行；起伏针21.5针，50行（3号针）；花片的大小参见图示

**编织要点**

●身片、袖…身片手指起针，做下针编织条纹花样。后身片下摆参见图示，编织的同时使用卷针加针。减针时，2针及2针以上时做伏针减针，1针时立起侧边1针减针。袖从左右的转角处开始编织。加针时，2针及2针以上时做卷针加针，1针时在1针内侧编织扭针加针。左右均编织至第38行之后，连在一起编织。中心处立起2针减针。口袋使用共线锁针的方法起针，参见图示组合编织下针编织条纹花样和起伏针条纹花样。编织终点做伏针收针。对齐针与行，使用毛线缝针将口袋缝合到身片的指定位置。

●组合…肩部做盖针接合，胁使用毛线缝针挑针缝合，袖下做下针编织无缝缝合。在前门襟编织3行起伏针后，做伏针收针，随后在前门襟、下摆编织边缘编织条纹花样。衣领挑取指定数量的针目，参见图示编织起伏针。编织终点做伏针收针。钩织指定数量的花片，参见图示缝合到衣领上。袖口环形编织边缘编织条纹花样。对齐衣袖与身片的条纹，使用钩针将衣袖引拔接合到身片上。缝上按扣后即完成。

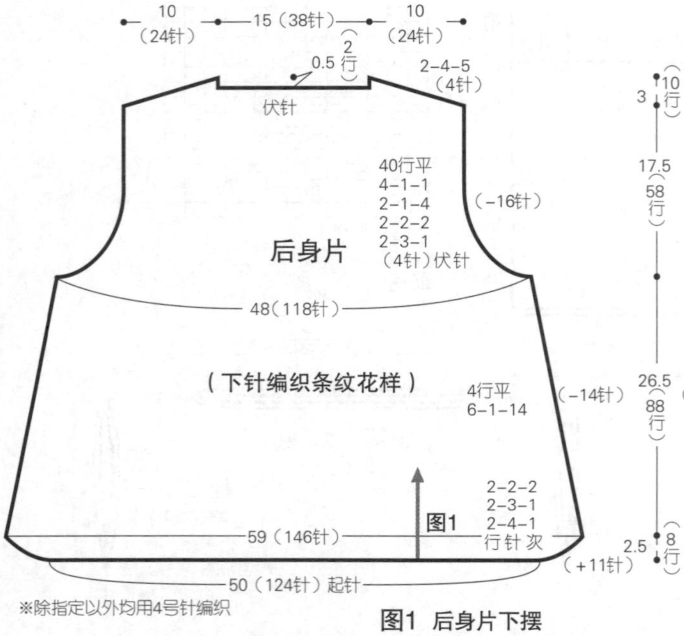


※除指定以外均用4号针编织

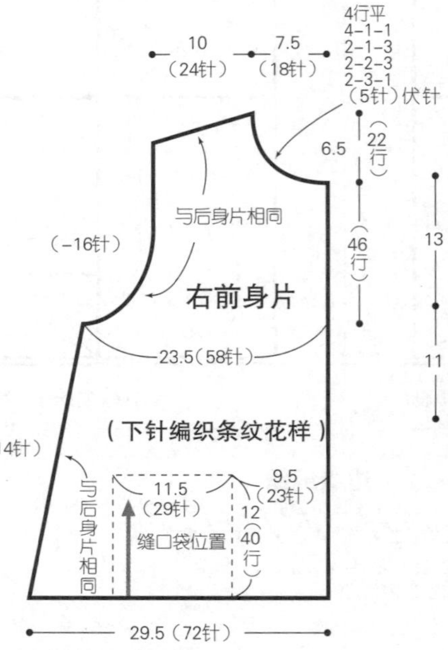


※左前身片对称编织

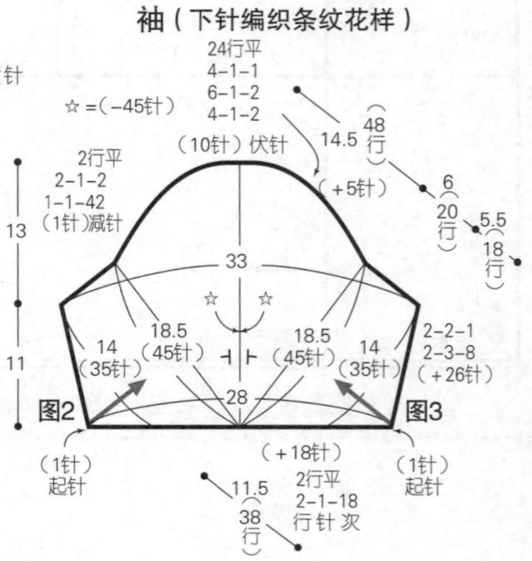


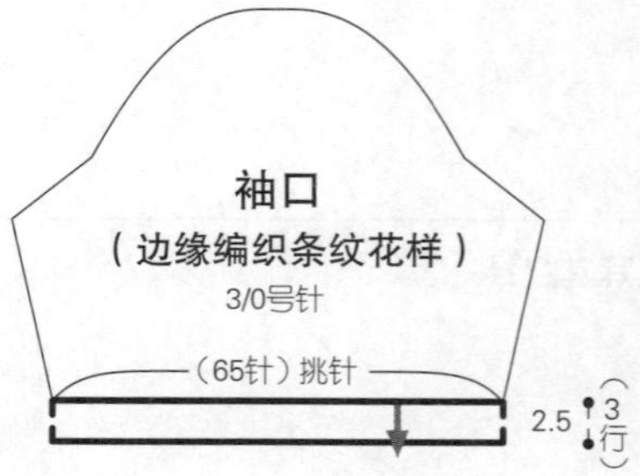


### 图1 后身片下摆

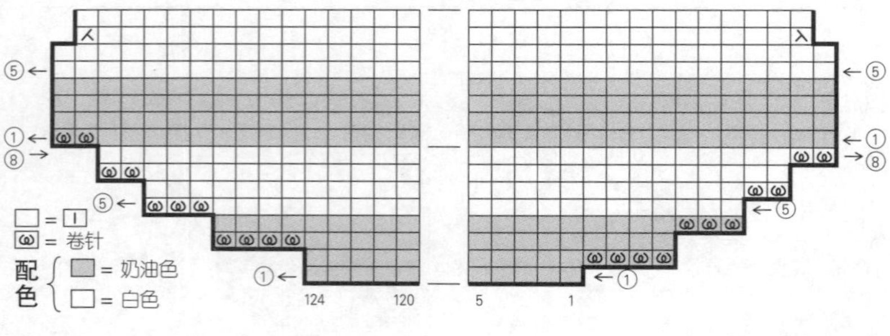


### 图2 袖左下

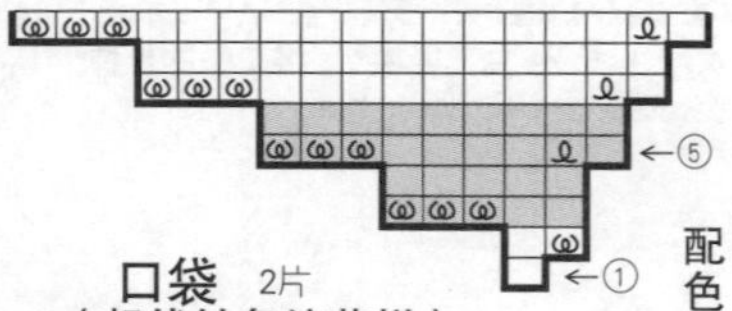

### 图3 袖右下

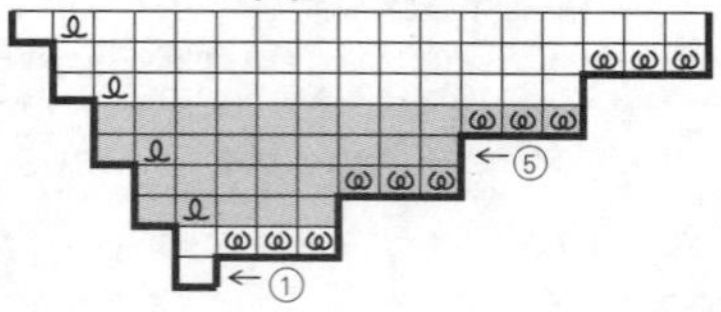


### 口袋 2片（起伏针条纹花样）

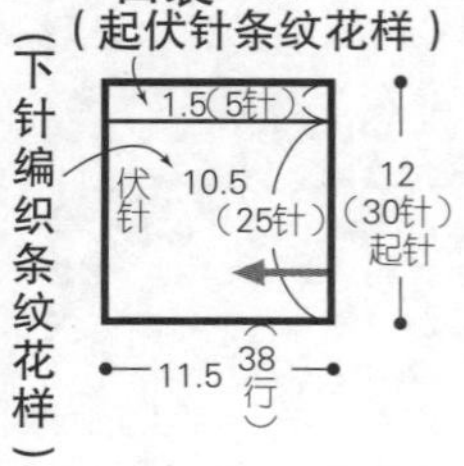


### 边缘编织条纹花样（袖口）

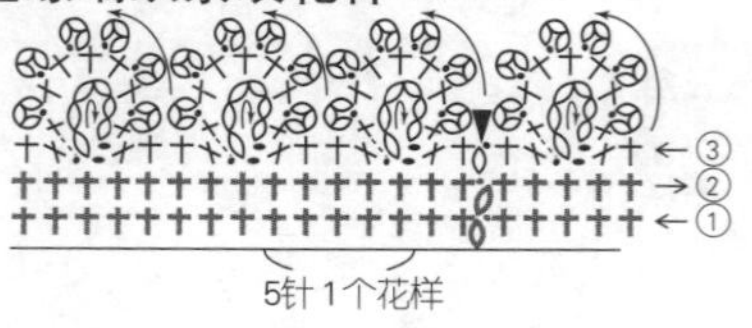


### 口袋的编织方法

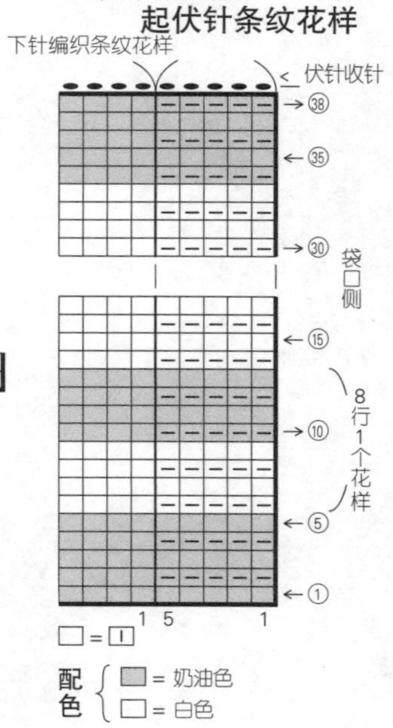


### 下针编织条纹花样

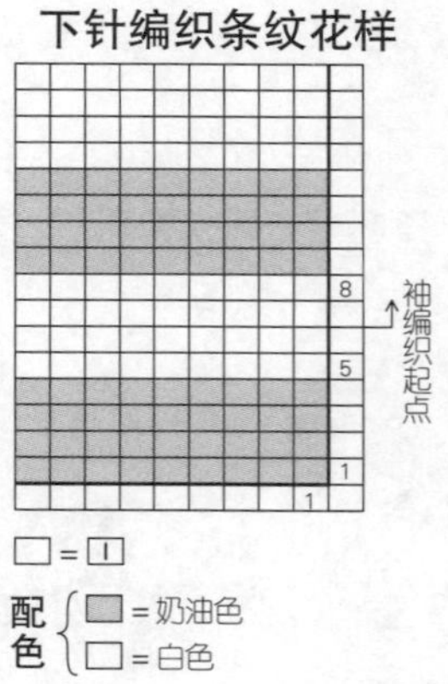

## 前门襟、下摆

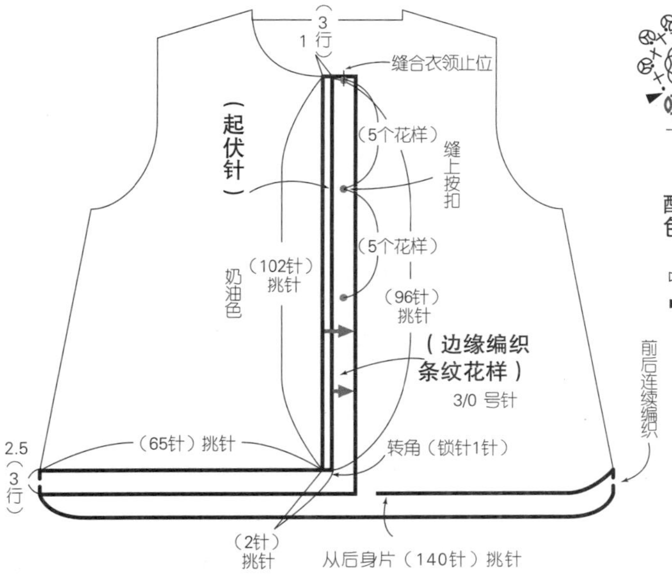


※左右两侧的按扣均缝在边缘编织条纹花样的反面

## 边缘编织条纹花样

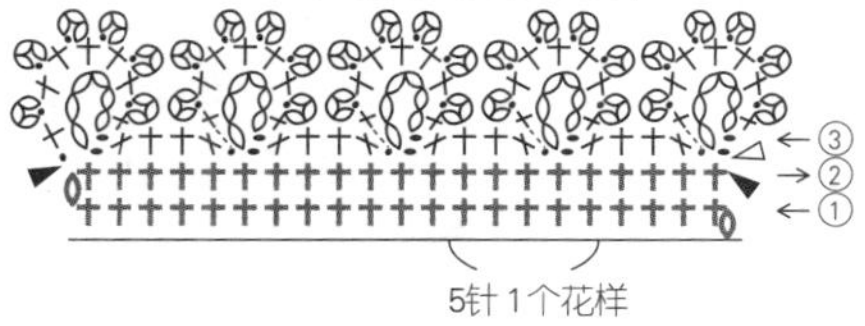


配色 { — = 奶油色
 — = 白色

▷ = 加线
▶ = 剪线

## 起伏针

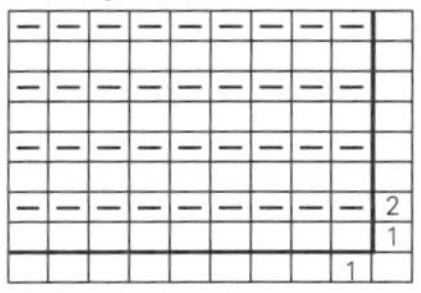


□ = [I]

## 边缘编织条纹花样转角处的编织方法

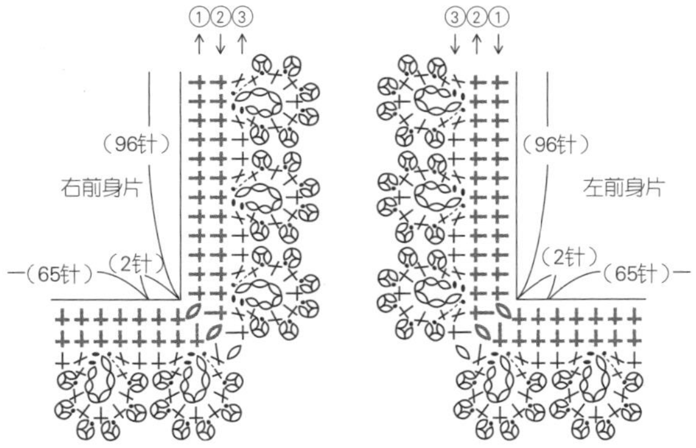


## 衣领(起伏针)

3号针 奶油色

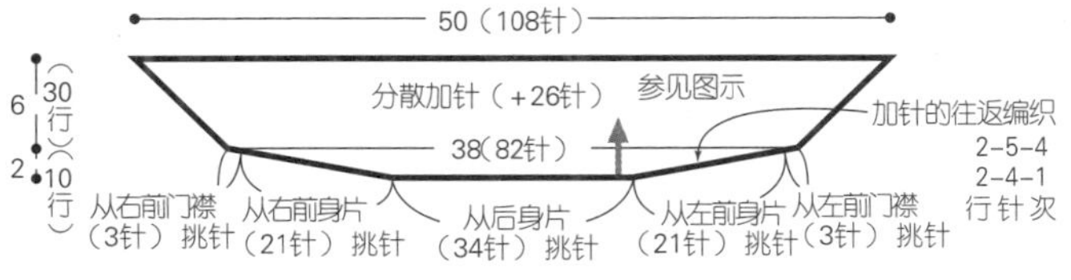


※全部(82针)挑针

## 衣领的往返编织及分散加针

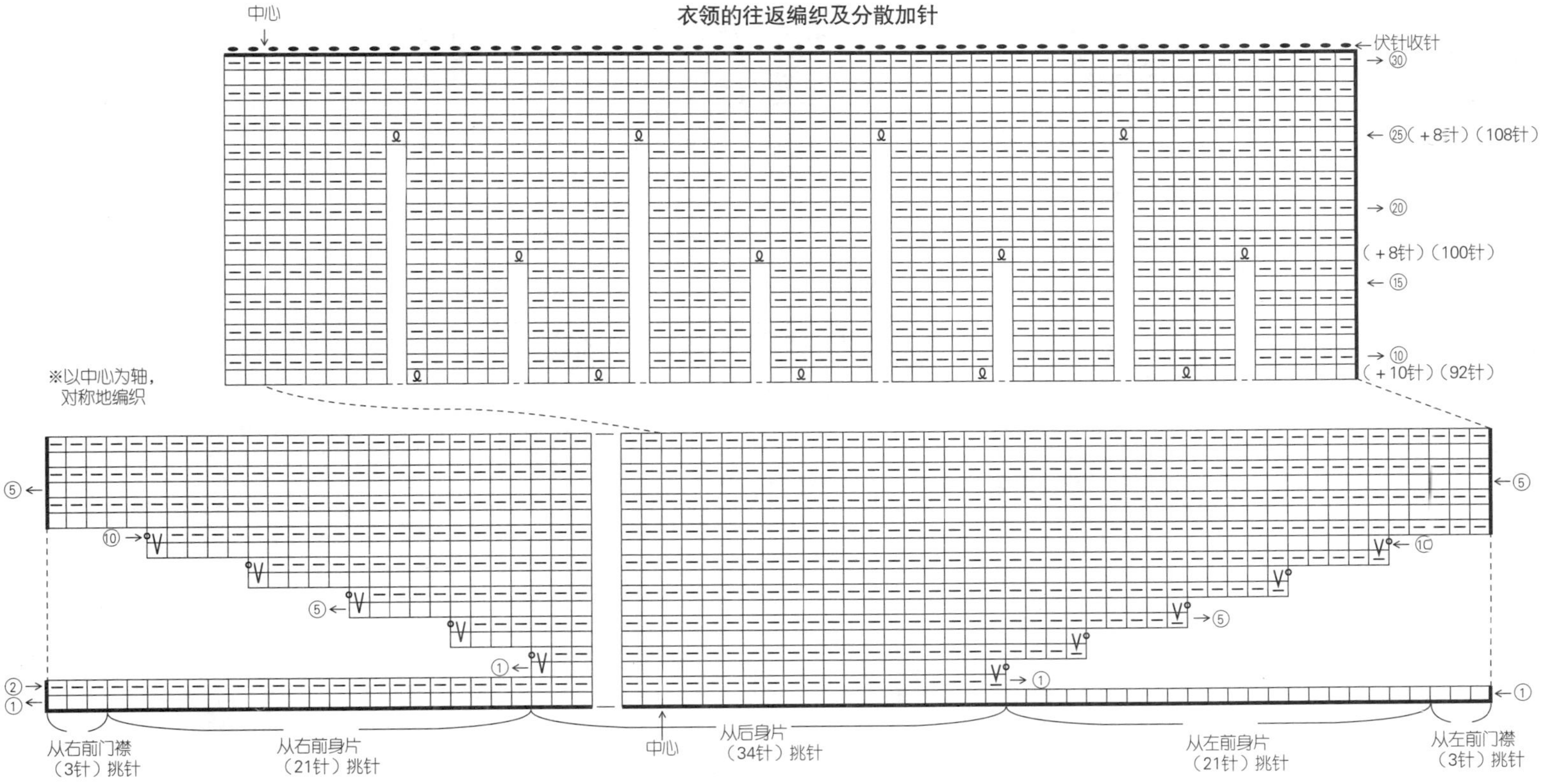


□ = [I]

---

## 短针的棱针

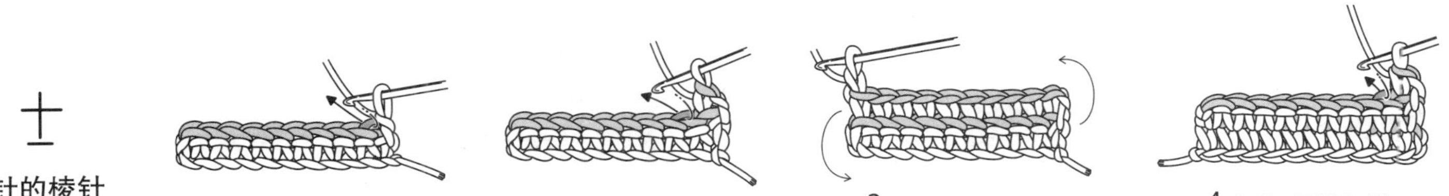

1 将钩针插入前一行针目的后侧半针处,钩针短针。

2 下一针也使用同样的方法钩织。

3 钩织到边上后,立织1针锁针,翻转织片。

4 与前一行相同,将钩针插入后侧半针处,钩织短针。

花片的排列

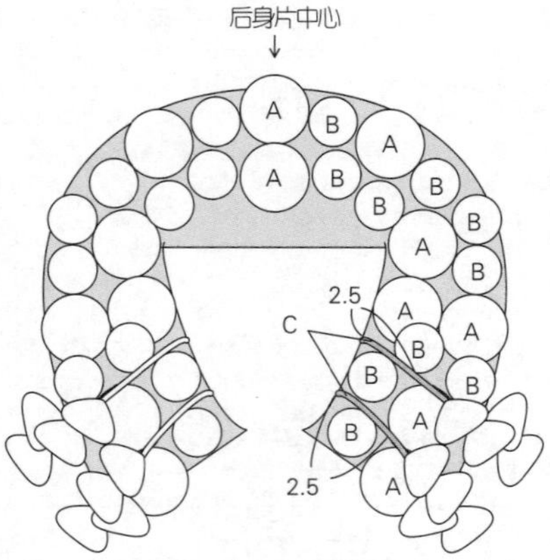


※缝的时候左右要对称
※花片C缝2.5cm

► = 剪线

花片A 3/0号针 白色 14片

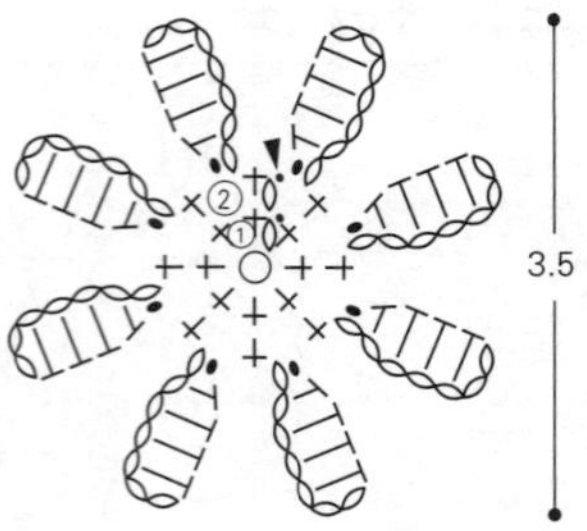


花片 3/0号针 白色 16片

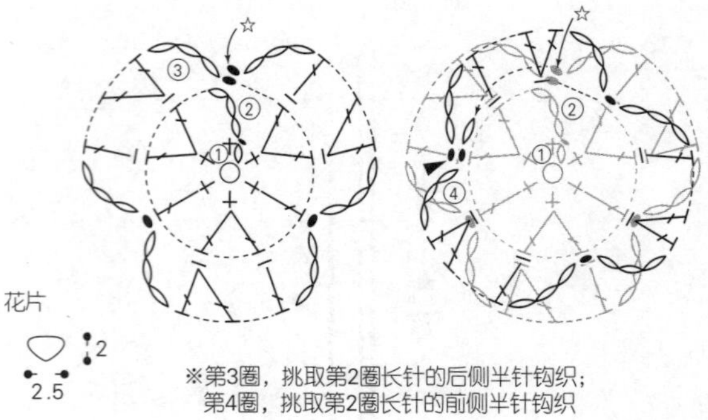


※第3圈，挑取第2圈长针的后侧半针钩织；
第4圈，挑取第2圈长针的前侧半针钩织

花片B 3/0号针 白色 20片

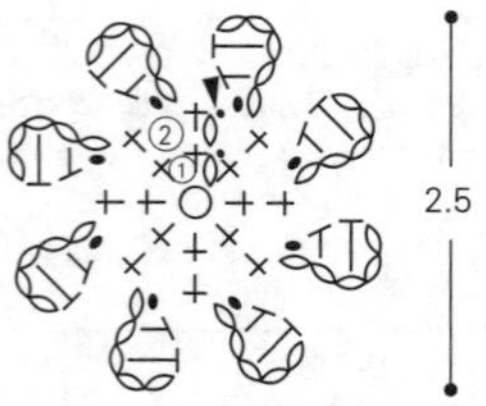


花片C 3/0号针 奶油色 4片

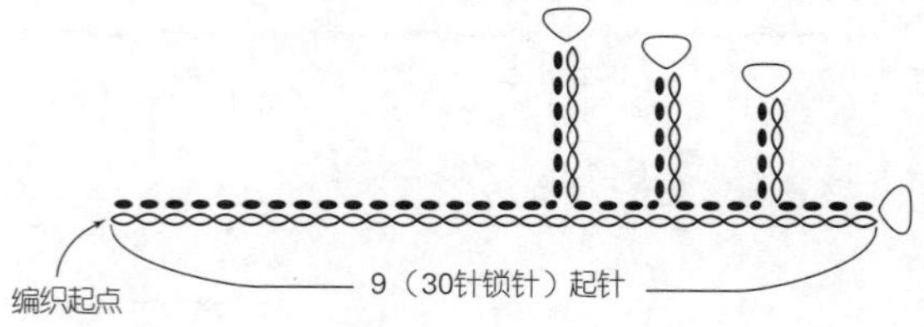


♡ = 缝花朵花片的位置

**5针长针的爆米花针**（在1针上钩织）

1 在1针上钩织5针长针，钩针从针目中暂且拿开，插入第1针及刚刚松开的线圈中。

2 将刚刚松开的线圈从第1针中拉出。

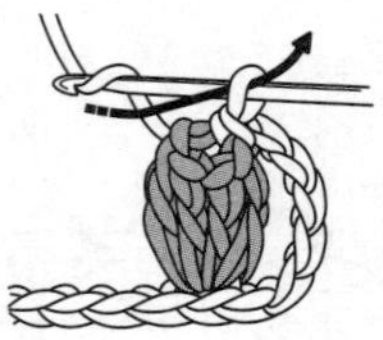

3 再钩织1针锁针以收紧。5针长针的爆米花针（在1针上钩织）完成。

**5针长针的爆米花针**（整段挑起）

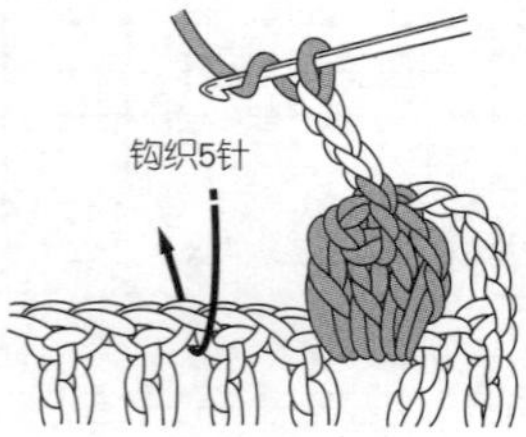


1 在针上挂线，按照箭头的方向入针，钩织5针长针。暂且将钩针从针目中抽出。

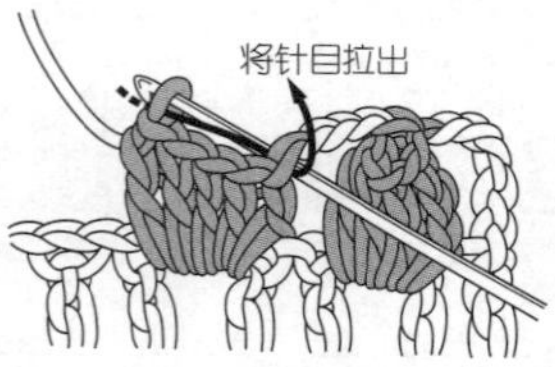


2 将钩针插入第1针及刚刚松开的线圈中，将刚刚松开的线圈拉出。

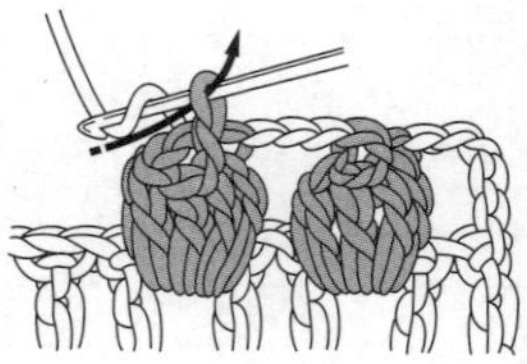

3 再钩织1针锁针以收紧。

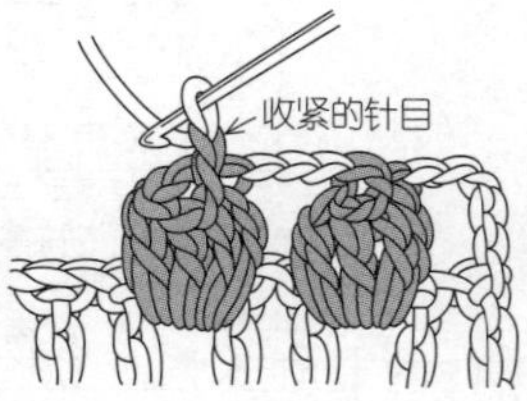


4 2个5针长针的爆米花针（整段挑起）钩织完成。

**横向渡线的短针的配色花样**

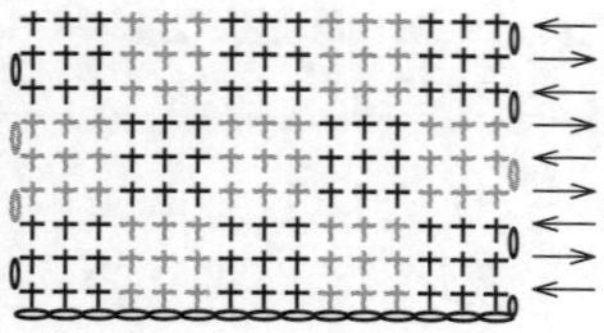

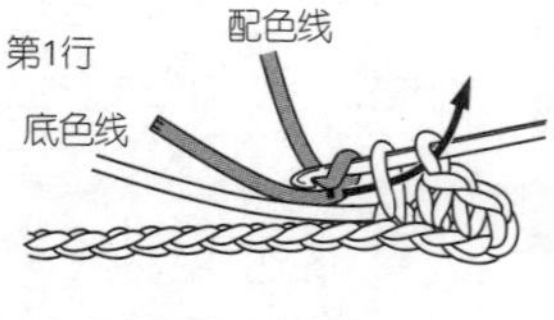


1 底色线最后1针引拔时，换为配色线。

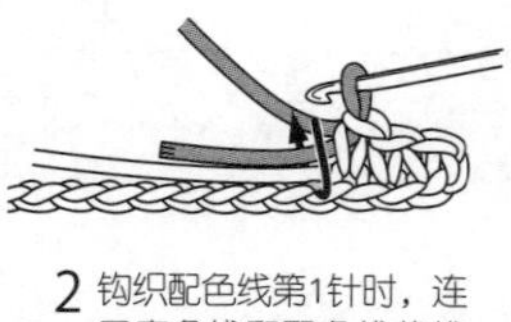

2 钩织配色线第1针时，连同底色线和配色线的线头一起挑起，将配色线拉出。

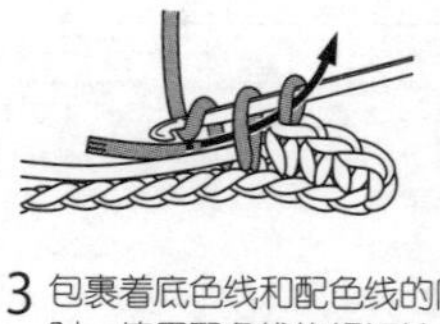

3 包裹着底色线和配色线的同时，使用配色线钩织短针。

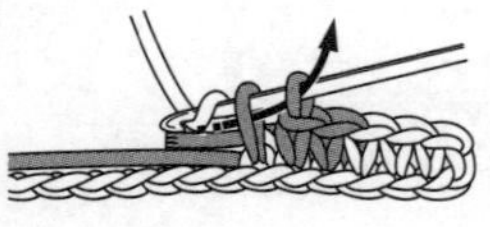

4 配色线最后1针引拔时，换为底色线。

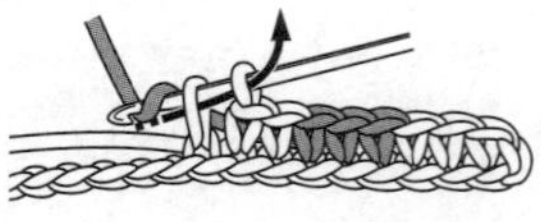

5 下一次换为配色线时，与步骤1相同。

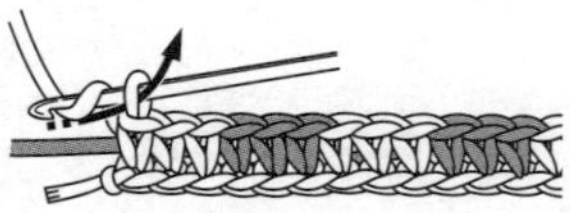

6 钩织至边上时，先钩织下一行立织的锁针，再翻转织片。

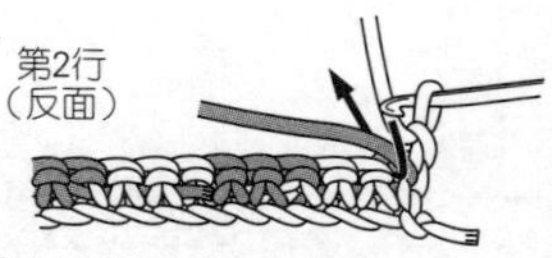


7 在编织起点将配色线放在前侧，用底色线包裹着配色线钩织短针。重复操作。

**材料**

[A] 芭贝 Free 粉色(004) 45g/1团，灰色(008) 30g/1团；La Droguerie 直径10mm的科切拉绳 黑色60cm

[B] 芭贝 Free 原白色(002) 70g/2团；La Droguerie 直径10mm的科切拉绳 黑色60cm

**工具**

钩针 10/0号

**成品尺寸**

宽18cm，包深16cm

**编织密度**

花片的大小参见图示

**编织要点**

● A参见图示，使用粉色和灰色线，B仅使用原白色线，使用花片连接的方法钩织。环形起针开始钩织，从第2片开始，在第2圈与相邻的花片钩织连接在一起。包口钩织1圈短针后调整好形状。将粗绳穿入指定的位置，在两端打单结。

## 花片

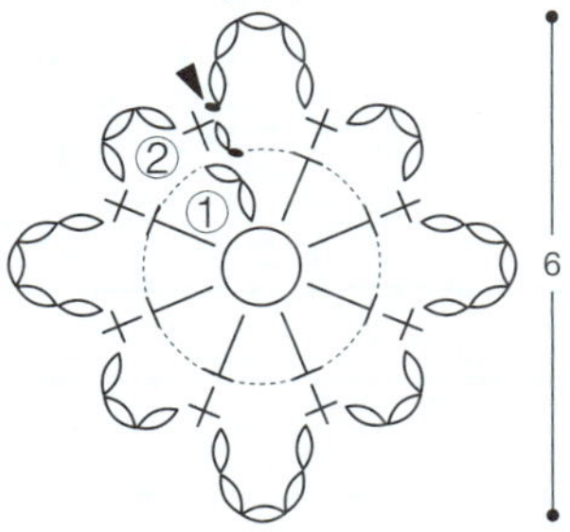


A:粉色14片　灰色12片
B: 26片

## 迷你手提包
**（花片连接）**（A、B通用）

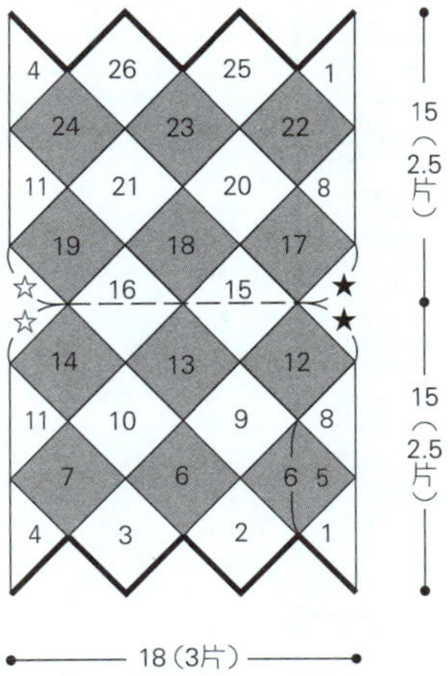


※全部使用10/0号针钩织
※花片内的数字表示连接的顺序
※★、☆钩织连接在一起

**A的配色**

◇ =粉色　◆ =灰色

※B全部使用原白色线钩织

## 包口（短针）　粉色（A）

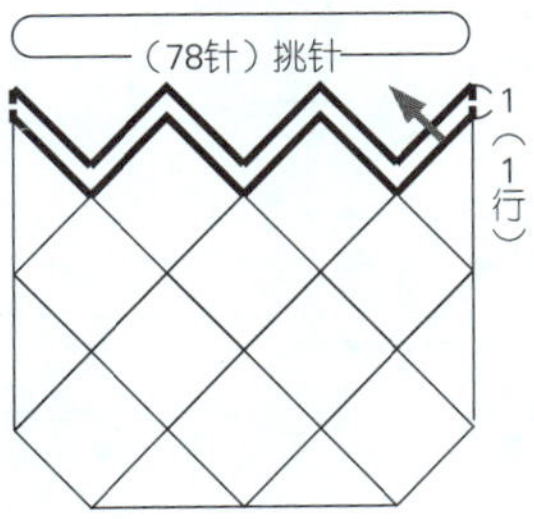


## 组合方法

将粗绳穿入指定的位置，在顶端打单结

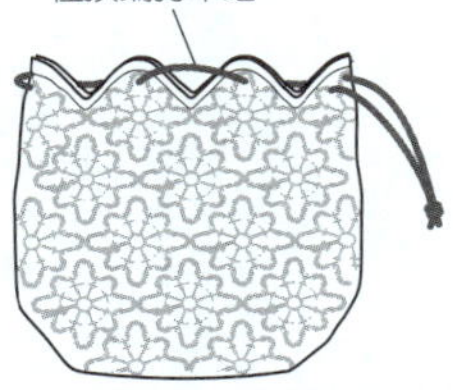

※将反面当作正面使用

## 花片连接方法

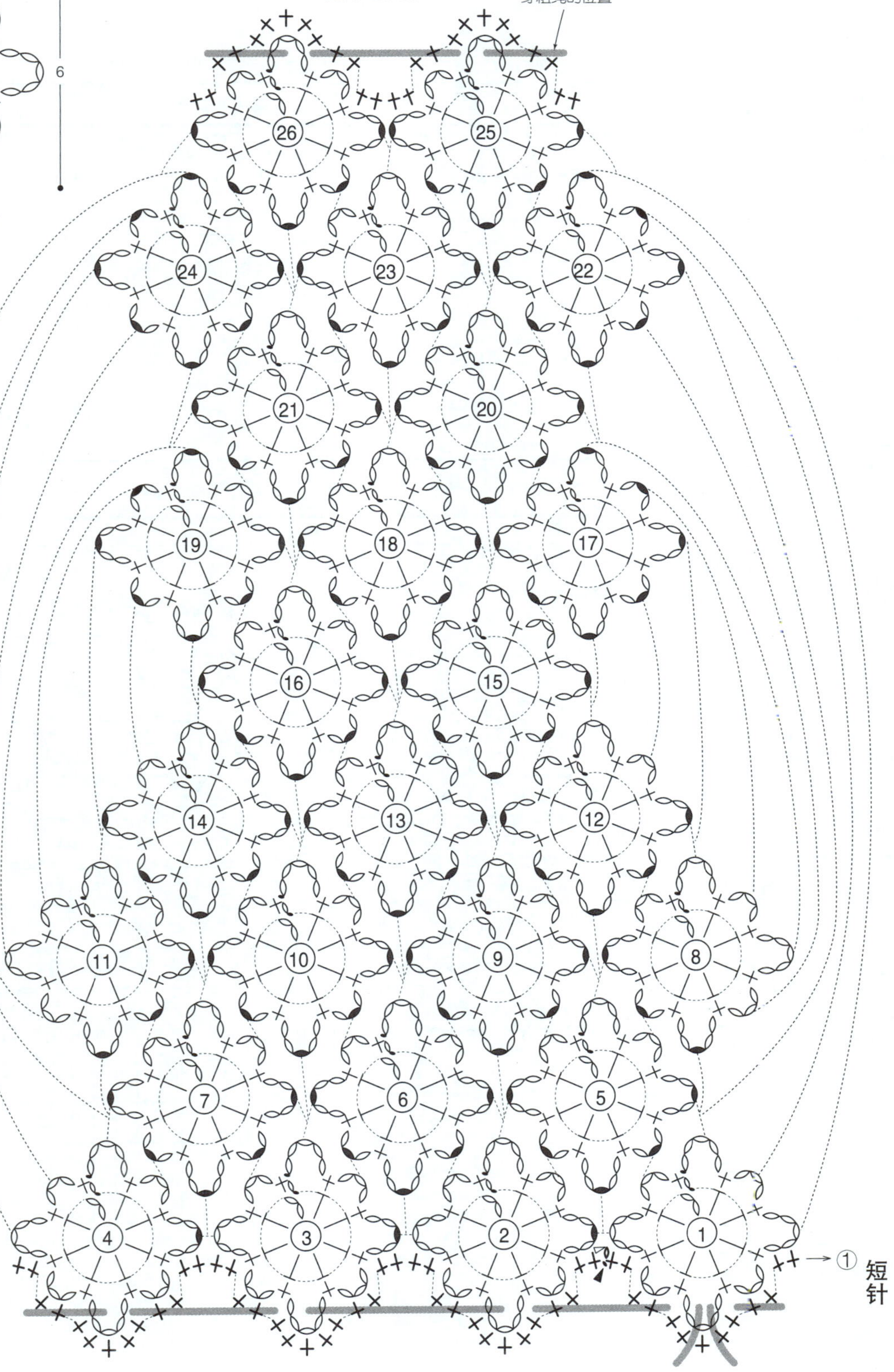


▷ = 加线
▶ = 剪线

**材料**

[半帘]奥林巴斯蕾丝线Emmy Grande浅灰白色(804) 270g/6团；直径10mm的纽扣11颗

[装饰链]奥林巴斯蕾丝线Emmy Grande<herbs>浅绿色(252)、浅蓝色(341)各20g/各1团，黄绿色(273) 15g/1团，奶油色(560) 10g/1团

**工具**

蕾丝针0号

**成品尺寸**

[半帘]宽126cm，长47cm

[装饰链]长290cm

**编织密度**

花片A的边长为7cm；编织花样A，1个花样为1.75cm，12.5行为10cm

**编织要点**

●半帘…从底边的花片连接部分开始钩织。花片的连接方法参见图示。主体锁针起针，钩织编织花样A。在最后1行，使用引拔针与花片A连接在一起。挑取锁针的起针钩织编织花样B。在指定的位置钉上纽扣。将编织花样B的部分向反面翻折，以卷针缝缝合固定。

●装饰链…钩织指定数量的花片B~D。花片的配色参见图示。叶子、茎锁针起针开始钩织。参见图示钩织的同时引拔连接在花片上。

## 半帘

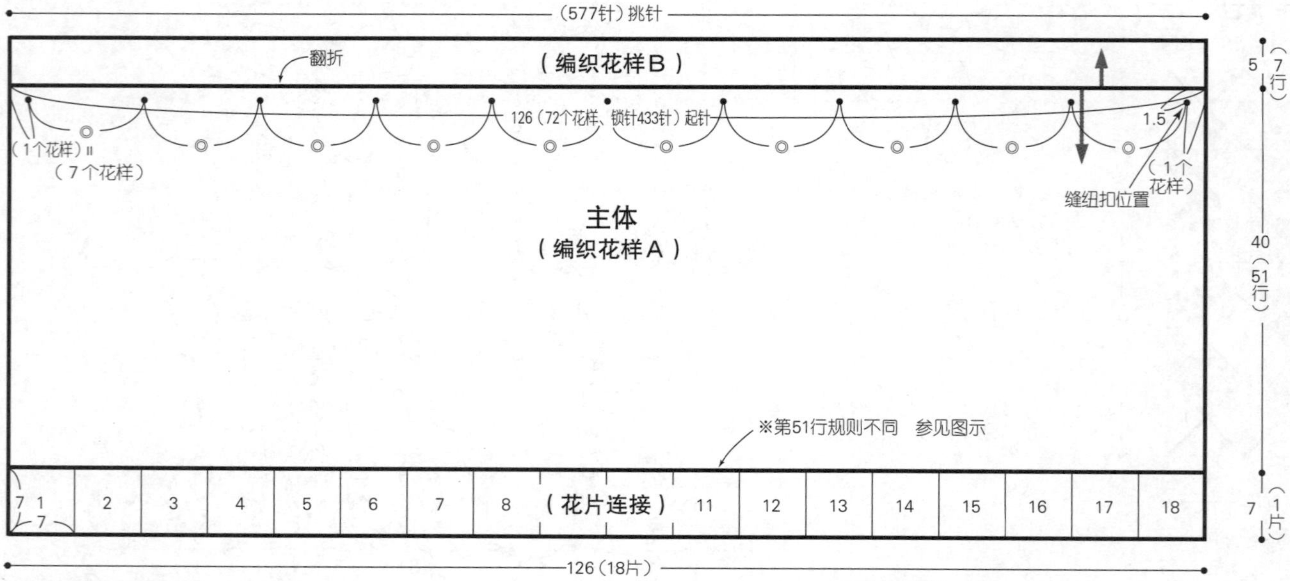


※ 全部使用0号蕾丝针钩织

※ 花片内的数字表示连接的顺序

### 花片A 18片

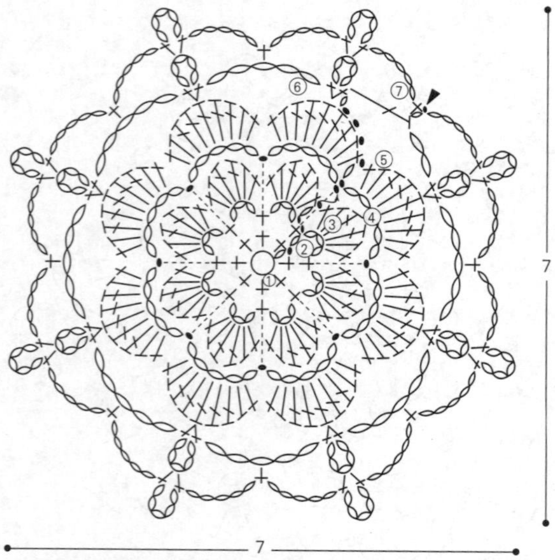


※ 钩织第4圈的引拔针时，将前一圈倒向靠近自己的一侧，挑取第2圈短针的头部钩织

### 编织花样A

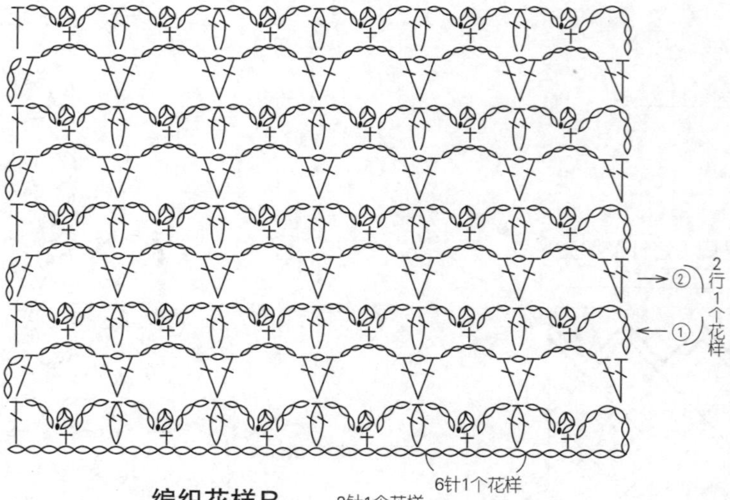


### 编织花样B

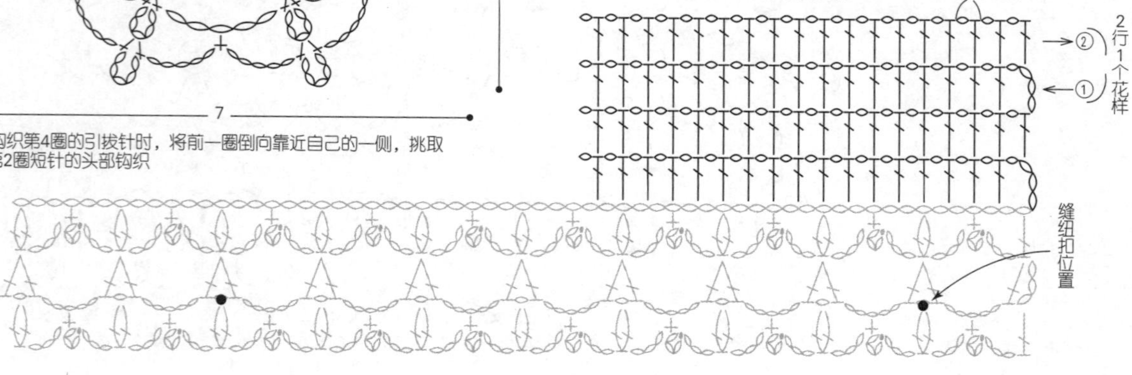

## 花片 A 的连接方法

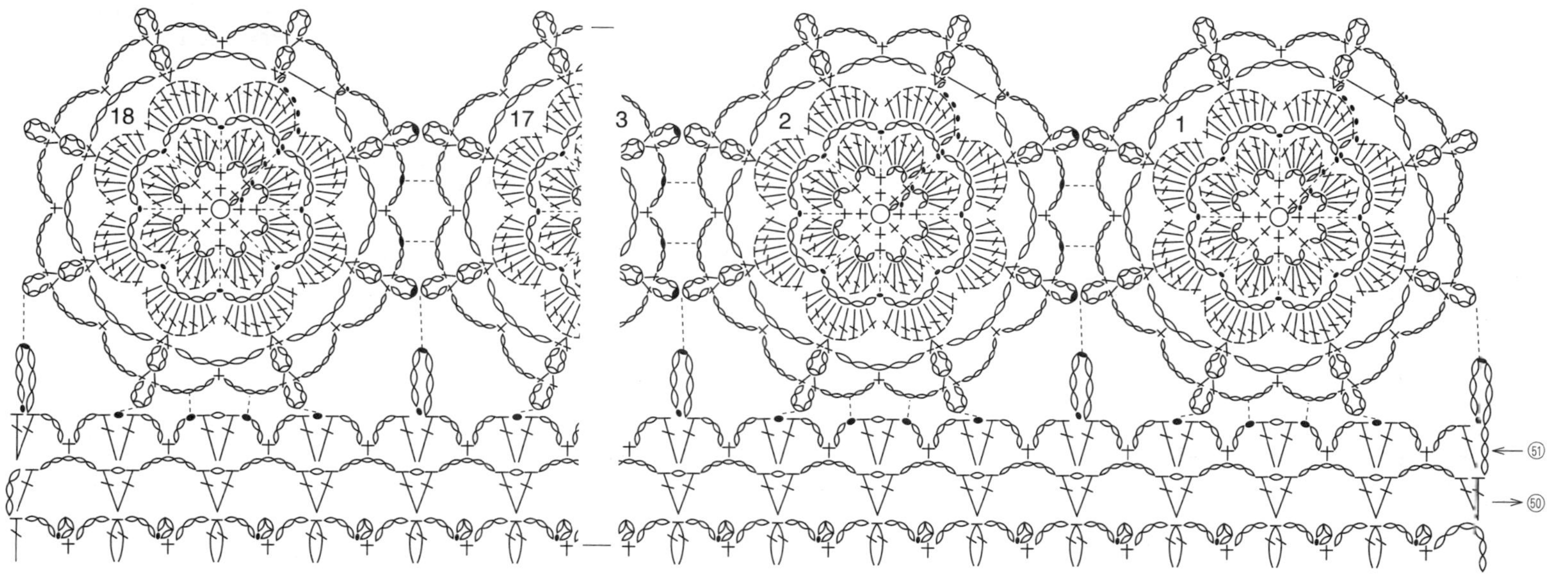


## 装饰链
## 花片B、C

蕾丝针0号
B 13片 C 13片

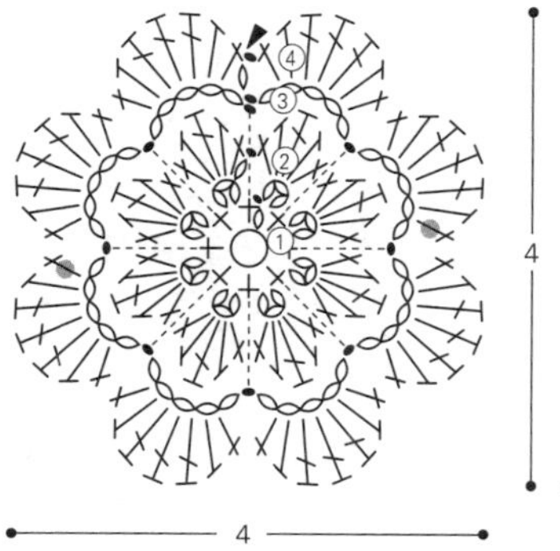


▶ = 剪线
● = 茎引拔的位置

※ 钩织第3圈的引拔针时，将前一圈倒向靠近自己的一侧，挑取第1圈短针的头部钩织

### 花片 B、C 的配色

| | B | C |
|---|---|---|
| 第 3 、4 圈 | 浅蓝色 | 浅绿色 |
| 第 2 圈 | 浅绿色 | 浅蓝色 |
| 第 1 圈 | 奶油色 | 奶油色 |

## 花片 D 25片

蕾丝针0号 奶油色

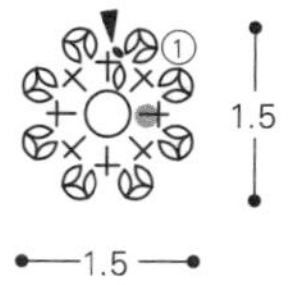


## 叶子、茎 蕾丝针0号 黄绿色

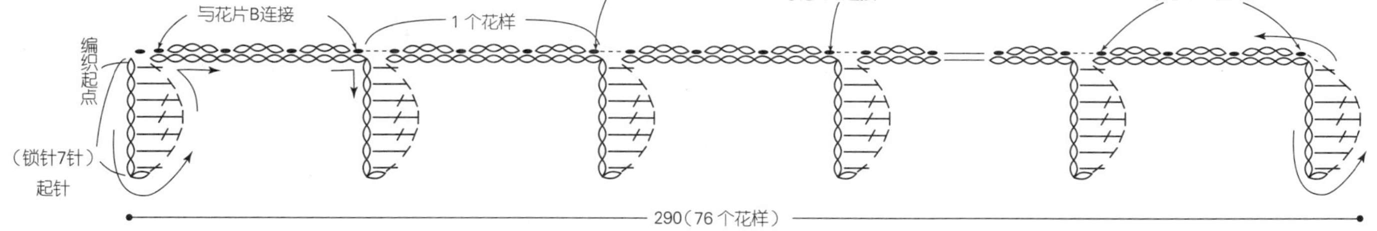


### 组合方法

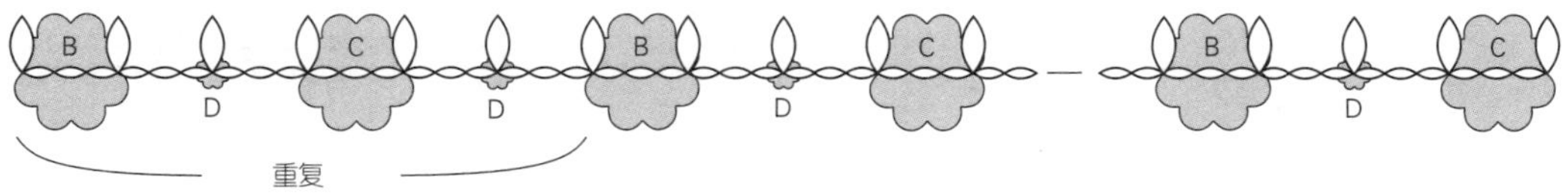


※ 茎与花片在指定位置使用引拔针连接在一起

## 花片转角的连接方法

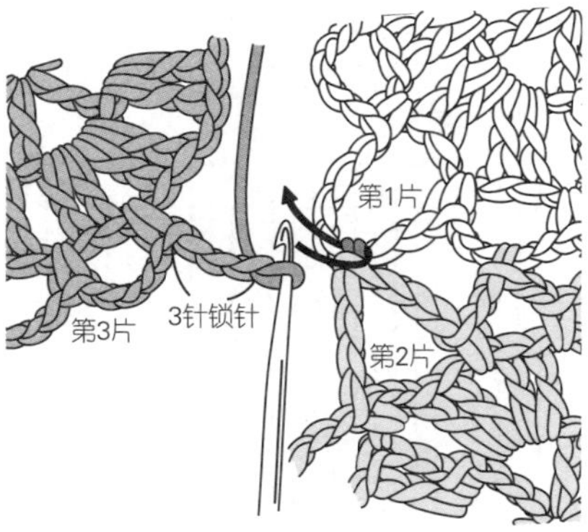


1 钩织第3片花片连接位置的前3针锁针，将钩针向上插入第2片引拔针的尾部2根线处。

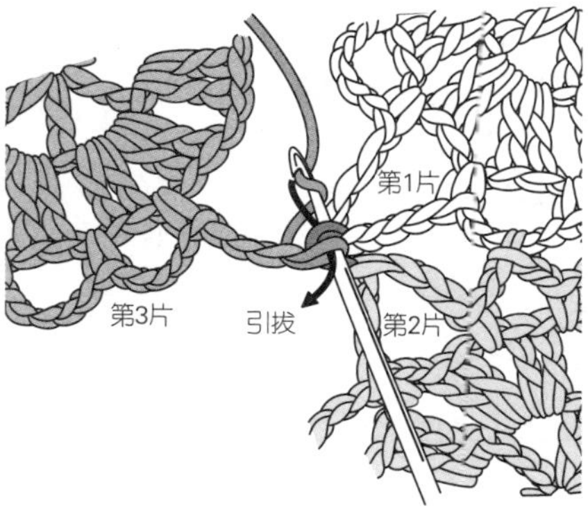


2 挂线后引拔。

**材料**

和麻纳卡Paume Baby Color颜色、色号、使用量请参见表所示

**工具**

钩针5/0号、6/0号

**成品尺寸**

[系带马甲]胸围58cm，衣长39cm，肩宽22cm

[婴儿帽]参见图示

[婴儿鞋]鞋长10cm，鞋帮8cm

**编织密度**

10cm×10cm面积内：长针21针，10行；条纹花样1个花样为3.8cm，10行为10cm（5/0号针）

**编织要点**

●系带马甲…锁针起针，钩织长针。参见图示减针。肩部使用钩针引拔接合，胁部使用引拔针和锁针接合。下摆处，前、后身片连续挑取针目，在调整编织密度的同时，钩织条纹花样。随后钩织边缘编织条纹花样。前门襟、衣领钩织边缘编织条纹花样，袖窿钩织边缘编织A。钩织系绳及花朵、花芯，参见组合方法，缝合在一起。

●婴儿帽…与婴儿裙使用同样的方法起针，参见图示钩织长针。随后在调整编织密度的同时，钩织条纹花样，接着钩织长针、边缘编织条纹花样。挑取指定数量的针目，钩织边缘编织B。钩织系绳及花朵、花芯，将系绳穿入指定的位置。将花朵和花芯缝到系绳的顶端。

●婴儿鞋…与婴儿裙使用同样的方法起针，参见图示钩织长针、条纹花样、边缘编织条纹花样。钩织系绳及花朵、花芯，将系绳穿入指定的位置。将花朵和花芯缝到系绳的顶端。

**线的使用量**

| | | |
|---|---|---|
| 婴儿裙 | 浅粉色（91） | 130g/6团 |
| | 深粉色（303） | 30g/2团 |
| | 绿色（302） | 各15g/各1团 |
| | 浅绿色（94） | |
| | 黄色（301） | 少量/1团 |
| 婴儿帽 | 浅粉色（91） | 20g/1团 |
| | 浅绿色（94） | 10g/1团 |
| | 绿色（302） | 各5g/各1团 |
| | 深粉色（303） | |
| | 黄色（301） | 少量/1团 |
| 婴儿鞋 | 浅粉色（91） | 20g/1团 |
| | 深粉色（303） | 10g/1团 |
| | 绿色（302） | 各5g/各1团 |
| | 浅绿色（94） | |
| | 黄色（301） | 少量/1团 |

**系带马甲**

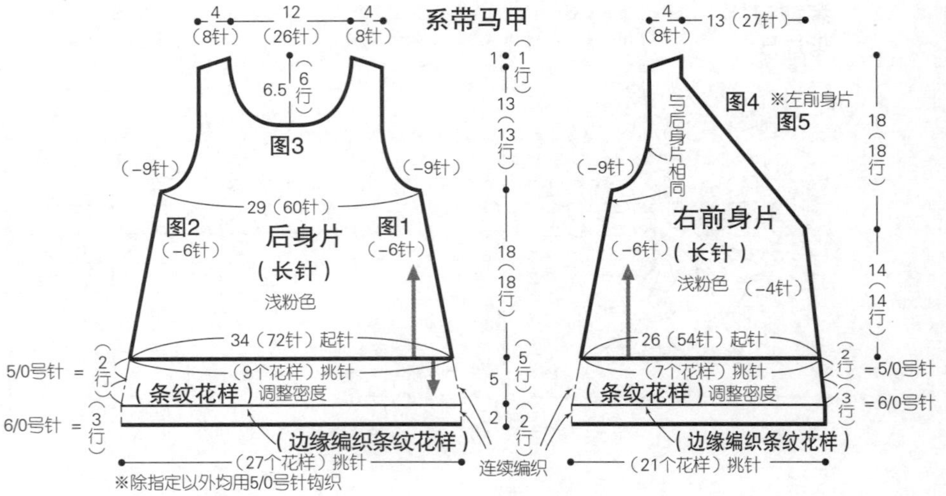


**边缘编织A**

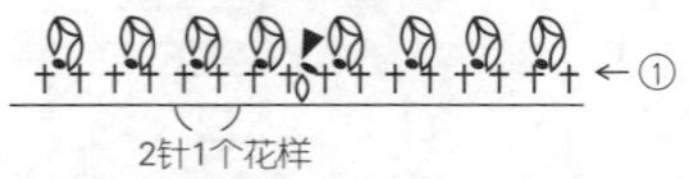


**边缘编织条纹花样** 浅粉色、婴儿帽

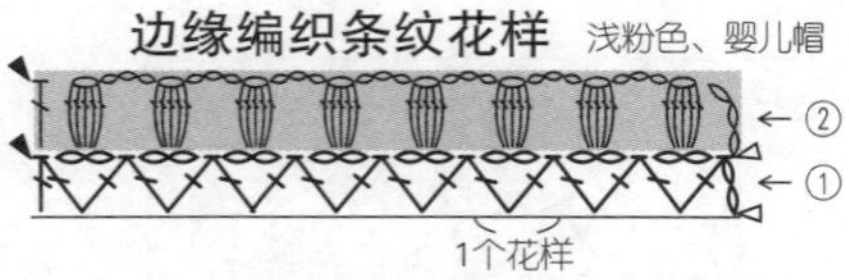


※下摆的第1行有整段挑起的部分，请参见图示

配色 ─ = 绿色 ═ = 深粉色

= 5针长针的爆米花针（整段挑起）
※编织方法参见110页

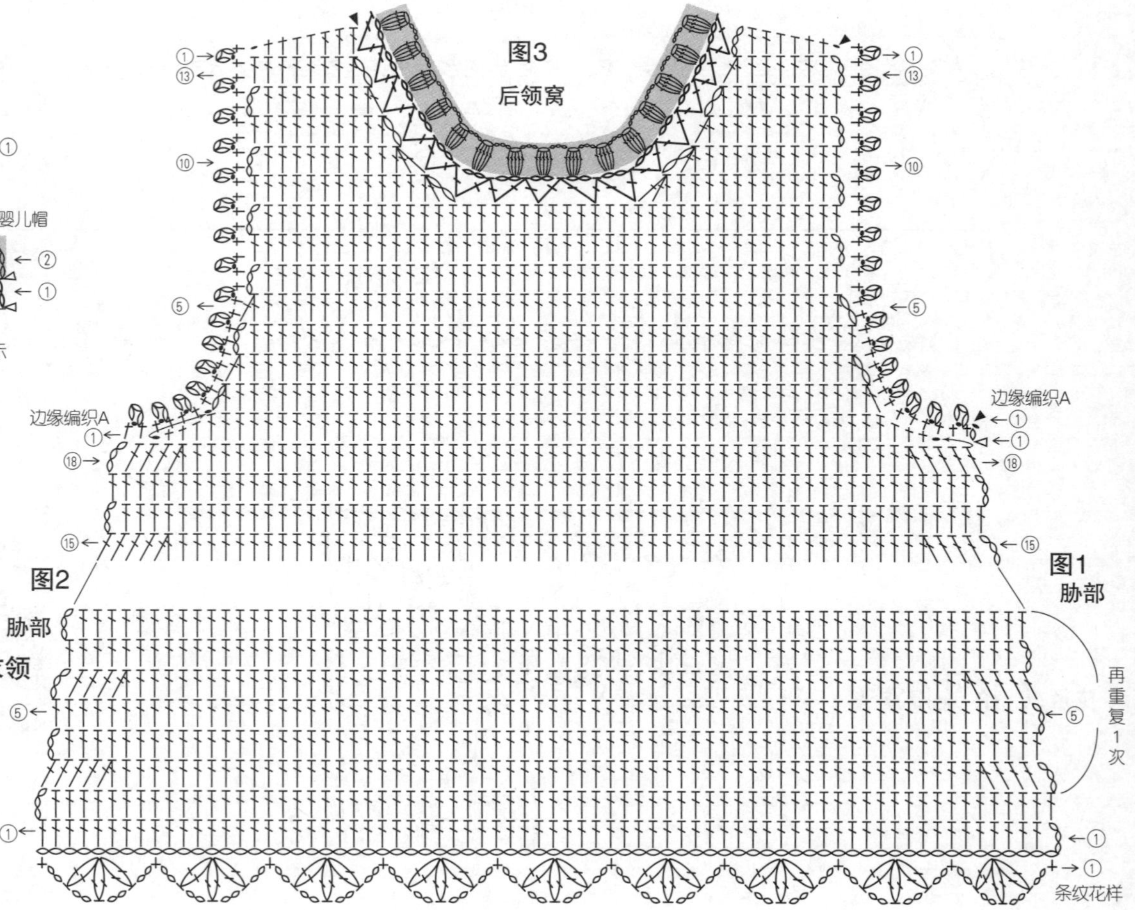


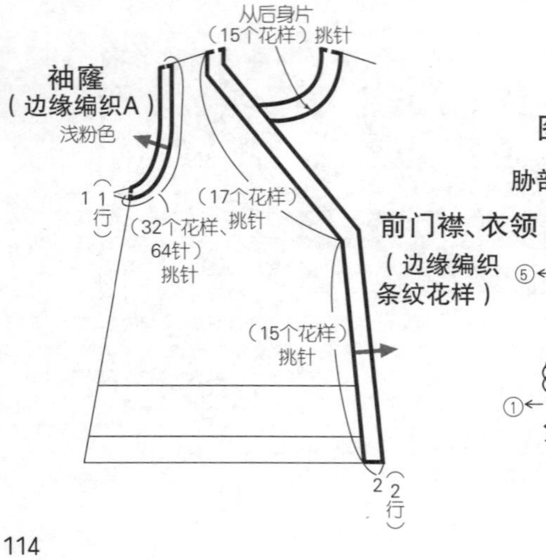

## 系带马甲的组合方法

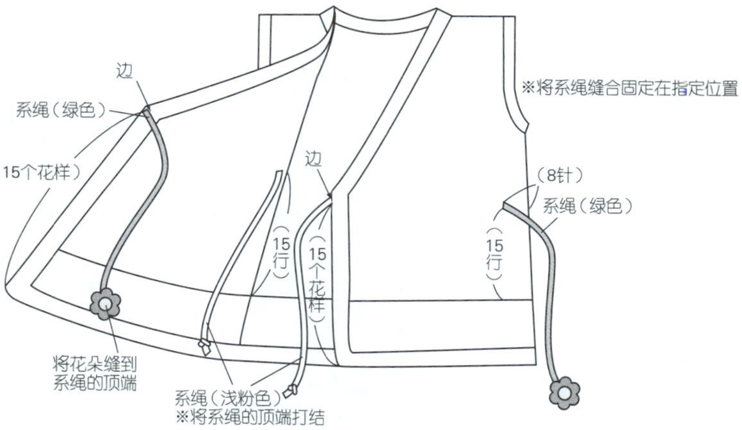


**图5**

**左前身片**

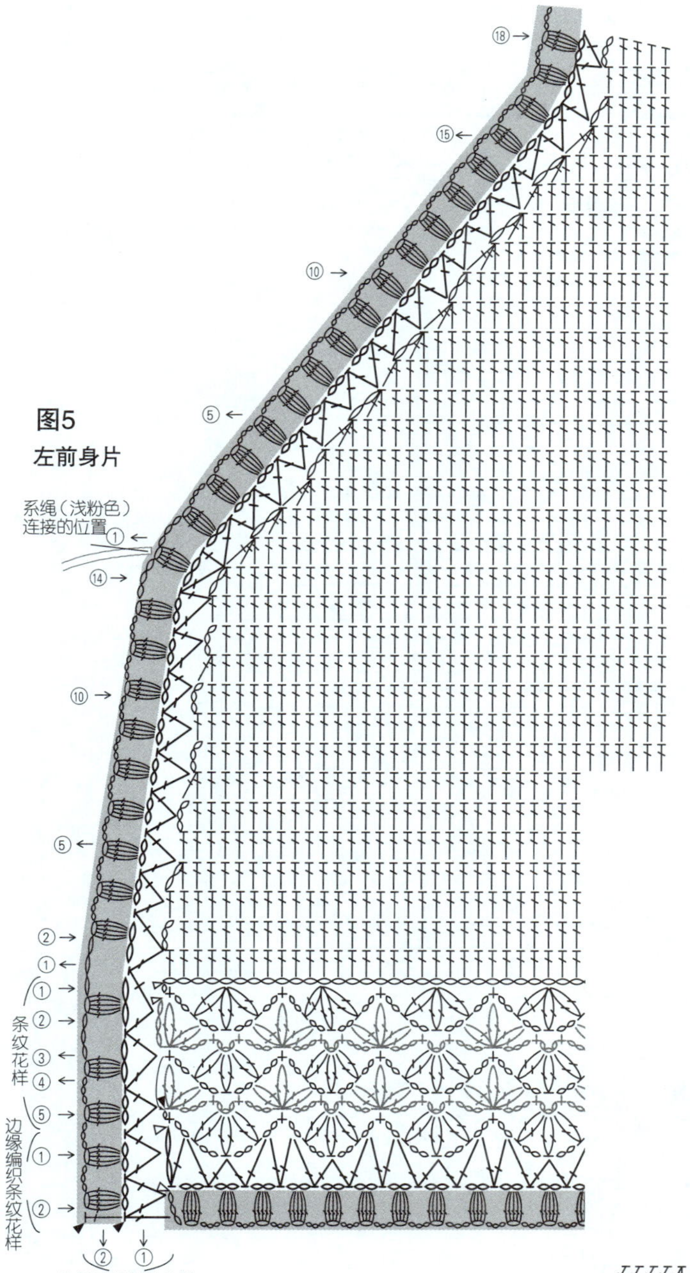


## 条纹花样

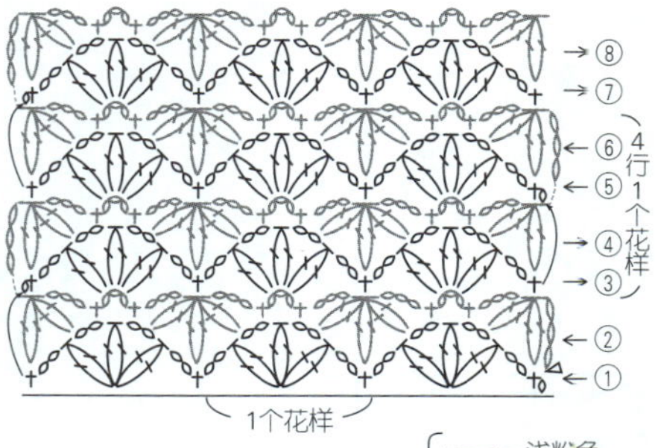


配色 { —— = 浅粉色；------ = 浅绿色

· = 渡线

**图4**

**右前身片**

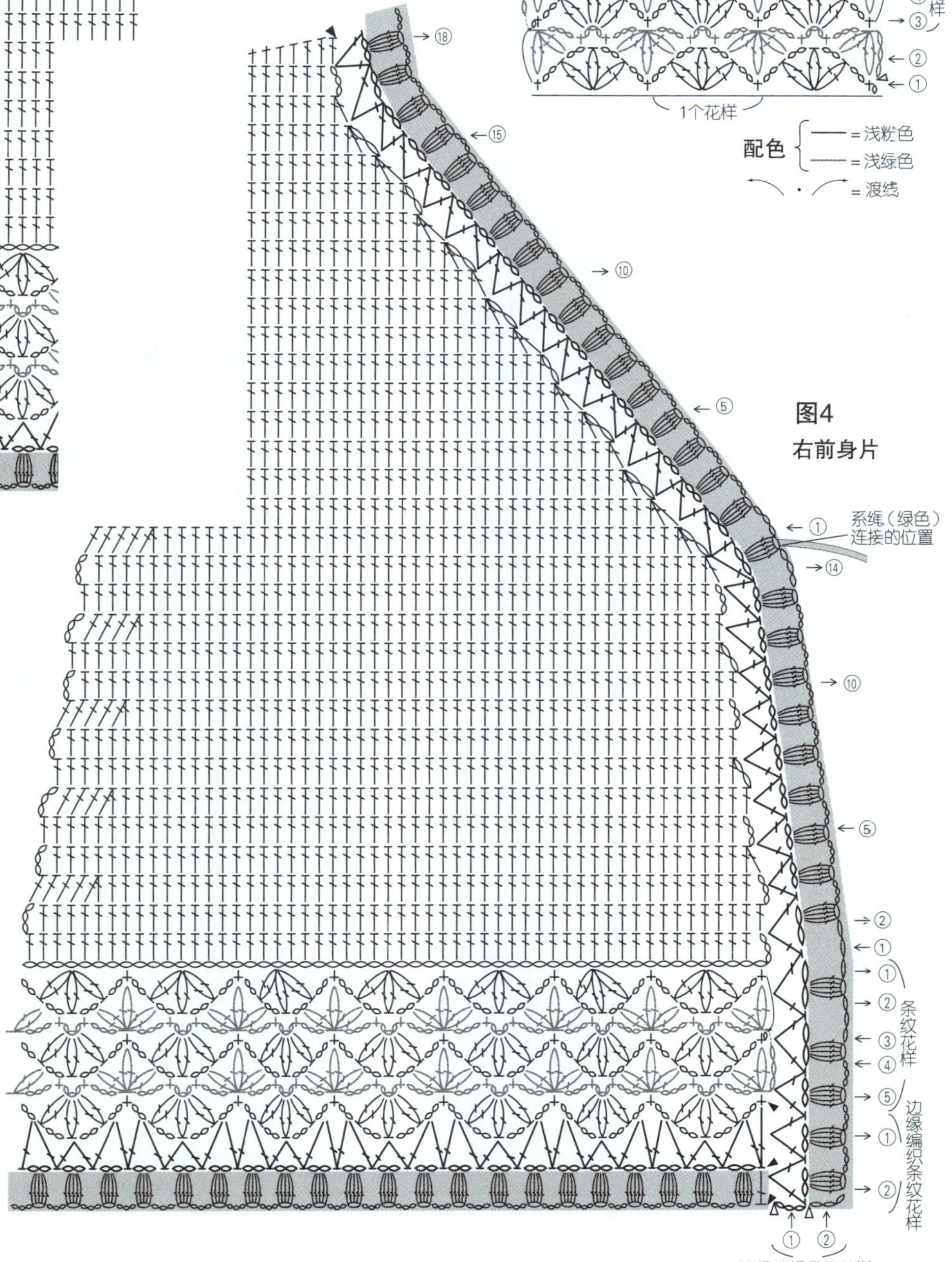


### 花朵

深粉色

系带马甲、婴儿帽 各2片

婴儿鞋　4片

### 花芯

黄色

系带马甲、婴儿帽 各2片

婴儿鞋　4片

▶ = 剪线

### 花朵和花芯的组合方法

将花芯放在花朵的中心，缝合固定

### 系绳

（双重锁针）

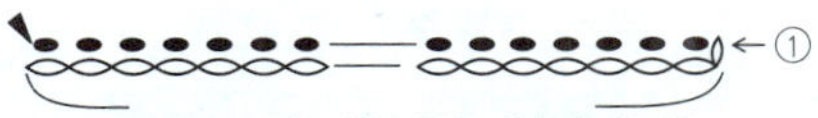

系带马甲　23（58针）绿色、浅粉色 各2根

婴儿帽　75（190针）绿色 1根

婴儿鞋　36（90针）绿色 2根

## 婴儿帽

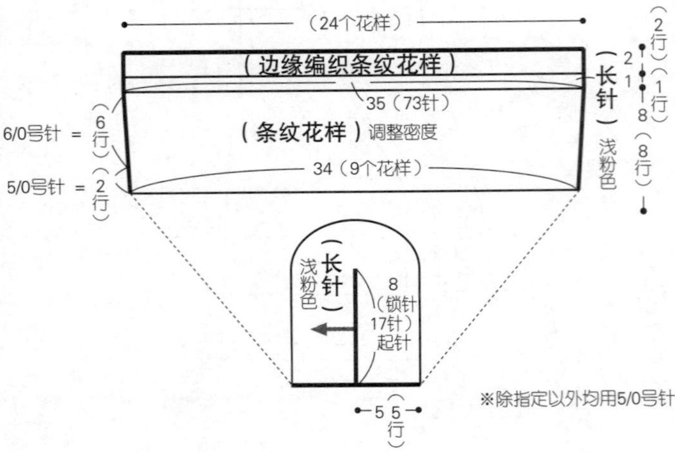


※除指定以外均用5/0号针钩织

## 婴儿鞋的编织方法

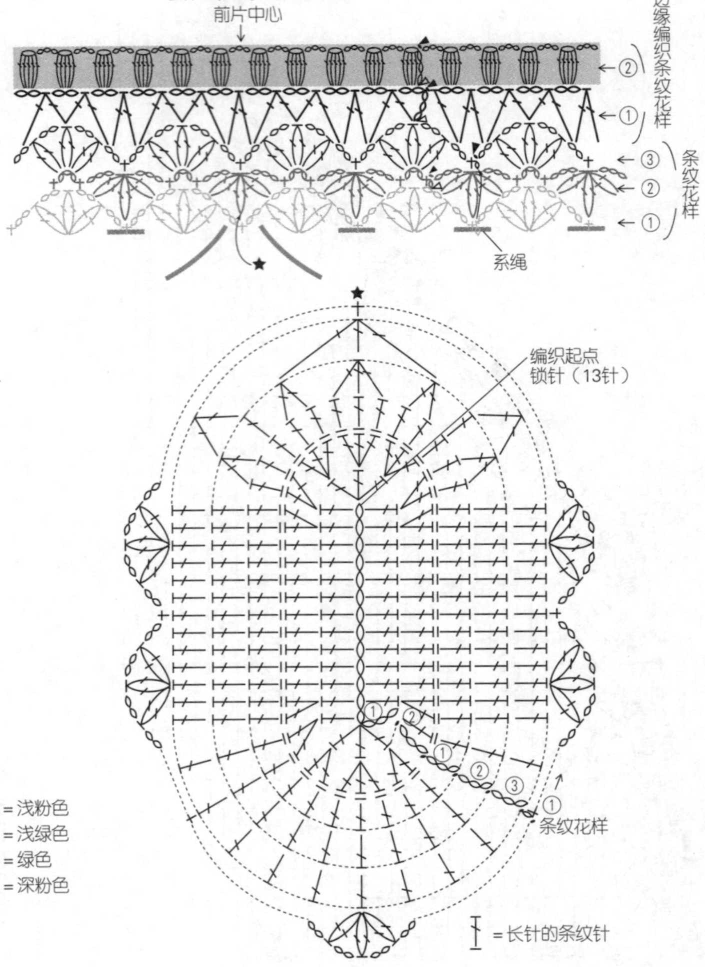


= 长针的条纹针

## 婴儿帽的组合方法

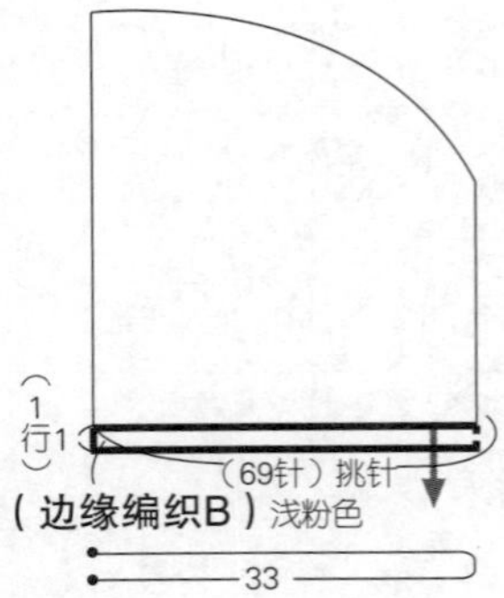


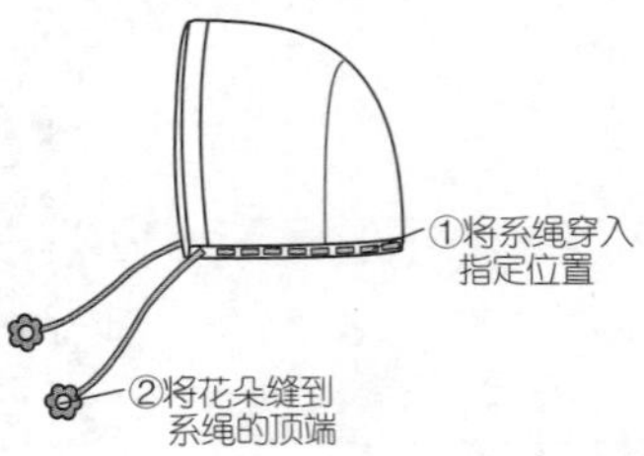


**配色**
- —— = 浅粉色
- —— = 浅绿色
- —— = 绿色
- ▬ = 深粉色

## 婴儿帽的组合方法

### 边缘编织B

## 婴儿帽的编织方法

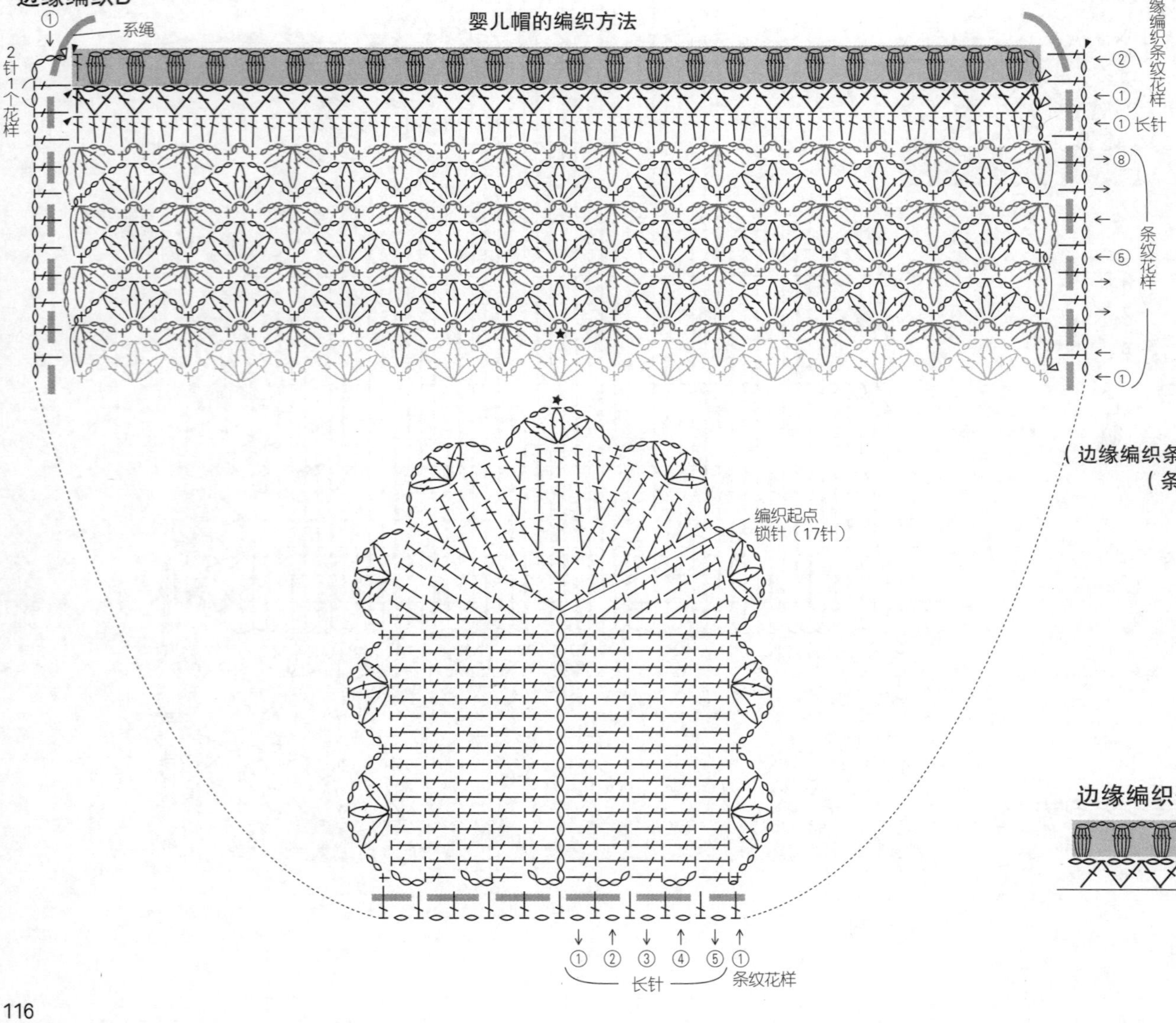


## 婴儿鞋的组合方法

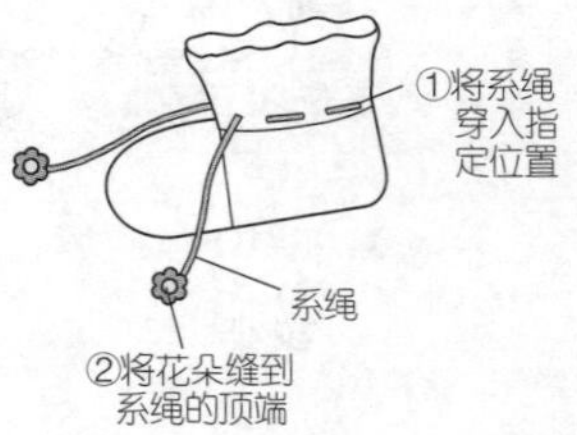


## 婴儿鞋

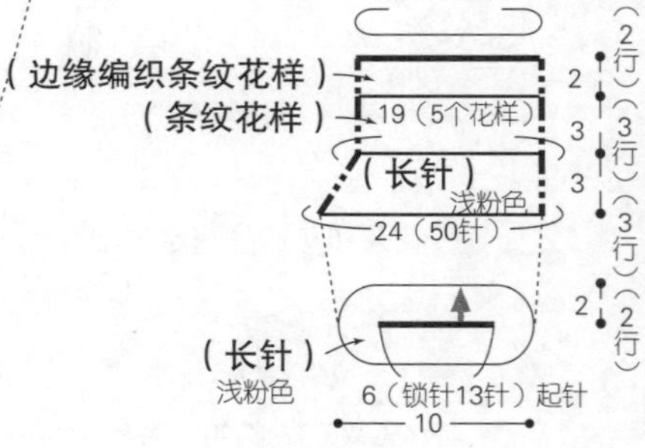


※全部使用5/0号针钩织

## 边缘编织条纹花样 婴儿鞋

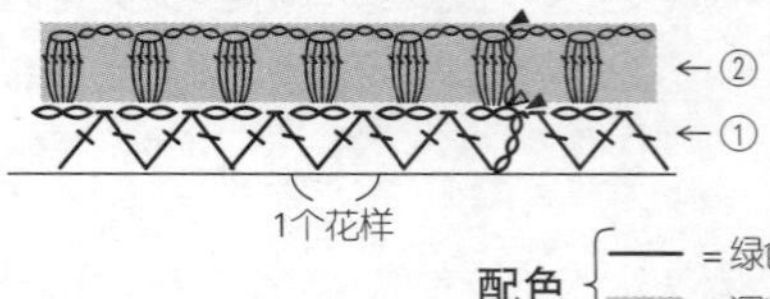


**配色**
- —— = 绿色
- ▬ = 深粉色

**材料**

Pierrot Yarn Pont du Gard浅蓝色（horizon 07）、橙色（orange 11）各65g/各2团，粉色（fleur 08）55g/2团，绿色（mousse 06）50g/2团，奶油色（fromage 02）45g/2团，浅紫色（mauve 09）20g/1团

**工具**

棒针3号，钩针3/0号

**成品尺寸**

胸围92cm，衣长80.5cm，连肩袖长28.5cm

**编织密度**

10cm×10cm面积内：条纹花样21针，48行

**编织要点**

●身片、育克…手指起针，编织条纹花样。减针时立起侧边1针减针。加针时在1针内侧编织扭针加针。编织终点做伏针收针。

●组合…对齐针与行，使用毛线缝针将身片与育克缝合在一起。肩部、胁、袖下使用毛线缝针挑针缝合。下摆、衣领、袖口挑取指定数量的针目，环形钩织短针。

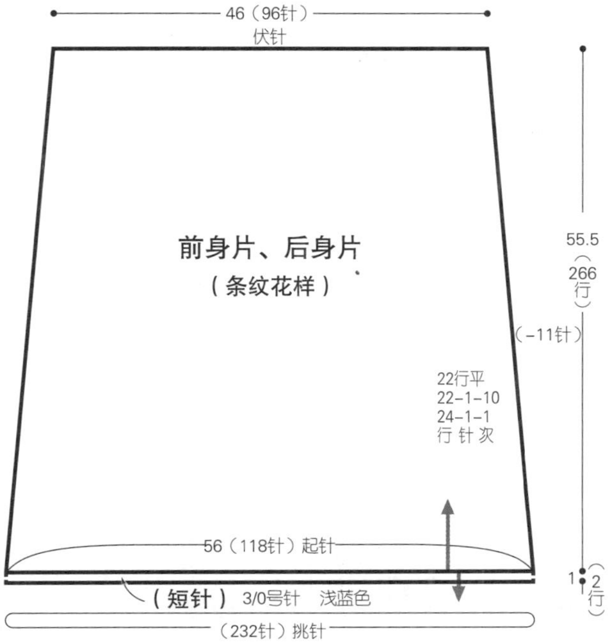


※ 除指定以外均用3号针编织

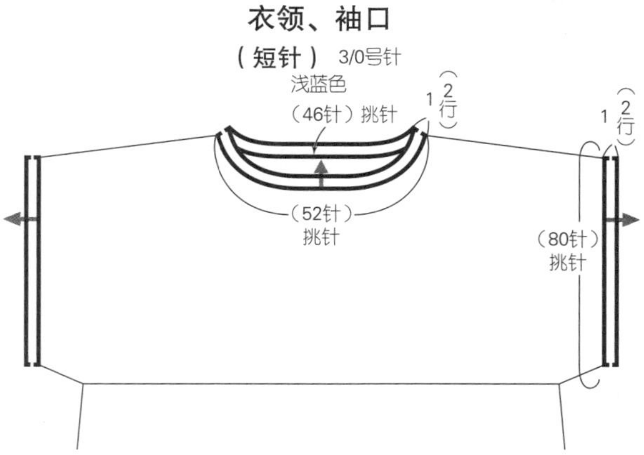


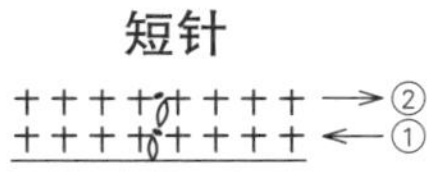


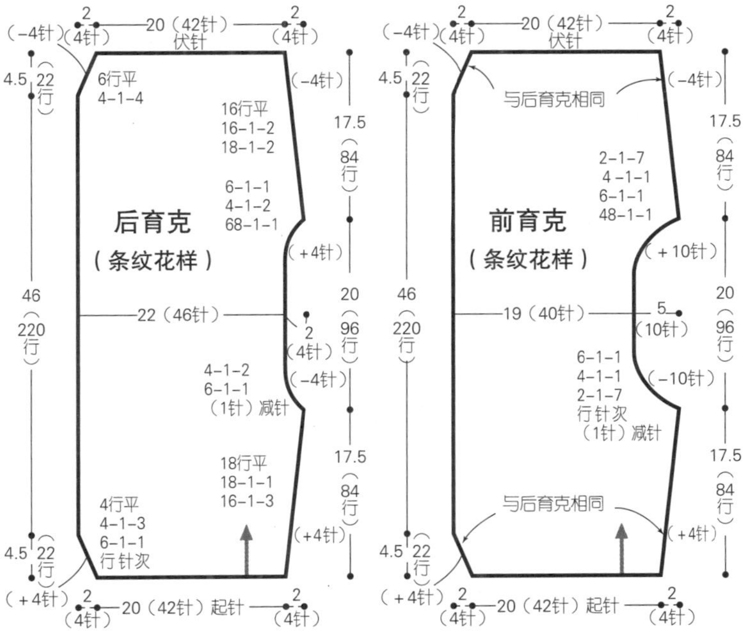


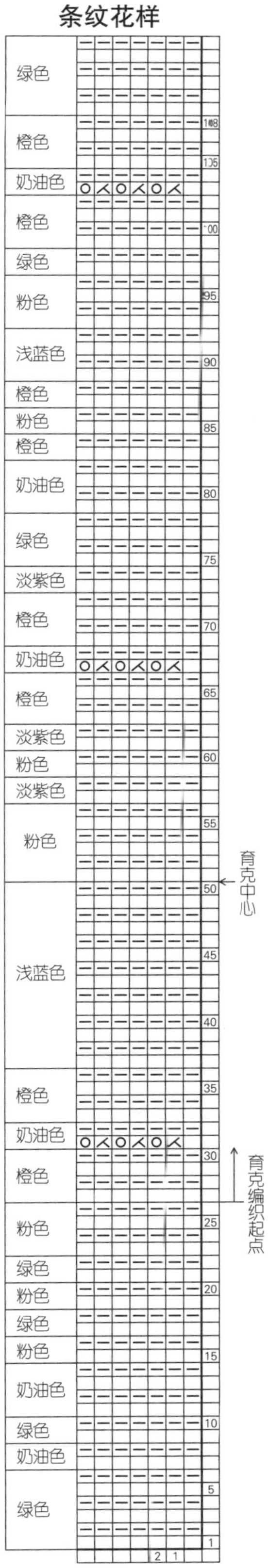

**材料**

Pierrot Yarn Pont du Gard 浅褐色(elephant 04) 115g/3团，蓝色(glace 03)、浅蓝色(horizon 07)各40g/各1团

**工具**

钩针3/0号

**成品尺寸**

胸围90cm，衣长52cm，连肩袖长31.5cm

**编织密度**

10cm×10cm面积内：条纹花样、编织花样均为29针，17行

**编织要点**

●身片、育克…身片使用浅褐色线钩织锁针起针，环形钩织条纹花样。起针的数目与花样的针数不同。钩织到第58行后，袖口部分使用浅褐色线钩织锁针起针。从身片和起针的针目上继续挑针，钩织育克的同时做分散减针。

●组合…下摆、衣领、袖口挑取指定数量的针目，环形钩织短针。

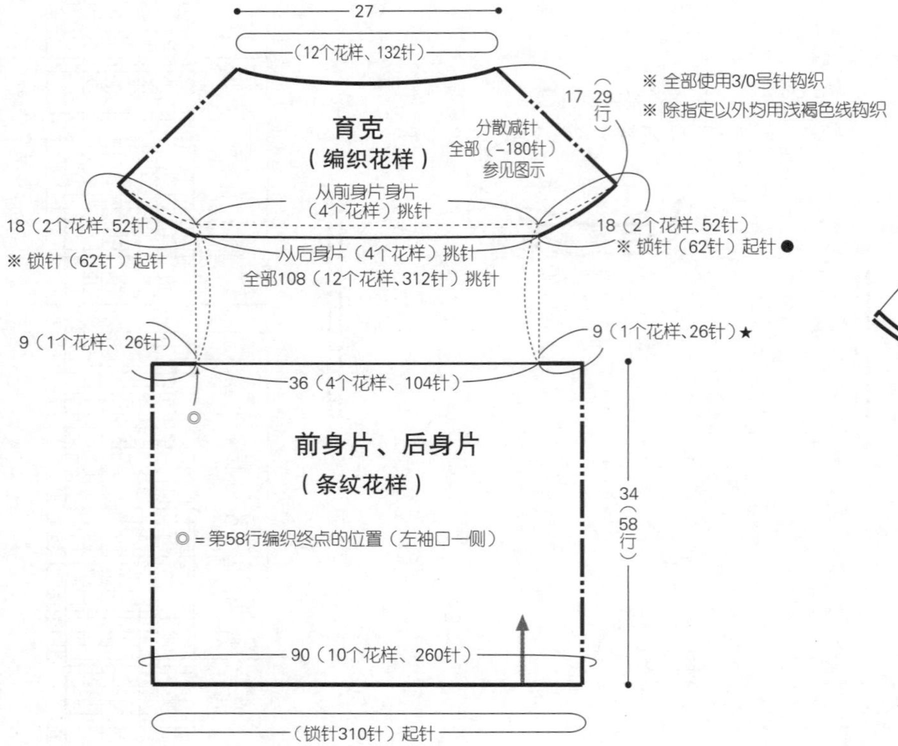


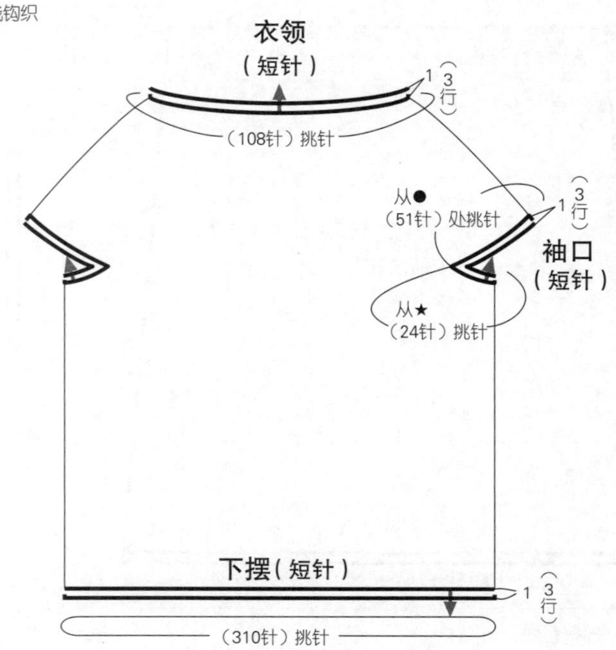


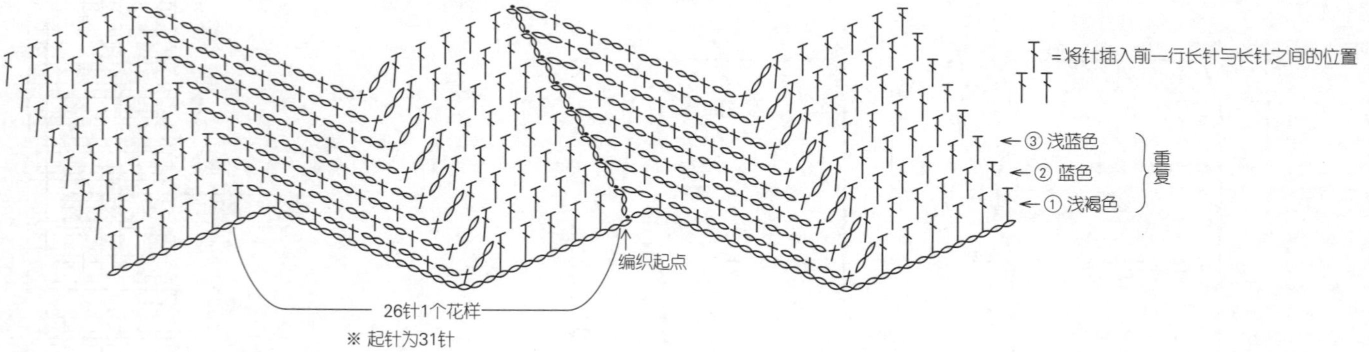


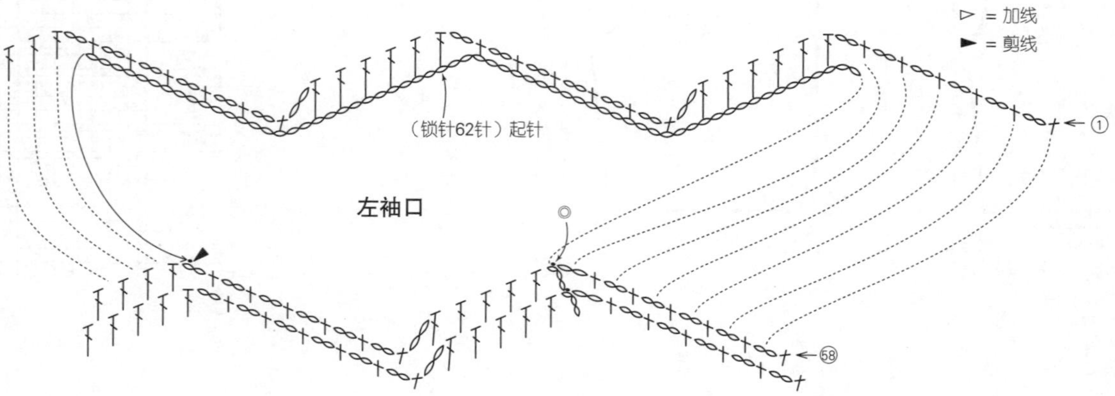

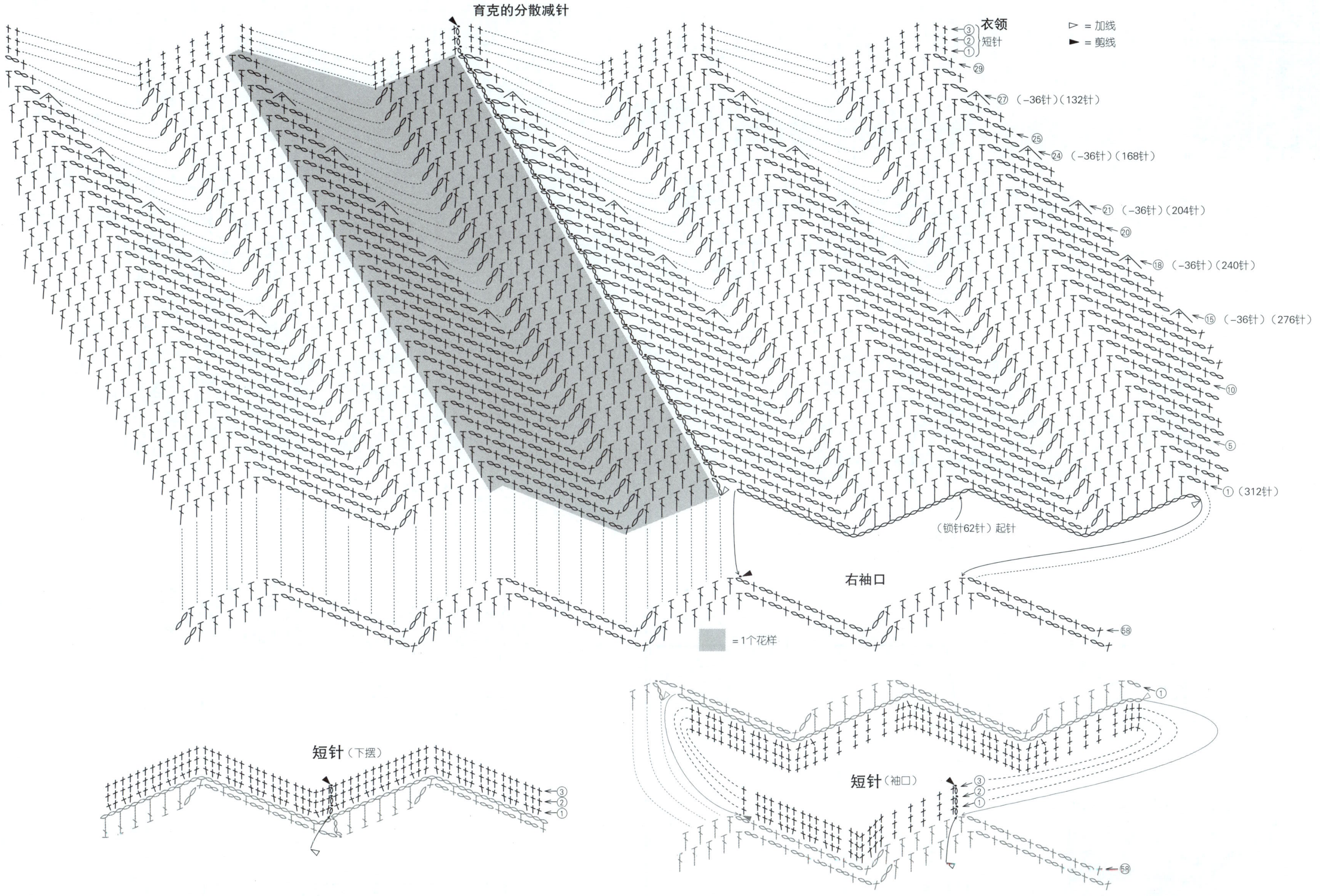
育克的分散减针
衣领
短针
③
②
①
▷ = 加线
◀ = 剪线
29
27 （-36针）（132针）
25
24 （-36针）（168针）
21 （-36针）（204针）
20
18 （-36针）（240针）
15 （-36针）（276针）
10
5
① （312针）
（锁针62针）起针
右袖口
58
= 1个花样
短针（下摆）
③
②
①
短针（袖口）
③
②
①
①
58

**材料**

Pierrot Yarn Le Rhone藏 青 色( cassis 02) 210g/6团，原白色( camomille 01) 45g/2团

**工具**

钩针2/0号

**成品尺寸**

胸围92cm，衣长55cm，连肩袖长26cm

**编织密度**

10cm×10cm面积内：条纹花样30针，19.5行

**编织要点**

●身片…锁针起针，钩织条纹花样。参见图示减针。下摆钩织短针。褶边左右两侧的编织方向不同，要按照边缘编织A、B分别钩织。参见图示钩织缘饰。

●组合…肩部使用钩针做引拔接合。胁部使用钩针做引拔针和锁针的接合。领窝挑取指定数量的针目，环形钩织短针。

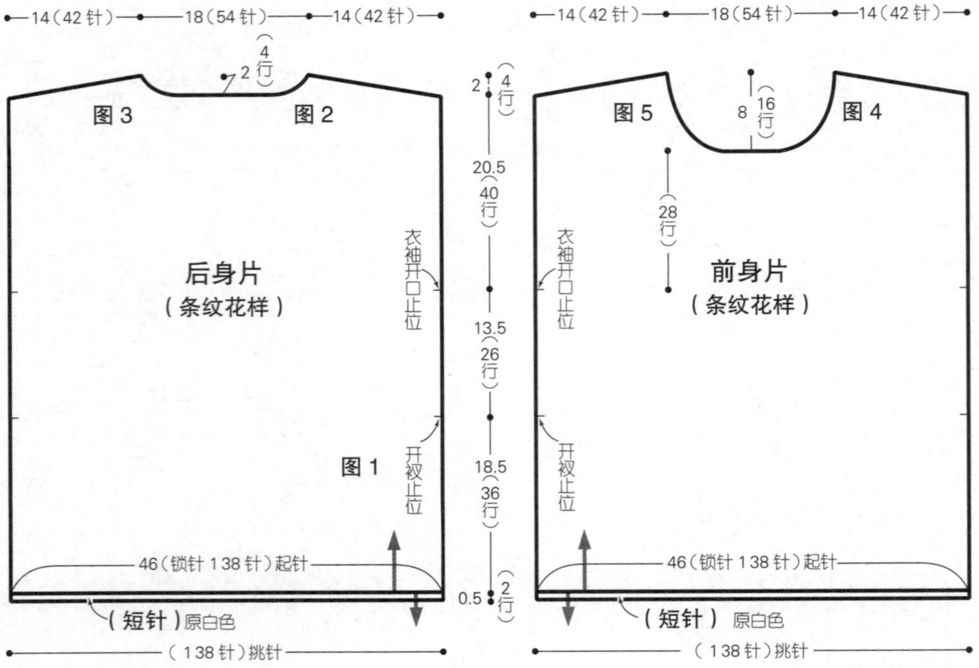


※ 全部使用2/0号针钩织

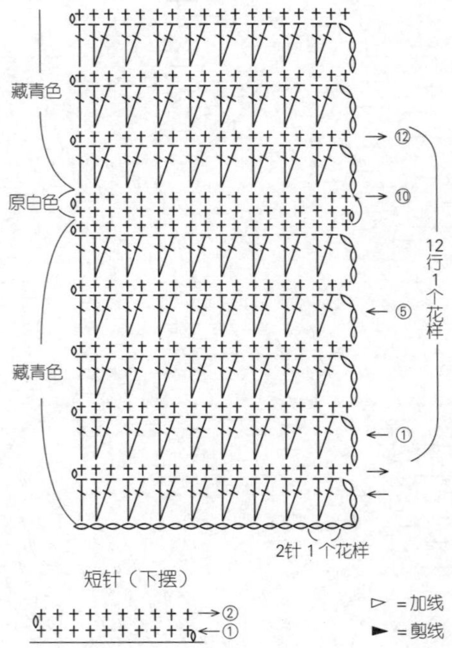


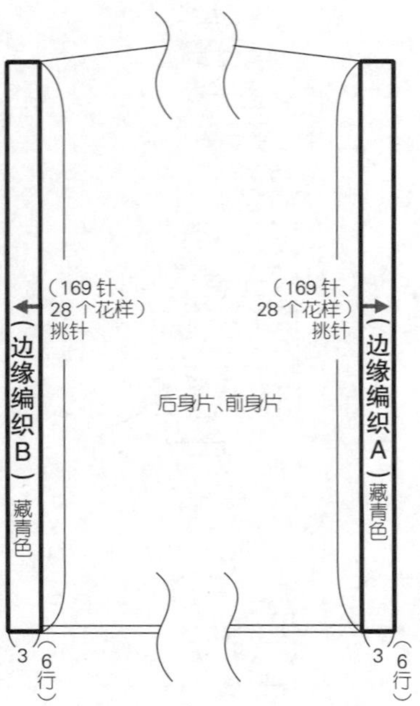


※ 边缘编织A、B使用藏青色线钩织6行后换为原白色线钩织缘饰(参见图示)

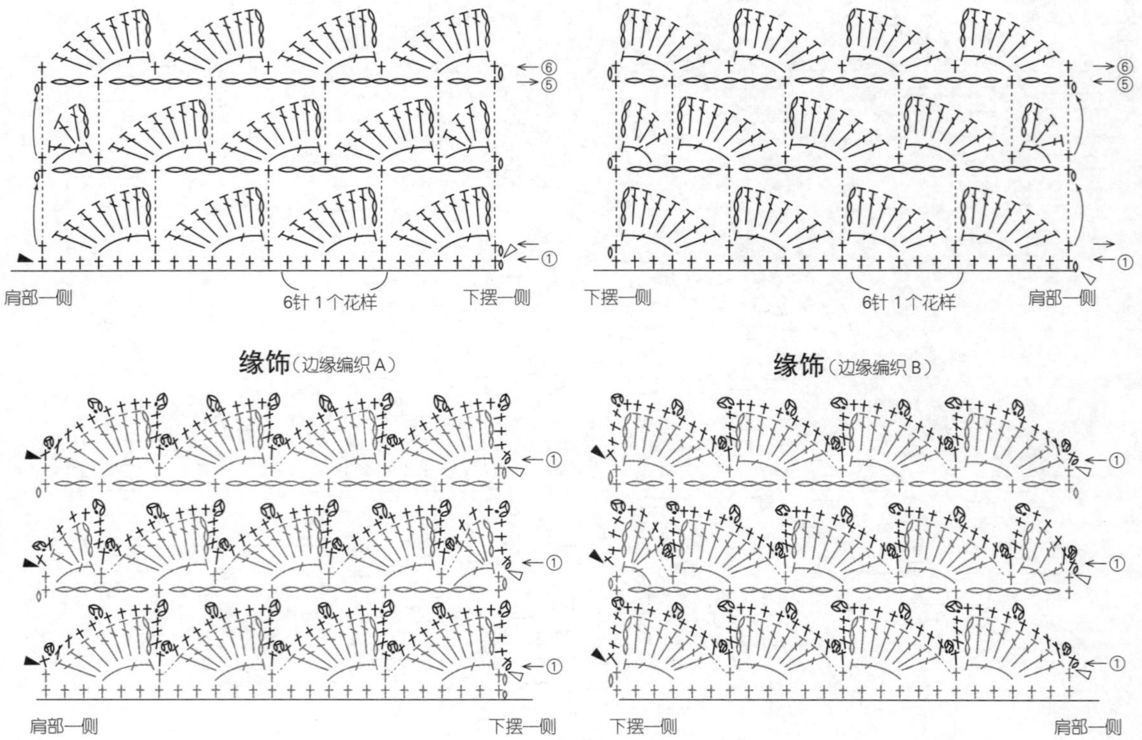

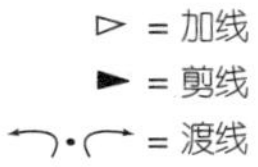


## 图 2 后领窝

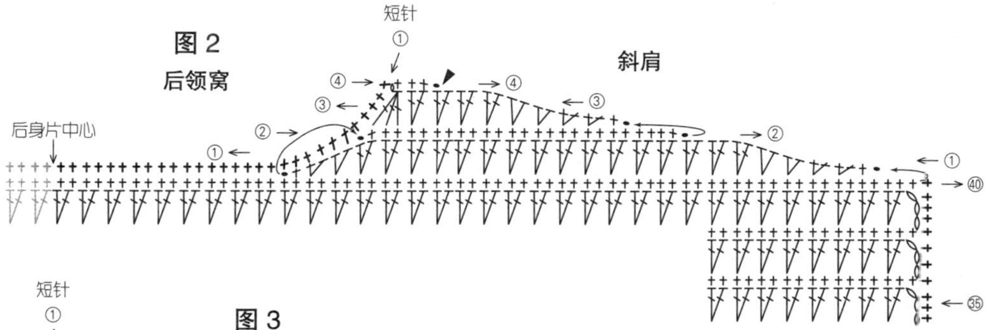


## 图 3 后领窝

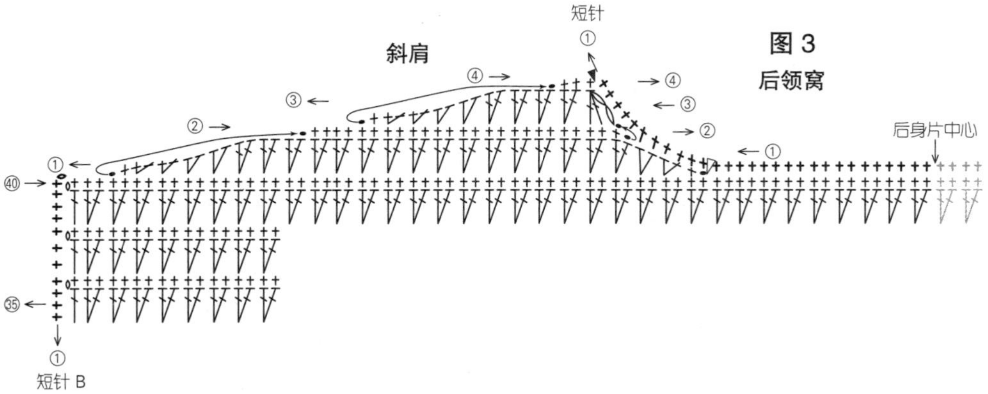


## 图 1 胁部

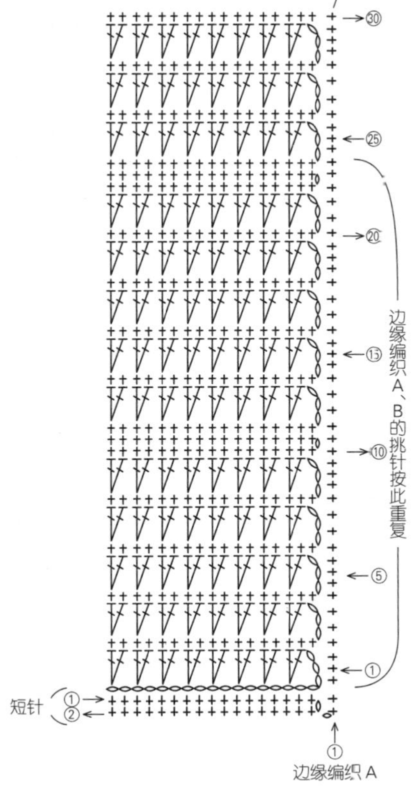


## 图 4 前领窝

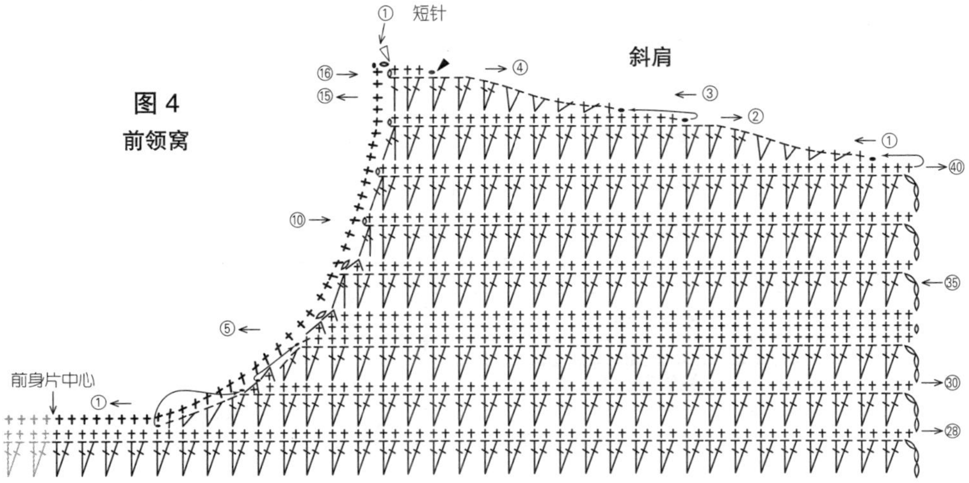


## 图 5 前领窝

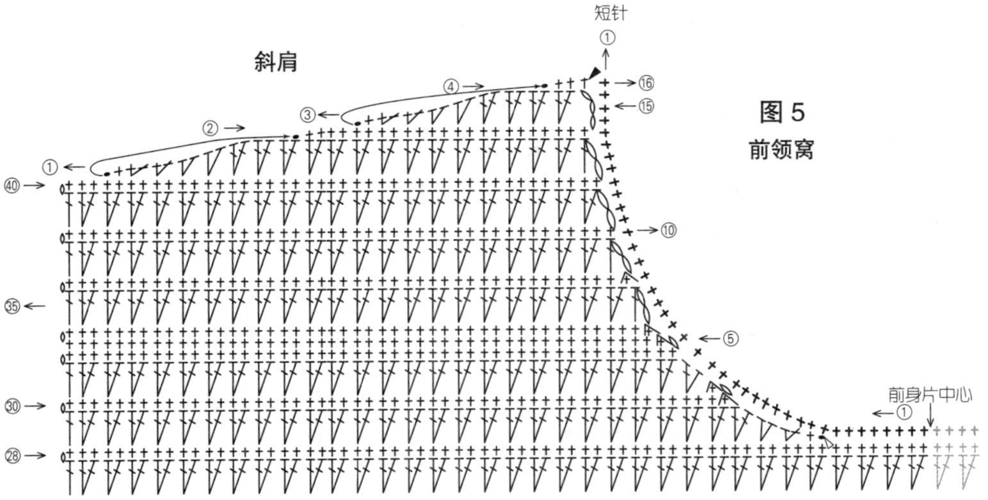


## 领窝（短针）原白色

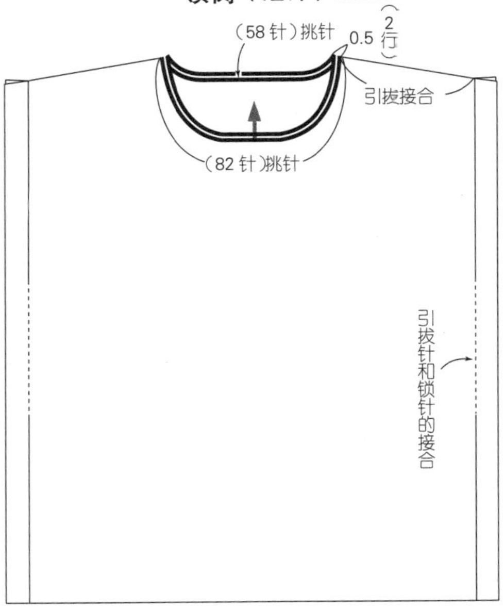


## 短针（领窝）

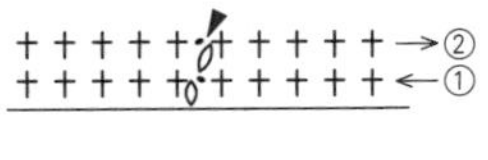

**材料**

内藤商事 Boogie 白色线混合（4569）470g/10团；直径10mm的纽扣3颗

**工具**

钩针5/0号、6/0号、7/0号

**成品尺寸**

胸围92cm，衣长53cm，肩宽30cm

**编织密度**

10cm×10cm面积内：编织花样A 24针，24行；编织花样B 24针，11.5行

**编织要点**

●身片…锁针起针，钩织编织花样A、B。加、减针参见图示。

●组合…肩部使用钩针引拔接合，胁部到开口止位为止，使用钩针做引拔针和锁针的接合。前门襟钩织编织花样A和边缘编织B，在右前门襟上开扣眼。前门襟的下侧，将右前门襟放在上侧，与身片之间以卷针缝缝合在一起。衣领，看着身片的反面挑取指定数量的针目，参见图示在钩织的同时调整编织密度。开衩处钩织边缘编织A，下摆钩织边缘编织B，连成环形钩织。袖窿环形钩织边缘编织C。钉上纽扣后即完成。

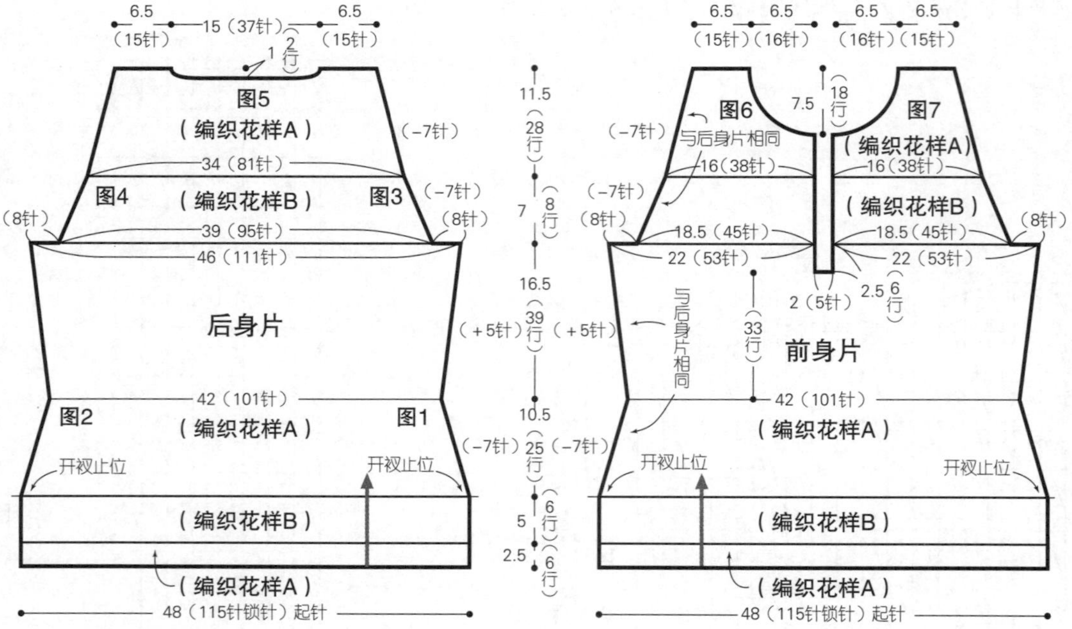


※除指定以外均用5/0号针钩织

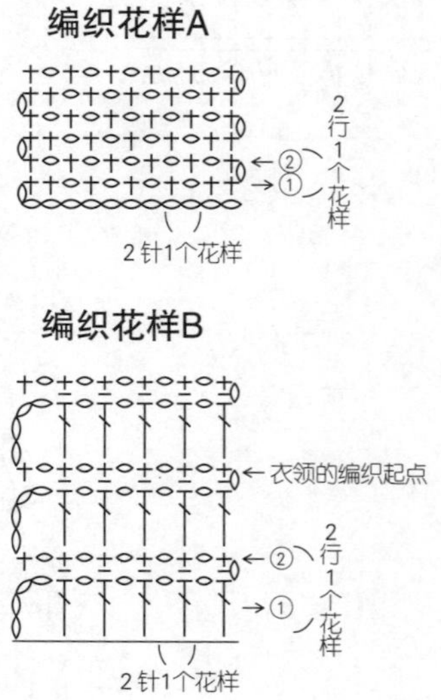


± =短针的条纹针
※参见130页

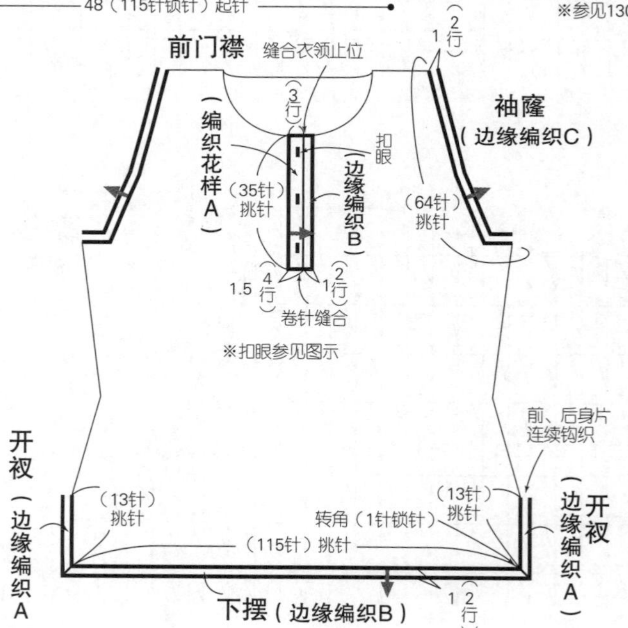


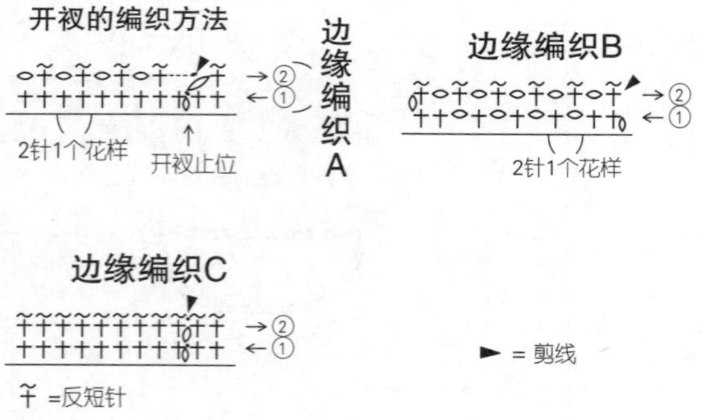


ǂ =反短针

➤ = 剪线

**反短针**

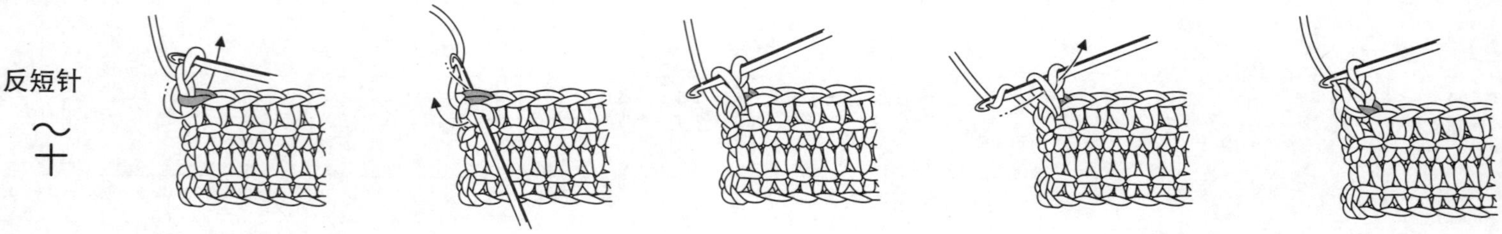

1 保持织片的朝向不变，立织1针锁针，按照箭头的方向旋转钩针，插入前一行的头部2根线处。

2 针从线的上侧挂线，直接拉出至前侧。

3 将线拉出至前侧后的样子。

4 在针上挂线，按照箭头的方向从2个线圈中一次性引拔。

5 反短针钩织完成。

图4 袖窿　　图3 袖窿

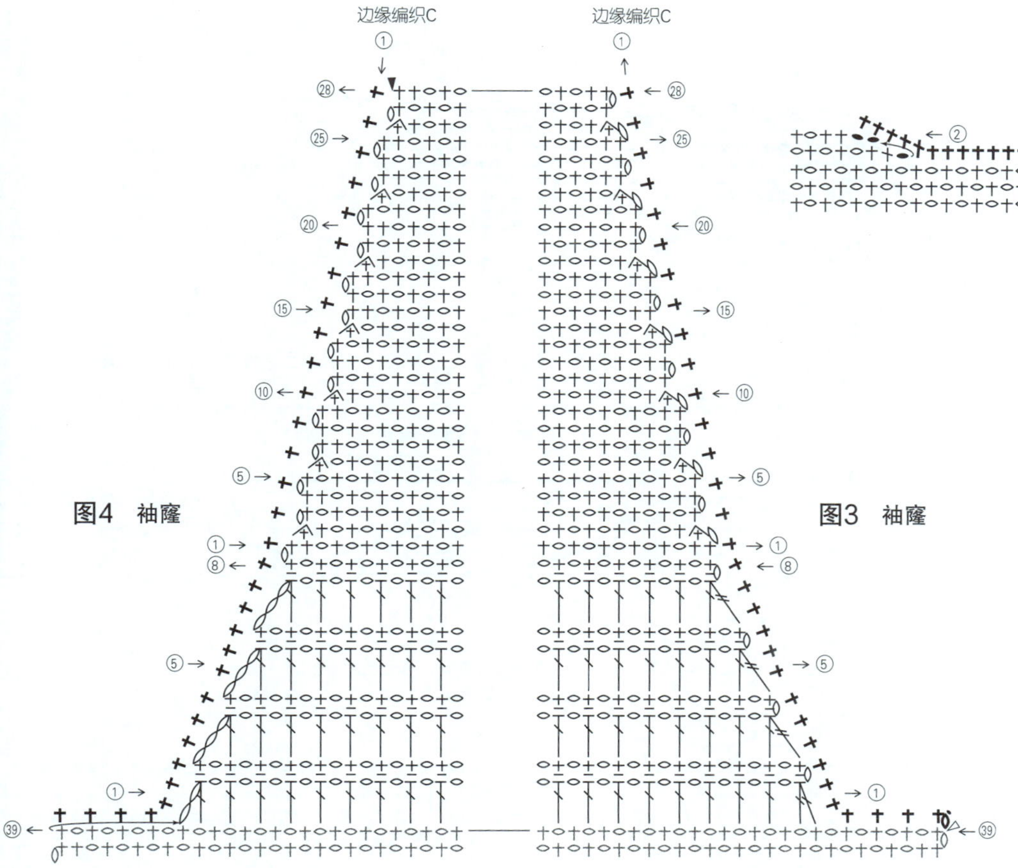


图5 后领窝

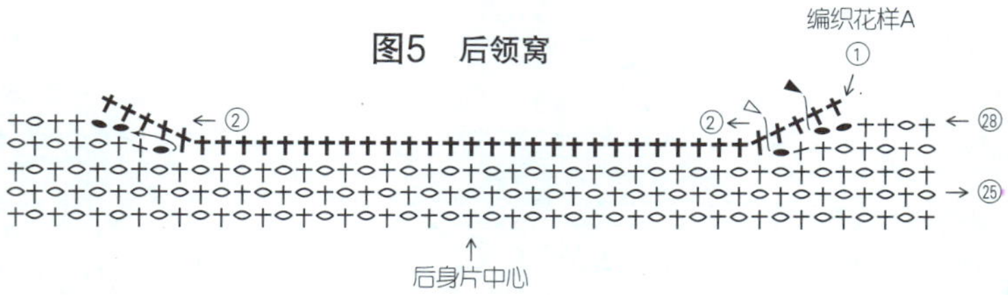


▷ = 加线
◄ = 剪线
⌒·⌒ = 渡线

图2 胁部　　图1 胁部

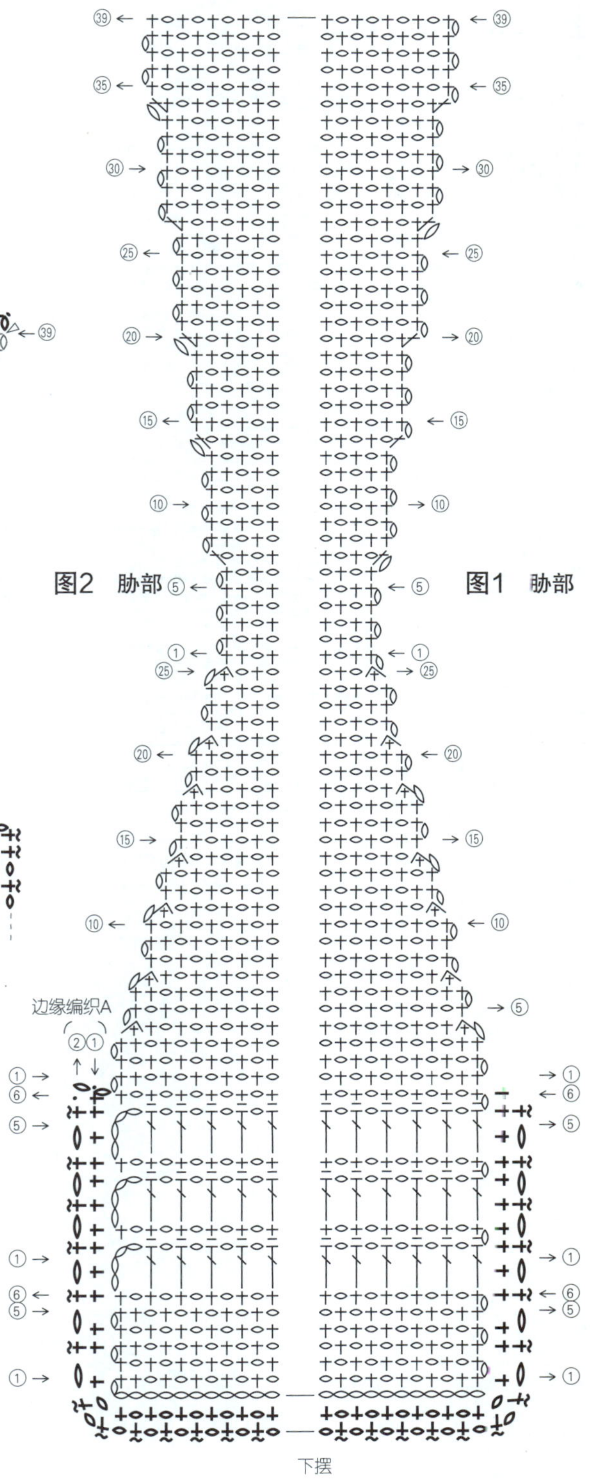


图6 前领窝

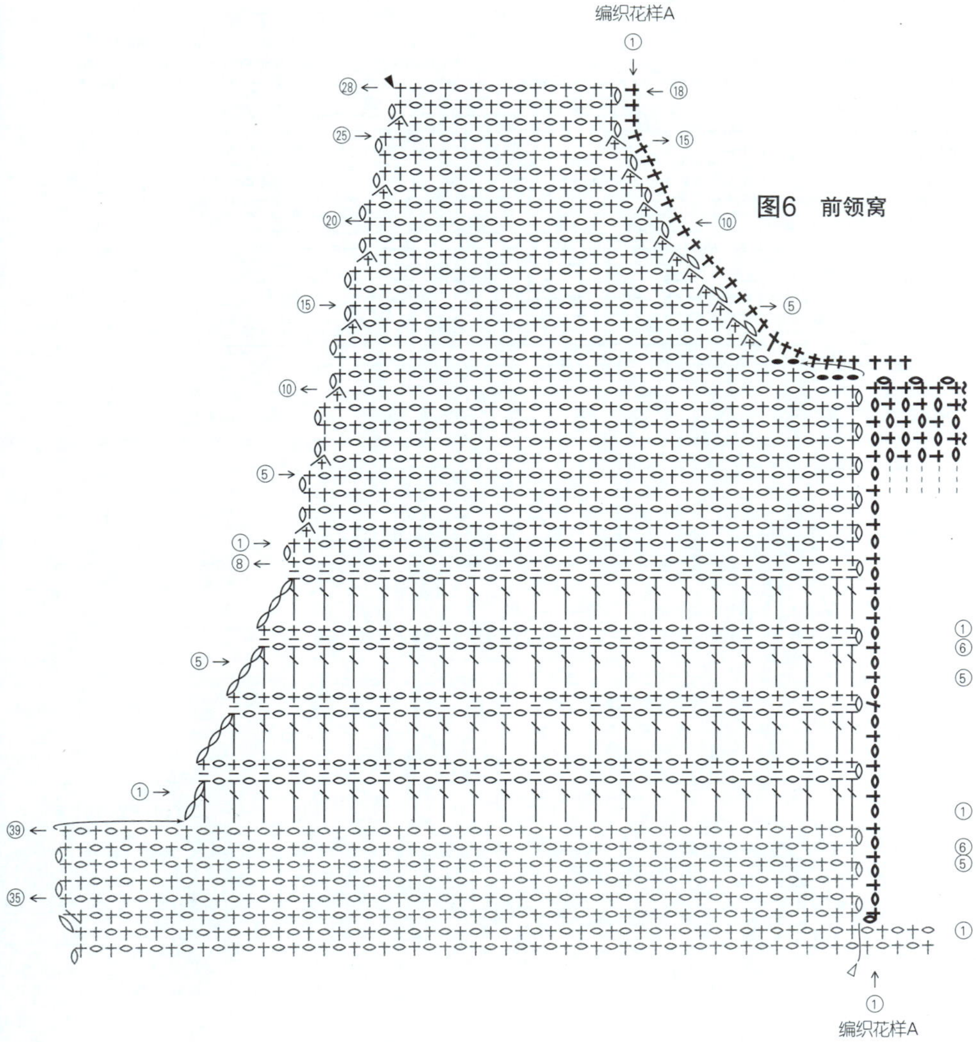

## 图7 前领窝

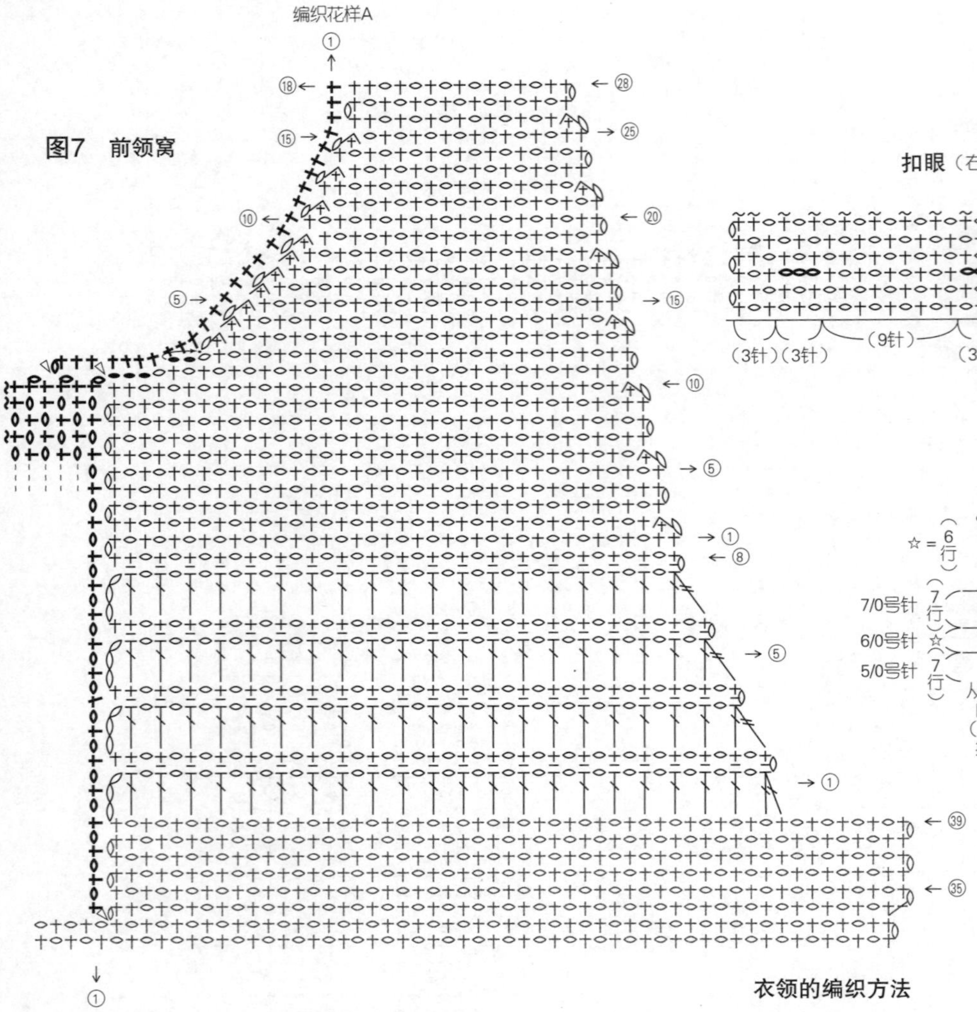


**扣眼**（右前门襟）

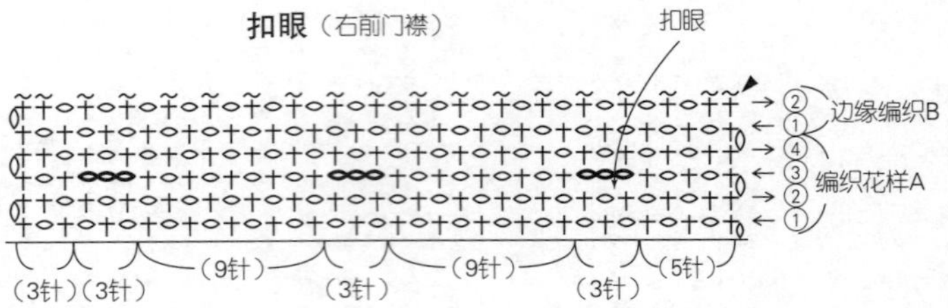


## 衣领

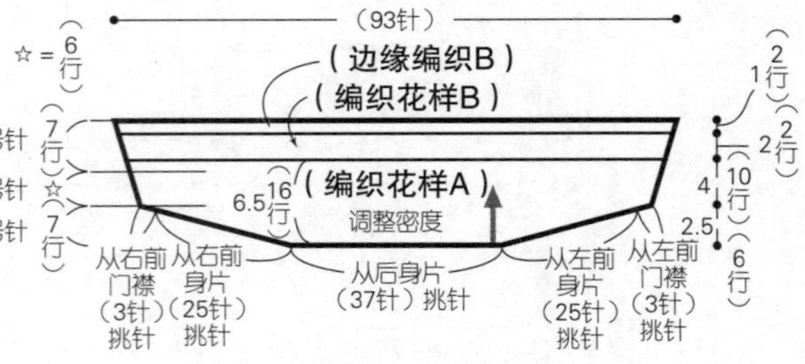


※编织花样A的第1行全部钩织短针

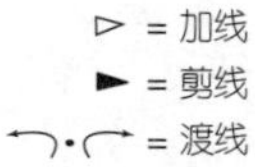


### 衣领的编织方法

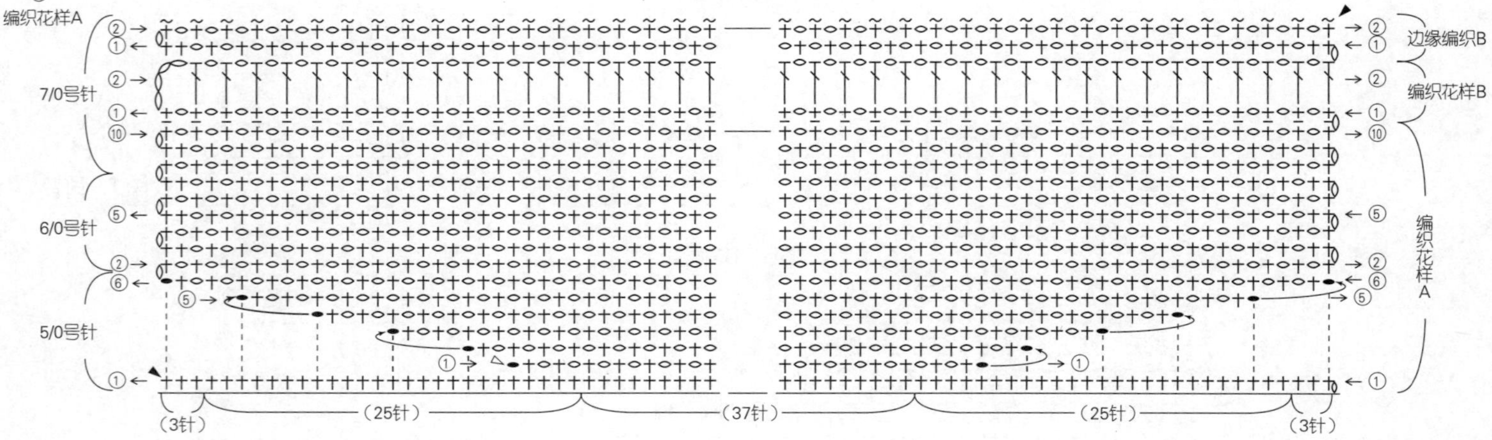


### 滑针（1行的情况）

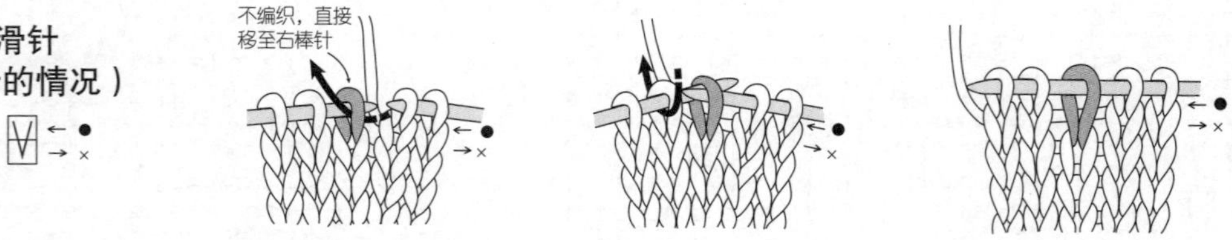


1 ×行为编织下针的行。编织●行时，将线留在后侧，针目不编织，直接移至右棒针。

2 下一针开始，按照箭头的方向入针，钩织下针。

3 1行的滑针编织完成。

### 罗纹绳

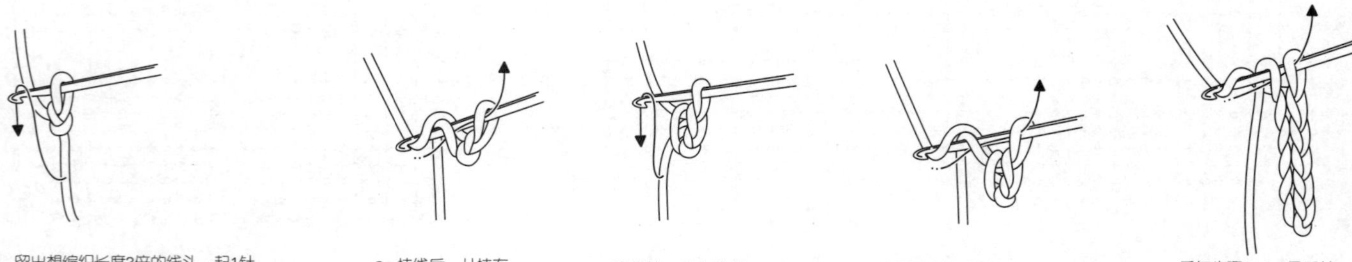

1 留出想编织长度3倍的线头，起1针。将线头一端由钩针的前侧向后侧挂线。

2 挂线后，从挂在针上的线头和1个线圈中引拔。

3 将线头一端由钩针的前侧向后侧挂线。

4 从挂在针上的线头和1个线圈中引拔。

5 重复步骤3~4。最后从锁针中引拔。

**材料**

和麻纳卡 Kasane 绿色混合(25) 260g/13团

**工具**

钩针4/0号

**成品尺寸**

长40cm

**编织密度**

10cm×10cm面积内：编织花样26.5针，12行

**编织要点**

●锁针起针开始钩织，参见图示，一边分散加针一边钩织编织花样。钩织46行后，在四周做边缘编织A、边缘编织B。

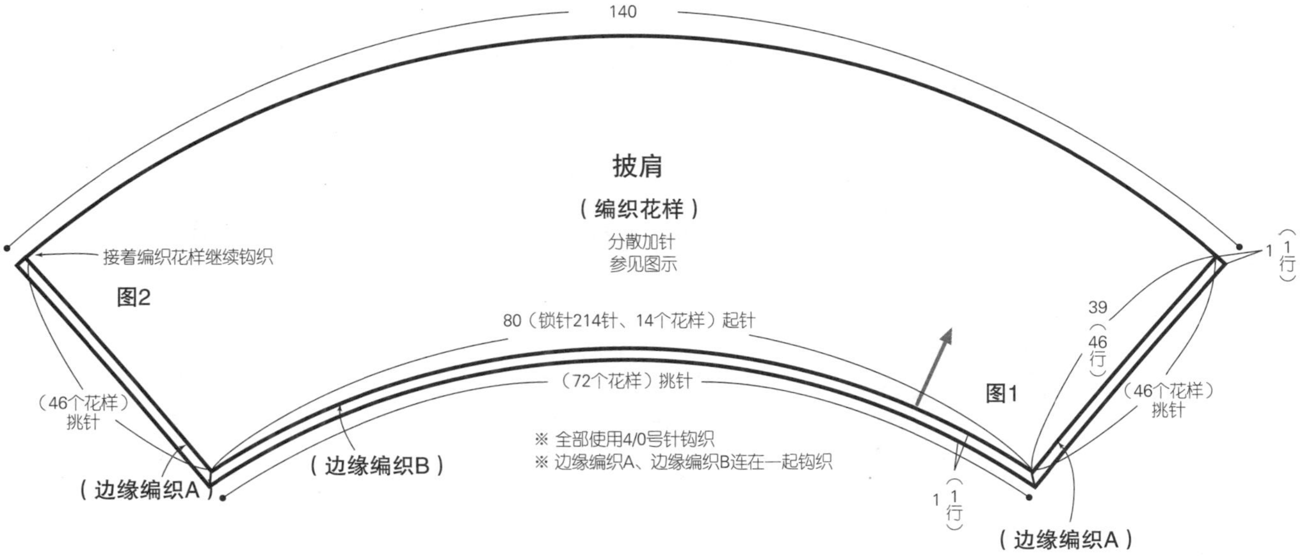


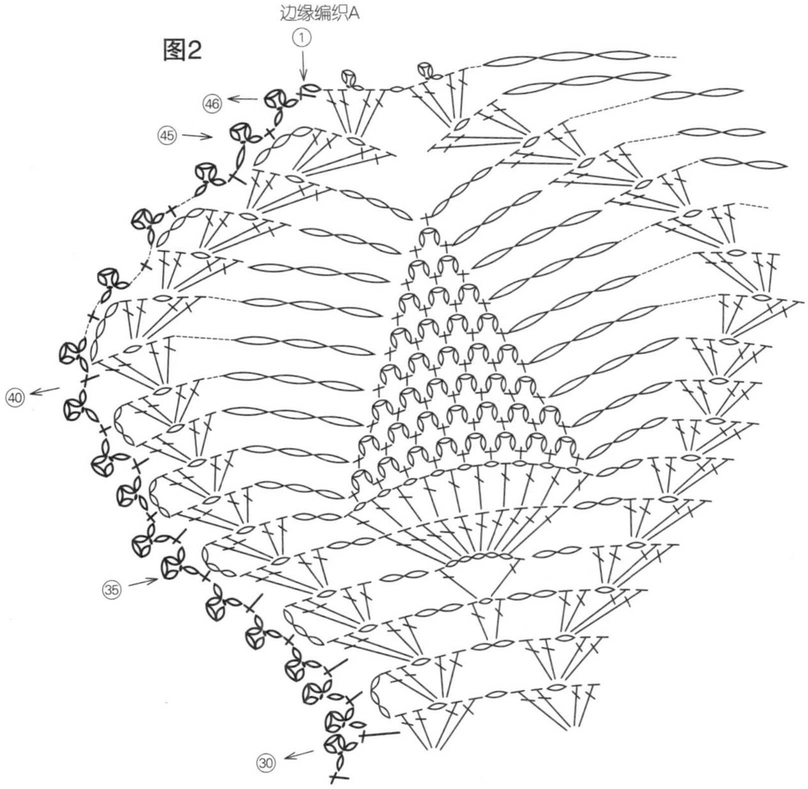


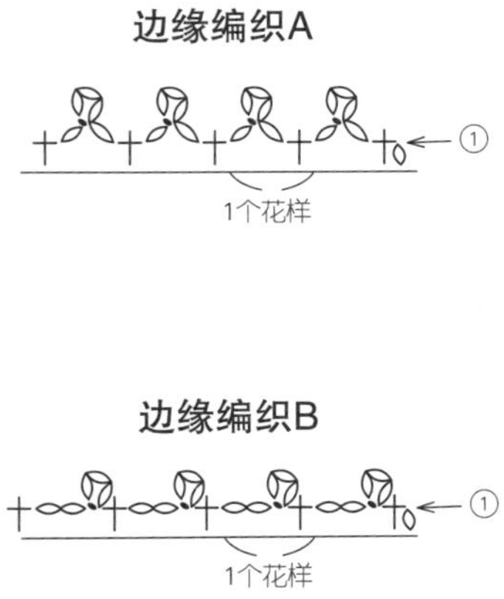

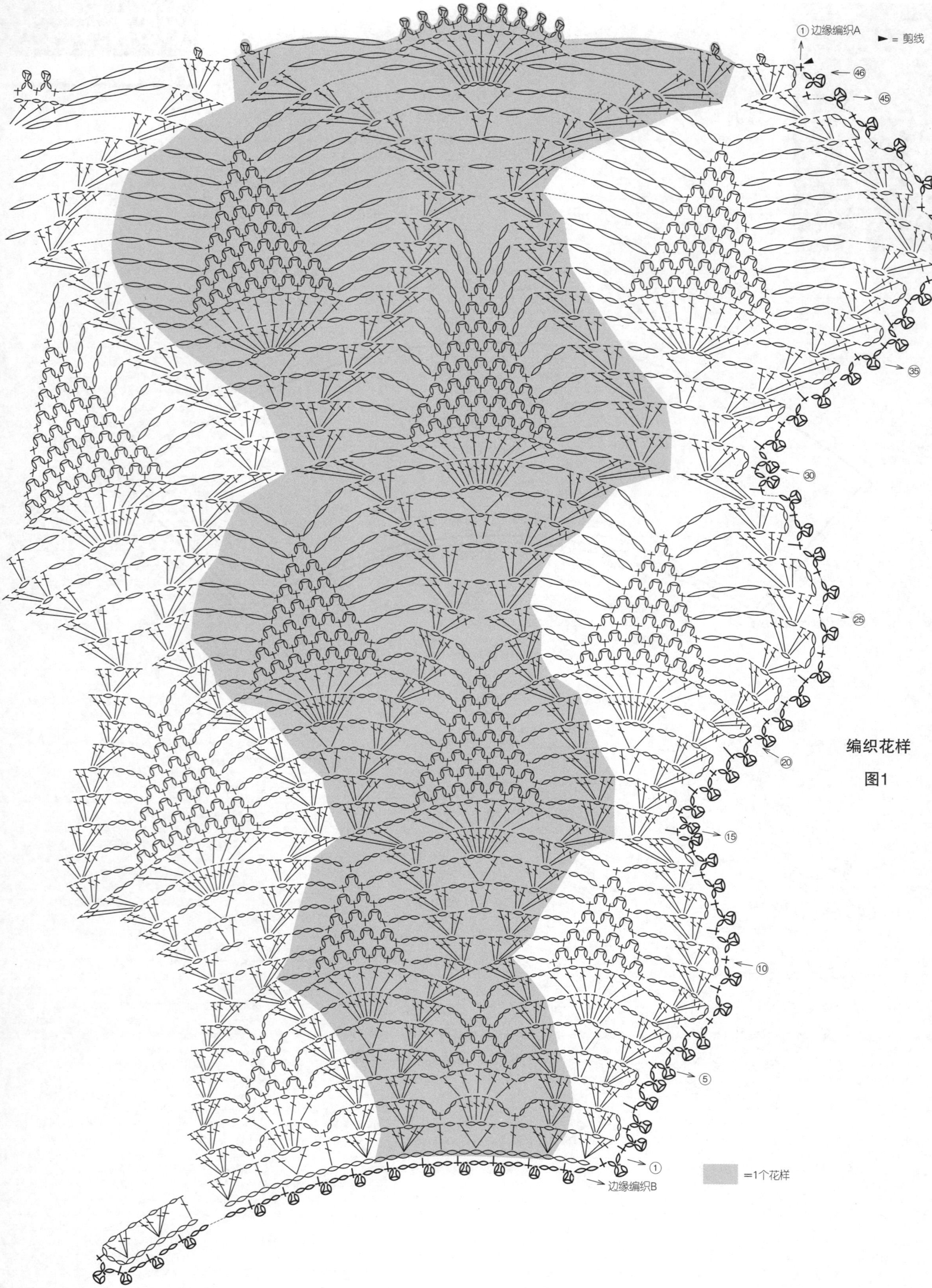


编织花样

图1

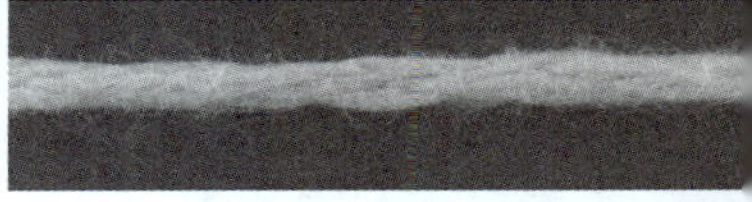

**材料**

内藤商事 Four Seasons 米色(21) 205g/5团，灰色(2) 45g/1团

**工具**

棒针8号

**成品尺寸**

胸围88cm，肩宽38cm，衣长54.5cm

**编织密度**

10cm×10cm面积内：下针编织19针，24行（身片）

**编织要点**

●身片…手指起针开始编织，前、后身片连在一起编织起伏针、单罗纹针和下针编织。胁部参见图示减针。从袖窿开始，前、后身片分开编织。袖窿、领窝减针时，2针以上时做伏针减针，1针时立起侧边1针减针。

●组合…肩部盖针接合。袖窿挑取指定数量的针目，编织单罗纹针。编织终点做单罗纹针收针。衣领做下针编织，编织终点做伏针收针。系绳做下针编织，缝在指定位置。

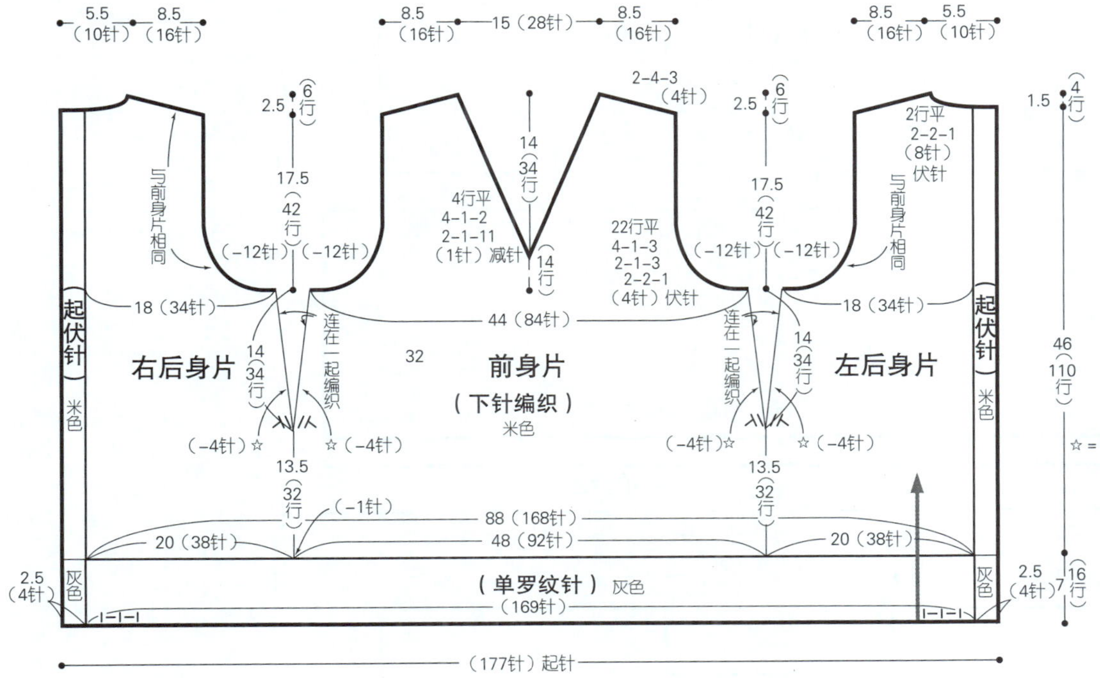


※全部使用8号针编织

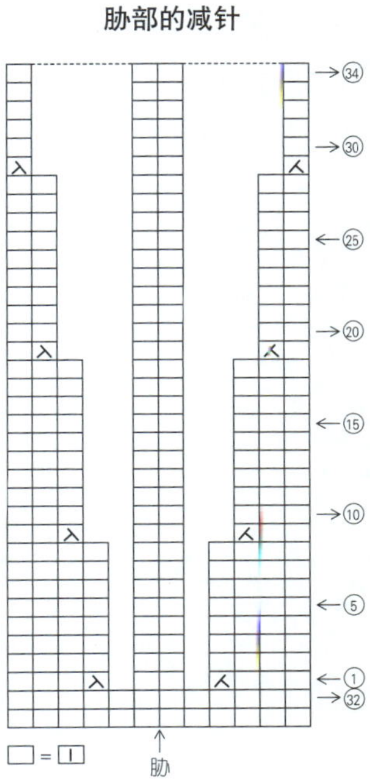


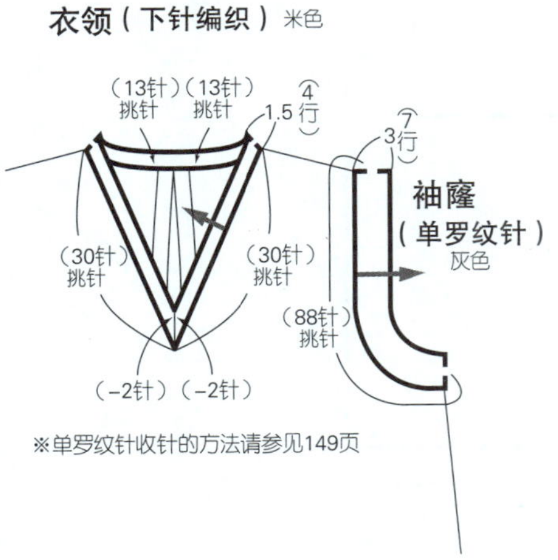


※单罗纹针收针的方法请参见149页

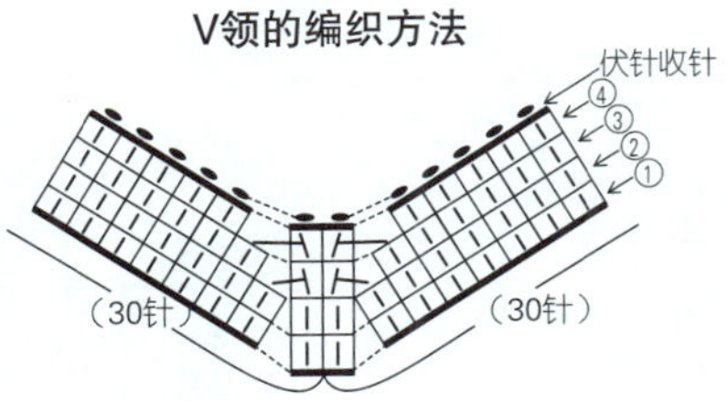


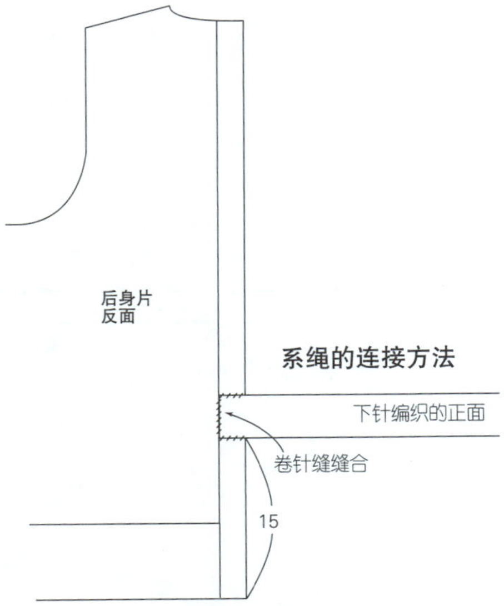


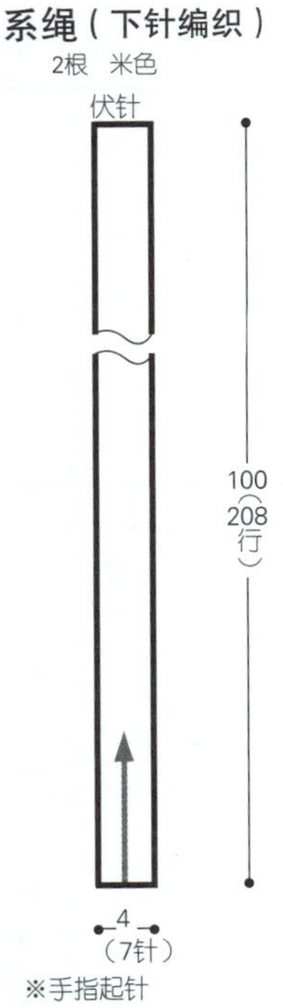


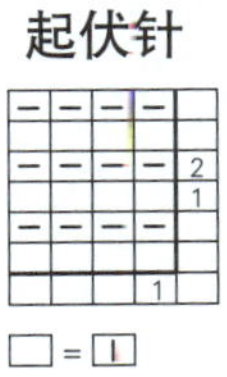

**材料**

内藤商事 Sagrantino 绿色系混合(9) 545g/11团

**工具**

钩针4/0号

**成品尺寸**

胸围98cm，衣长51cm，连肩袖长45.5cm

**编织密度**

10cm×10cm面积内：编织花样20针，10行

**编织要点**

●身片…锁针起针开始钩织，做编织花样。钩织24行后，袖下从锁针起针，身片参见图示，一边减针一边继续钩织。

●组合…肩部、袖下使用引拔的锁针接合。胁部也使用引拔的锁针接合。挑取指定数量的针目，下摆、袖口做边缘编织，衣领环形钩织短针。

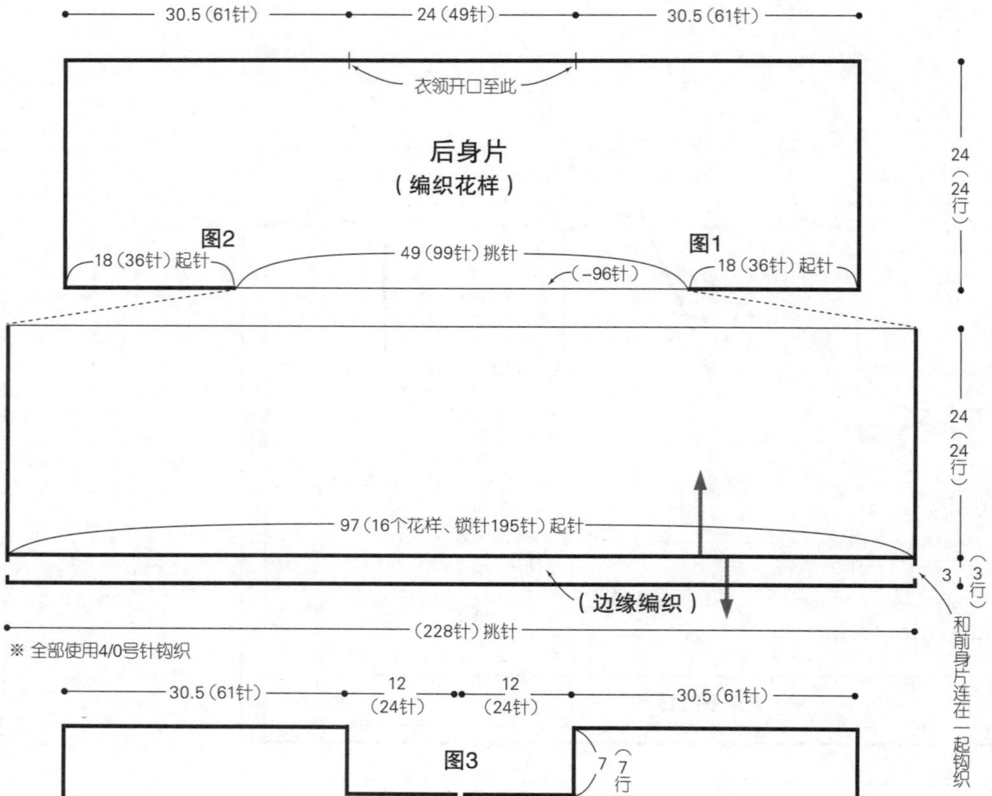


※ 全部使用4/0号针钩织

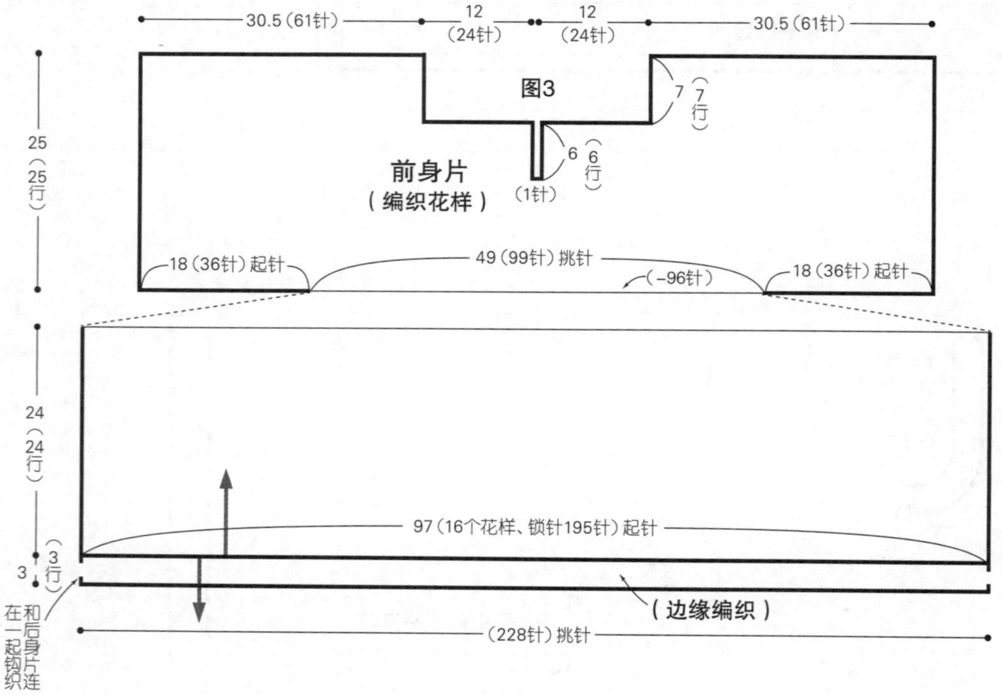


**变化的3针中长针的枣形针**
（从1针中挑针）

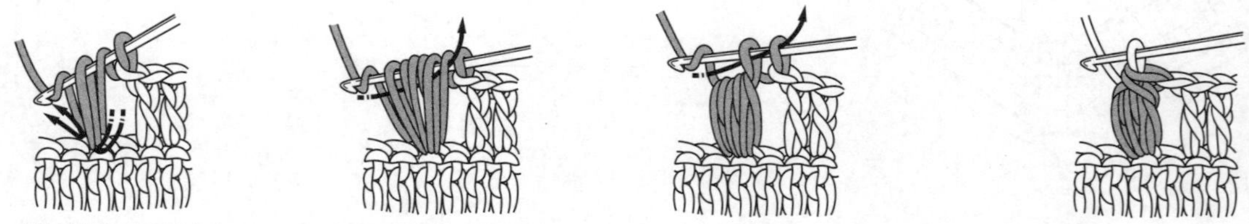

1 钩针挂线，在1针中钩织3针未完成的中长针。

2 钩针挂线，一次性从钩针上的6个线圈中引拔出。

3 钩针挂线，从剩余的2个线圈中引拔出。

4 拉紧头部，完成。

## 编织花样

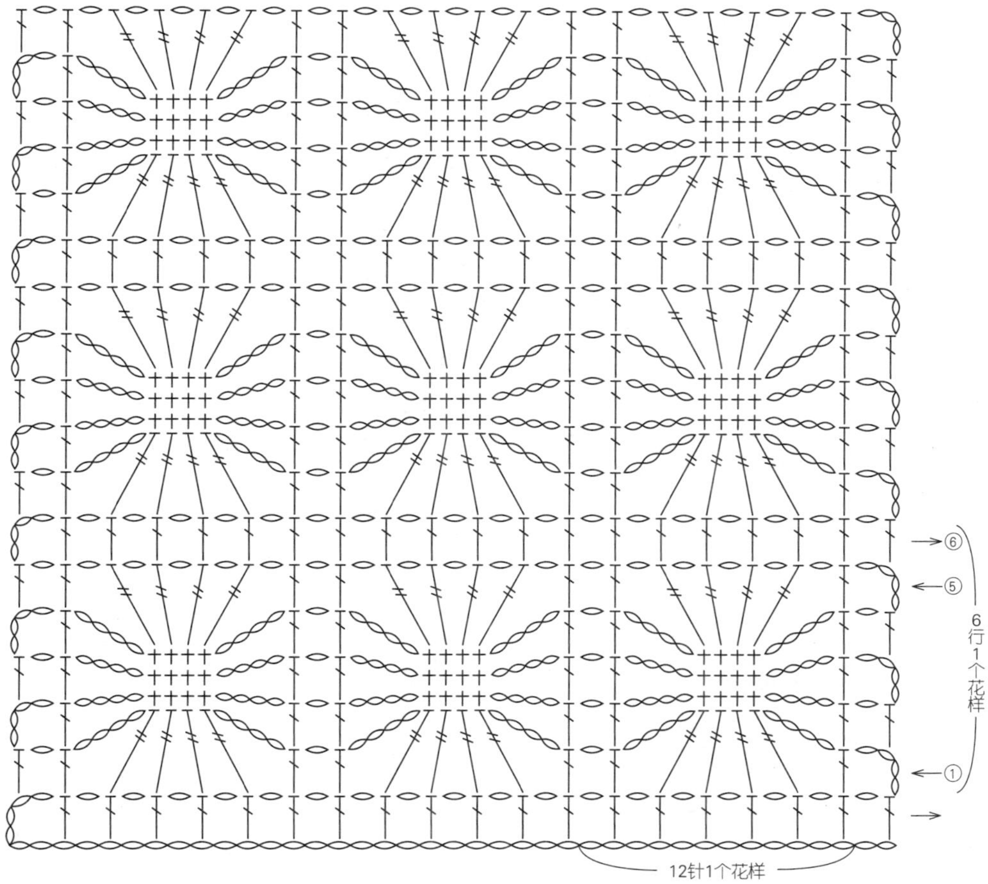


## 边缘编织

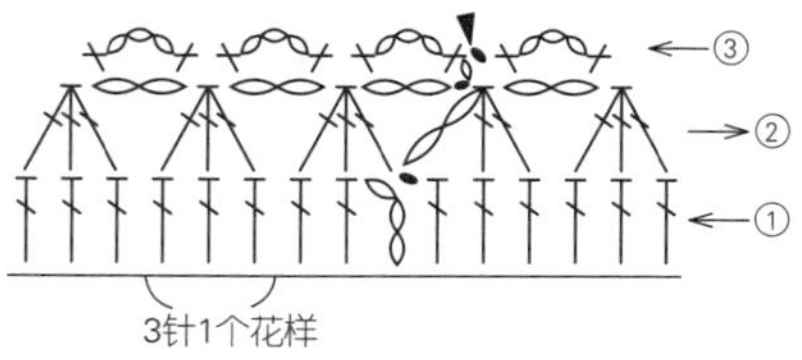


### 角的编织方法（衣领）

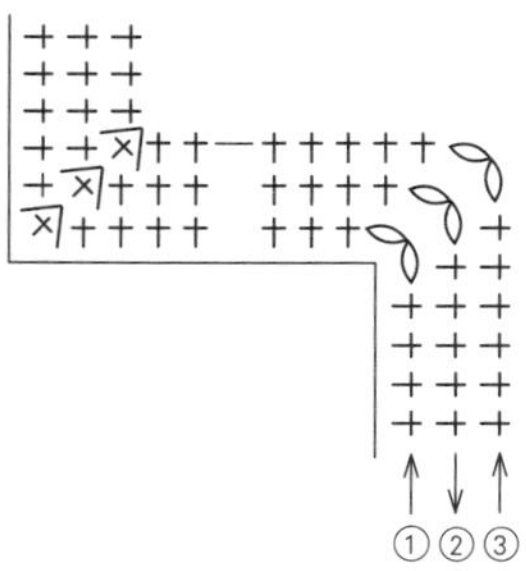


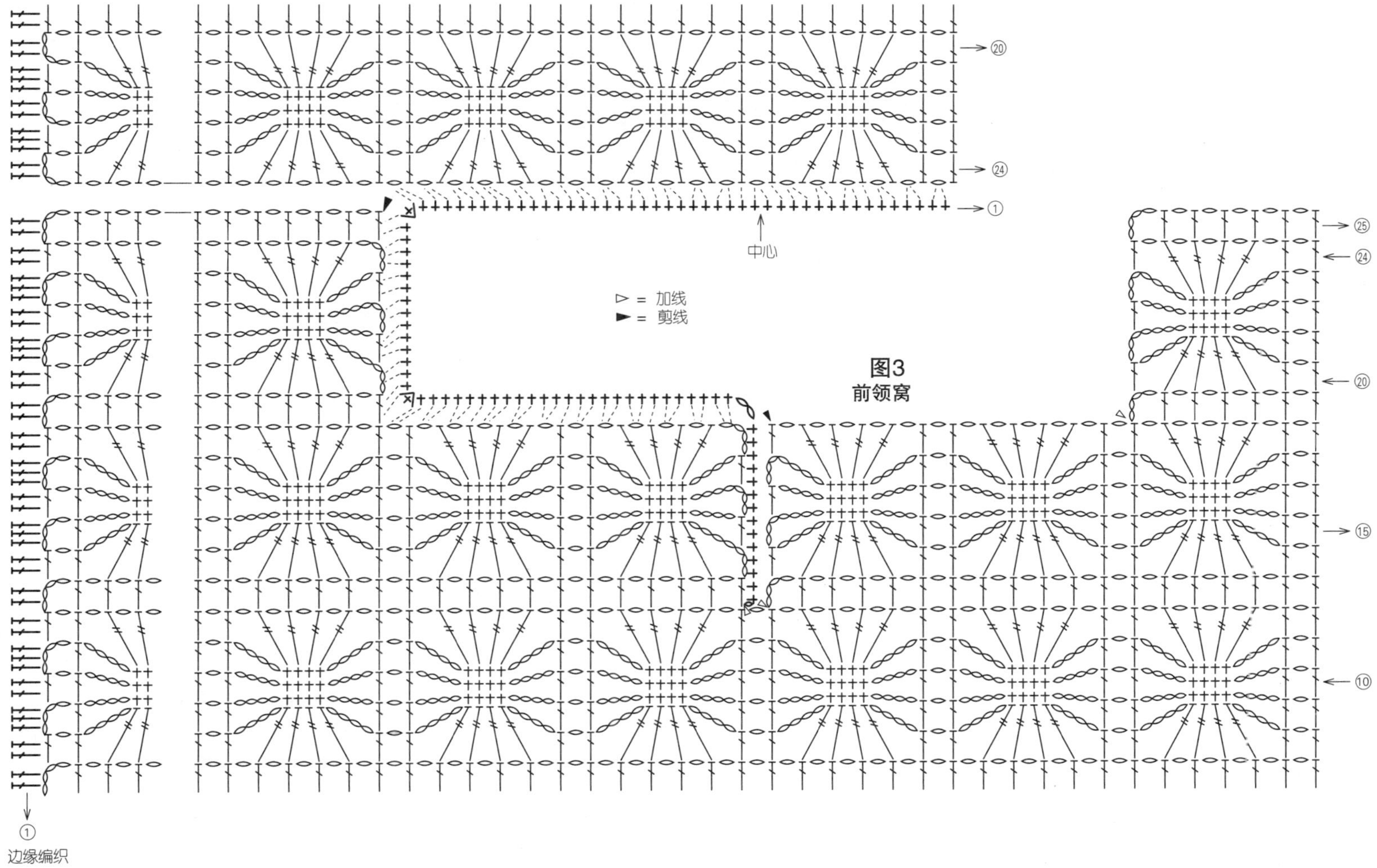


**图3**
**前领窝**

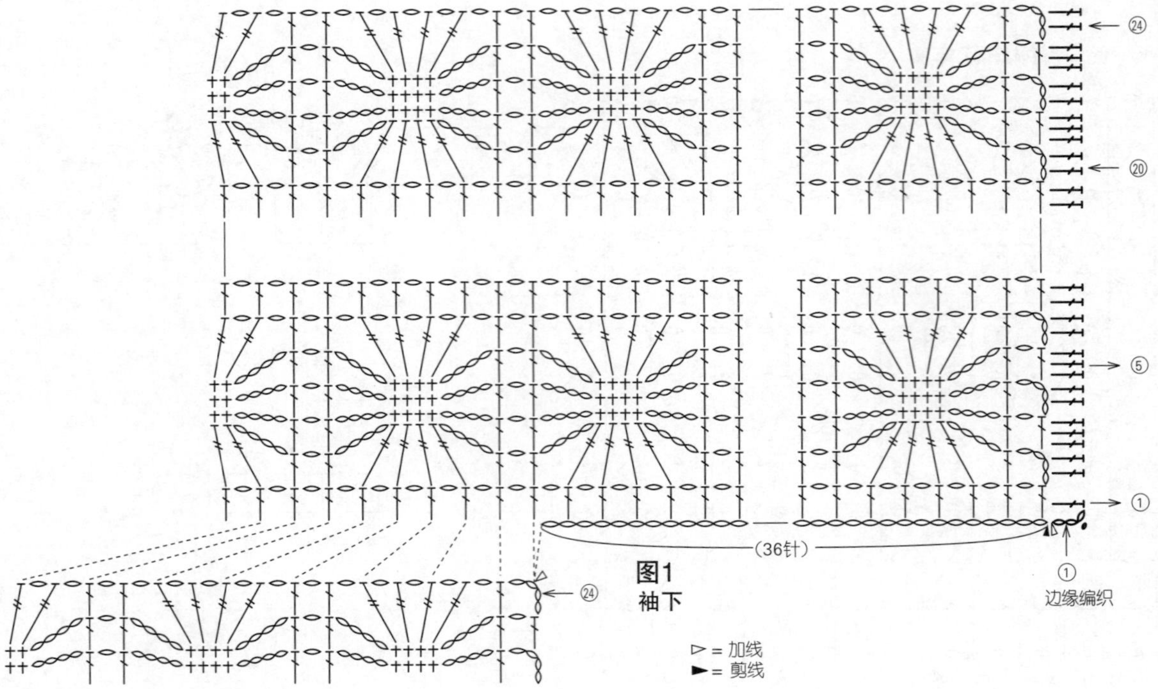


图1
袖下

▷ = 加线
▶ = 剪线

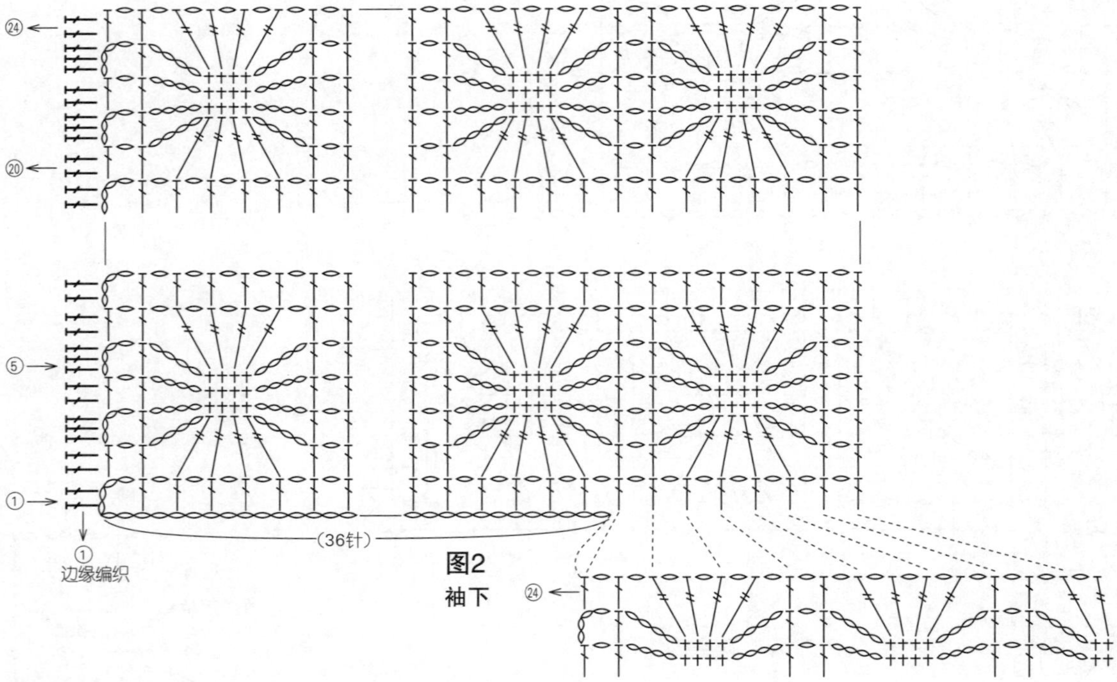


图2
袖下

**边缘编织的挑针方法**（下摆）

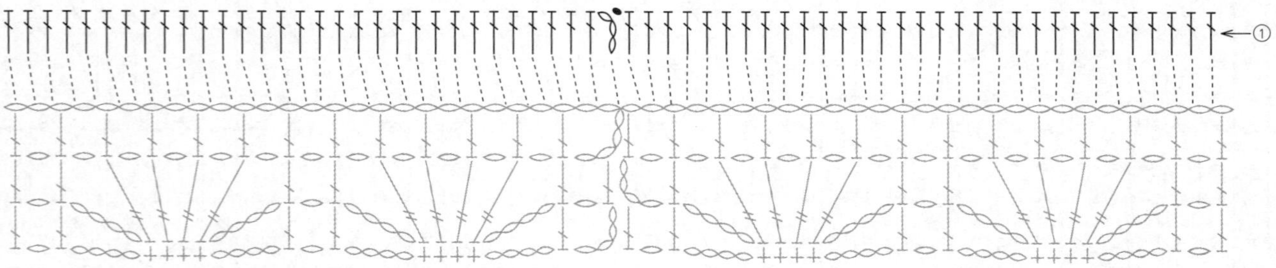


**短针的条纹针**
**（往返编织时）**

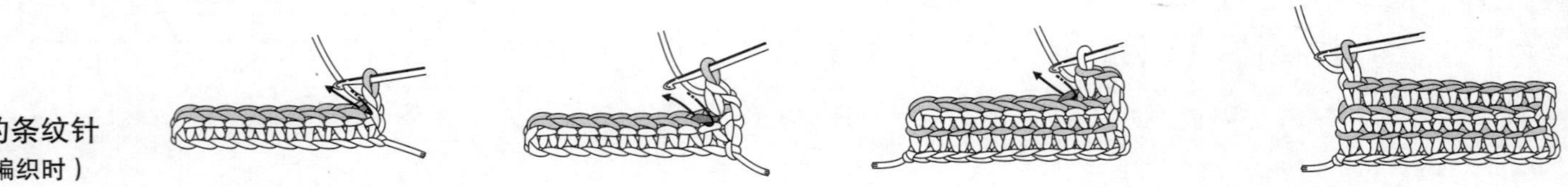

1 从背面钩织时，挑取前一行锁针头部的前面1根线，钩织短针。

2 下一针也是挑取前面1根线钩织。

3 从正面钩织，挑取前一行锁针头部的后面1根线，钩织短针。

4 从正面看时，正面的每一行上都会出现条纹。

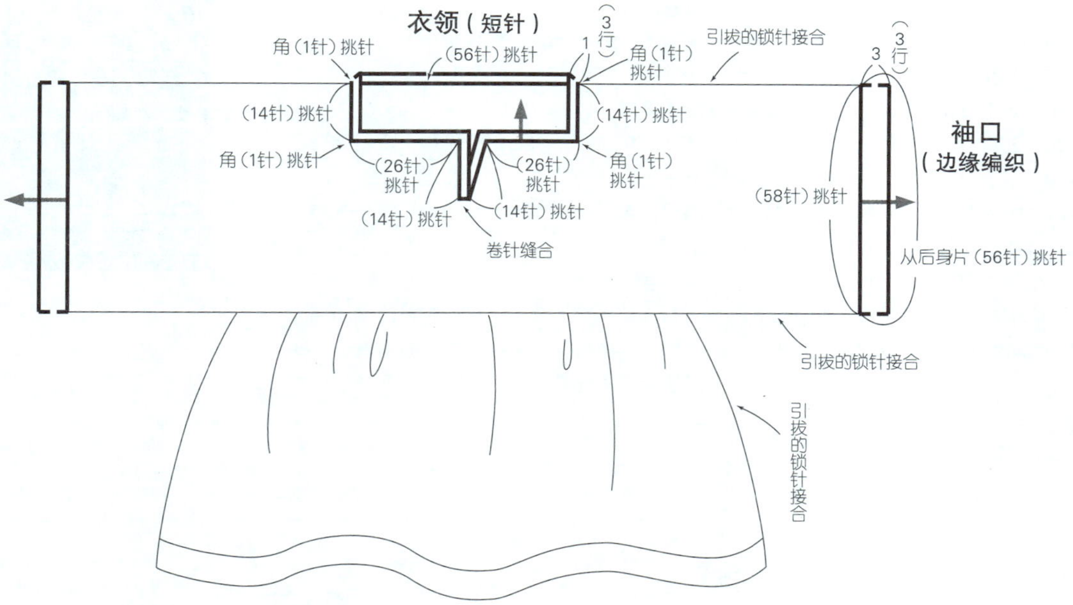


短针

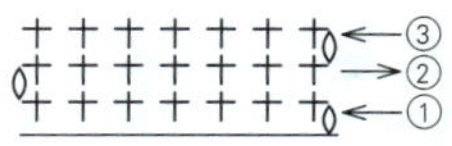


---

## 双罗纹针收针
### （环形编织的情况）

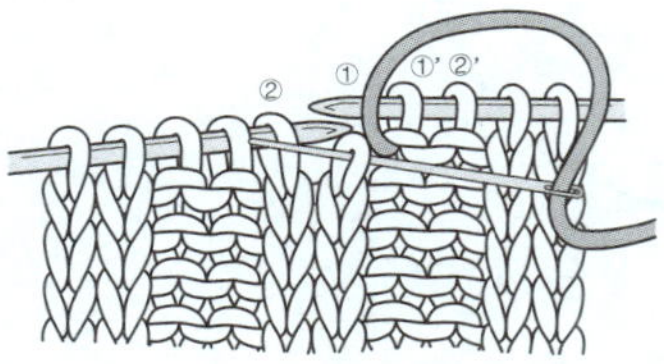

1 从针目①的后侧插入毛线缝针。

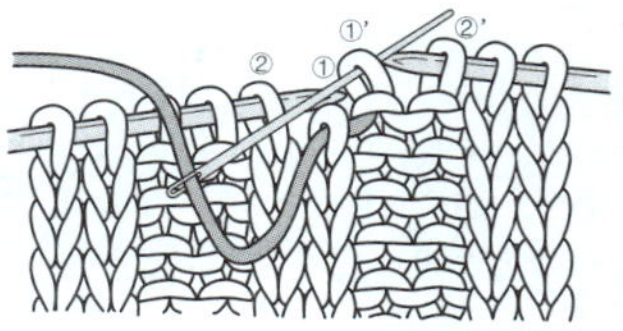

2 从针目①'的前侧插入毛线缝针。

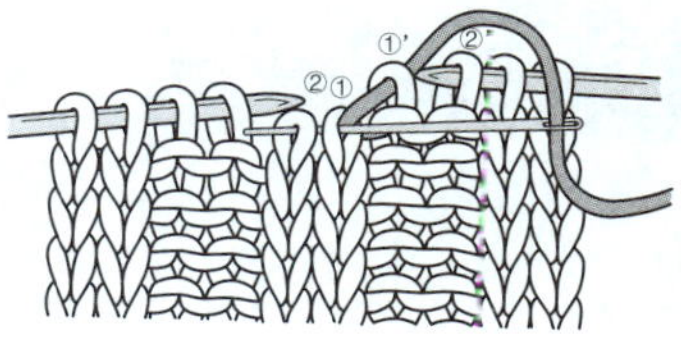

3 从针目①的前侧入针，从针目②的前侧出针。

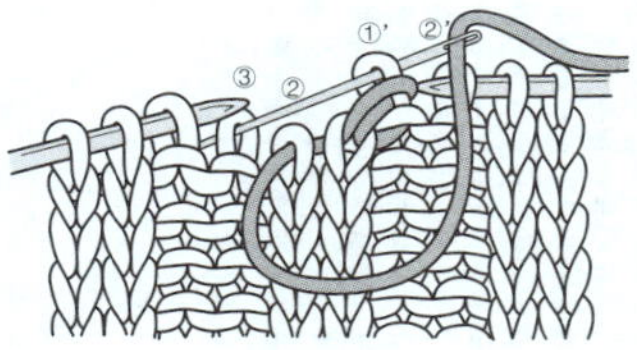

4 从针目①'的后侧入针，从针目③的后侧出针。

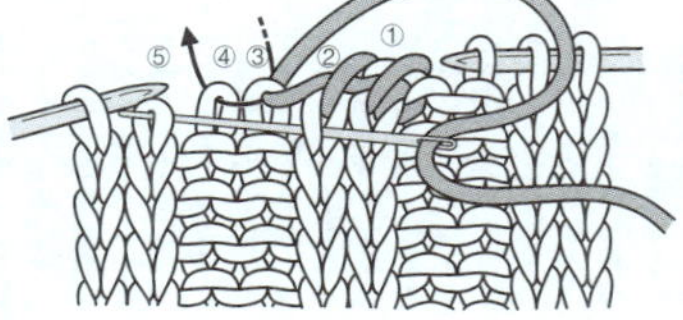

5 从针目②的前侧入针，从针目⑤的前侧出针。随后，从针目③的后侧入针，从针目④的后侧出针。重复步骤3~5。

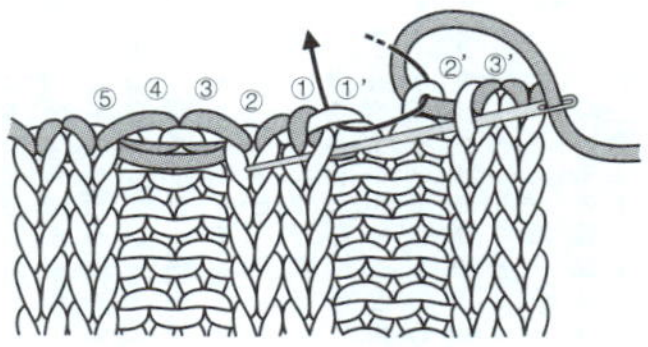

6 最后，从针目③'的前侧入针，从针目①的前侧出针。从针目②'的后侧入针，从针目①'的后侧出针。

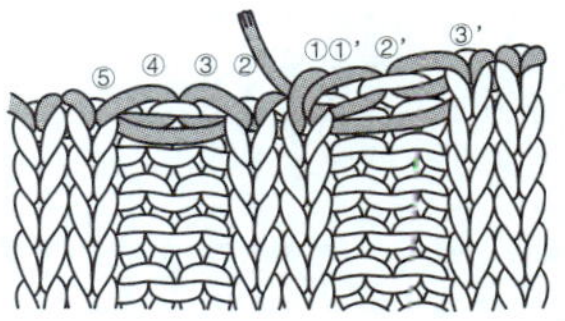

7 完成。

## 双罗纹针收针
### （两端2针下针的情况）

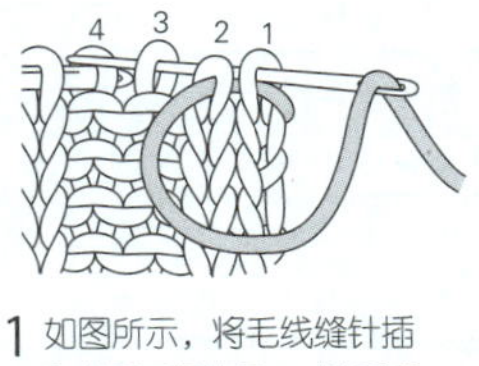

1 如图所示，将毛线缝针插入针目1和针目2，然后再次插入针目1，从针目3的前侧向后侧出针。

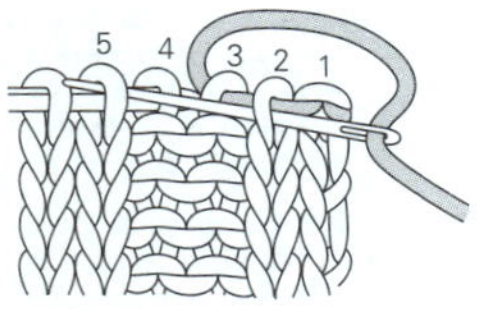

2 下针时，从针目2的前侧入针，从针目5的后侧向前侧穿过。

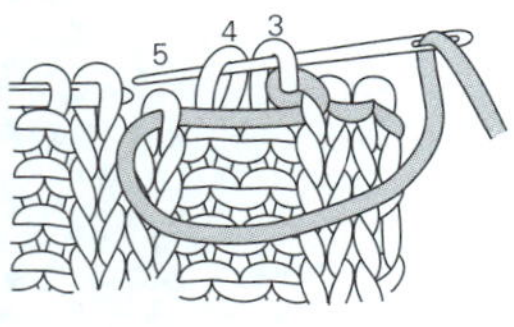

3 上针时，从针目3的后侧入针，从针目4的前侧向后侧穿过。

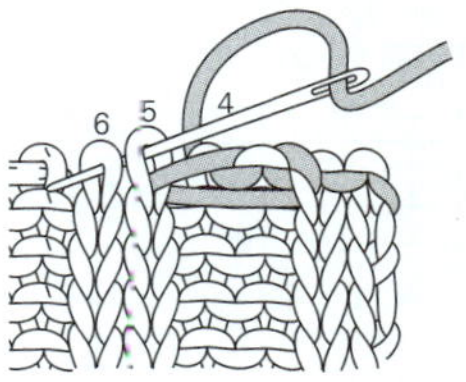

4 下针时，从针目5的前侧入针，从针目6的后侧向前侧出针。

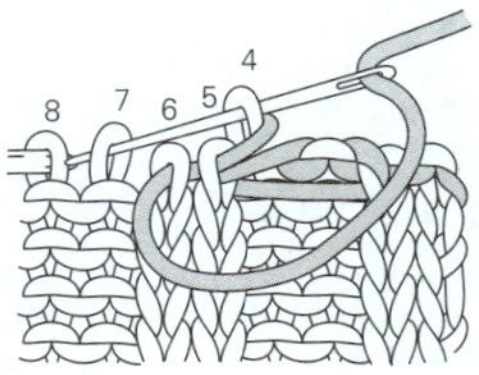

5 上针时，从针目4的后侧入针，从针目7的前侧向后侧出针。重复步骤2~5。

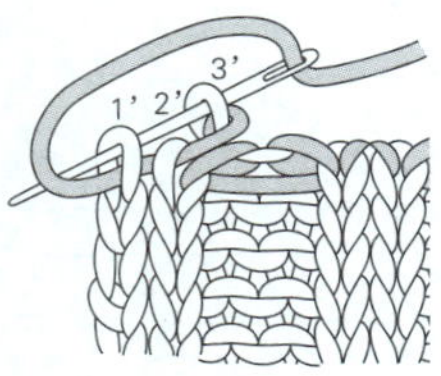

6 最后，重复步骤4之后，如图所示入针。

### （两端3针下针的情况）

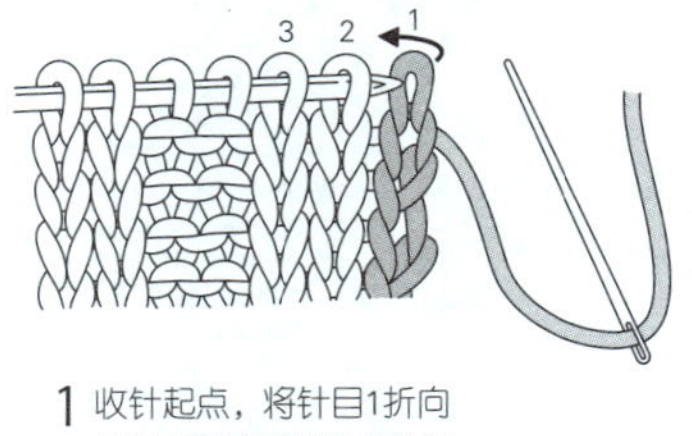

1 收针起点，将针目1折向针目2的反面使其重叠在一起，然后按照两端2针下针的要领收针。

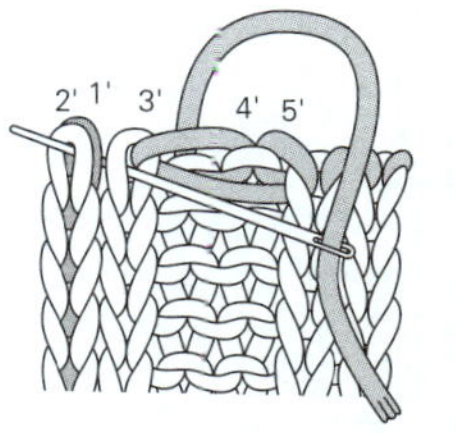

2 和收针起点相同，将端头的针目折向第2针使其重叠在一起，然后按照两端2针下针的要领收针。

**材料**

[口金包]DARUMA手编线 蕾丝线＃30 Aoi米色（3）15g/1团；MIYUKI Triangle Beads 2.5mm（TR1821）2880颗；和麻纳卡 包包用金属口金（H207-008）1个；16cm×16cm内袋用布

[手拎包]DARUMA手编线 鸭川线＃18 浅米色（65）85g/2团；MIYUKI Triangle Beads 3mm（TR1114）8736颗，圆环（S117）Antique Gold（49）2个；和麻纳卡 包包用金属口金（H207-001-4）1个；34cm×34cm内袋用布；长29cm的棉绳

**工具**

蕾丝针2号；钩针2/0号

**成品尺寸**

[口金包]宽15.5cm，深8.5cm

[手拎包]宽33.5cm，深16.5cm

**编织密度**

[口金包]10cm×10cm面积内：短针38针，44行

[手拎包]10cm×10cm面积内：短针32针，35行

**编织要点**

●预先用线穿上珠子。环形起针，钩织短针。参见图示加减针并在相应位置编入珠子。参见图示缝上内袋和口金。缝上提手。

**口金包**

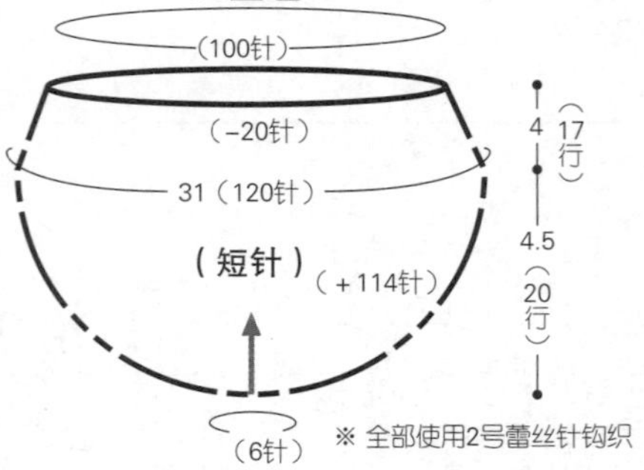


※ 全部使用2号蕾丝针钩织

**组合方法**

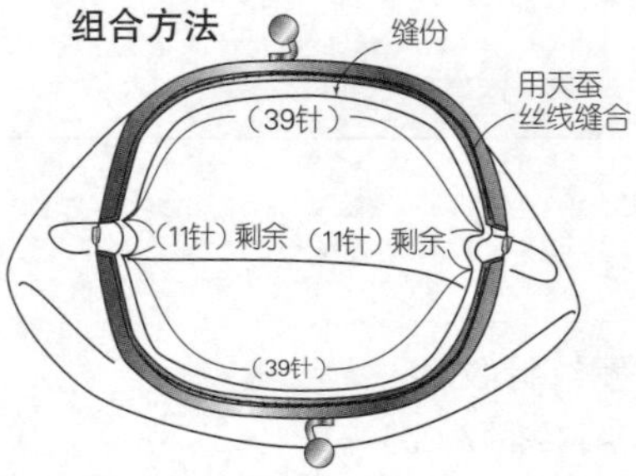


※ 口金的缝法请参见89页

**手袋的编织方法**

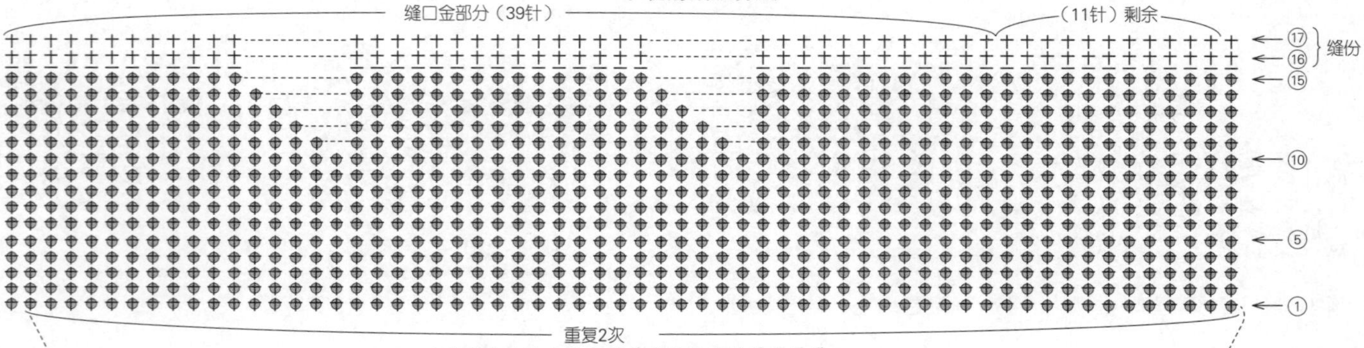


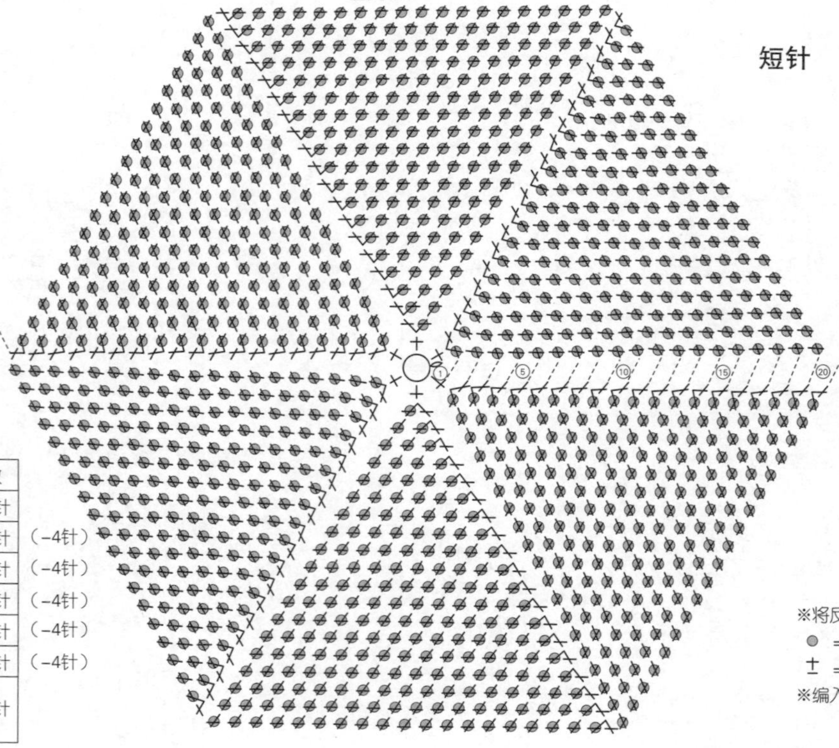


| 圈数 | 针数 | |
|---|---|---|
| 第20圈 | 120针 | （+6针） |
| 第19圈 | 114针 | （+6针） |
| 第18圈 | 108针 | （+6针） |
| 第17圈 | 102针 | （+6针） |
| 第16圈 | 96针 | （+6针） |
| 第15圈 | 90针 | （+6针） |
| 第14圈 | 84针 | （+6针） |
| 第13圈 | 78针 | （+6针） |
| 第12圈 | 72针 | （+6针） |
| 第11圈 | 66针 | （+6针） |
| 第10圈 | 60针 | （+6针） |
| 第9圈 | 54针 | （+6针） |
| 第8圈 | 48针 | （+6针） |
| 第7圈 | 42针 | （+6针） |
| 第6圈 | 36针 | （+6针） |
| 第5圈 | 30针 | （+6针） |
| 第4圈 | 24针 | （+6针） |
| 第3圈 | 18针 | （+6针） |
| 第2圈 | 12针 | （+6针） |
| 第1圈 | 6针 | |

| 圈数 | 针数 | |
|---|---|---|
| 第16、17圈 | 100针 | |
| 第15圈 | 100针 | （-4针） |
| 第14圈 | 104针 | （-4针） |
| 第13圈 | 108针 | （-4针） |
| 第12圈 | 112针 | （-4针） |
| 第11圈 | 116针 | （-4针） |
| 第10圈～第1圈 | 120针 | |

※将反面翻向正面使用

● ＝编入珠子的位置

± ＝短针的条纹针

※编入珠子的方法请参见134页

## 口金包

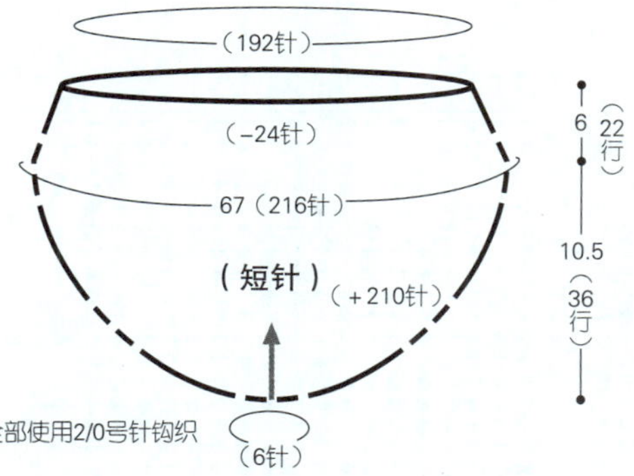


※ 全部使用2/0号针钩织

## 提手
(短针)

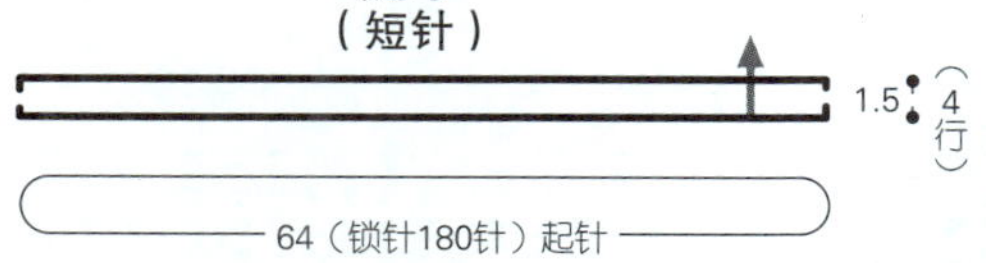


## 短针 (提手)

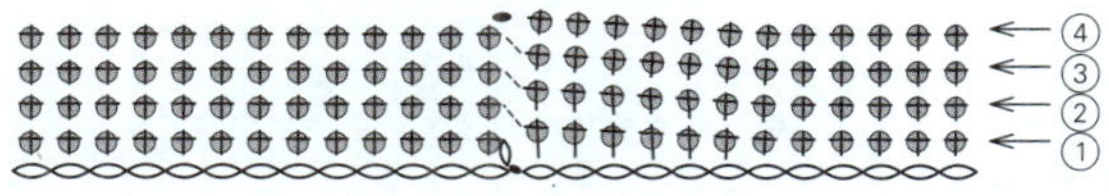


## 内袋纸型(口金包)

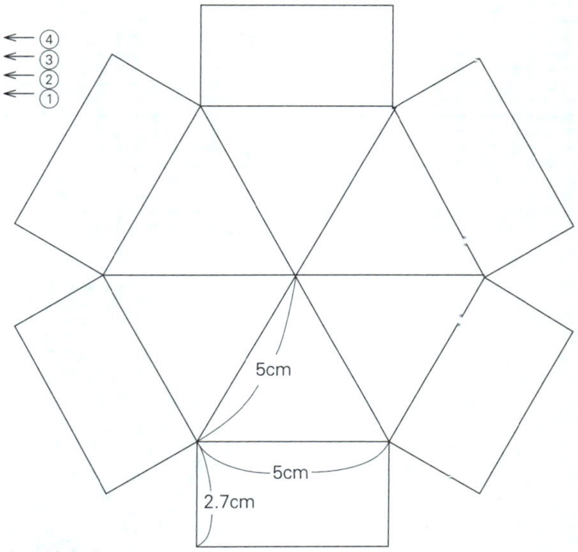


## 提手的组合方法

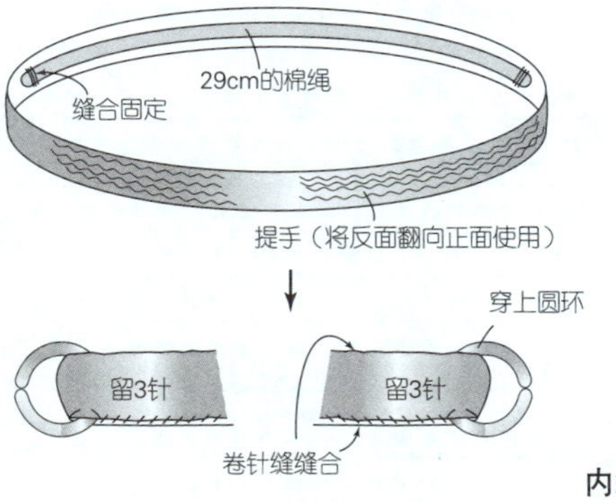


## 组合方法

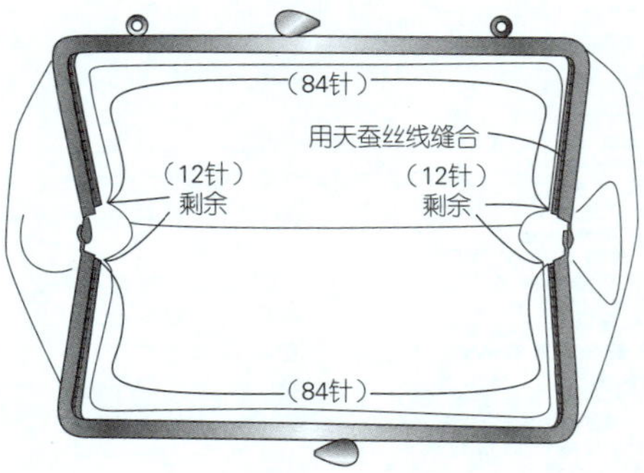


※ 口金的缝法请参见89页

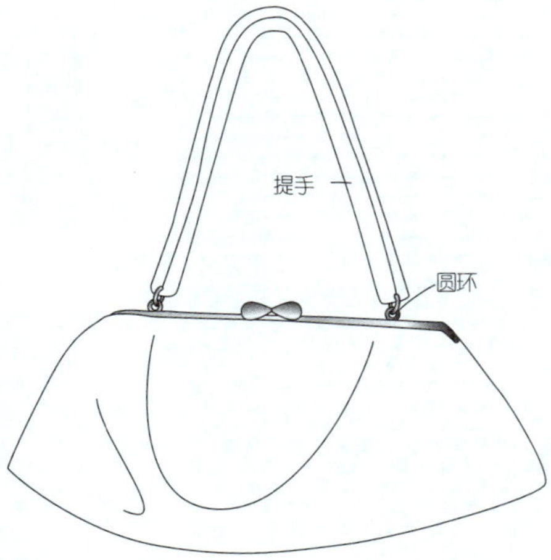


## 内袋纸型(手拎包)

※ 内袋的做法请参见88页
※ 放大200%使用

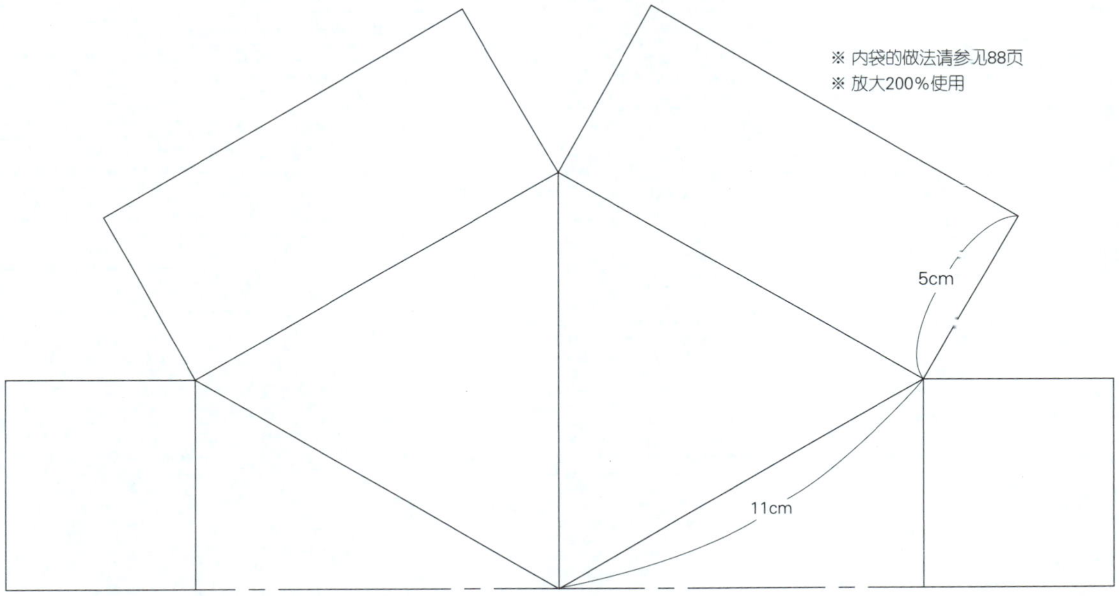


---

## 2针长针的枣形针
(在短针底部钩织)

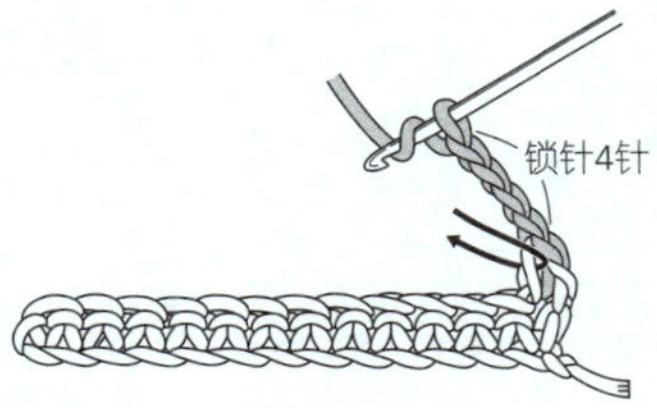


1 钩织4针锁针，钩针挂线，然后将钩针插入短针底部的2根线，挂线并拉出。

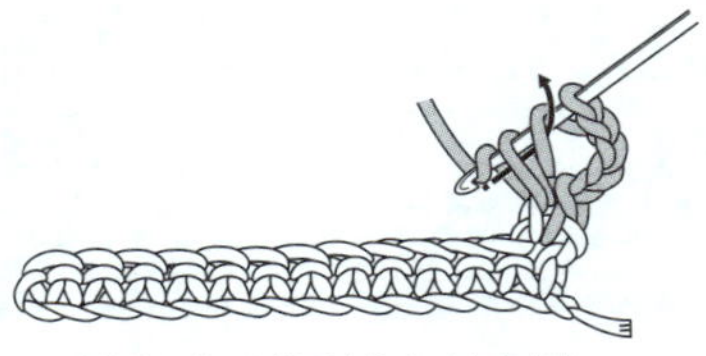

2 从针头上的2个线圈中拉出(未完成的长针)。

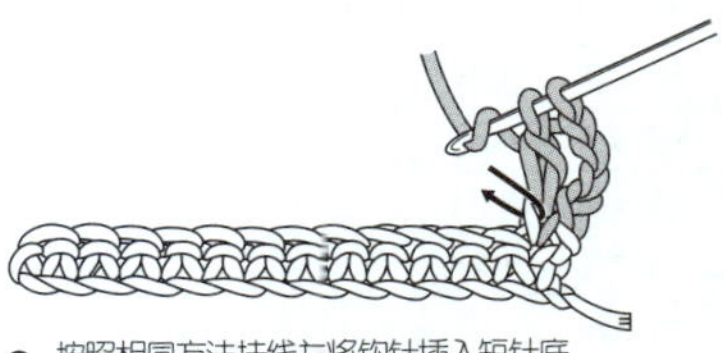

3 按照相同方法挂线并将钩针插入短针底部的2根线，同样钩织未完成的长针。

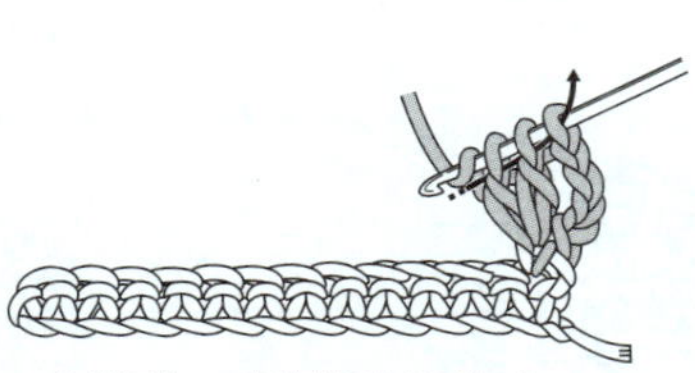

4 钩针挂线，一次性从钩针上面的3个线圈中引拔出。

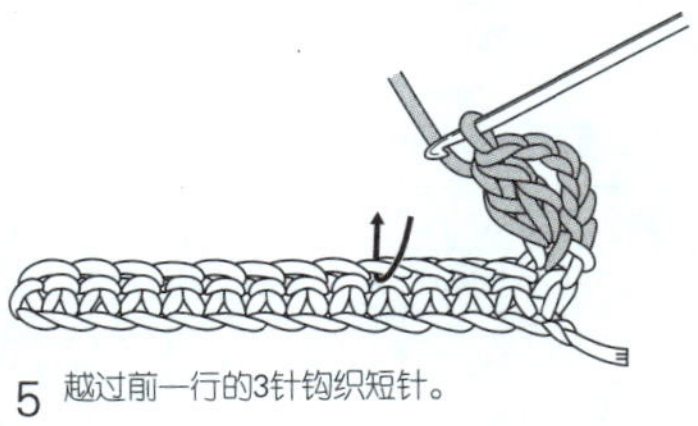

5 越过前一行的3针钩织短针。

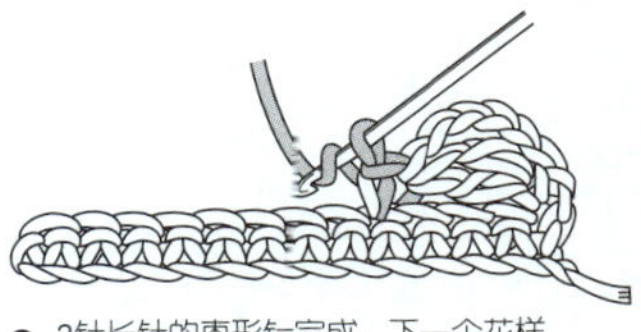

6 2针长针的枣形针完成。下一个花样使用相同的方法钩织。

## 手拎包的编织方法

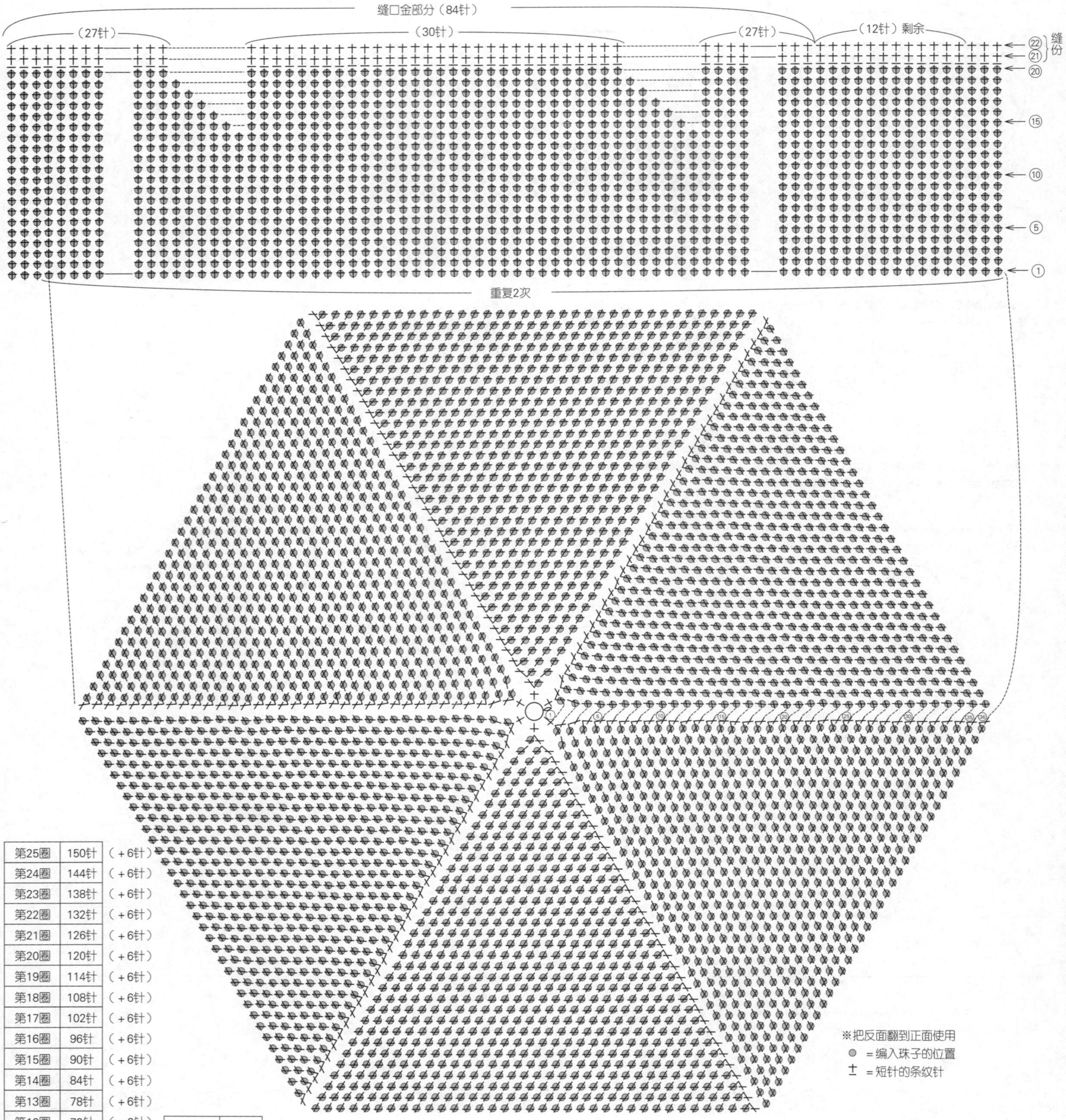


※把反面翻到正面使用
● =编入珠子的位置
± =短针的条纹针

| | | |
|---|---|---|
| 第25圈 | 150针 | （+6针） |
| 第24圈 | 144针 | （+6针） |
| 第23圈 | 138针 | （+6针） |
| 第22圈 | 132针 | （+6针） |
| 第21圈 | 126针 | （+6针） |
| 第20圈 | 120针 | （+6针） |
| 第19圈 | 114针 | （+6针） |
| 第18圈 | 108针 | （+6针） |
| 第17圈 | 102针 | （+6针） |
| 第16圈 | 96针 | （+6针） |
| 第15圈 | 90针 | （+6针） |
| 第14圈 | 84针 | （+6针） |
| 第13圈 | 78针 | （+6针） |
| 第12圈 | 72针 | （+6针） |
| 第11圈 | 66针 | （+6针） |
| 第10圈 | 60针 | （+6针） |
| 第9圈 | 54针 | （+6针） |
| 第8圈 | 48针 | （+6针） |
| 第7圈 | 42针 | （+6针） |
| 第6圈 | 36针 | （+6针） |
| 第5圈 | 30针 | （+6针） |
| 第4圈 | 24针 | （+6针） |
| 第3圈 | 18针 | （+6针） |
| 第2圈 | 12针 | （+6针） |
| 第1圈 | 6针 | |

| 圈数 | 针数 | |
|---|---|---|
| 第36圈 | 216针 | （+6针） |
| 第35圈 | 210针 | （+6针） |
| 第34圈 | 204针 | （+6针） |
| 第33圈 | 198针 | （+6针） |
| 第32圈 | 192针 | （+6针） |
| 第31圈 | 186针 | （+6针） |
| 第30圈 | 180针 | （+6针） |
| 第29圈 | 174针 | （+6针） |
| 第28圈 | 168针 | （+6针） |
| 第27圈 | 162针 | （+6针） |
| 第26圈 | 156针 | （+6针） |

| 圈数 | 针数 | |
|---|---|---|
| 第21、22圈 | 192针 | |
| 第20圈 | 192针 | （−4针） |
| 第19圈 | 196针 | （−4针） |
| 第18圈 | 200针 | （−4针） |
| 第17圈 | 204针 | （−4针） |
| 第16圈 | 208针 | （−4针） |
| 第15圈 | 212针 | （−4针） |
| 第14圈～第1圈 | 216针 | |

### 短针编入珠子

1 从前一行的针目中拉出线的地方穿入1颗珠子，挂线引拔。

2 珠子出现在织片的上针侧。

## 30 页的作品★★

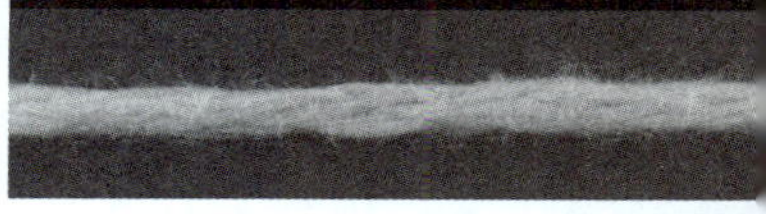

**材料**

内藤商事 Four Seasons 原白色(1) 425g/9团

**工具**

棒针8号

**成品尺寸**

胸围106cm，衣长52cm，连肩袖长54cm

**编织密度**

10cm×10cm面积内：下针编织17.5针，23行；起伏针17.5针，27.5行；编织花样A 17.5针，22.5行；编织花样C 17.5针，25行，桂花针17.5针，25.5行；双罗纹针17.5针，24行；编织花样B、B' 均为10cm内17.5针，1cm内2行

**编织要点**

●身片、袖…手指起针开始编织，参见图示编织各个花样。加针时，从预先编织的锁针上挑针。编织终点做伏针收针。

●组合…前门襟挑取指定数量的针目，编织起伏针。编织终点做伏针收针。组合方法参见图示，将后身片中心、胁部、袖下缝合。

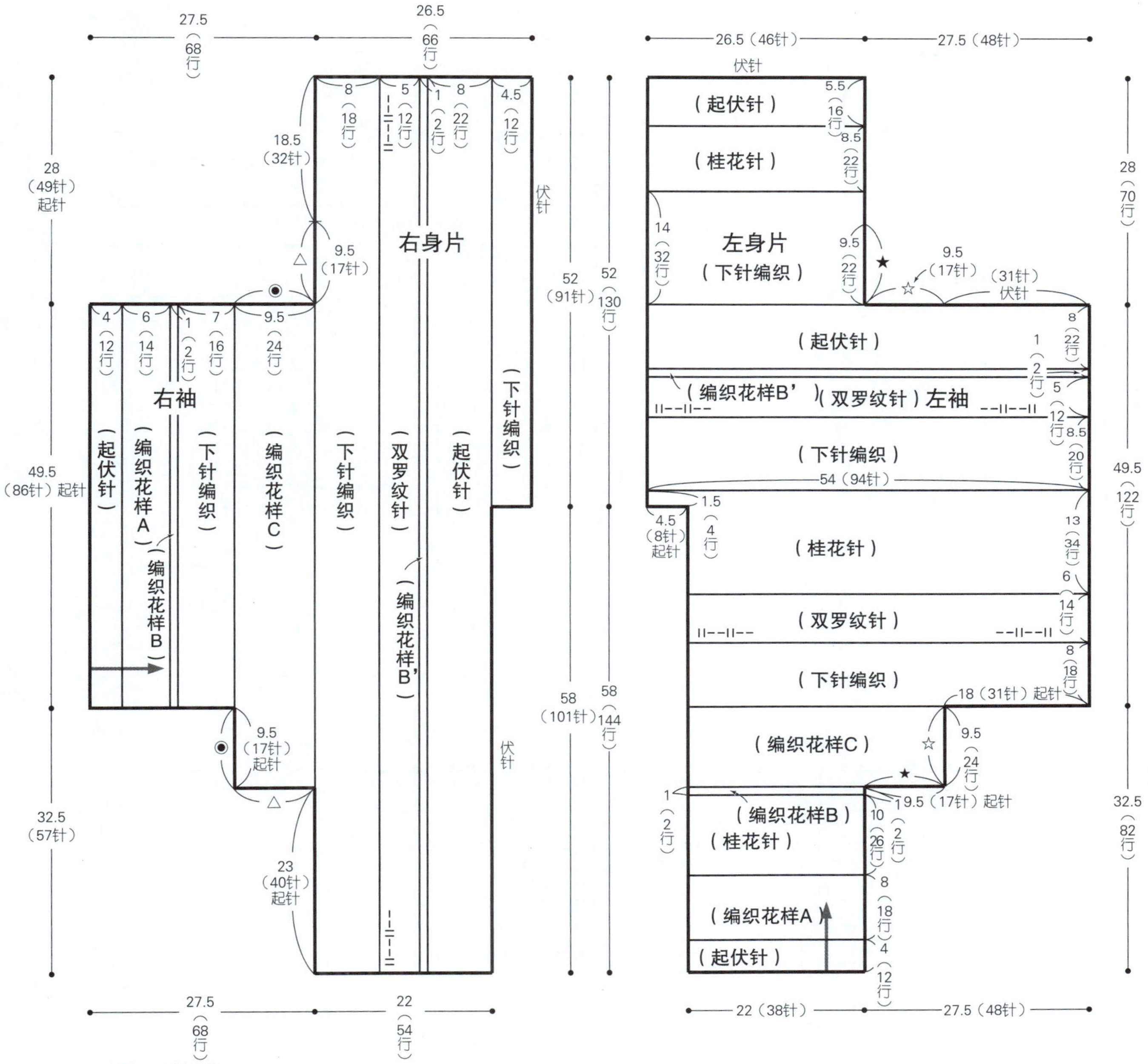


※全部使用8号针编织

### 起伏针

### 桂花针

### 编织花样A

### 双罗纹针

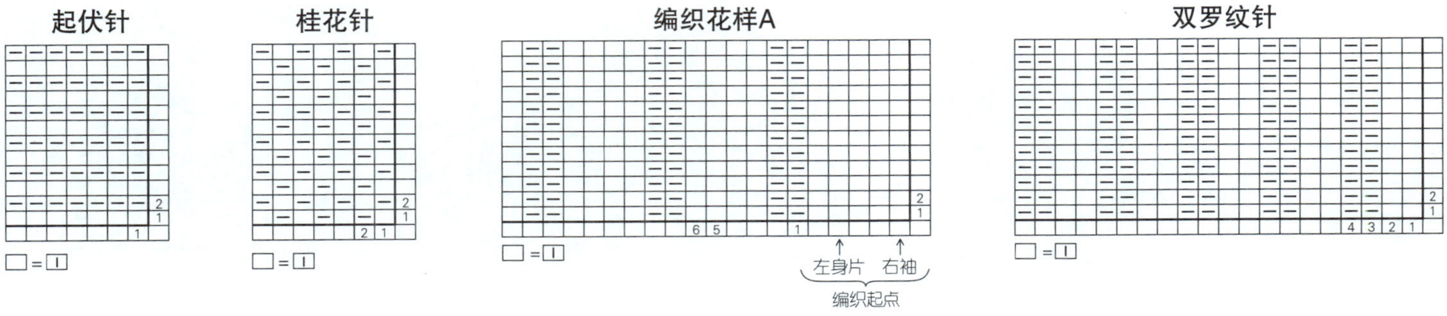

## 编织花样B

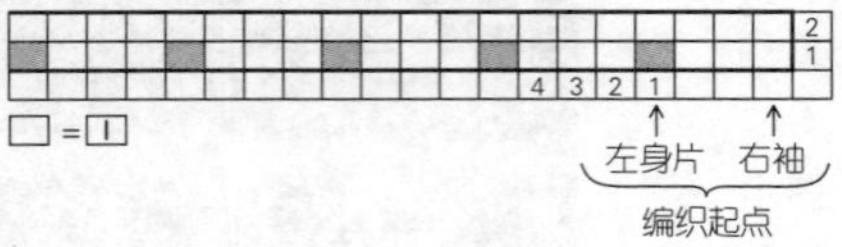


## 编织花样B'

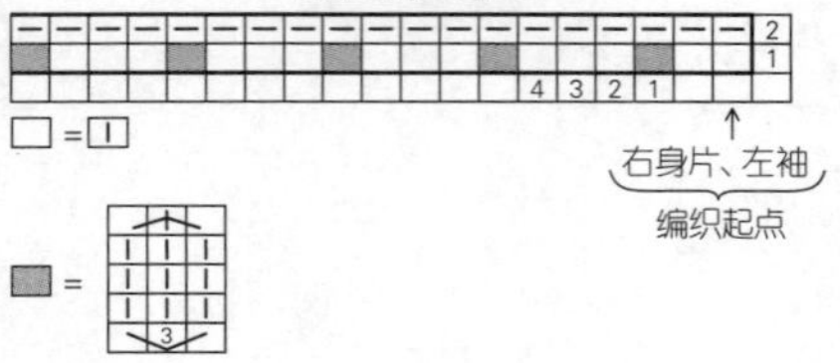


## 编织花样C

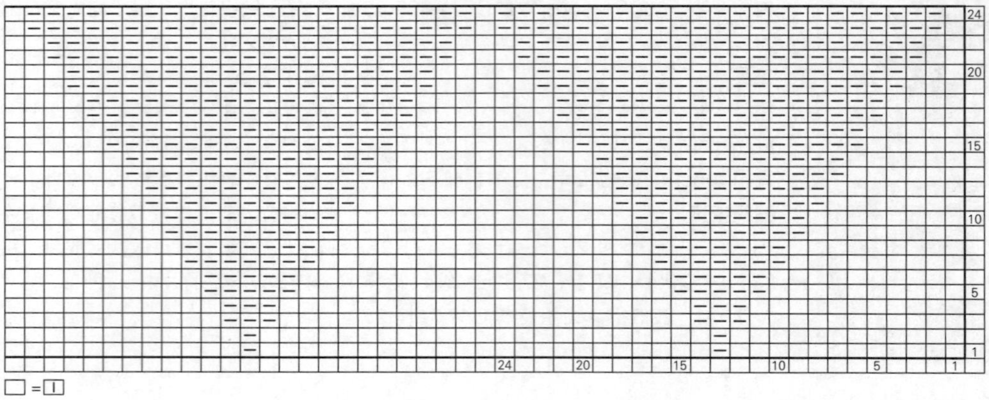


## 前门襟（起伏针）

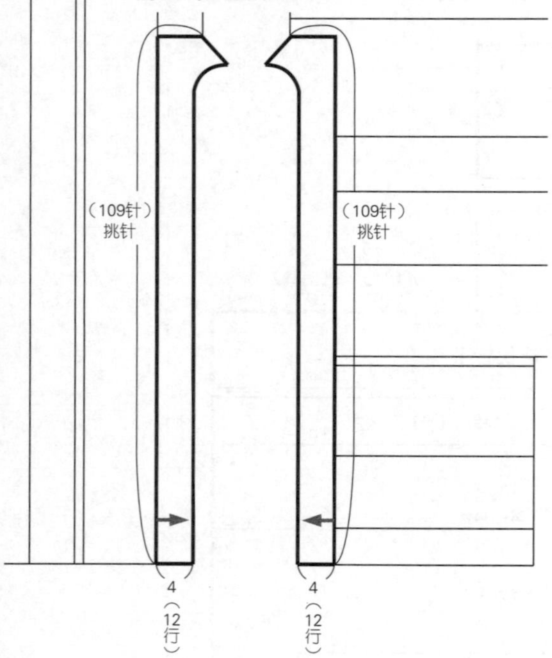


## 组合方法

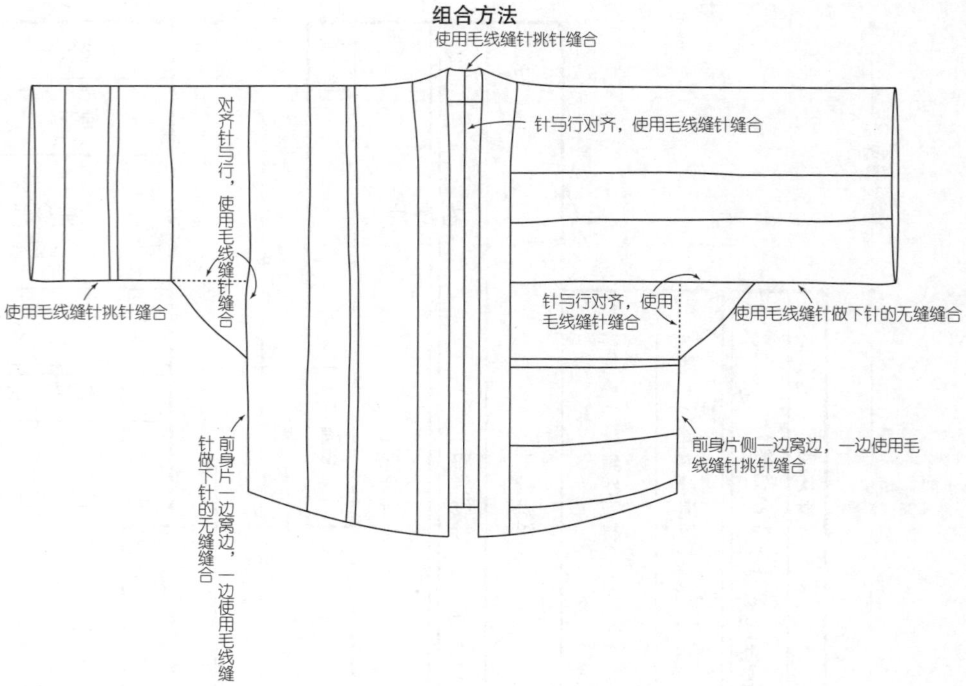


接137页▶

## 主体的编织方法

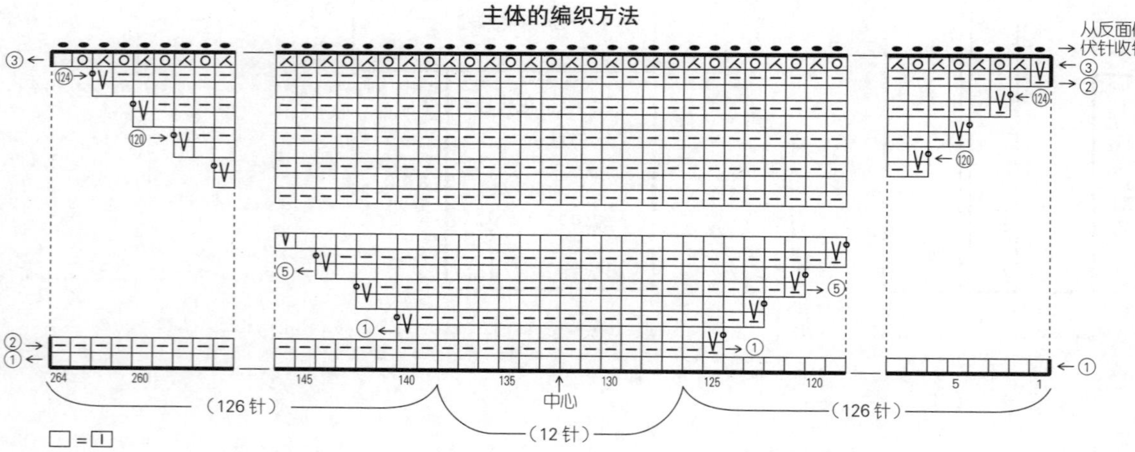


## 穿过左针的盖针（金钱花）

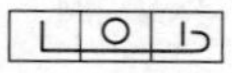

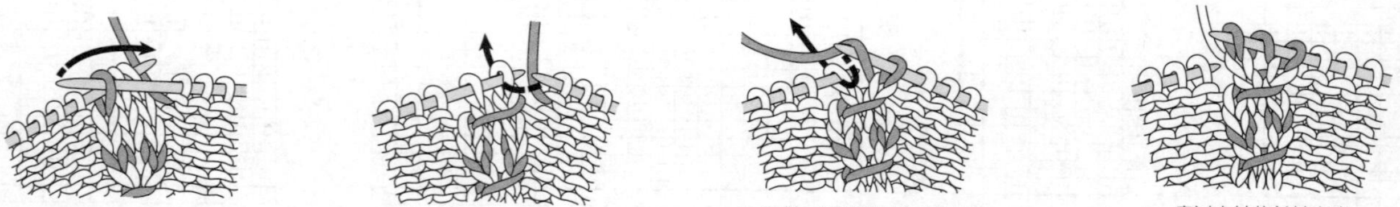

1 如箭头所示，右棒针插入左棒针的第3针中，盖住右侧的2针。

2 右棒针从织片前面插入左棒针右侧的针目，编织下针。

3 挂针，右棒针插入左侧的针目，编织下针。

4 穿过左针的盖针完成。

**材料**

和麻纳卡 Silk Filino 橙色（13）110g/6 团

**工具**

棒针4号

**成品尺寸**

宽 132cm，长 45cm

**编织密度**

10cm×10cm 面积内：起伏针 20 针，42 行

**编织要点**

●手指起针，做边缘编织。编织终点，从反面做伏针收针。主体挑取边缘编织左端的针目，编织起伏针。参见图示继续往返编织。最终行编织挂针和左上 2 针并 1 针的编织花样，编织终点和边缘编织相同。

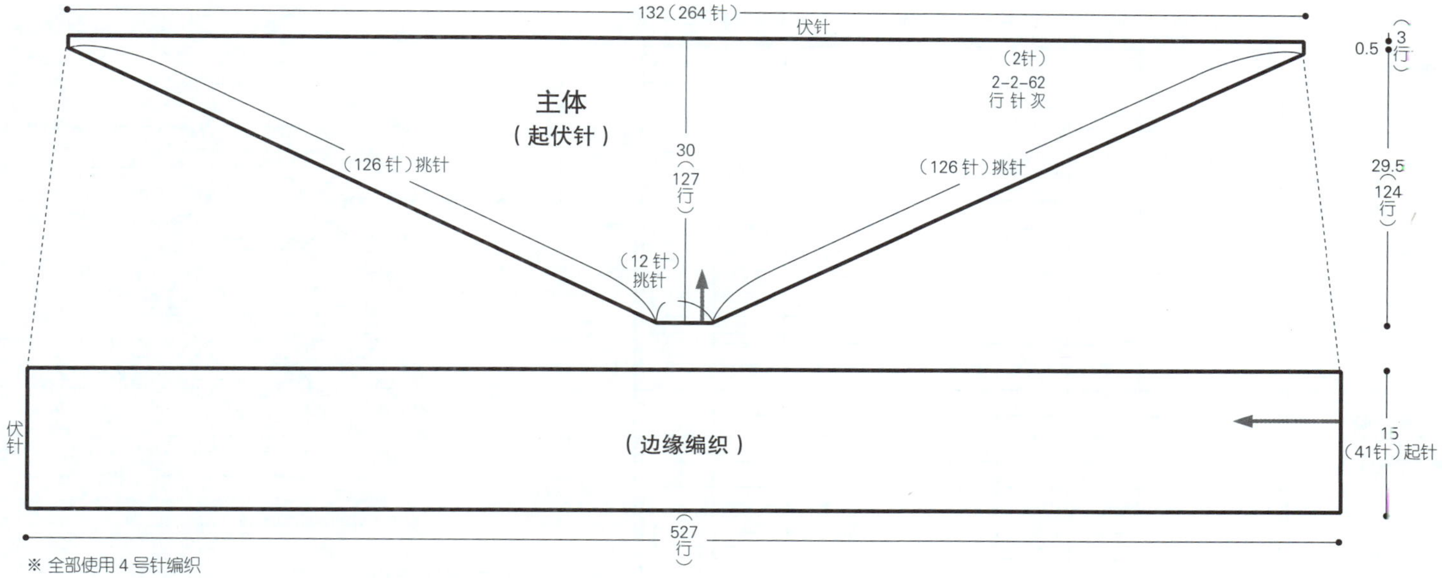


※ 全部使用 4 号针编织

**边缘编织**

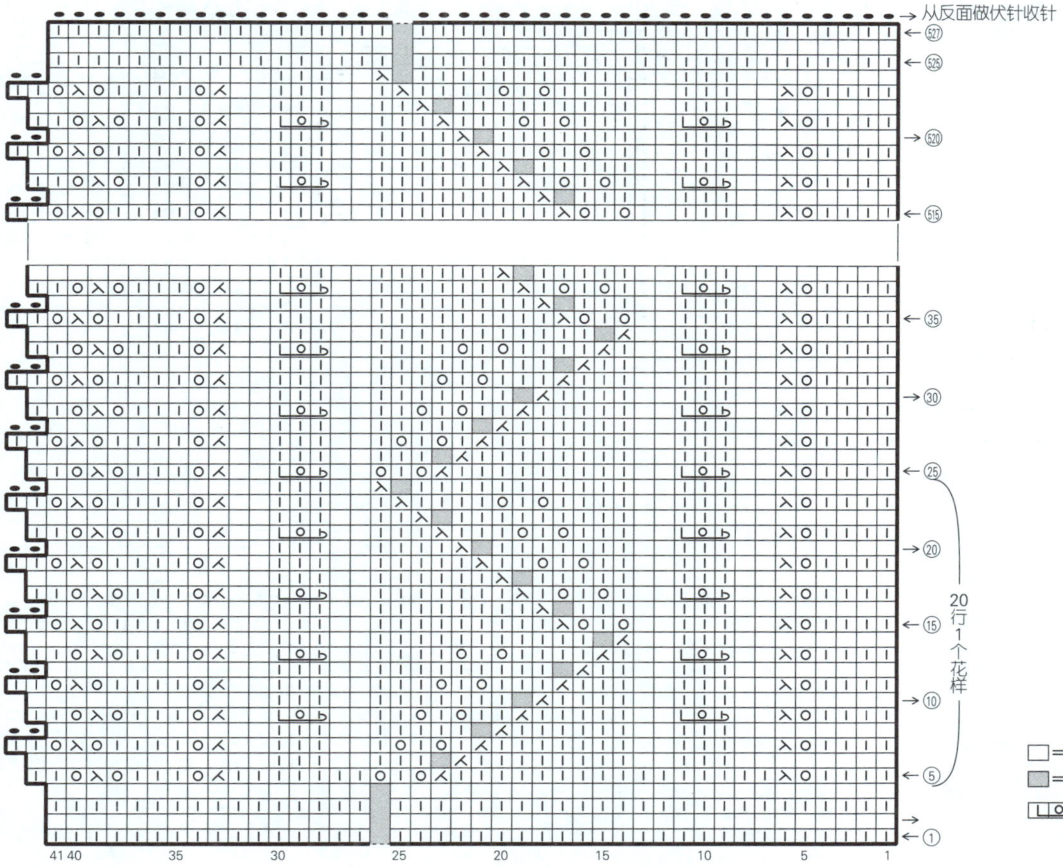


□=⊟

▒=无针目处

=穿过左针的盖针（金钱花）

◀主体的编织方法接136页

**材料**

和麻纳卡 Soie de Eclat 砖红色(18) 230g/12团

**工具**

钩针3/0号

**成品尺寸**

衣长68cm，连肩袖长53cm

**编织密度**

花片大小请参见图示

**编织要点**

●按照连编花片的要领。相同标记▲、△处用引拔针连接。下摆、衣领四周做边缘编织A，袖口环形做边缘编织B。

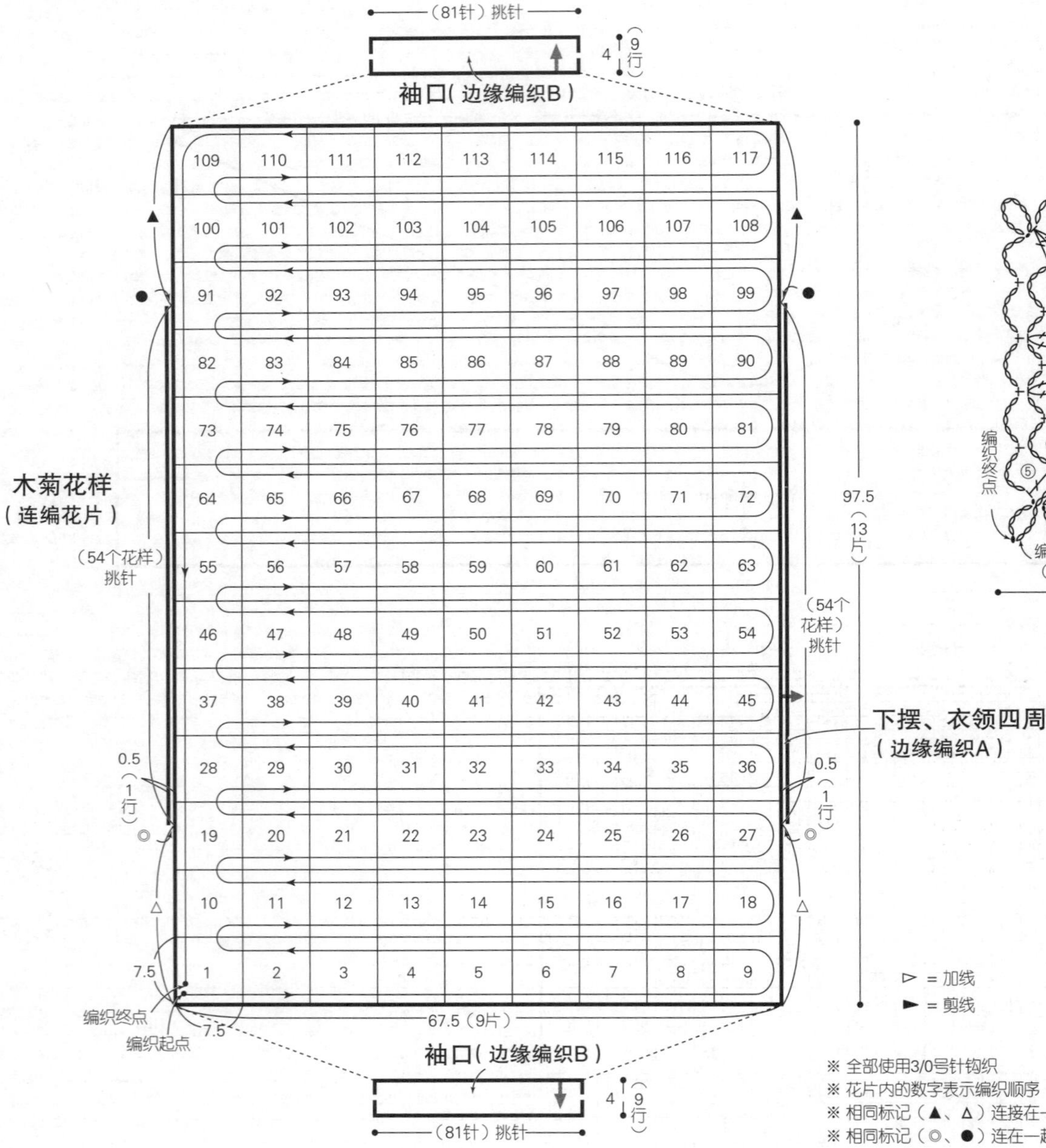


※ 全部使用3/0号针钩织

※ 花片内的数字表示编织顺序

※ 相同标记（▲、△）连接在一起

※ 相同标记（◎、●）连在一起钩织

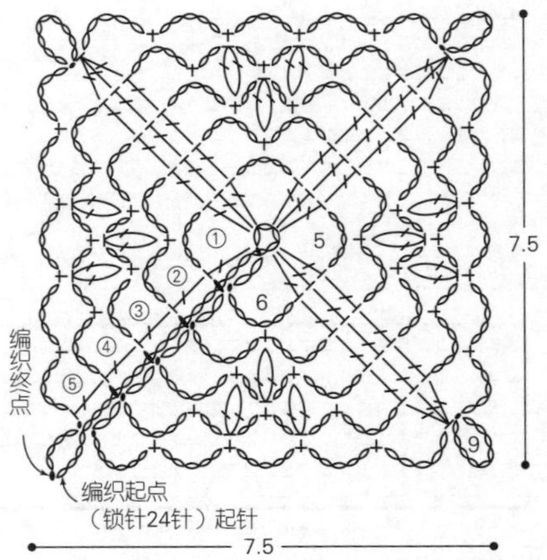


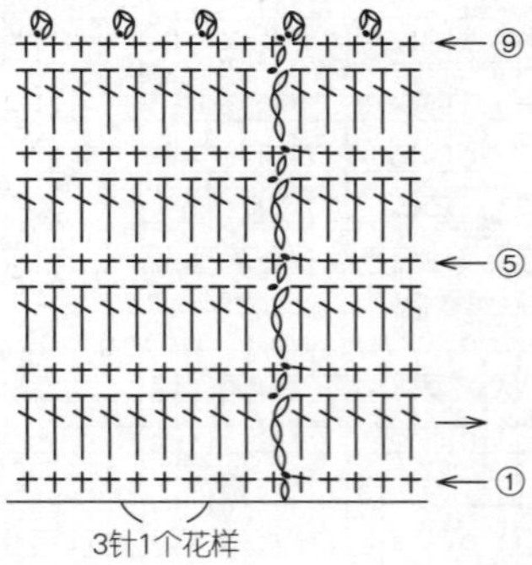


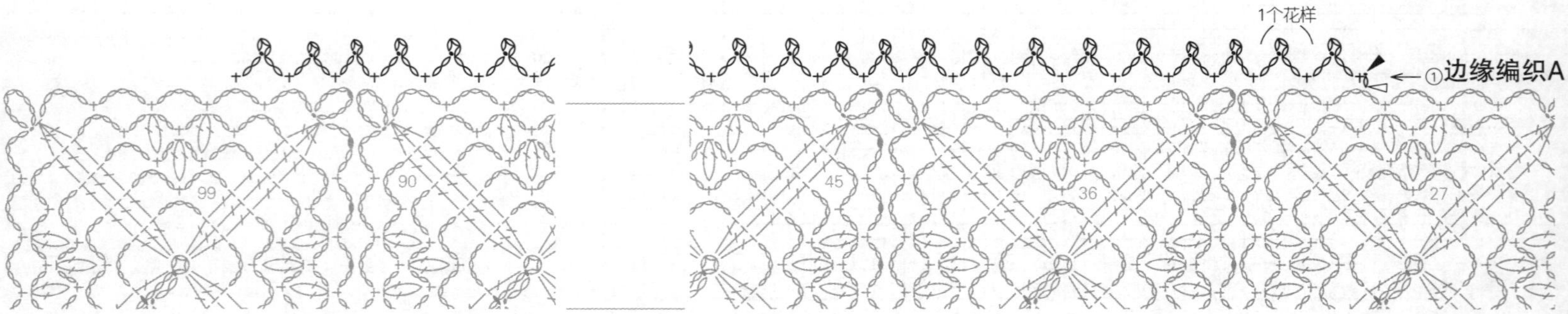

## 花片连接方法

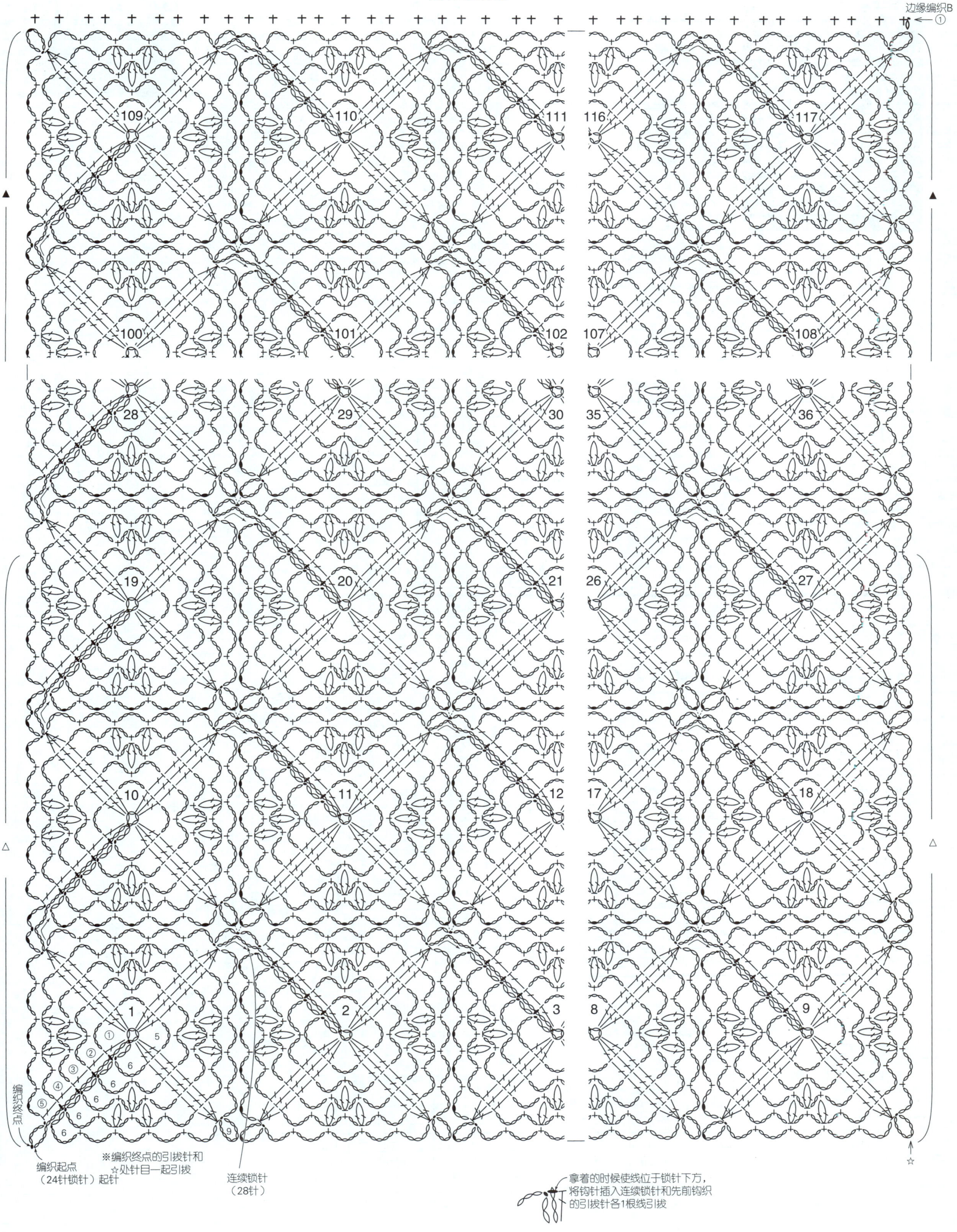

边缘编织B
①
109
110
111
116
117
100
101
102
107
108
28
29
30
35
36
19
20
21
26
27
10
11
12
17
18
1
2
3
8
9
编织终点
编织起点
（24针锁针）起针
※编织终点的引拔针和
☆处针目一起引拔
连续锁针
（28针）
拿着的时候使线位于锁针下方，
将钩针插入连续锁针和先前钩织
的引拔针各1根线引拔

**材料**

和麻纳卡 Silk Teresa 沙米色(1) 240g/10团

**工具**

棒针4号

**成品尺寸**

胸围84cm，衣长53cm，连肩袖长51cm

**编织密度**

10cm×10cm面积内：下针编织22.5针，34行；双罗纹针24针，34行；编织花样A、A' 1cm内3针，10cm内34行；编织花样B 3.5cm内8针，10cm内31行

**编织要点**

●身片、袖、育克、衣领…身片、袖手指起针开始编织。后身片和袖编织起伏针、下针编织，前身片编织双罗纹针、编织花样A和A'、起伏针、下针编织。胁部减针时，立起侧边1针减针，前身片的双罗纹针立起侧边3针减针。腋下做伏针收针。袖下加针时在1针内侧编织扭针加针。胁部、袖下使用毛线缝针挑针缝合，腋下针目使用毛线缝针做下针的无缝缝合。育克从身片和袖挑针，按照身片、袖的方法编织。后身片、前育克减针时，从插肩线开始，第1针和第2针编织2针并1针。袖的育克减针时，从插肩线开始，第3针和第4针编织2针并1针。衣领和前身片连在一起编织花样B，编织终点休针。

●组合…衣领休针针目使用盖针接合，后身片、袖的育克针与行对齐，使用毛线缝针缝合。

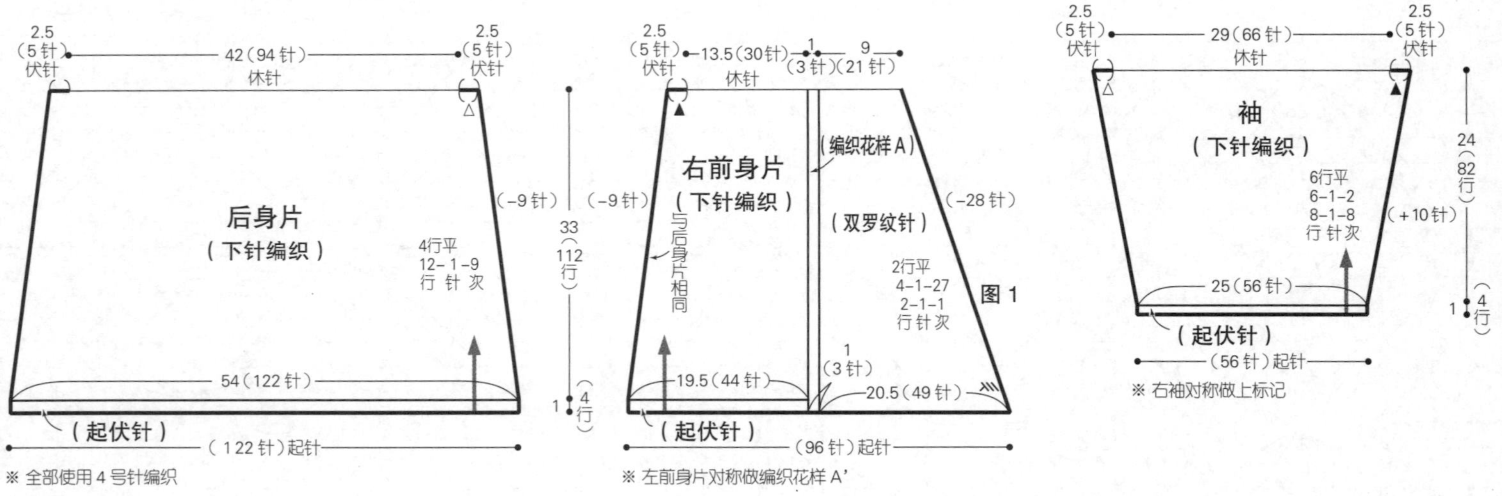


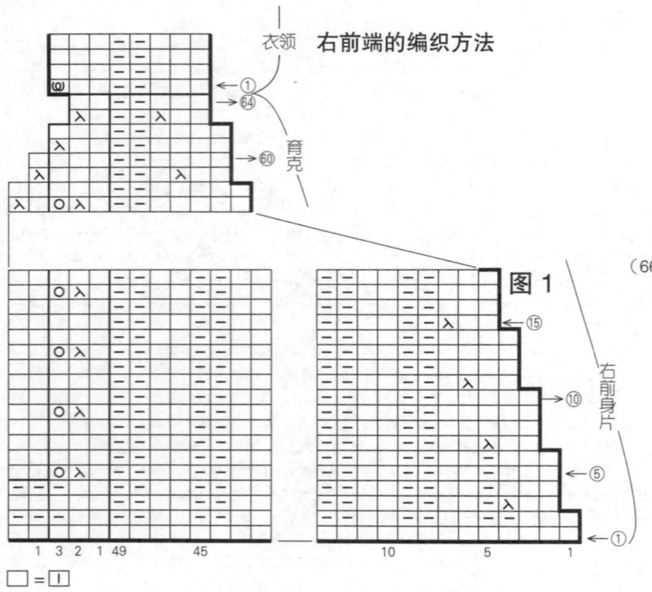


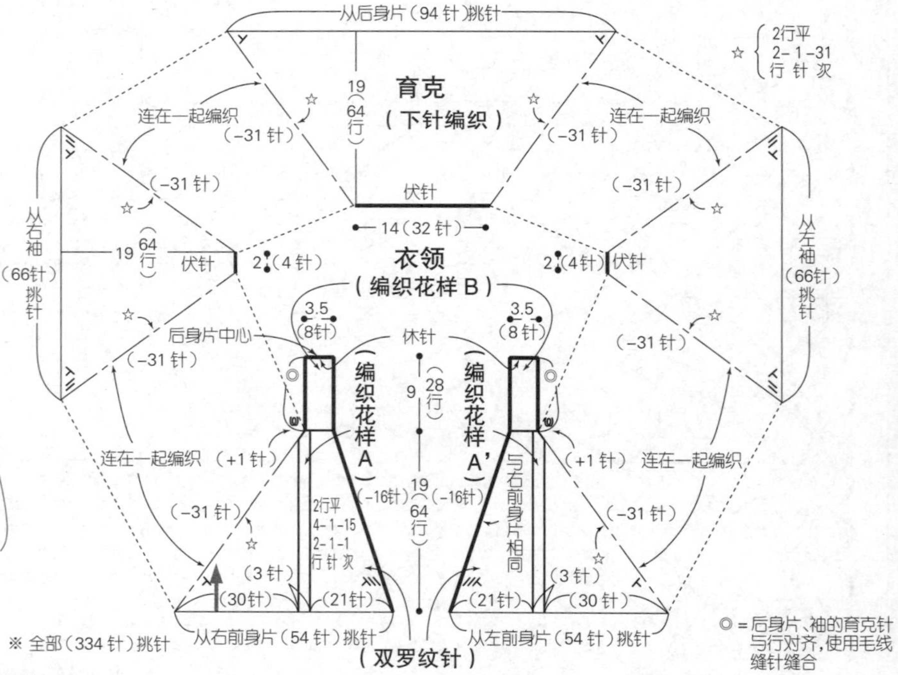


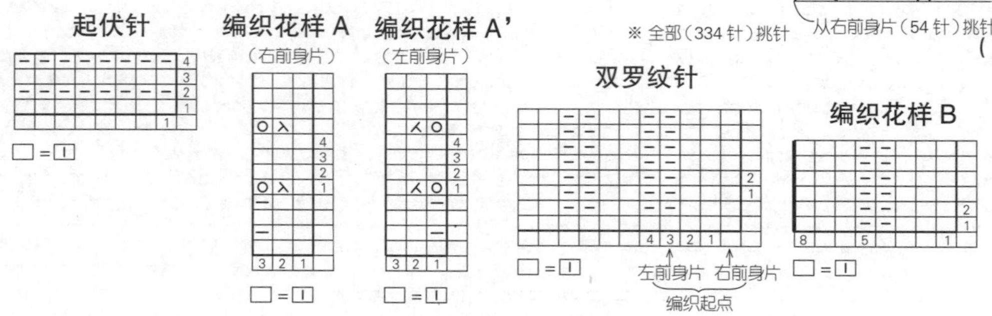

**材料**

[衣领] 奥林巴斯蕾丝线 金票40号蕾丝线 原白色(802) 20g/2团(1团10g)；直径7mm的珍珠纽扣1颗

[袖口] 奥林巴斯蕾丝线 金票40号蕾丝线 原白色(802) 15g/2团(1团10g)；直径7mm的珍珠纽扣6颗

**工具**

蕾丝针6号

**成品尺寸**

[衣领] 宽6.5cm，衣领内围53cm

[袖口] 周长20cm，宽6.5cm

**编织密度**

花片大小请参见图示

**编织要点**

●用连编花片的方法钩织。花片编织起点钩织2针锁针，第1针锁针织入短针(第2针锁针成为第1圈短针立织的针目)。第2片花片开始，一边用引拔针和相邻的花片连接，一边钩织。袖口用锁针连接花片的空隙。利用花样上的空隙当作扣眼。缝上纽扣。

**花片** 衣领 78片 袖口 54片

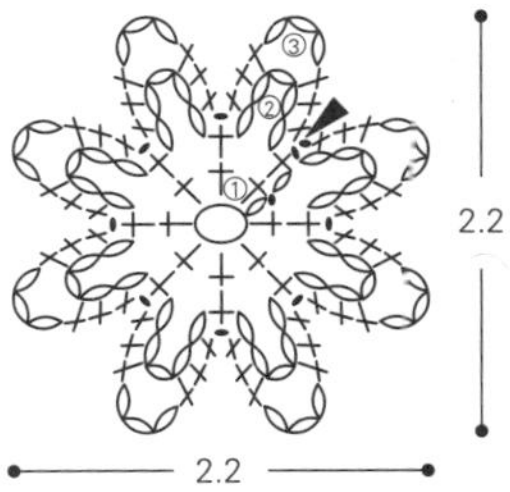


※ 中心用钩入1针锁针的方法钩织

**衣领**
(连接花片)

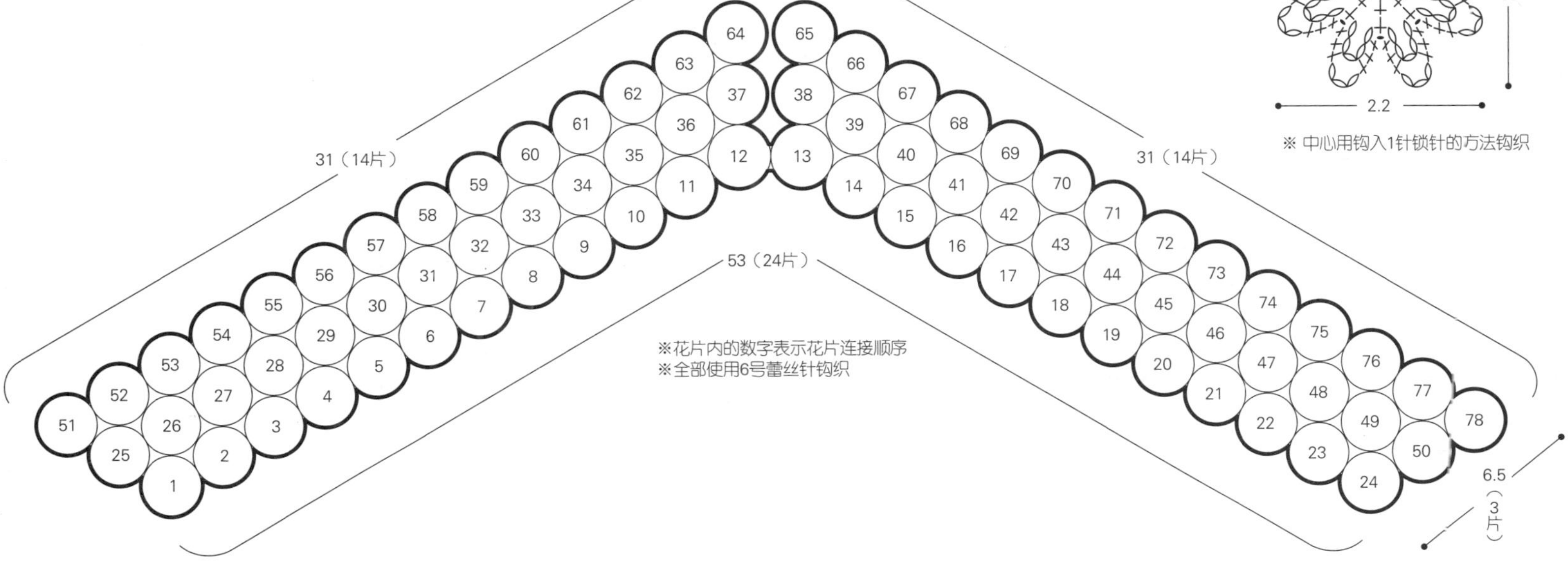


※花片内的数字表示花片连接顺序
※全部使用6号蕾丝针钩织

▷ =加线
▶ =剪线

**花片连接方法**（衣领）

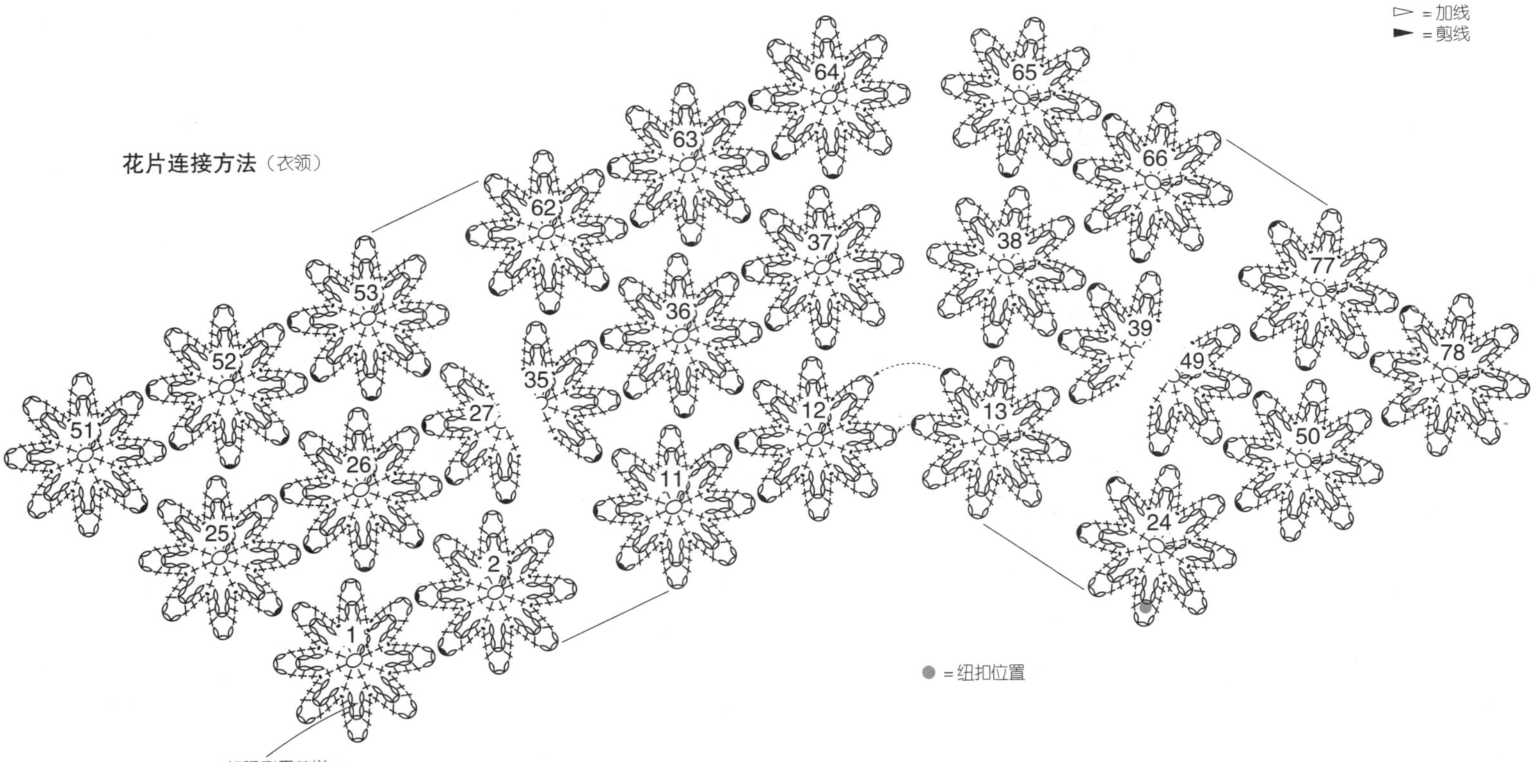

● =纽扣位置

扣眼利用花样的空隙充当

袖口的编织方法见182页 ▶

**材料**

奥林巴斯蕾丝线 金票40号蕾丝线 橄榄绿色（293）140g/3团（50g/团）；La Droguerie 直径15mm的纽扣6颗

**工具**

蕾丝针6号

**成品尺寸**

胸围96.6cm，肩宽35cm，衣长53.5cm，袖长10cm

**编织密度**

编织花样A、B、C均为10cm内10行

**编织要点**

●身片、袖…环形起针，编织花样A、B和C。后身片第23行之前环形做往返编织。参见图示加减针。袖口做边缘编织A。

●组合…肩部使用引拔的锁针接合，胁部也使用引拔的锁针接合。下摆前、后身片连在一起做边缘编织A。衣领、前门襟做边缘编织B。右前门襟第3行要钩织扣襻，需要注意。使用短针的锁针与身片接合。袖窿做边缘编织A。缝上纽扣。

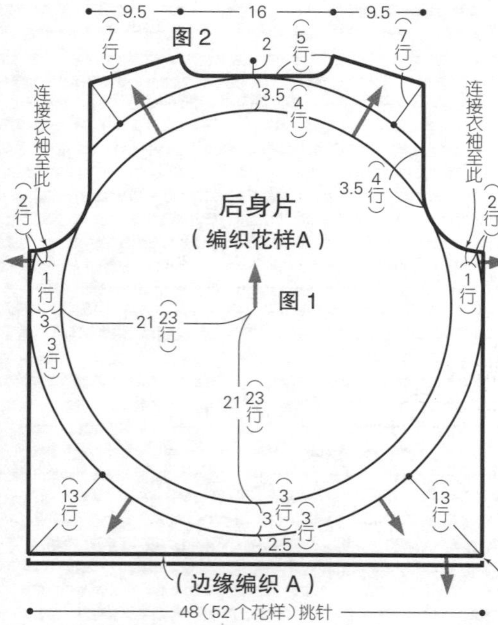


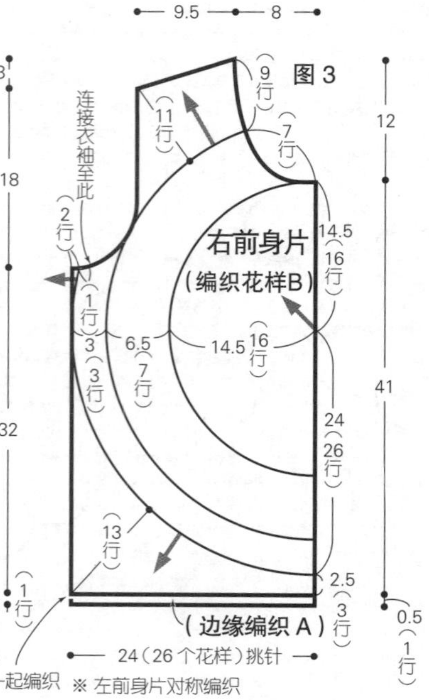


※ 全部使用6号蕾丝针钩织
※ 从编织起点到第23行，参见右前身片，做环形的往返编织
※ 下摆、胁、袖窿、斜肩与右前身片对称钩织
※ 左前身片对称编织

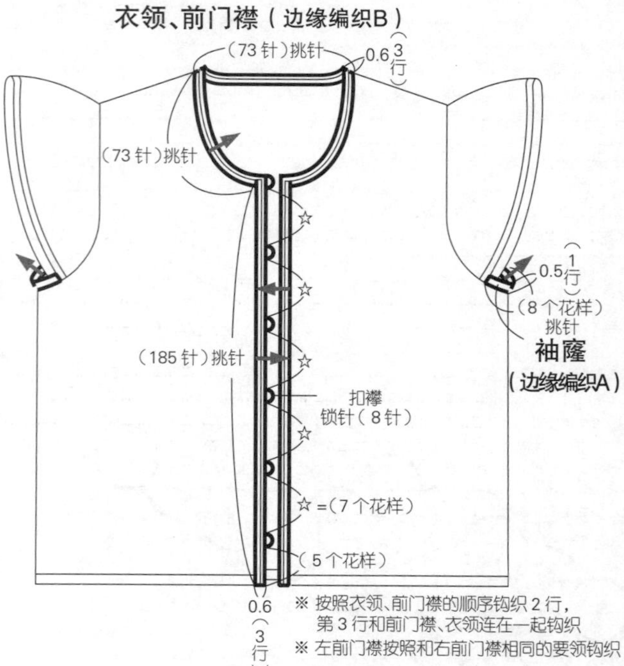


※ 按照衣领、前门襟的顺序钩织2行，第3行和前门襟、衣领连在一起钩织
※ 左前门襟按照和右前门襟相同的要领钩织

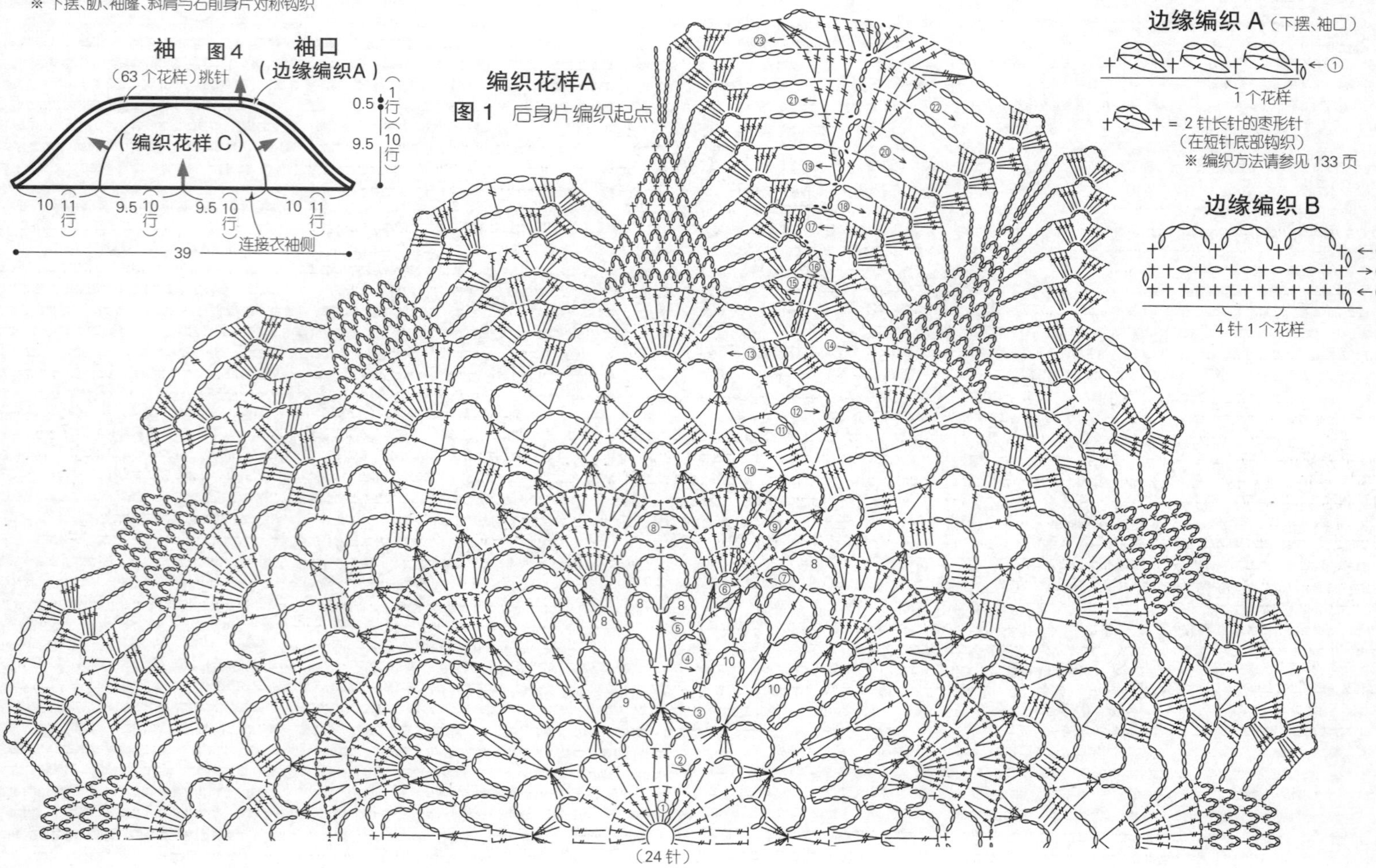

## 图 2
### 后领窝

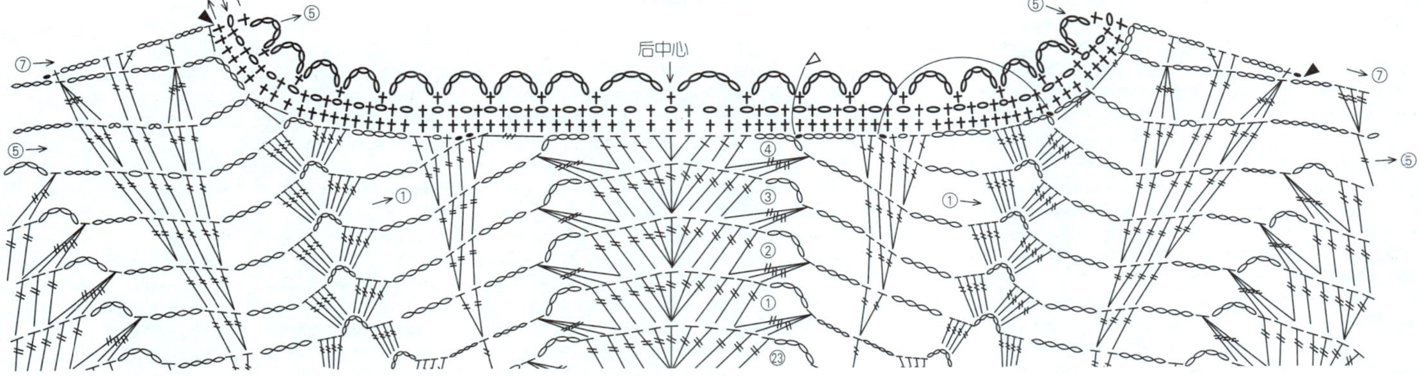


## 袖
### (编织花样 C)
### 图 4

▷ = 加线
▶ = 剪线

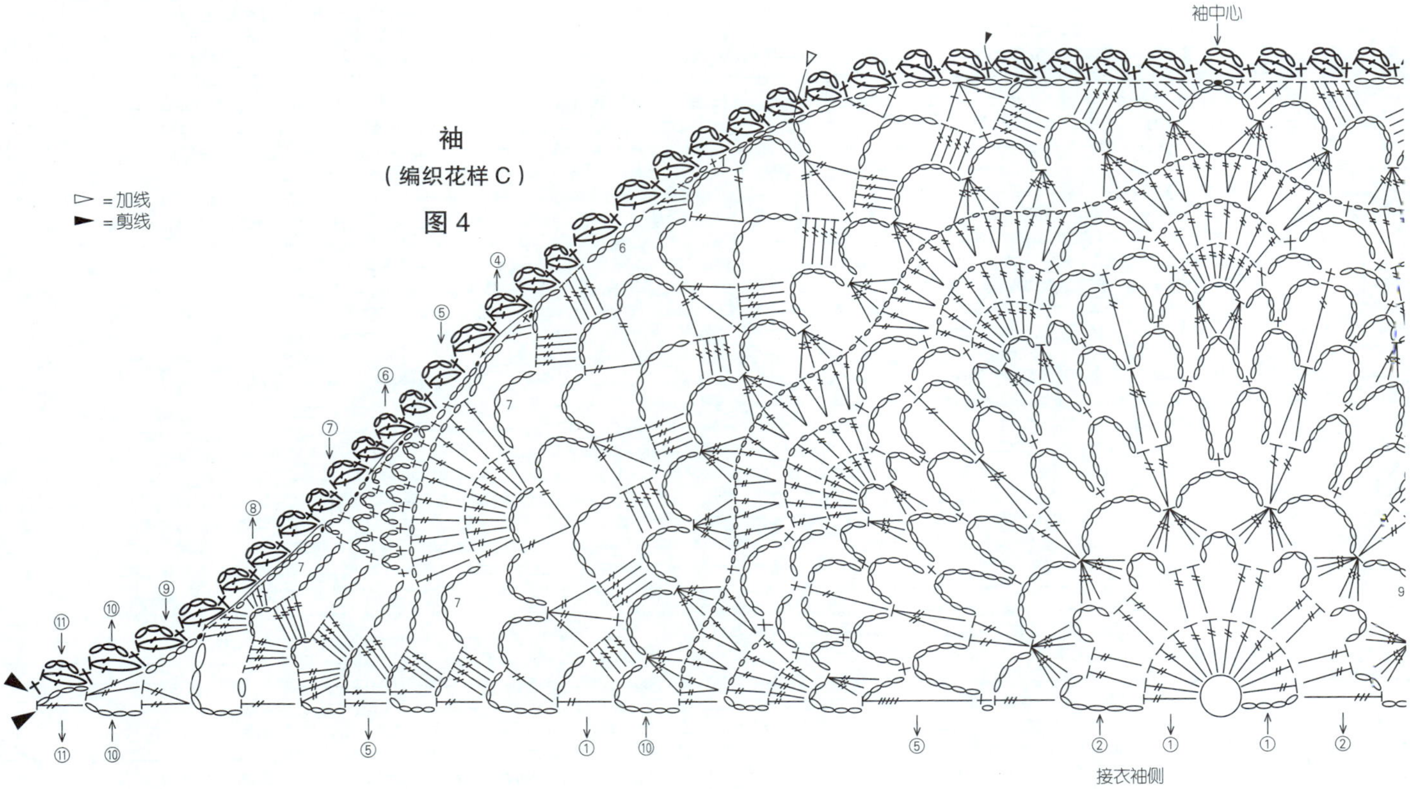


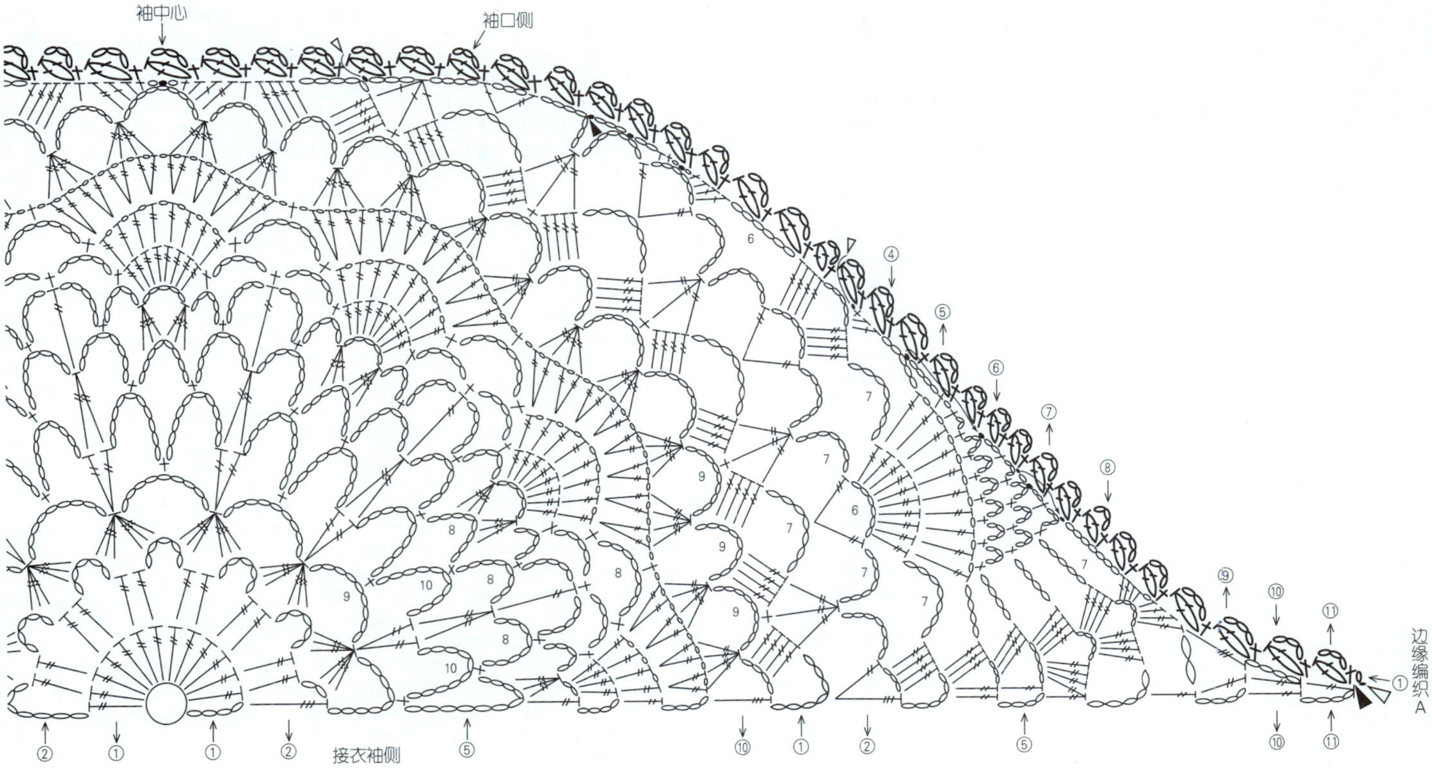

边缘编织 A

## 边缘编织 A

（袖窿）

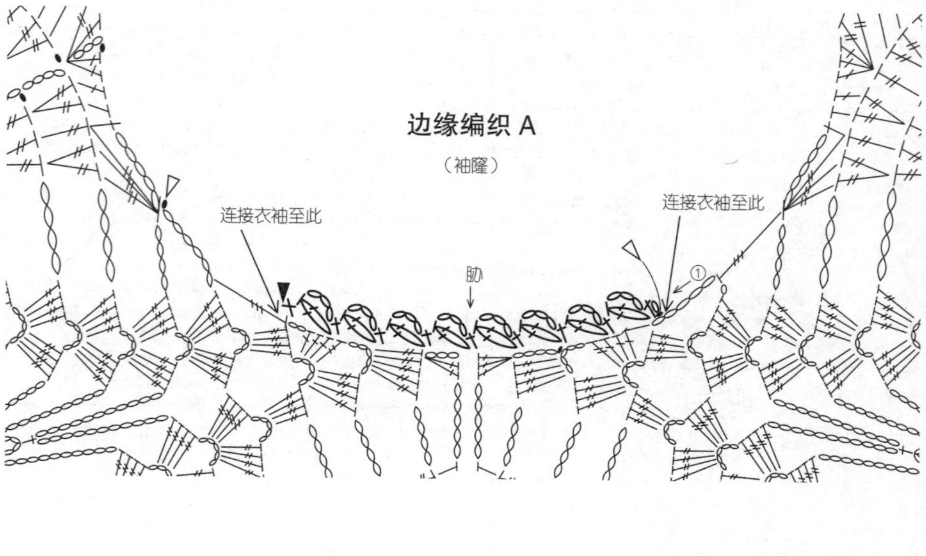

## 右前身片（编织花样B）

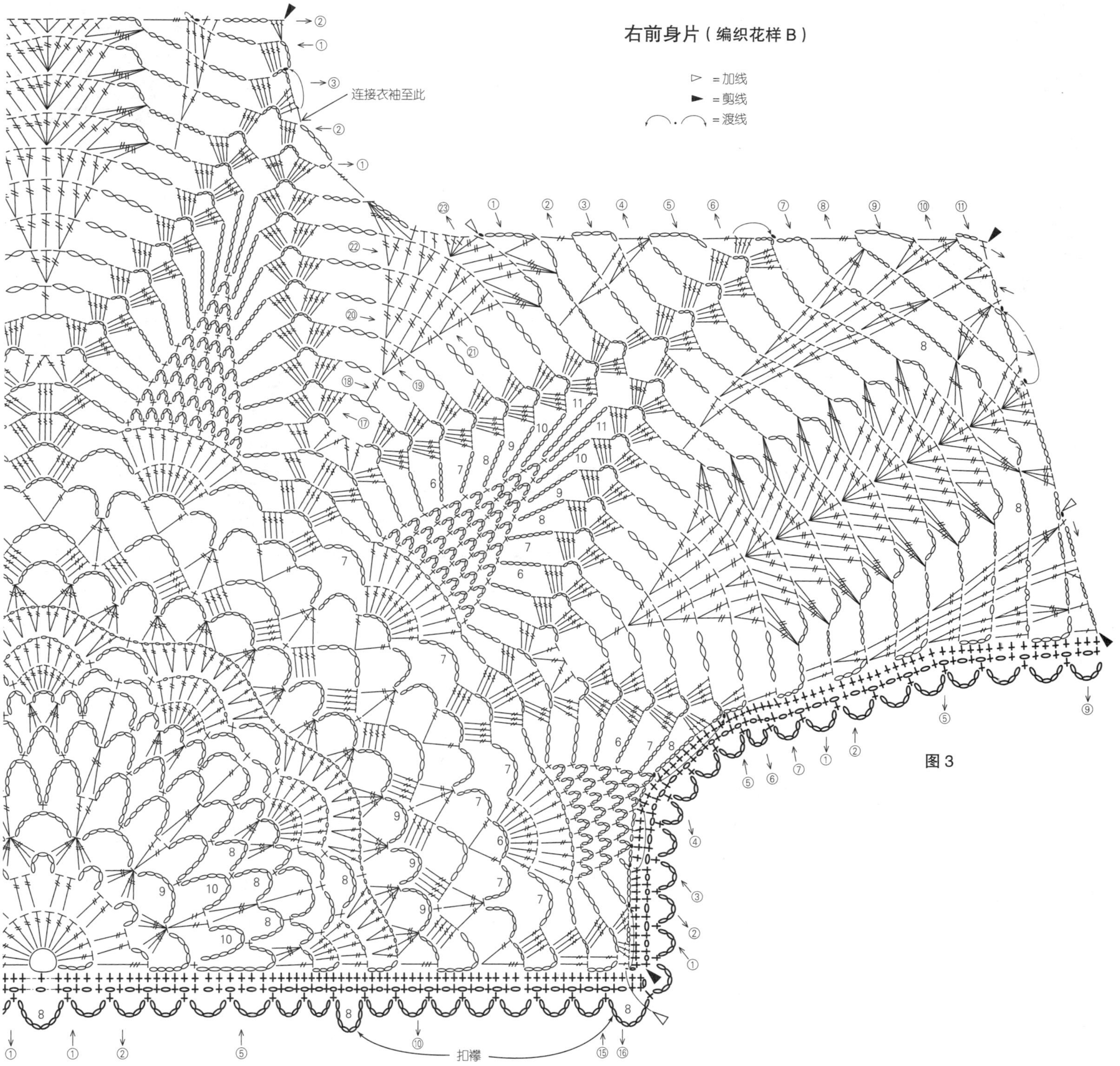


图3

### 拉针的1针放3针的加针

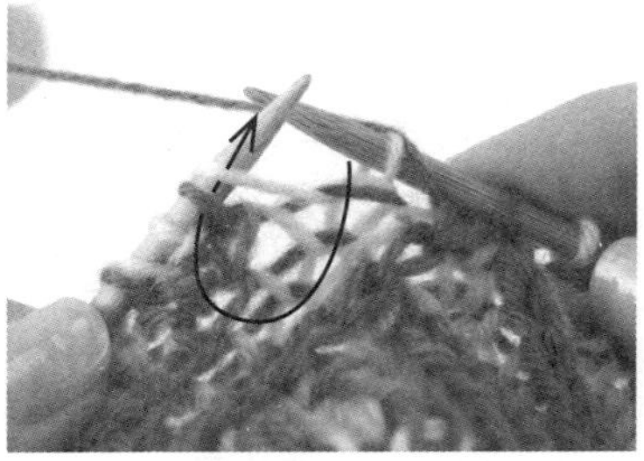

1 如图所示，将右棒针插入需要放入的针目（2个线圈）编织下针，但左针的针目保留在左棒针上。

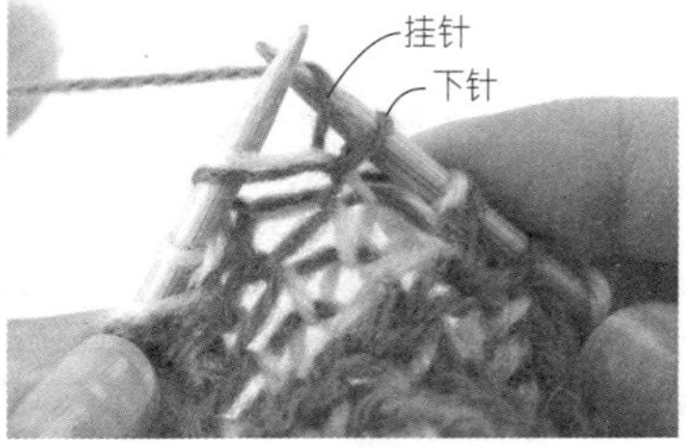


2 接着编织挂针，在相同位置入针编织下针。

3 下一行进行“挂线移针、编织上针、挂线移针”。

**材料**

芭贝 Cotton Kona Fine 藏青色(315) 80g/4团，浅绿色(349)、浅黄绿色(350)、灰紫色(334)、浅紫色(354) 各75g/各3团；直径20mm的纽扣16颗

**工具**

蕾丝针0号

**成品尺寸**

宽52.7cm，长112cm

**编织密度**

花片大小请参见图示

**编织要点**

●锁针起针，一边参见图示一边钩织连编花片。第2列以后，一边和前一列连接在一起一边钩织。再钩织1片相同的身片，中心部分相同标记处对齐连接在一起。钩织包扣，参见图示组合。

## 主体（连编花片）2片

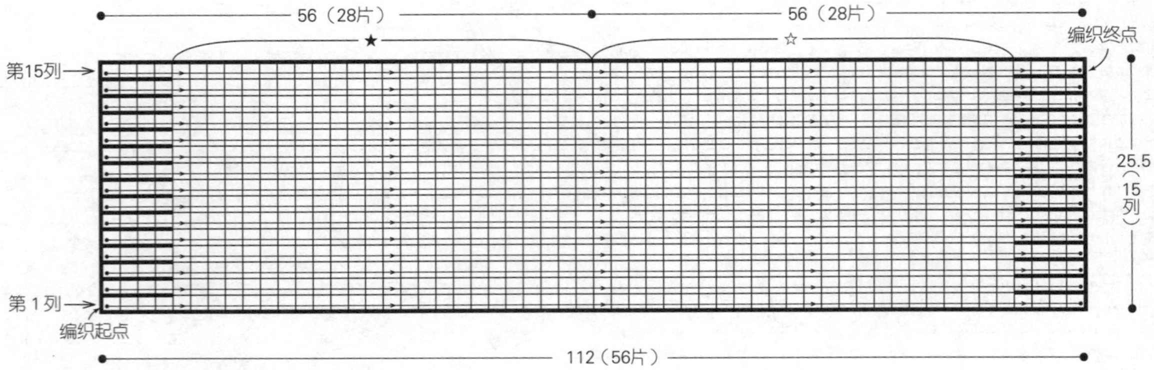


※全部使用0号蕾丝针钩织

※★是右片的对齐标记，☆是左片的对齐标记

**配色**

| | |
|---|---|
| 第15列 | 浅绿色 |
| 第14列 | 浅黄绿色 |
| 第13列 | 灰紫色 |
| 第12列 | 浅紫色 |
| 第11列 | 藏青色 |
| 第10列 | 浅绿色 |
| 第9列 | 浅黄绿色 |
| 第8列 | 灰紫色 |
| 第7列 | 浅紫色 |
| 第6列 | 藏青色 |
| 第5列 | 浅绿色 |
| 第4列 | 浅黄绿色 |
| 第3列 | 灰紫色 |
| 第2列 | 浅绿色 |
| 第1列 | 藏青色 |

※ 56片花片为1列

※ 两端各除去4片，编织时和48片花片连接在一起

**花片连接方法**

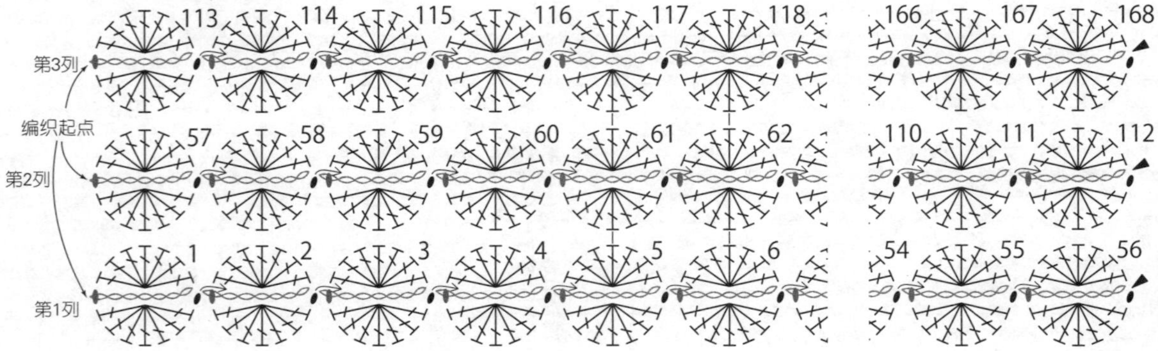


**花片**

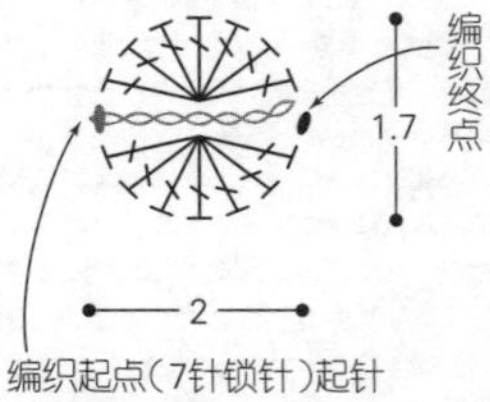


※连接后的尺寸

## 中心 藏青色

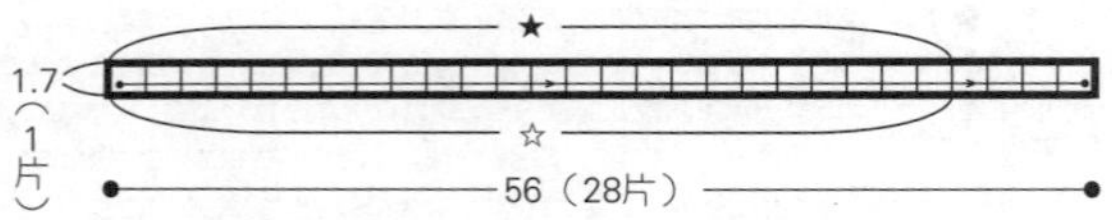


※ 和主体连接在一起钩织

**组合方法**

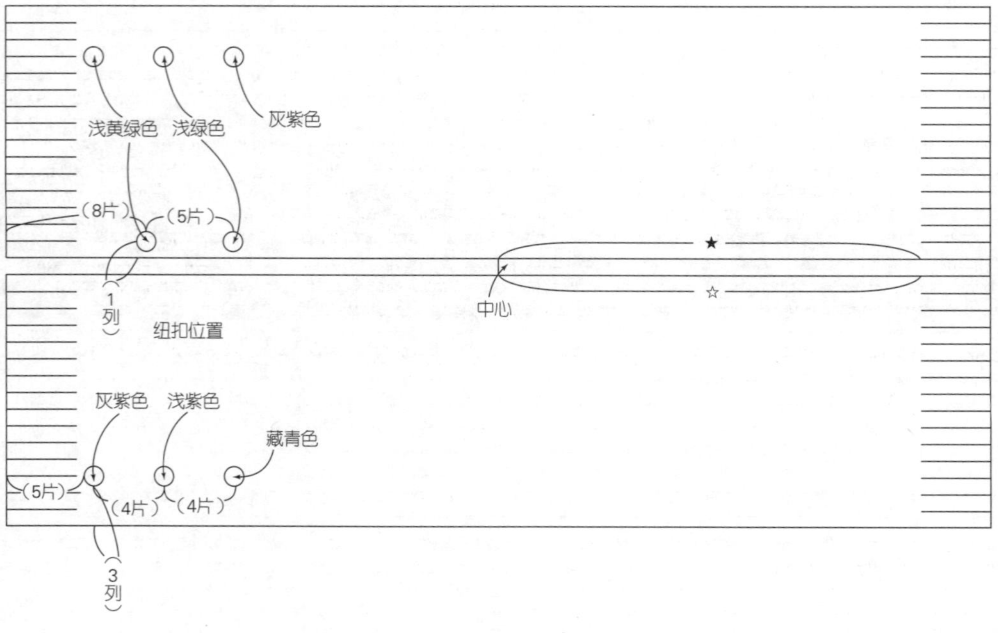


**包扣**

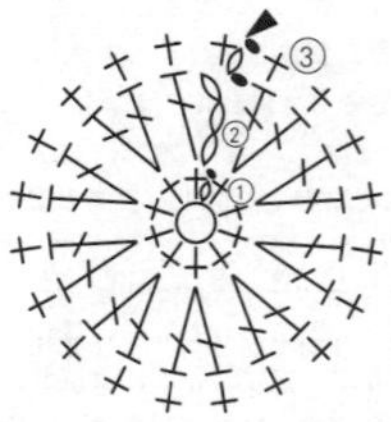


浅绿色（4颗）
浅黄绿色（4颗）
灰紫色（4颗）
浅紫色（2颗）
藏青色（2颗）

※ 包扣里面放上纽扣，挑取第3行后侧的半针收紧

**纽扣的组合方法**

2颗同色纽扣的反面对齐，分别挑取第3行前侧半针，穿3次线

※纽扣两侧均穿到织片的孔上使用

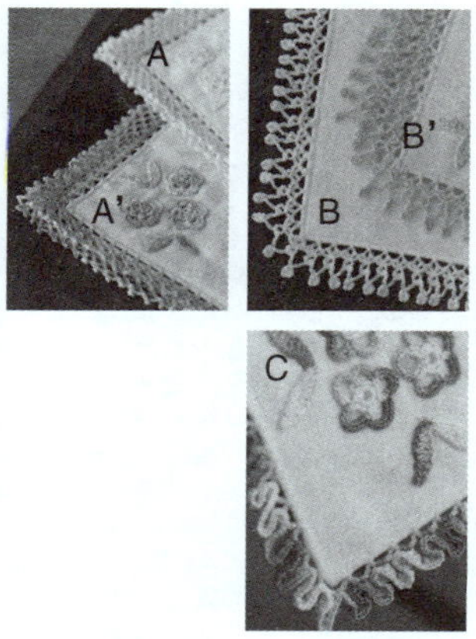


**材料**

奥林巴斯蕾丝线 色号、颜色、用量请参见图表；奥林巴斯25cm×25cm的方形手帕相应颜色各1块

**工具**

蕾丝针8号

**成品尺寸**

[A][A'][B][B']长28cm，宽28cm

[C]长27cm，宽27cm

**编织密度**

花片大小请参见图示

**编织要点**

●参见图示，在手帕边缘做编织花样A、B、C。四周线圈的数量因手帕而异，从线圈1开始挑针钩织1个编织花样。钩织指定数量的花片，用卷针缝的方法缝在手帕上。



## A、A'（编织花样A）

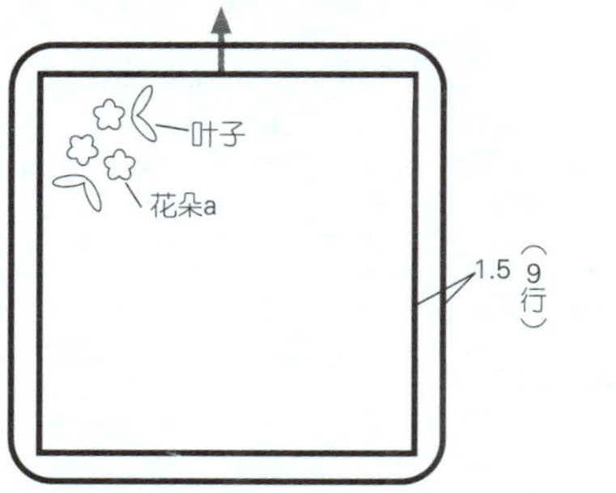


※全部使用8号蕾丝针钩织

※A使用黄色线钩织，A'使用蓝色系混合线钩织

## 编织花样A

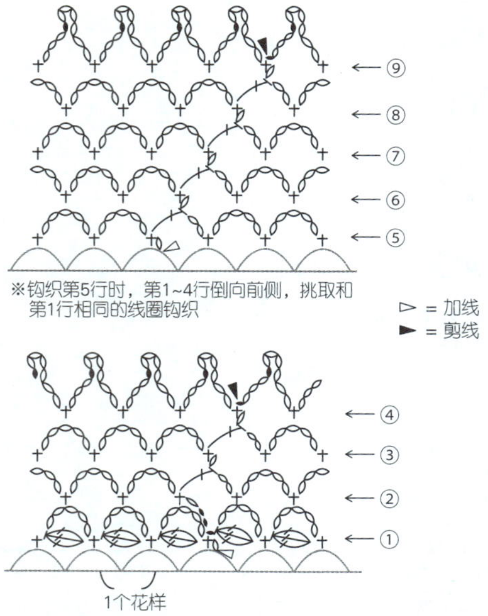


※钩织第5行时，第1~4行倒向前侧，挑取和第1行相同的线圈钩织

▷ = 加线

▶ = 剪线

※钩织3针长针的枣形针时，要逐个挑取短针头部和底部的线

## 花朵花片a

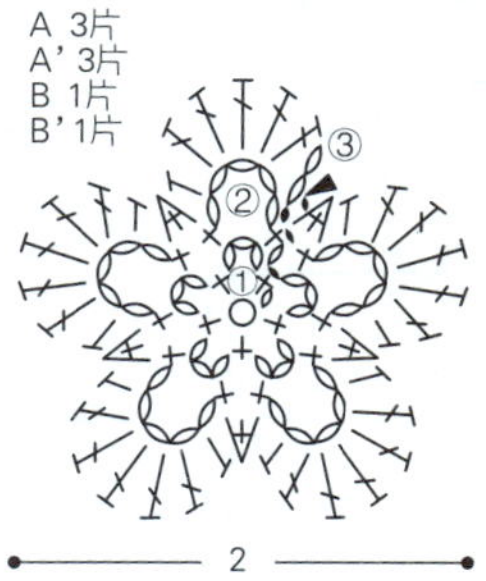


## 花朵花片b

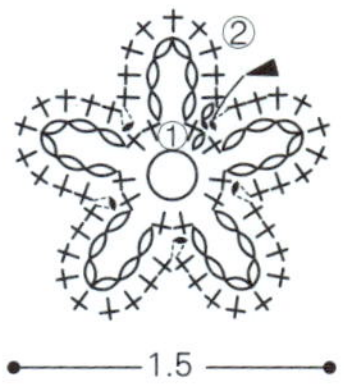


## 叶子的花片

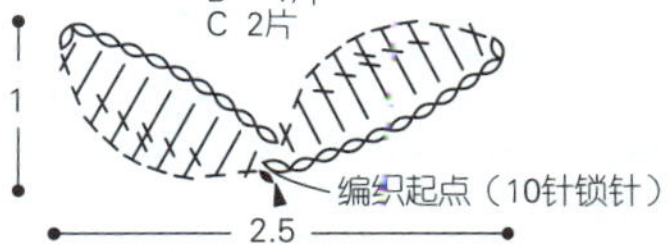


## 角的编织方法

（手帕角有1个线圈时）

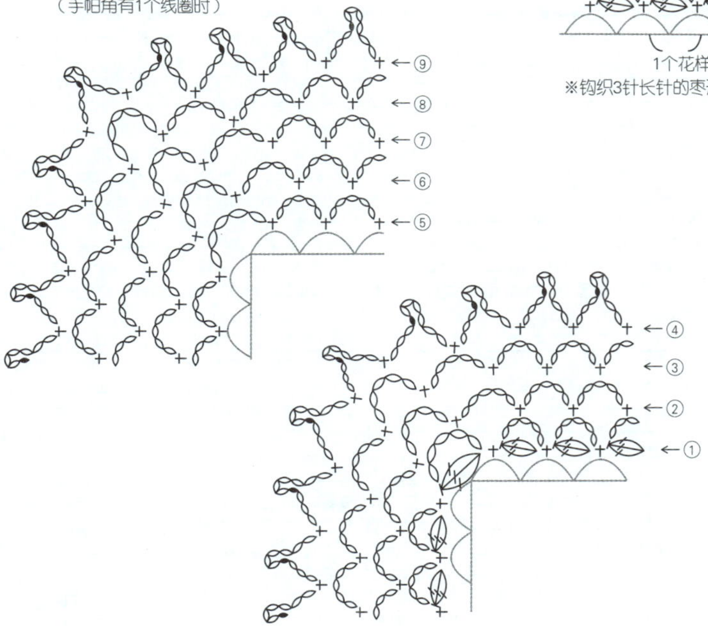


## 角的编织方法

（手帕角有1个线圈时）

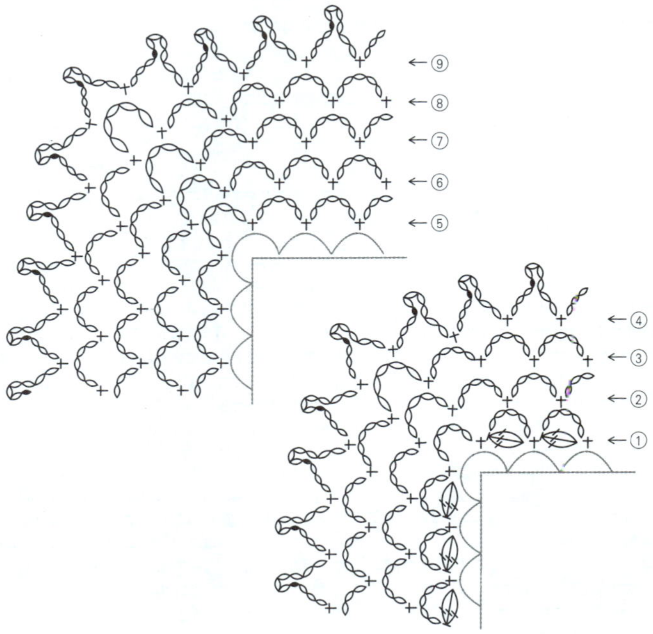


**毛线用量**

| | 线名 | 颜色、色号 | 使用量 |
|---|---|---|---|
| A | 金票40号 | 黄色（520） | 15g/2团 |
| A' | 金票40号<混合> | 蓝色系混合（M14） | 15g/2团 |
| B | 金票40号 | 白色（801） | 10g/1团 |
| B' | 金票40号 | 粉色（102） | 10g/1团 |
| C | 金票40号<Bokasi> | 绿色系段染（19B） | 10g/1团 |

※全部使用每卷10g的毛线

## B、B'
（编织花样B）

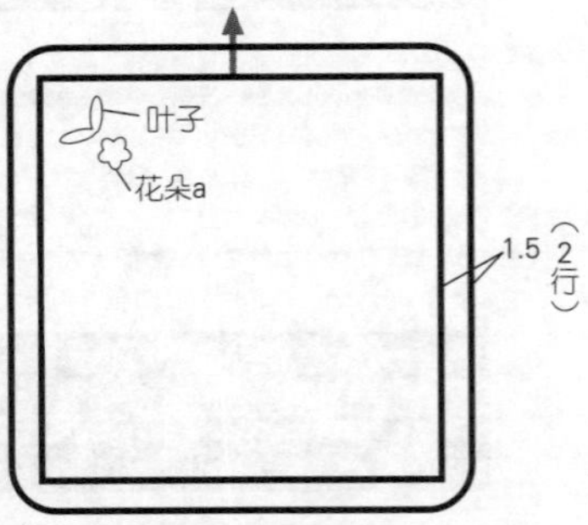


※全部使用8号蕾丝针钩织
※B使用白色线钩织，B'使用粉色线钩织

### 编织花样B

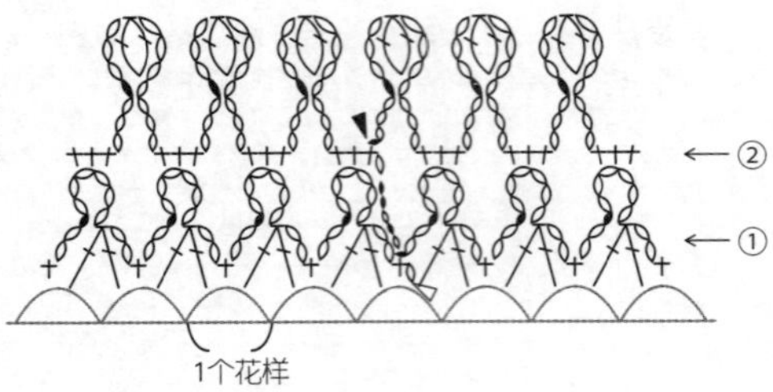


▷ = 加线
▶ = 剪线

### 角的编织方法
（手帕角有1个线圈时）

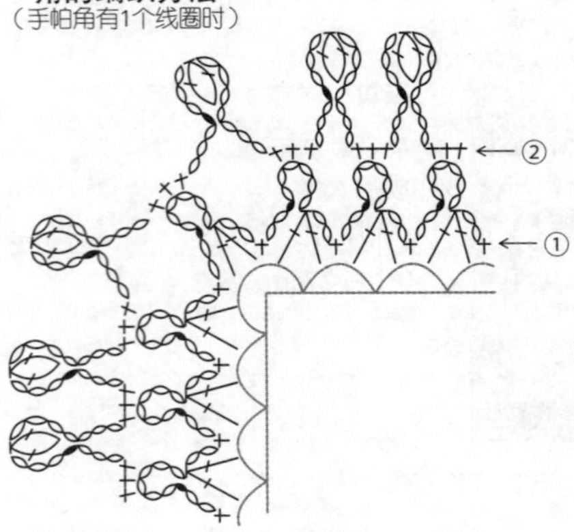


## C
（编织花样C）

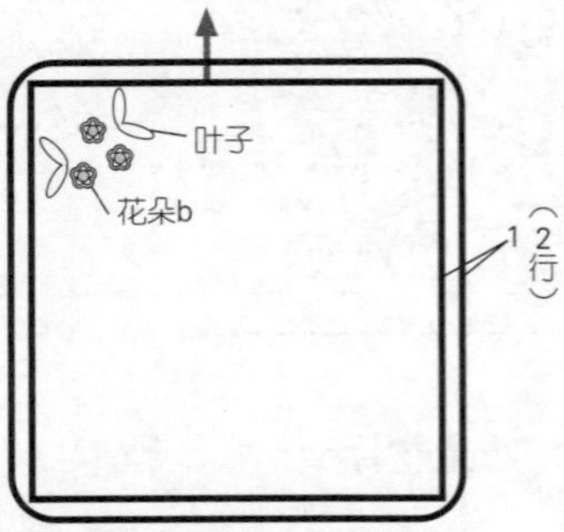


※全部使用8号蕾丝针钩织

### 编织花样C（第1行）

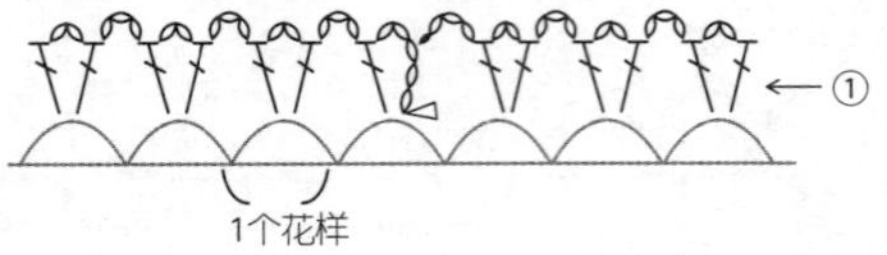


### 编织花样C（第2行）

### 角的编织方法
（手帕角有2个线圈时）

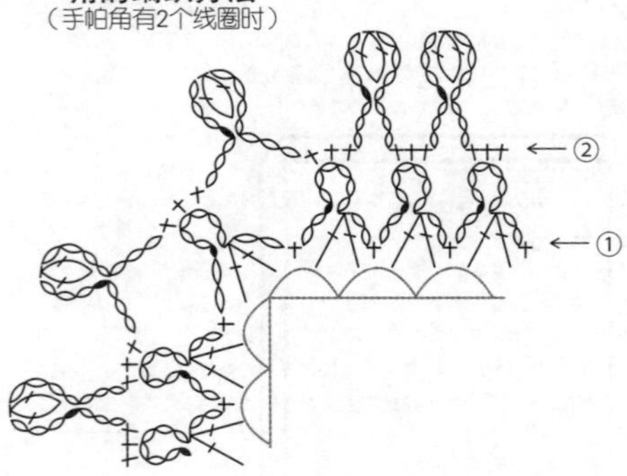


### 角的编织方法
（手帕角有2个线圈时）

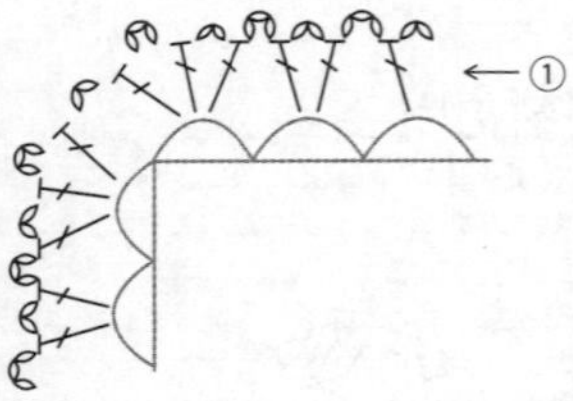


### 角的编织方法
（手帕角有1个线圈时）

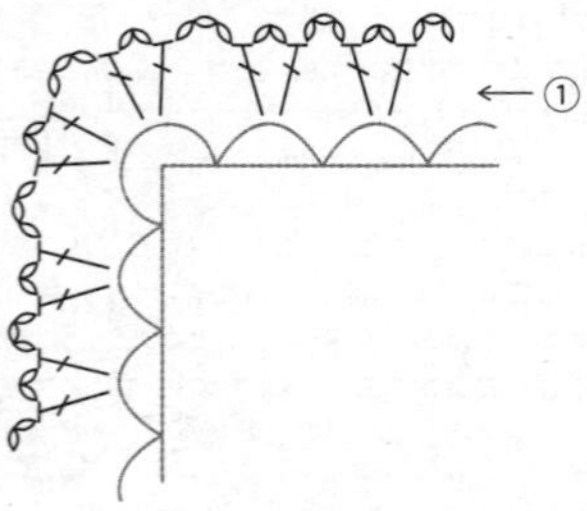


### 编织花样C第2行的编织方法

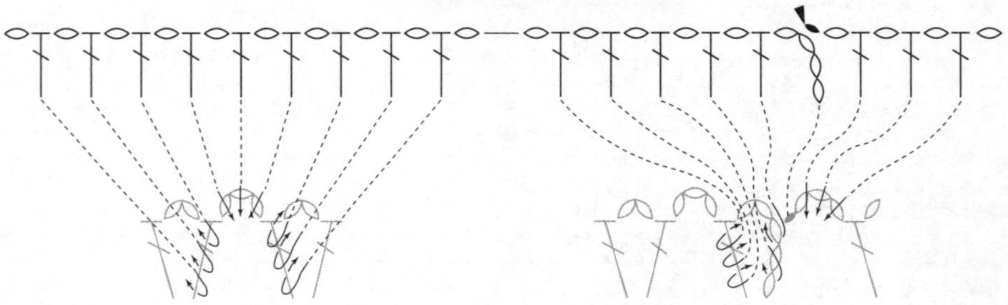

※第1针的长针和3针锁针整段挑起，分别织入3针长针

---

## 英式罗纹针
（双面拉针）

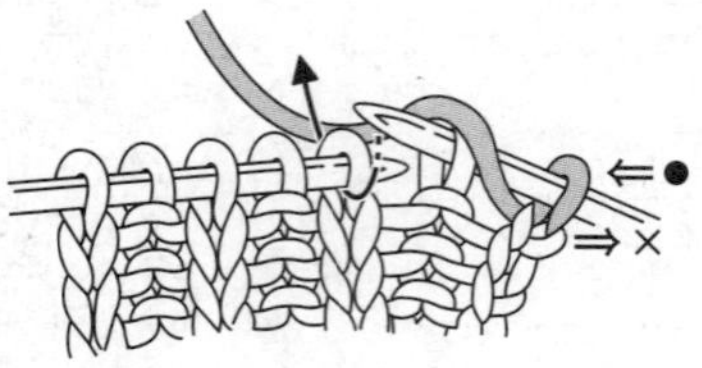


1 编织边上的针目，上针不织，直接移至右棒针上，挂线。下一针编织下针。

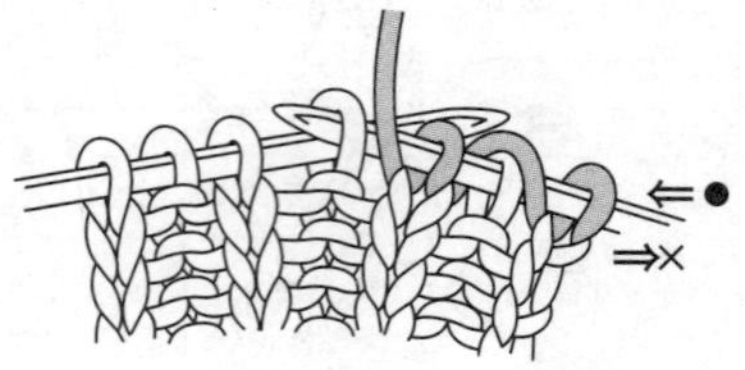


2 重复“上针不织，直接移至右棒针上，挂线，下一针编织下针”。

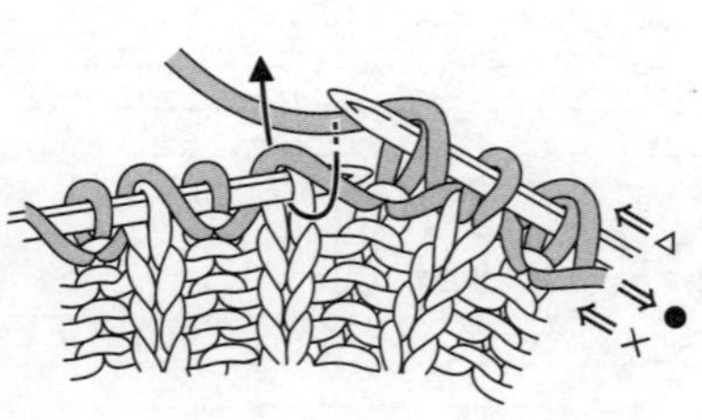


3 下一行，下针时，如图所示插入右棒针，与上一行的挂线一起编织。

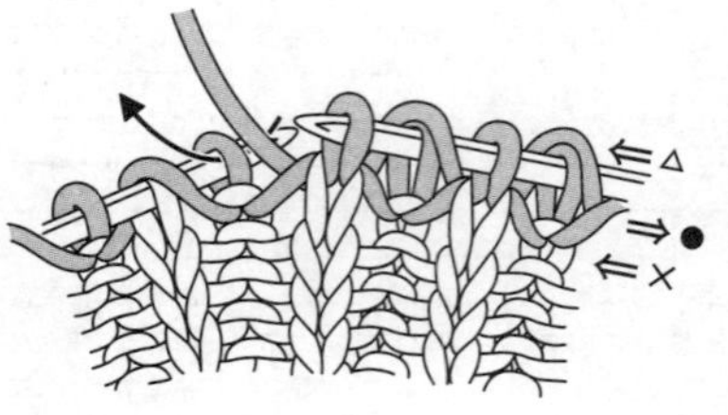


4 随后重复“上针不织，直接移至右棒针上，挂线，下针与上一行的挂线一起编织”。

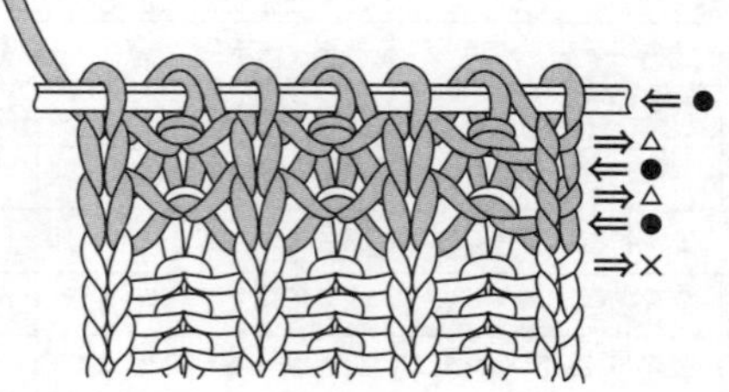


5 下一行开始，重复步骤4。

**材料**
奥林巴斯蕾丝线 金票40号蕾丝线 浅橙色（810）85g/2团（50g/团）

**工具**
蕾丝针8号

**成品尺寸**
宽15cm，长125cm

**编织密度**
参见图示

**编织要点**
●锁针起针，一边参见图示，一边钩织编织花样。第2个花样以后，一边向前面钩织编织花样的最终行引拔，一边钩织。周围做边缘编织A、B。

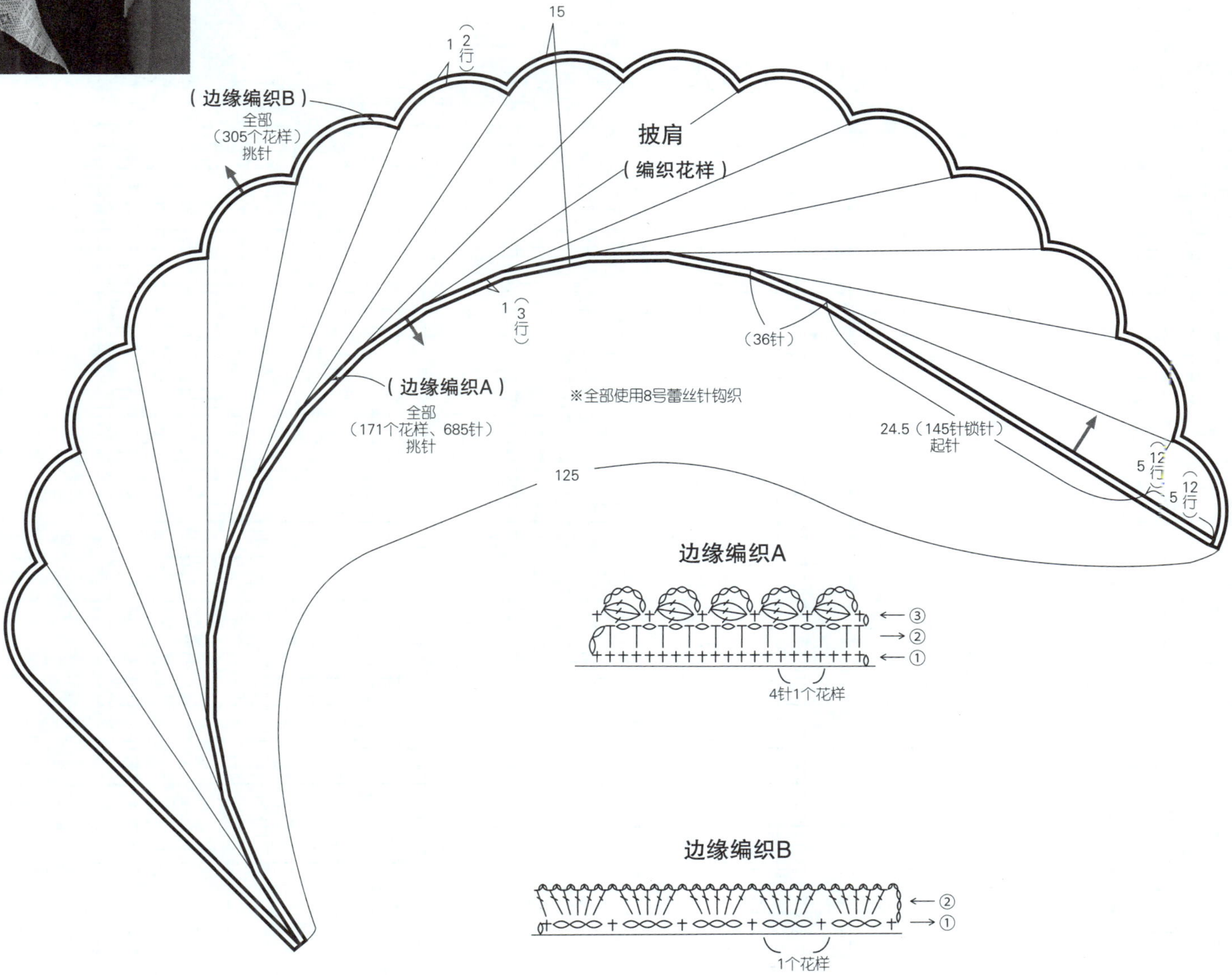


## 单罗纹针收针
**（环形编织的情况）**

**（编织起点侧）**

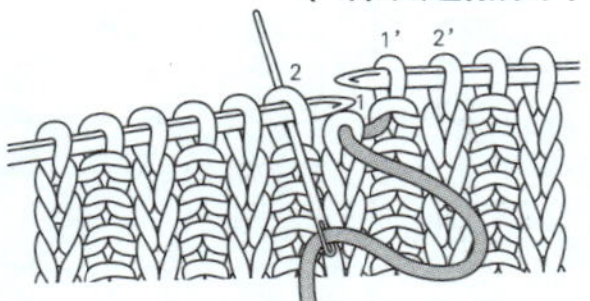

1 从针目1（第1针下针）的后侧入针，从第2针的后侧出针。

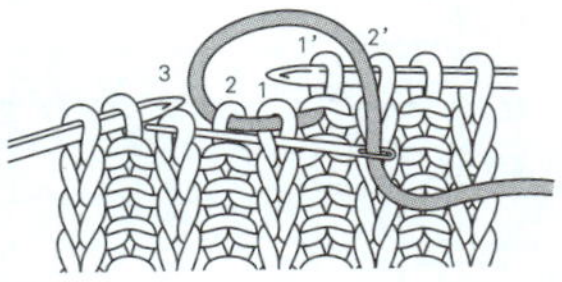

2 从针目1的前侧入针，从针目3的前侧出针。

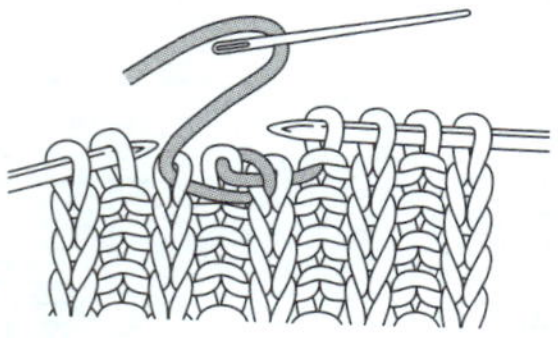

3 将线拉出后的样子。

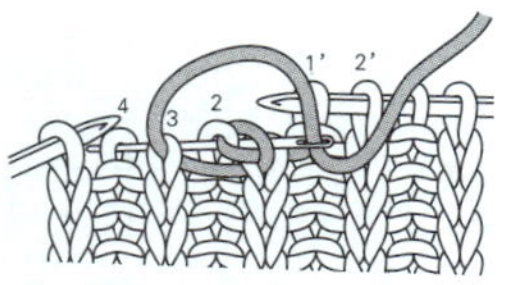

4 从针目2的后侧入针，从针目4的后侧出针（上针与上针）。

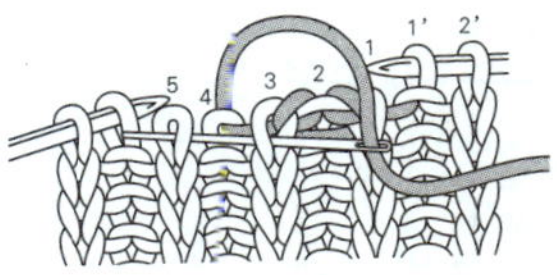

5 从针目3的前侧入针，从针目5的前侧出针（下针与下针）。重复步骤4、5。

**（编织终点侧）**

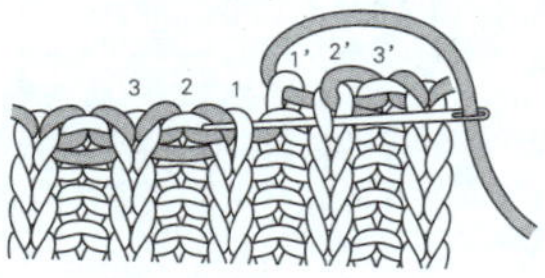

6 从针目2’的前侧入针，从针目1（第1针下针）的前侧出针（下针与下针）。

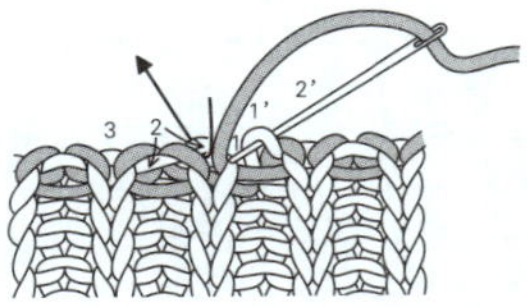

7 从针目1’（上针）的后侧入针，从针目2（第1针上针）的后侧出针。

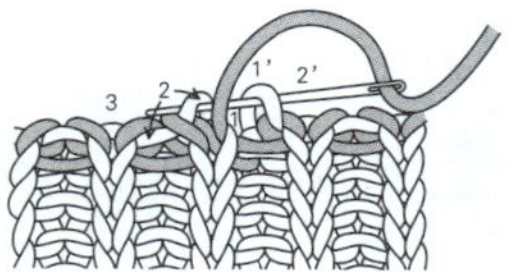

8 将针穿入针目1’、2’后的样子。将毛线缝针在针目1、2中穿3次。

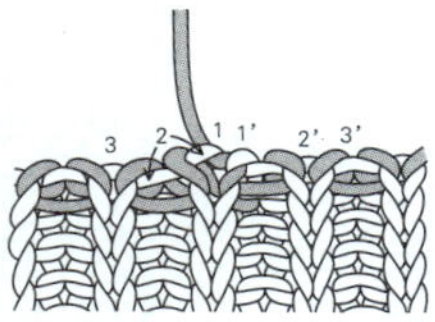

9 拉紧线后，完成。

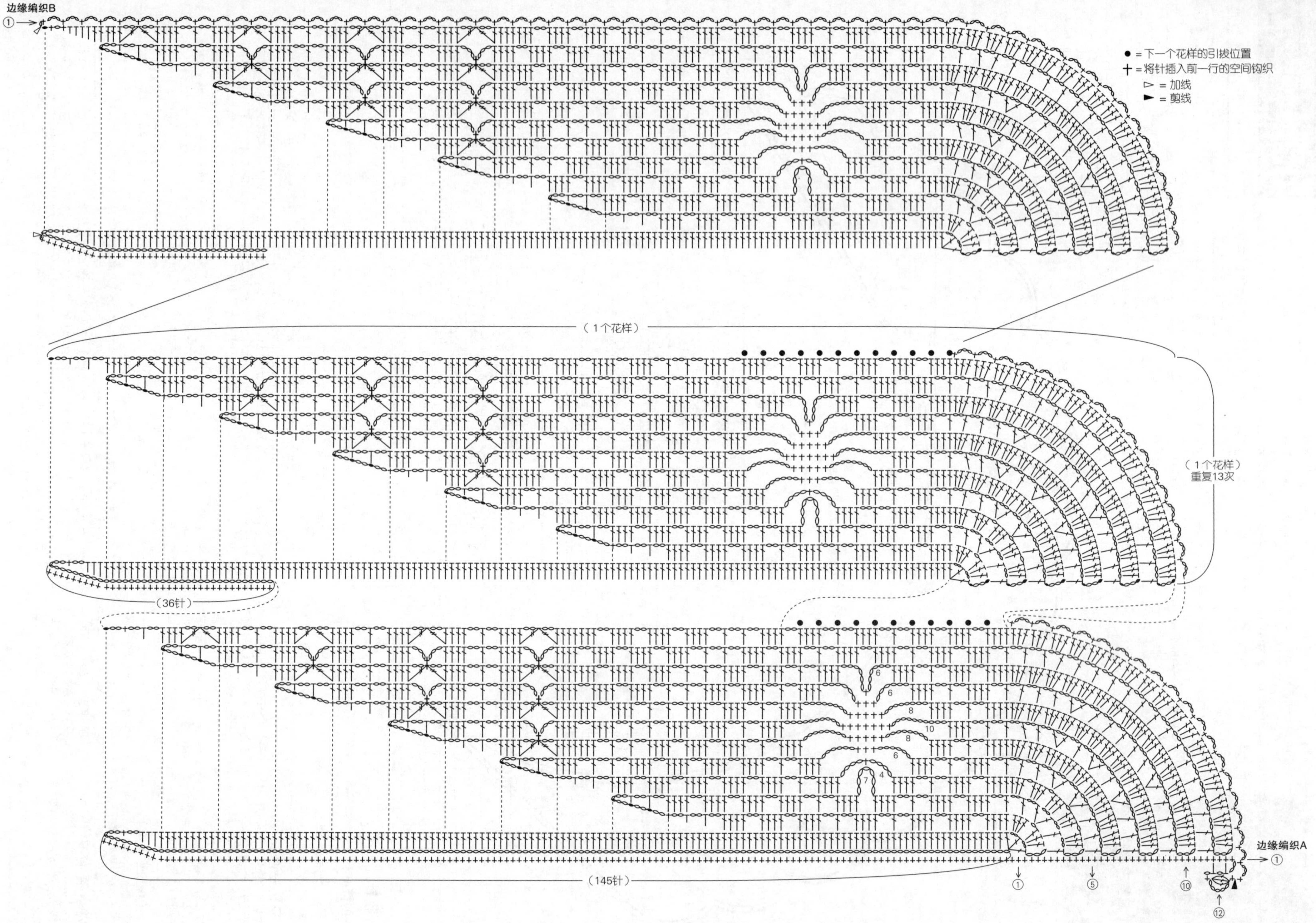
边缘编织B
①
● = 下一个花样的引拔位置
✝ = 将针插入前一行的空间钩织
▷ = 加线
▶ = 剪线
（1个花样）
（1个花样）
重复13次
（36针）
6
6
8
10
8
6
7
4
（145针）
边缘编织A
①
①
⑤
⑩
⑫

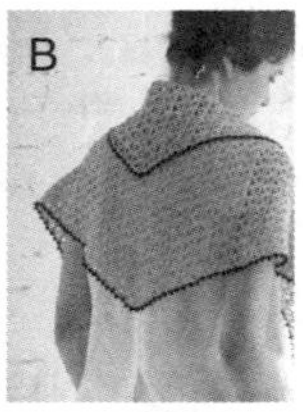

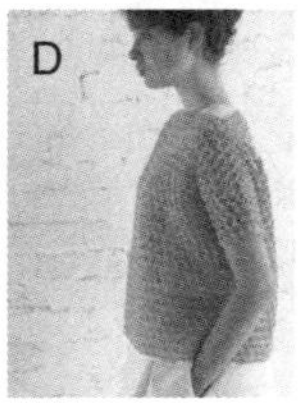


**材料**

奥林巴斯手编线 Etoile 颜色、色号、用量请参见图表

**工具**

钩针3/0号

**成品尺寸**

[A] 胸围104cm，衣长43cm

[B] 宽57.5cm，长109cm

[C] 宽16.5cm，长165.5cm（含流苏）

[D] 胸围112cm，衣长47.5cm，连肩袖长36cm

[E] 宽11.5cm，长117cm（含流苏）

**编织密度**

10cm×10cm面积内：编织花样、条纹花样均为32针，22行（A、B、D）；31针，22.5行（C、E）

**编织要点**

● A…锁针起针，钩织条纹花样。胁部和后身片中心使用引拔的锁针接合。下摆接着前、后身片做边缘编织。钩织系绳，穿在指定位置。

● B…锁针起针，做编织花样。参见图示减针。另一侧也挑取锁针起针，按照相同的方法钩织。周围挑取指定数量的针目，做边缘编织。

● C、E…锁针起针，钩织条纹花样。在指定位置连上流苏。

● D…锁针起针，钩织条纹花样。肩部使用引拔的锁针接合。袖从指定位置挑针，钩织条纹花样。袖下使用引拔的锁针接合。

**毛线的用量**

| | 颜色（色号） | 使用量 |
|---|---|---|
| A | 藏青色（11） | 140g/6团 |
| | 原白色（1） | 60g/3团 |
| B | 薄荷绿色（7） | 135g/6团 |
| | 黑色（12） | 10g/1团 |
| C | 米色（3） | 40g/2团 |
| | 黄色（4） | 各35g/各2团 |
| | 原白色（1） | |
| D | 浅粉色（8） | 135g/6团 |
| | 肉桂粉色（9） | 115g/5团 |
| E | 紫色（10） | 25g/1团 |
| | 浅灰色（5） | 各15g/各1团 |
| | 薄荷绿色（7） | |

**条纹花样的配色**（A）

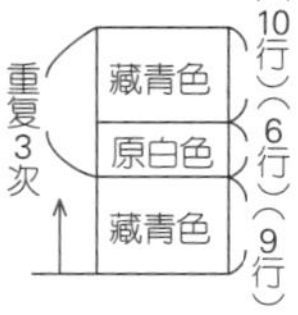


**编织花样、条纹花样**

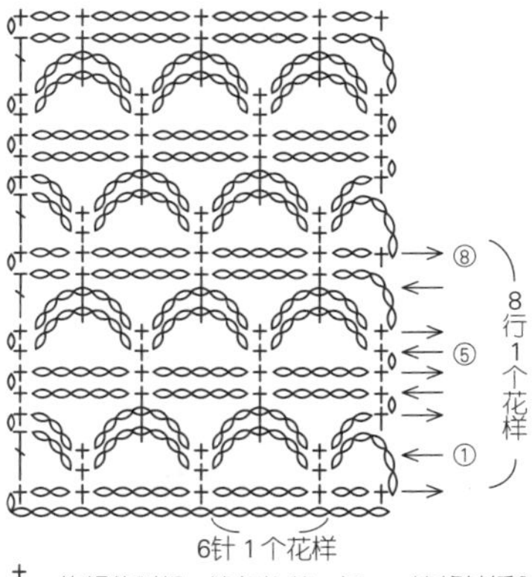


↑ = 钩织的时候一边包住前一行，一边将针插入前2行

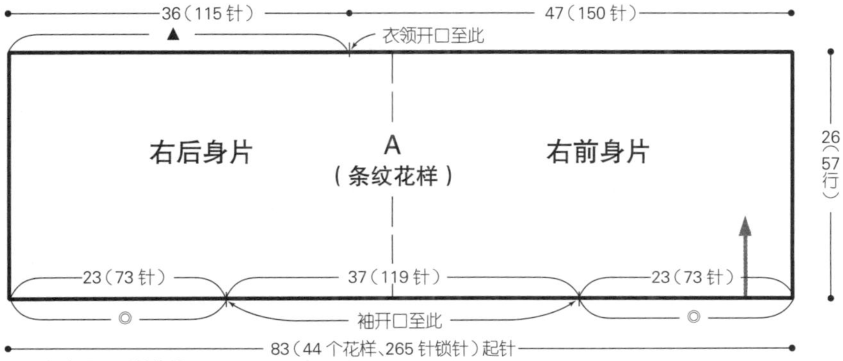


※ 全部使用3/0号针钩织

※ 左后身片、左前身片对称做上对齐标记

**边缘编织**（A）

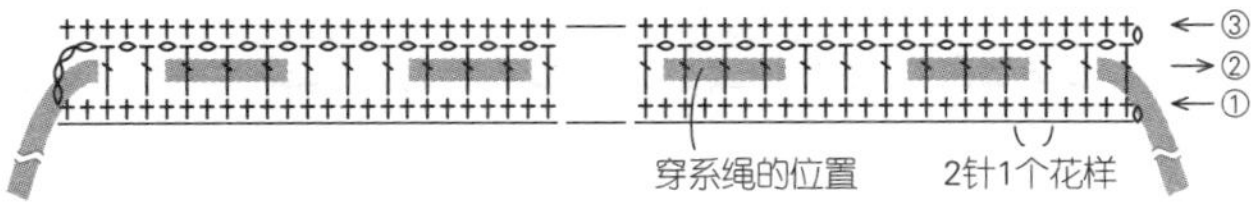


**系绳**

**（双重锁针）藏青色**

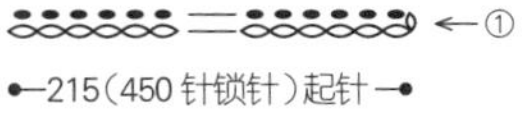


**下摆的挑针方法**

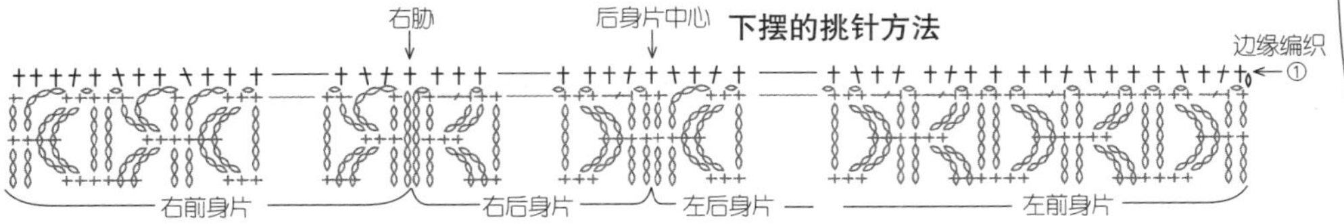


**A 的组合方法**

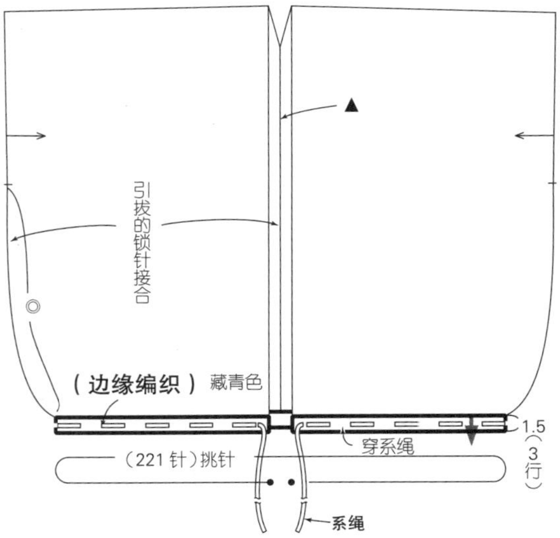


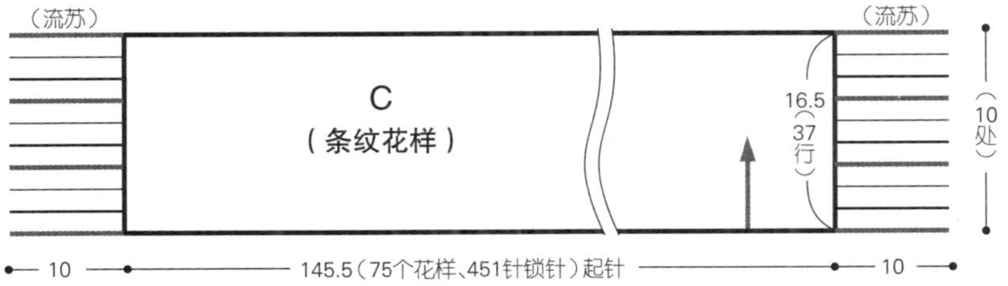


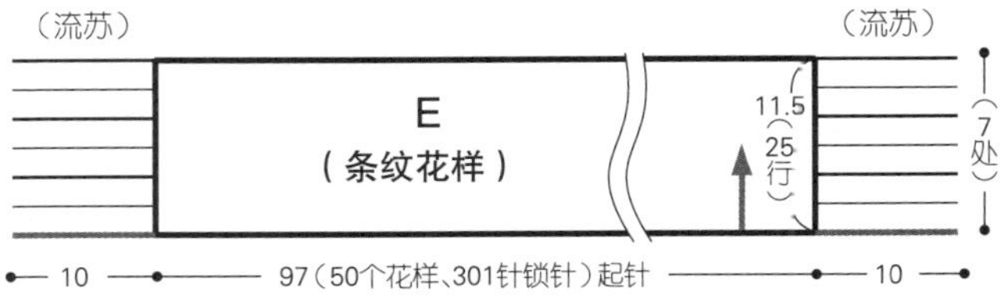


※ 全部使用3/0号针钩织

※制作流苏时，取5根24cm长的线，在两端各系10处（米色线8根，黄色线和原白色线各6根）

※和右端流苏同色的线头留12cm，和流苏一起系好

**流苏的配色**

- ━ = 米色
- ━ = 黄色
- ─ = 原白色

**条纹花样的配色**（C）

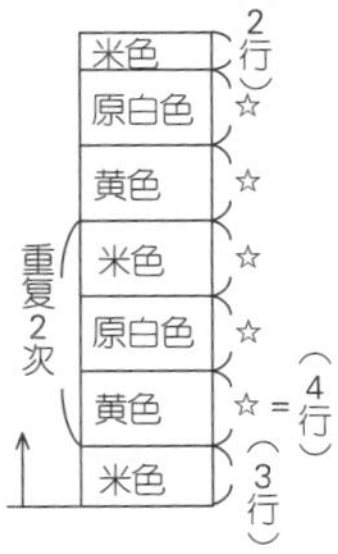


※ 全部使用3/0号针钩织

※ 制作流苏时，取5根24cm长的线，在两端各系7处（浅灰色线和薄荷绿色线各6根，紫色线2根）

※和右端流苏同色的线头留12cm，和流苏一起系好

**流苏的配色**

- ━ = 紫色
- ━ = 浅灰色
- ─ = 薄荷绿色

**条纹花样的配色**（E）

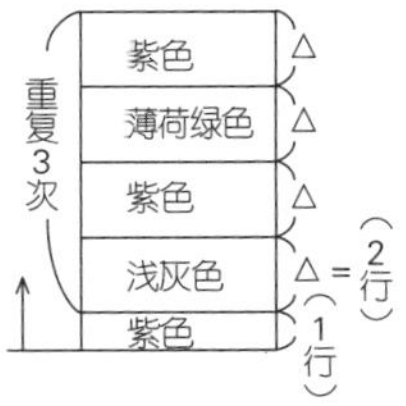

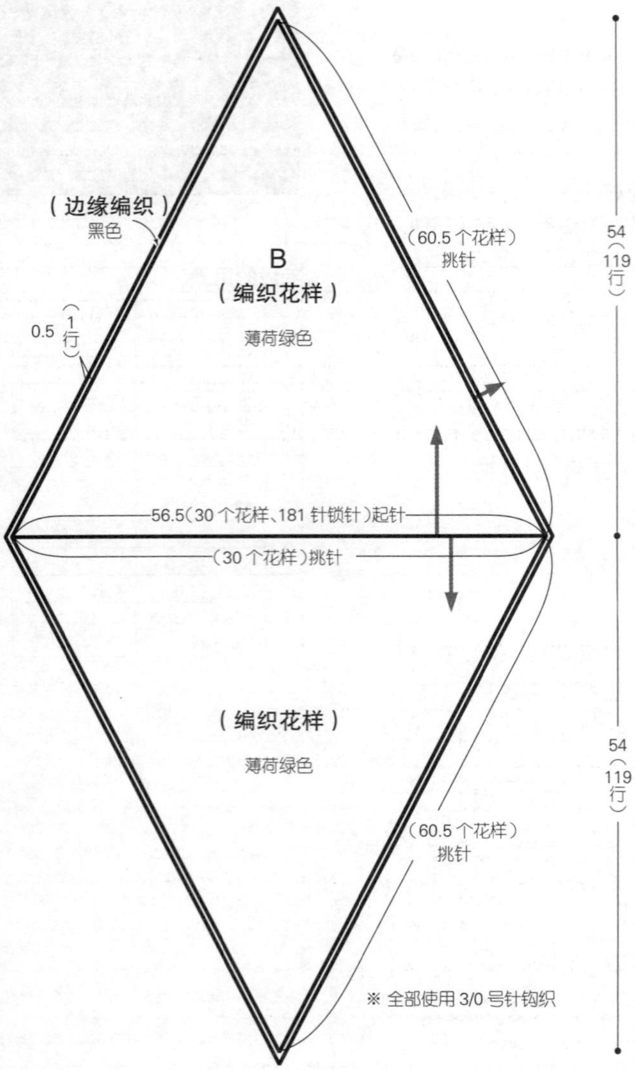


※ 全部使用3/0号针钩织

## 边缘编织（B）

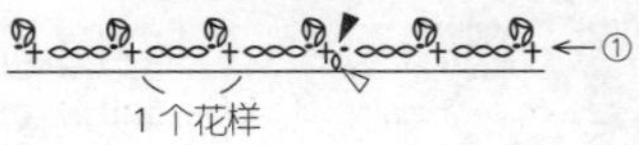


▷ =加线
▶ =剪线

## B的编织方法

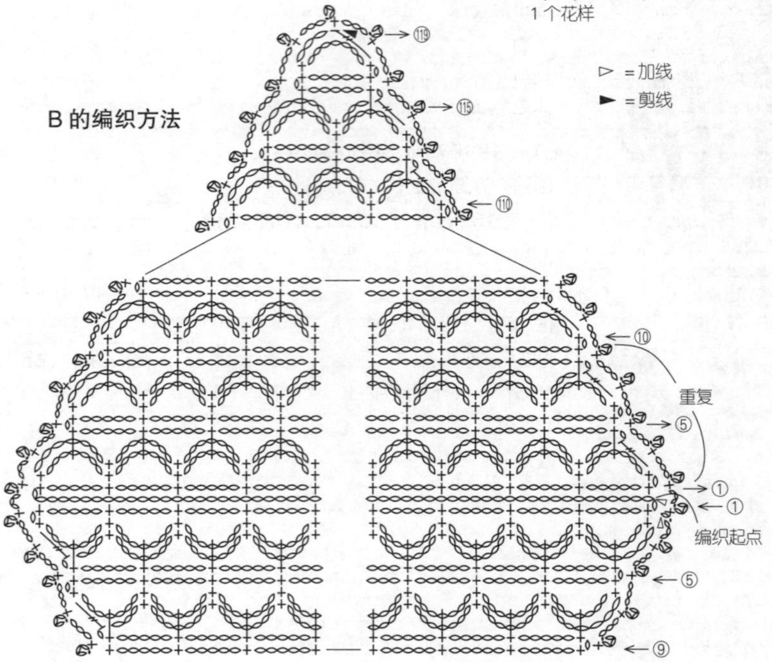


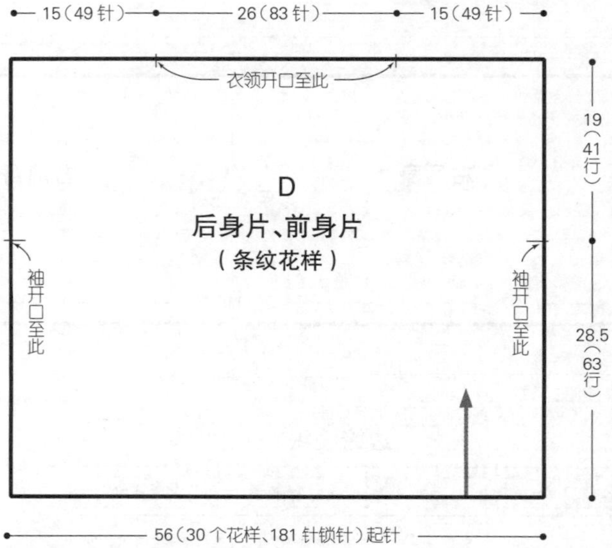


※ 全部使用3/0号针钩织

## 条纹花样的配色（D）

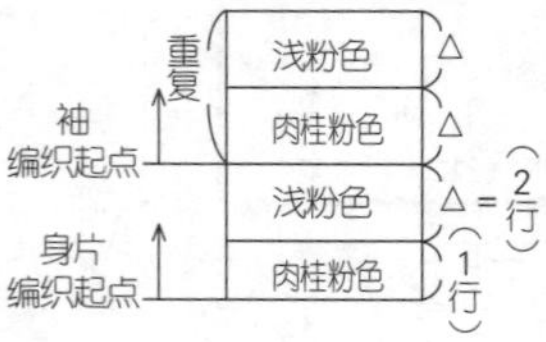


## 袖的编织方法

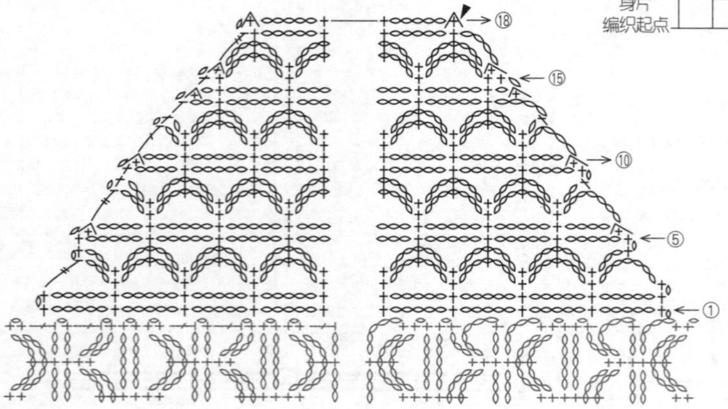


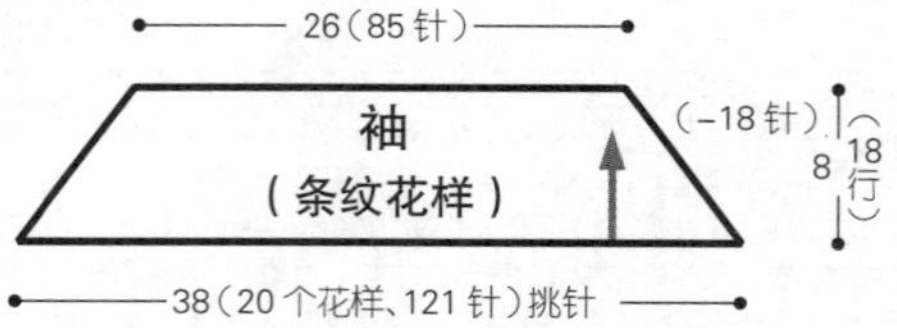


## 扭针的右上2针并1针

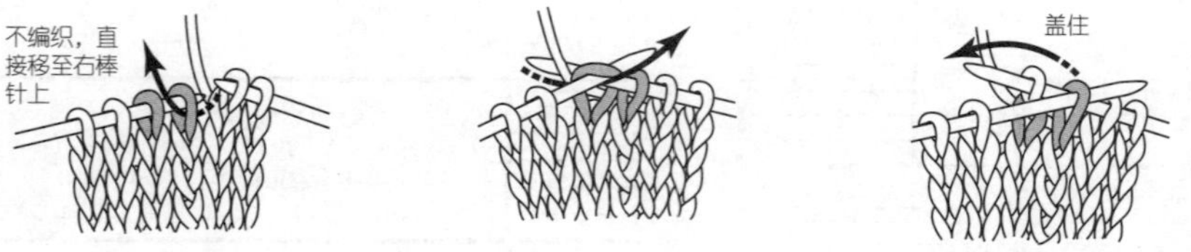


1 从右侧针目的后侧入针，不编织，直接移至右棒针上。

2 将右棒针插入左侧的针目中，挂线后拉出，编织下针。

3 使用移至右棒针上的针目盖住刚编织的针目。

4 扭针的右上2针并1针完成。

## 扭针的左上2针并1针

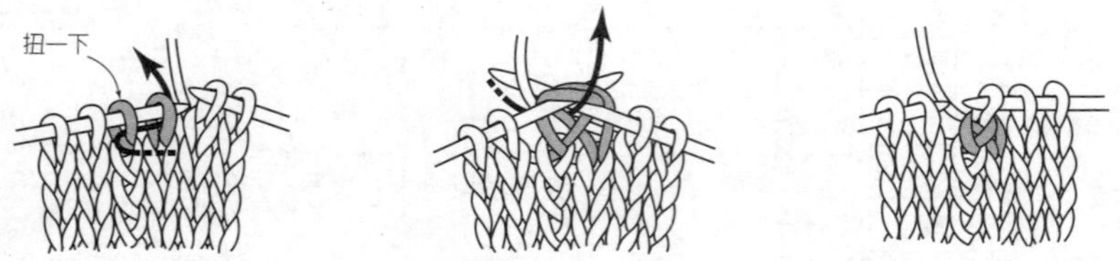


1 将左边的针目扭一下。按照图示插入右棒针。

2 挂线并拉出，2针一起编织下针。

3 扭针的左上2针并1针完成。

## 56、57 页的作品★★

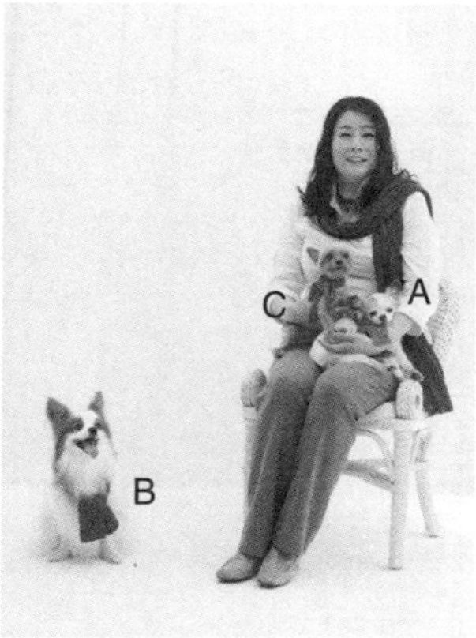


### 材料
芭贝 Cotton Kona 颜色、色号、用量请参见154页表；1块49cm×49cm的衬布

### 工具
棒针7号、5号；钩针4/0号

### 成品尺寸
[披肩] 宽32cm，长157cm
[毛毯] 长49cm，宽49cm
[围巾A] 宽5.5cm，长58.5cm
[围巾B] 宽7cm，长74.5cm
[围巾C] 宽2.5cm，长104cm

### 编织密度
10cm×10cm面积内：编织花样A 26针，27.5行；编织花样B 43.5针，34行（毛毯），编织花样B 50针，30行（围巾A、B、C）

### 编织要点
●手指起针，披肩做编织花样A，毛毯以及围巾A、B、C做编织花样B。编织终点做下针织下针、上针织上针的伏针收针。毛毯参见图示在反面缝上衬布。

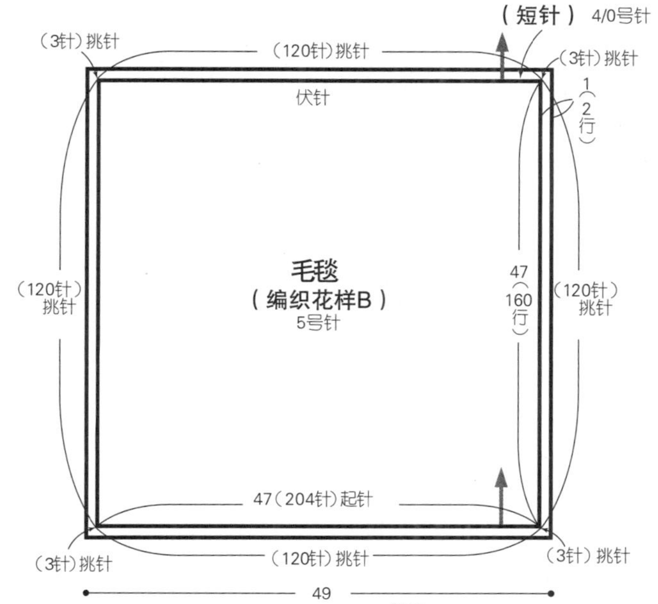


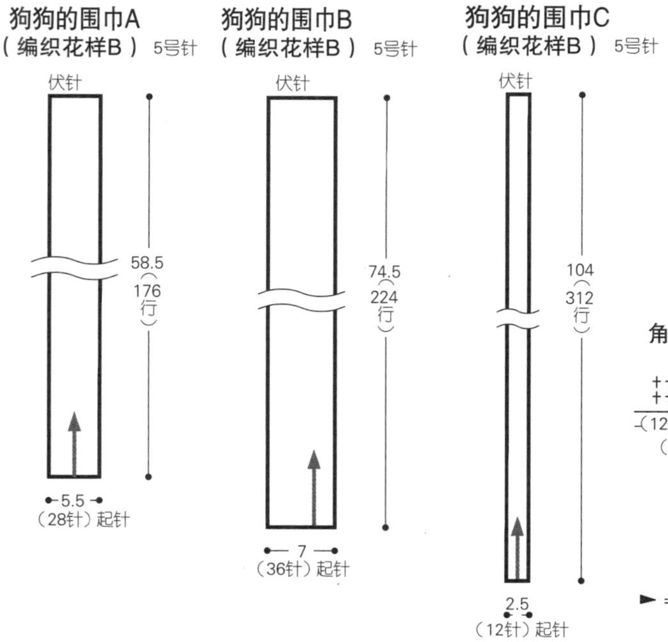


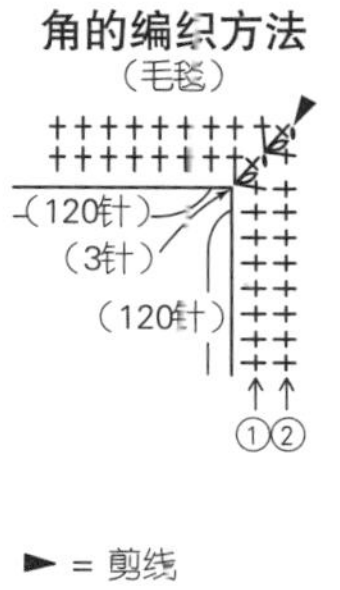

### 编织花样B

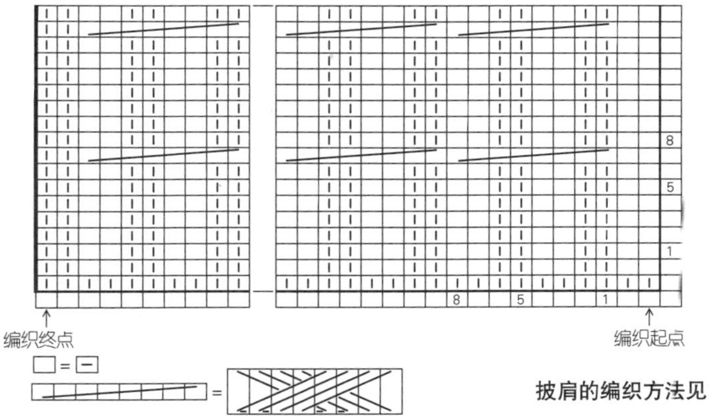


披肩的编织方法见154页 ▶

## 54、55 页的作品★★

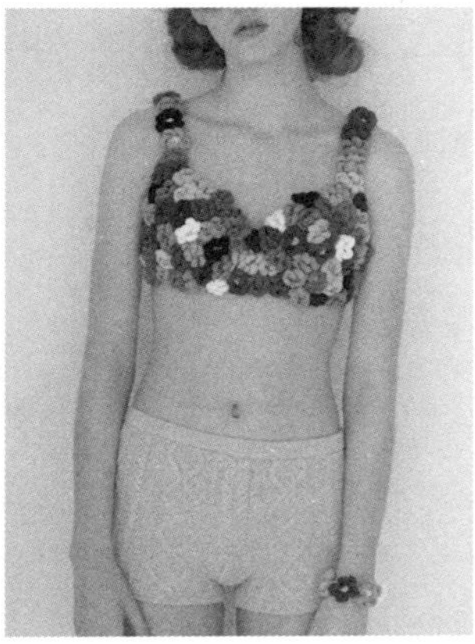

### 材料
[文胸] 芭贝Cotton Kona原白色(2) 40g/1团，除原白色以外各10g/各1团；米色系文胸(M号) 1个
[手链] 芭贝Cotton Kona原白色(2) 5g/1团，除原白色以外各少量/各1团；直径5.5cm的发圈1个
[苹果手机壳A、B] DMC Cebelia 30号各少量/各1团；DMC十字绣材料包各1个，颜色、色号请参见表所示

### 工具
钩针4/0号，蕾丝针6号

### 编织密度
花片的大小参见图示

### 编织要点
●文胸…参见表，钩织指定数量的花片A~R。在文胸的正面及肩带部分均匀缝满花朵。
●手链…钩织指定数量的花片，使用原白色线挑取第1行的反面，以卷针缝缝在发圈上。
●苹果手机壳…参见表，钩织花片。使用与第1行相同颜色的线，缝合固定到指定的位置。

◀接153页

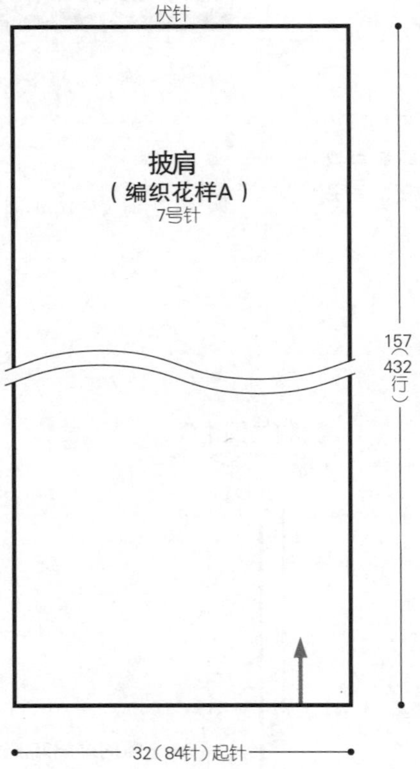


## 线的使用量

| | 颜色（色号） | 使用量 |
|---|---|---|
| 披肩 | 藏青色（80） | 250g/7团 |
| 毛毯 | 紫红色（79） | 215g/6团 |
| 围布A | 蓝色（78） | 30g/1团 |
| 围布B | 深绿色（51） | 50g/2团 |
| 围布C | 紫红色（79） | 25g/1团 |

## 编织花样A

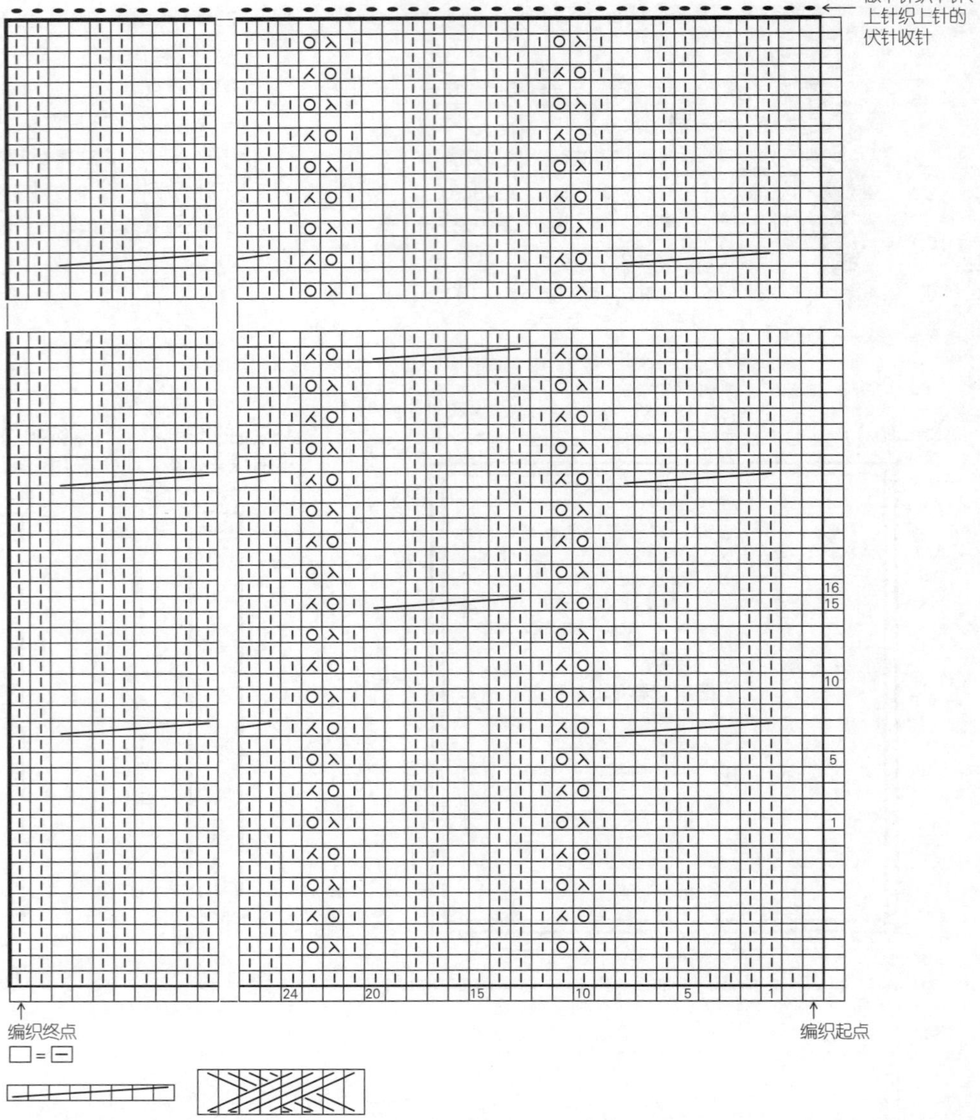


## 花片

文胸 99片
手链 6片
苹果手机壳 每色各1片

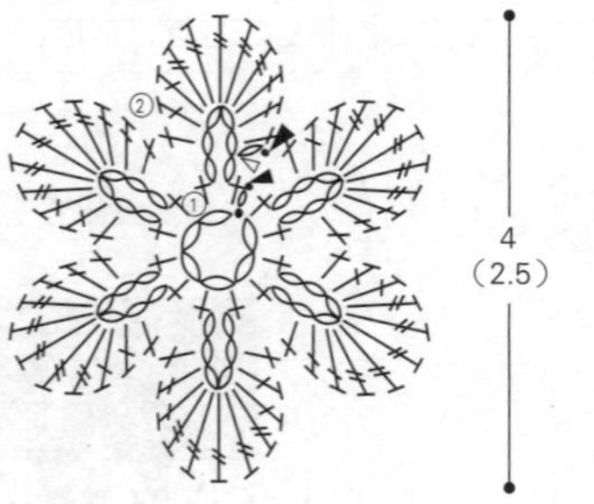


※（ ）内为花片a~c的尺寸

▷ = 加线
▶ = 剪线

## 文胸及手链的配色和片数

| 花片 | 第1行 | 第2行 | 文胸 | 手链 |
|---|---|---|---|---|
| A | 原白色（2） | 白色（1） | 6 | 1 |
| B | | 米色（4） | 6 | |
| C | | 黄色（52） | 6 | 1 |
| D | | 黄绿色（33） | 5 | |
| E | | 绿色（81） | 6 | 1 |
| F | | 蓝色（78） | 6 | 1 |
| G | | 深藏青色（13） | 6 | |
| H | | 暗浅蓝色（76） | 5 | |
| I | | 浅蓝色（63） | 5 | |
| J | | 红色（53） | 5 | 1 |
| K | | 深粉色（82） | 6 | 1 |
| L | | 粉色（56） | 6 | |
| M | | 浅粉色（9） | 5 | |
| N | | 紫红色（79） | 6 | |
| O | | 紫色（58） | 5 | |
| P | | 灰色（66） | 5 | |
| Q | | 深绿色（51） | 5 | |
| R | | 黑色（18） | 5 | |

※全部使用 Cotton Kona、4/0 号针钩织

## 苹果手机壳的花片的配色

| 花片 | 第1行 | 第2行 |
|---|---|---|
| a | 红色（666） | 绿色（911） |
| b | 红色（666） | 黄色（726） |
| c | 黄色（726） | 红色（666） |

※全部使用 Cebelia30 号、蕾丝针 6 号钩织

## 苹果手机壳的组合方法

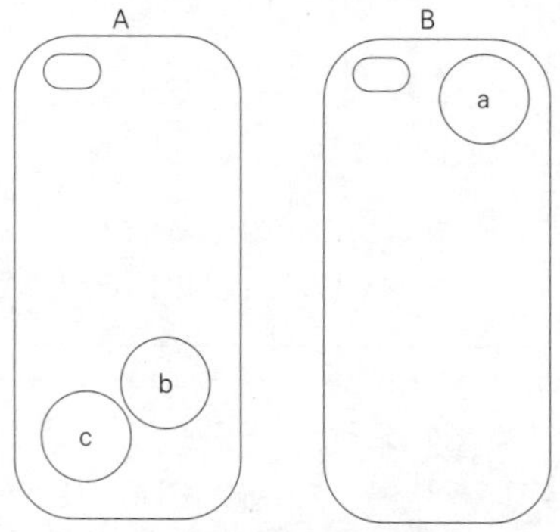


※使用与第 1 行相同颜色的线缝合固定

## 手链的组合方法

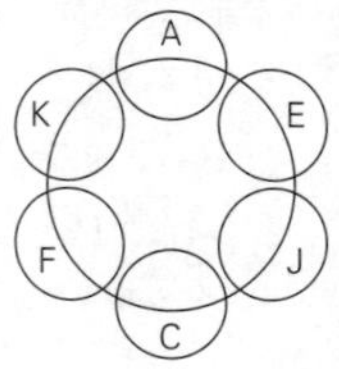


※以卷针缝缝在发圈上

**材料**

芭贝 Princess Anny 米色(521) 55g/2团，灰粉色(527)55g/2团，灰色(518)55g/2团，黄绿色(536) 55g/2团

**工具**

钩针6/0号

**成品尺寸**

掌围17.5cm，长20cm

**编织密度**

花片大小请参见图示

**编织要点**

●锁针起针开始钩织。一边参见图示一边钩织连编花片。相同标记处连在一起钩织成环形，但线要从锁针下方拉出来。

59 页的作品 ★★

**手套（连编花片）** 6/0号针

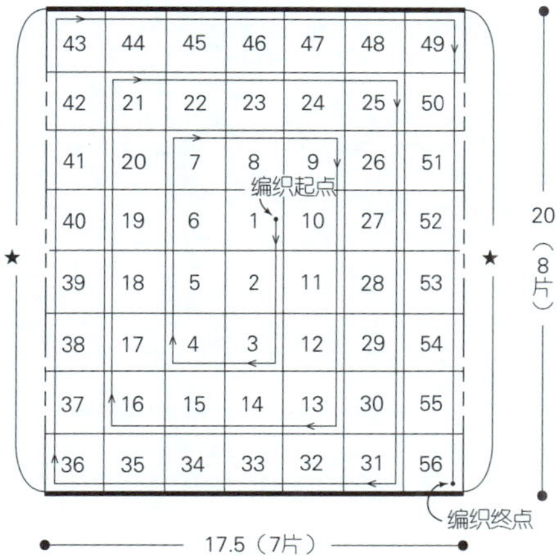


**花片**

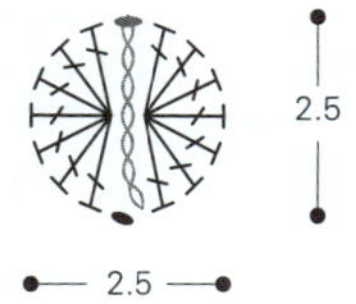


● =线从下方引拔出

**手套的编织方法**

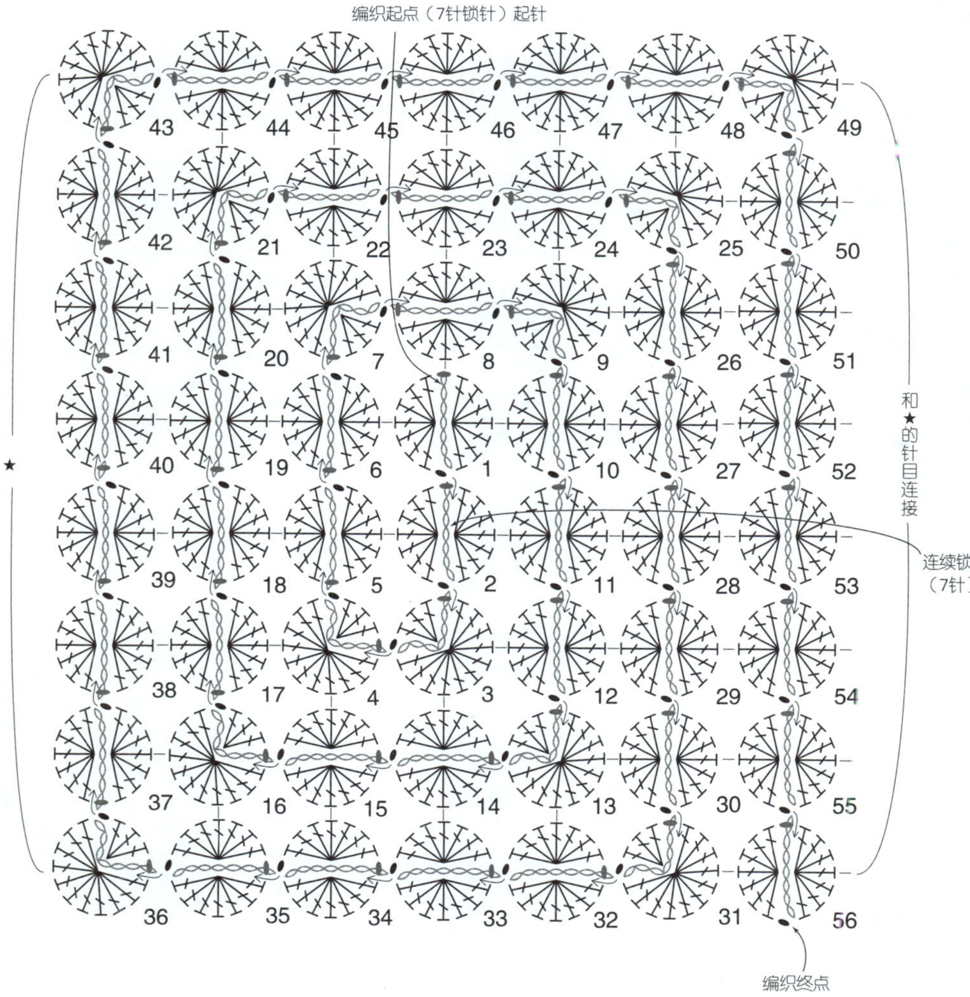


## 连编花片的方法

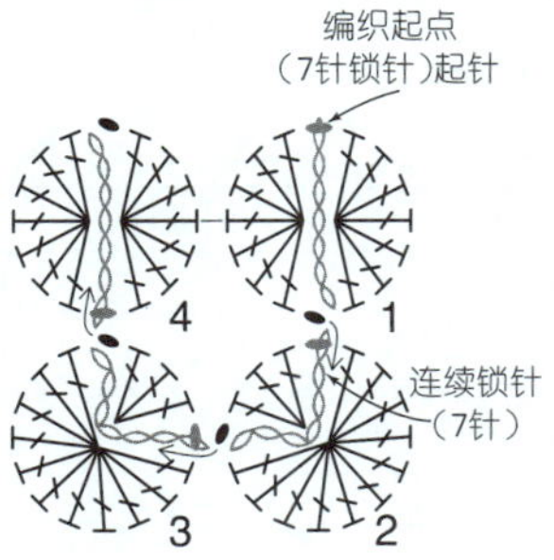


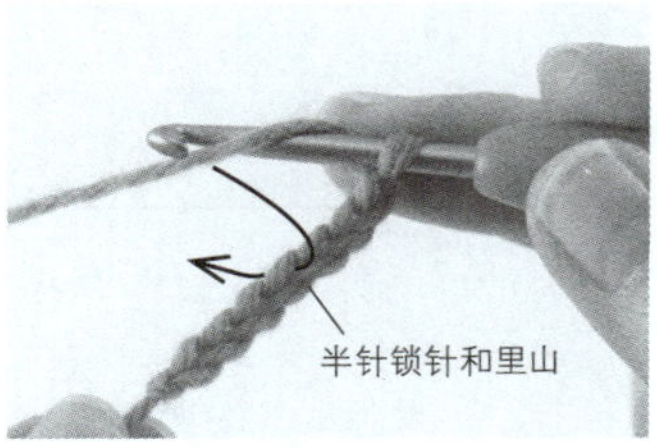


1 钩织7针锁针，第4针锁针上钩织7针长针。

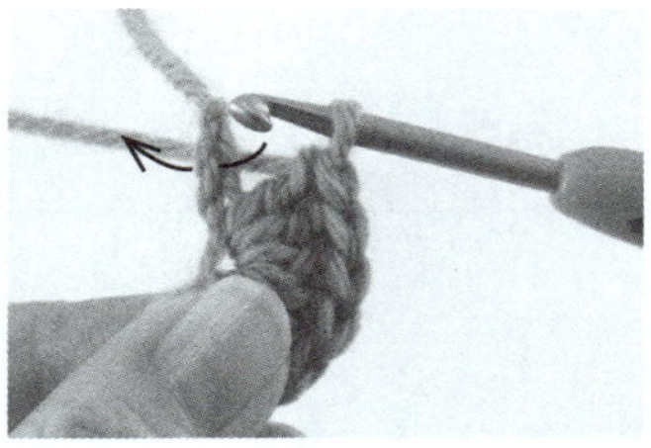

2 第1针锁针上钩织灰色线的引拔针，另一侧也钩织7针长针。

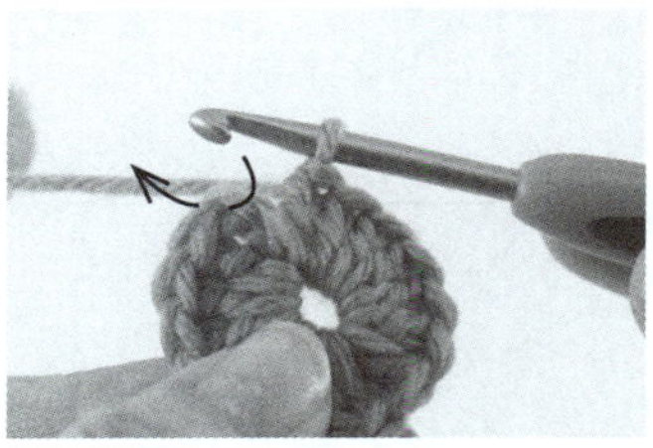

3 向第7针锁针引拔，然后钩织7针下一个花片要用到的锁针。

4 在第4针锁针上钩织11针长针。

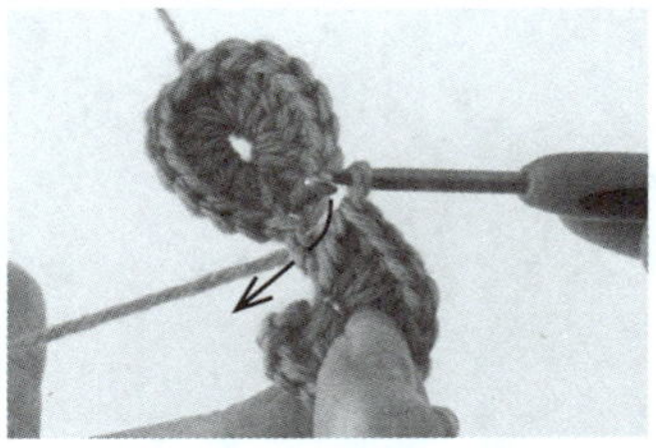

5 按照步骤2、3的方法引拔，参照编织符号图，一边改变长针的数量一边钩织。

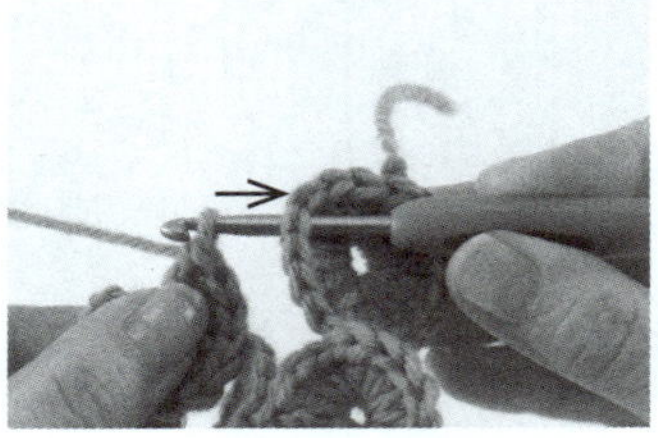

6 第4片钩织至用长针连在一起的部分的前面，然后取下钩针。将钩针插入第1片的连接位置，然后将取下的针目拉出来。

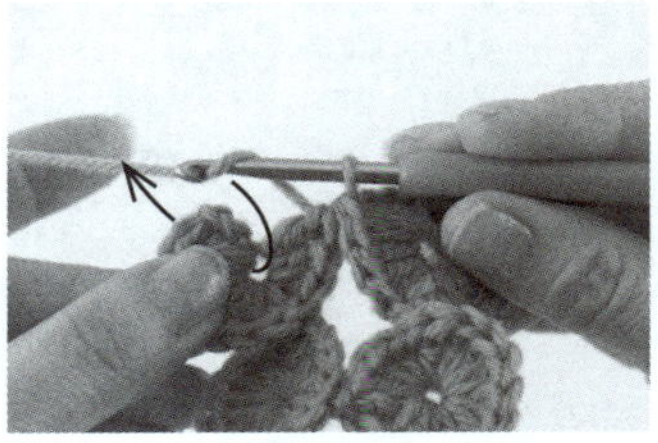

7 钩织第4片剩余的4针长针向第7针锁针引拔。

**材料**
芭贝Pima Denim 炭灰色（157）110g/3团，白色（200）100g/3团；直径10mm的圆环126个

**工具**
钩针4/0号

**成品尺寸**
颈围90cm，宽35cm

**编织密度**
花片大小请参见图示

**编织要点**
●用白色线钩织126片中心花片。最终行用炭灰色线钩织，一边参见编织符号图，一边连续钩织。相同标记处连在一起钩织成环形。制作系绳和流苏。穿上系绳，在系绳端头连接流苏。

## 披肩（连编花片）

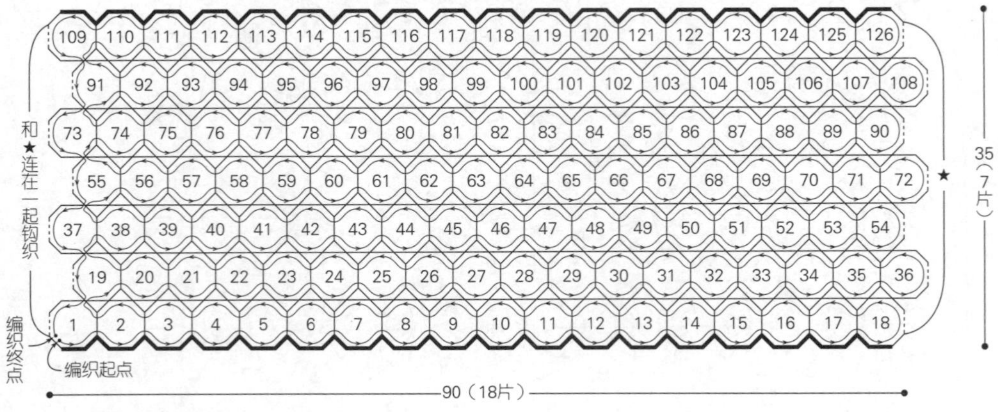


※ 全部使用4/0号针钩织

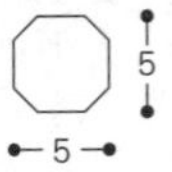


## 中心花片 126片 白色

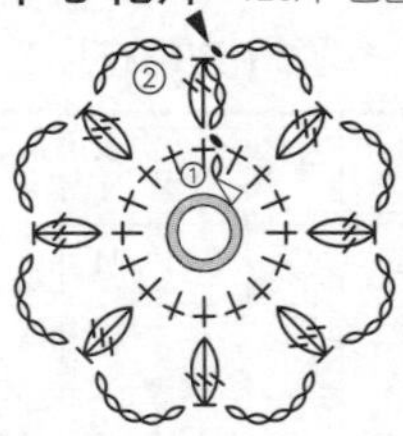


※ 第1行要钩织在圆环上

## 系绳（罗纹绳） 2根 炭灰色

※ 编织方法请参见124页

▷ = 加线
► = 剪线

## 流苏 4个 炭灰色

在宽6cm的厚纸板上缠绕24圈

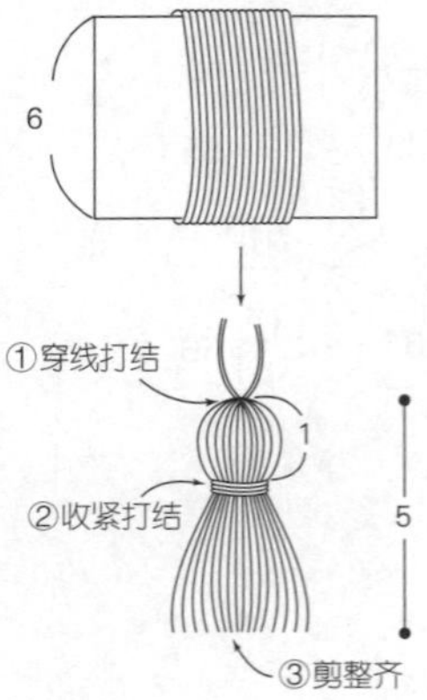


## 系绳的穿法

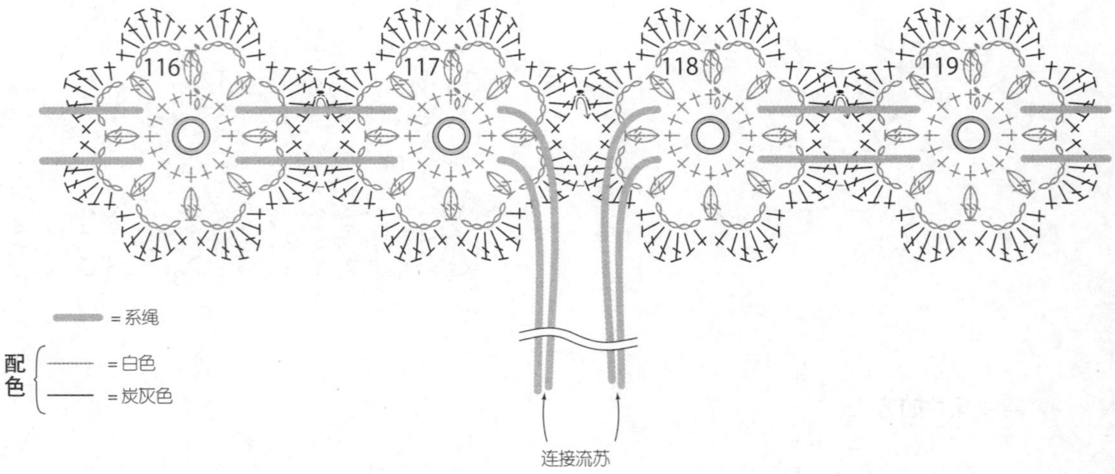


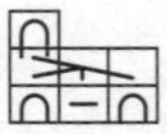

## 拉针的右上3针并1针

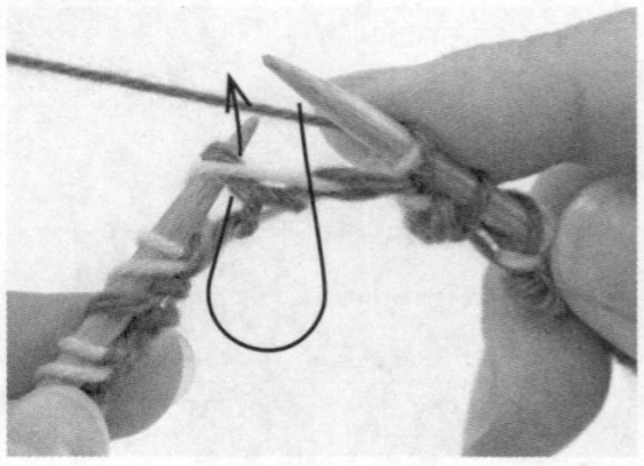

1 第1针（2个线圈）从左侧入针，移至右棒针。

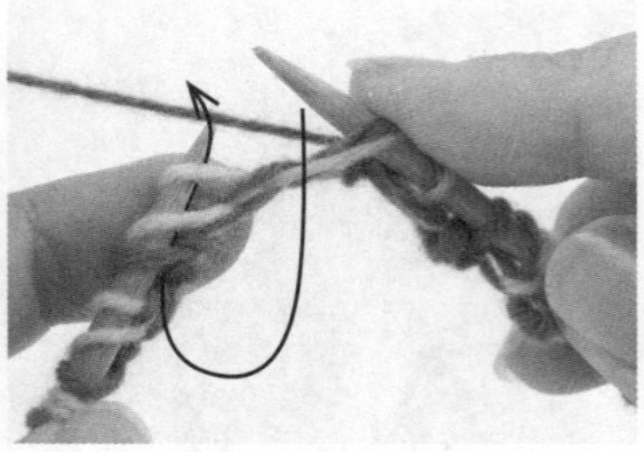

2 接下来的2针（3个线圈）并为1针。

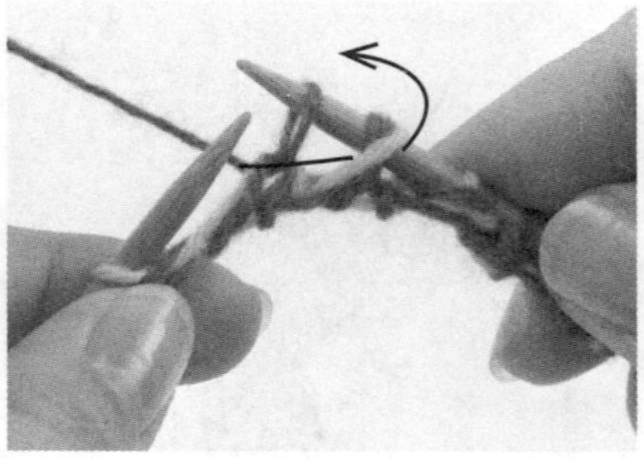

3 用步骤1的针目盖住步骤2的针目。

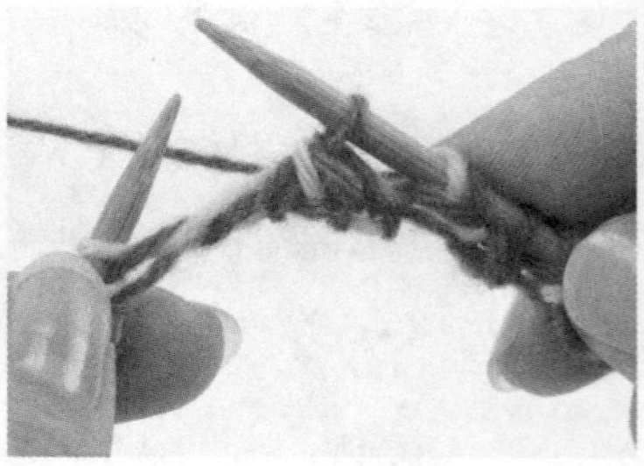

4 拉针的右上3针并1针完成。

## 连编花片的方法

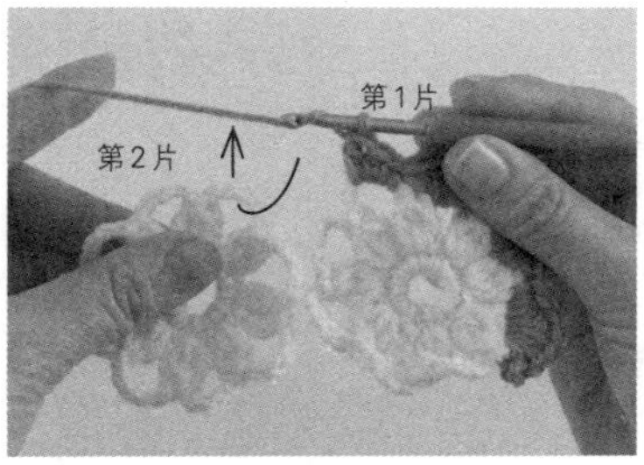


1 第1片花片还未完成时移至第2片花片的情形。挂线，将钩针插入第2片花片，钩织长针。

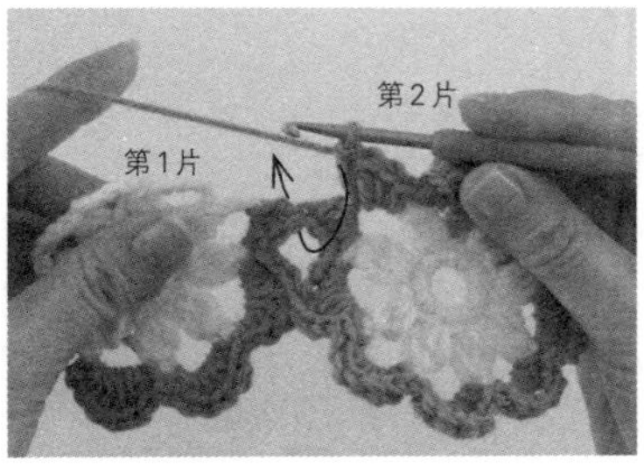


2 编织完成第2片花片的情形。将钩针插入和第1片花片的交界处引拔。

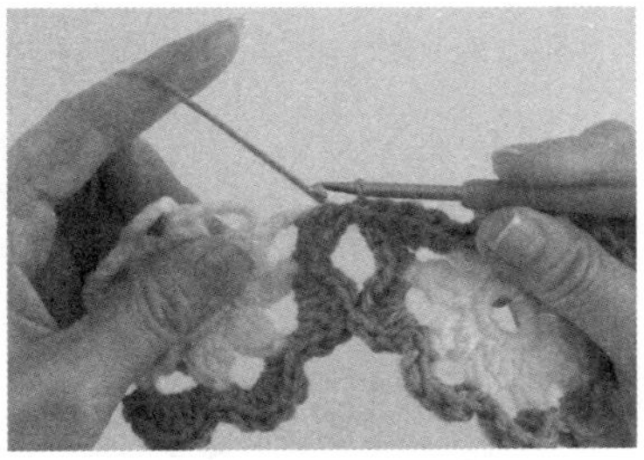

3 钩织未完成部分至下一个花片的交界处。

## 花片连接方法

配色 { — = 白色
　　 { — = 炭灰色

▷ = 加线
► = 剪线

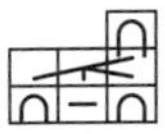 拉针的左上3针并1针

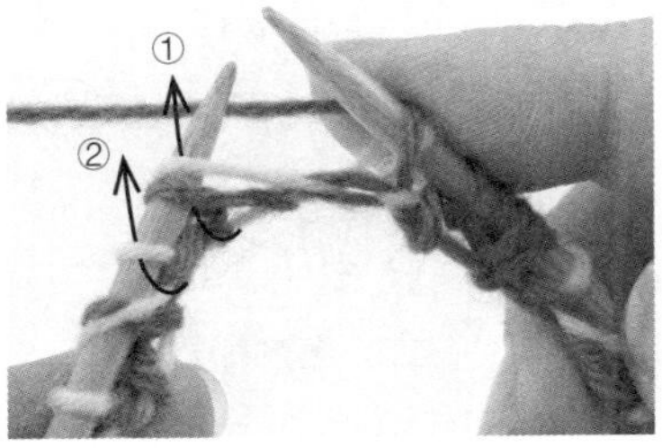


1 左棒针上的针目①（2个线圈）移至右棒针，针目②编织下针。用针目①盖住针目②，编织右上2针并1针。

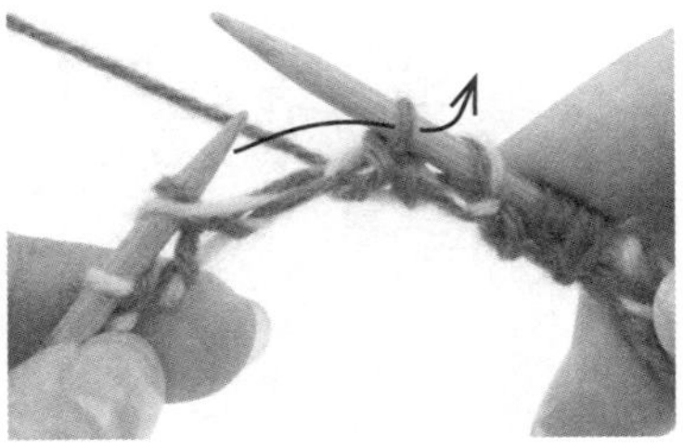

2 将步骤1中编织的针目移至左棒针。

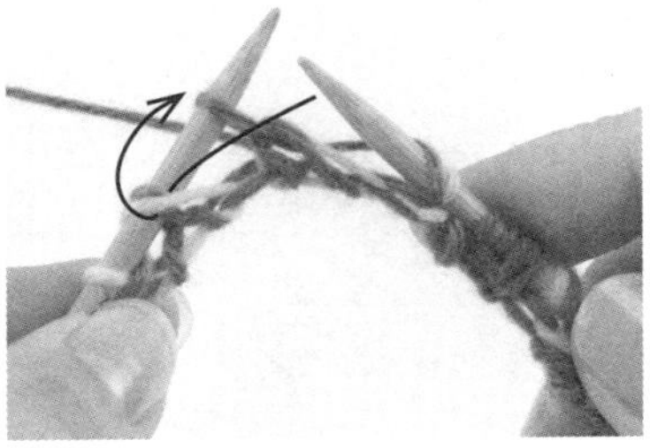

3 将右棒针插入左棒针的第2针中（2个线圈），使其盖住第1针。

4 拉针的左上3针并1针完成。将针目移至右棒针。

**材料**

芭贝Queen Anny 深棕色(831) 65g/2团，深橙色(103)、深蓝色(111)、乳白色(869)、浅黄色(892)、黄绿色(935)、深粉色(974)、薄荷绿色(989)各10g/各1团；直径50mm的纽扣2颗

**工具**

钩针5/0号

**成品尺寸**

宽18cm，长72cm

**编织密度**

花片大小请参见图示

**编织要点**

●钩织指定数量的中心花片。最终行用深棕色线钩织，一边参见编织图，一边继续钩织。钩织包扣，组合在一起。

**迷你围巾（连编花片）**

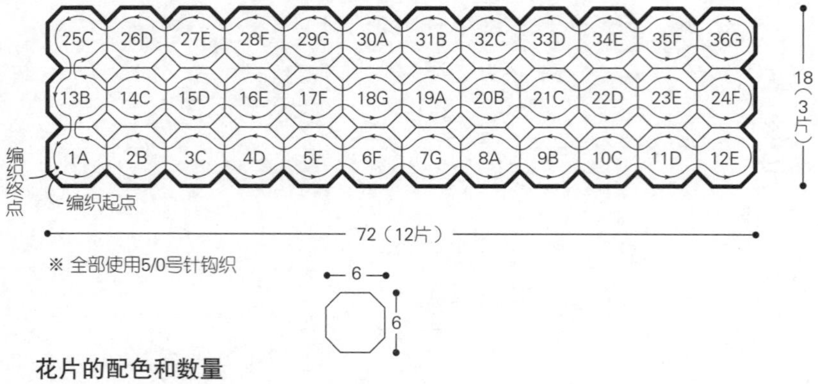


※ 全部使用5/0号针钩织

**中心花片**

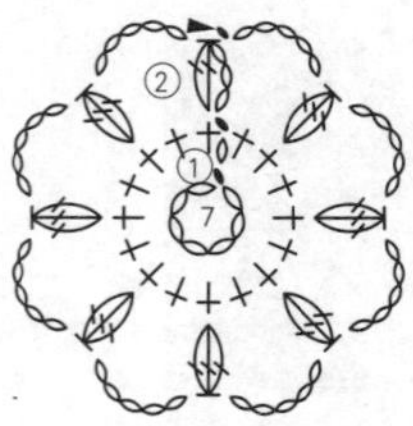


**花片的配色和数量**

| | A 4片 | B 5片 | C 6片 | D 6片 | E 6片 | F 5片 | G 4片 |
|---|---|---|---|---|---|---|---|
| 第3圈 | 深棕色 | 深棕色 | 深棕色 | 深棕色 | 深棕色 | 深棕色 | 深棕色 |
| 第1、2圈 | 乳白色 | 深蓝色 | 黄绿色 | 深粉色 | 深橙色 | 浅黄色 | 薄荷绿色 |

**包扣** 深棕色 2颗

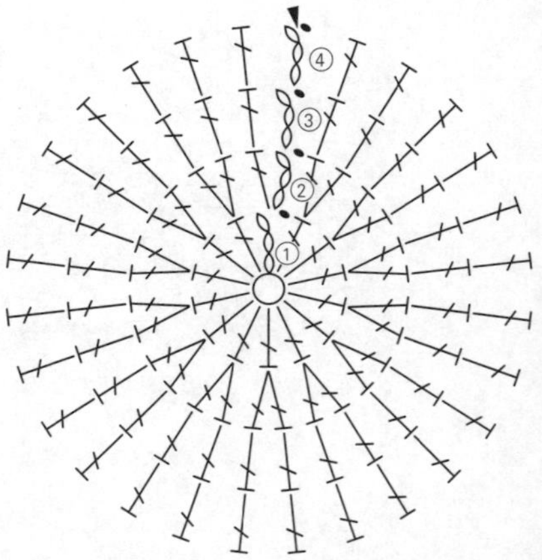

※包扣里面放上纽扣，第4圈挑针收紧

※ 反面作为正面使用

**花片的连接方法**

**纽扣的组合方法**

对齐2颗同色纽扣的反面，分别挑取第3行前侧半针，穿3次线

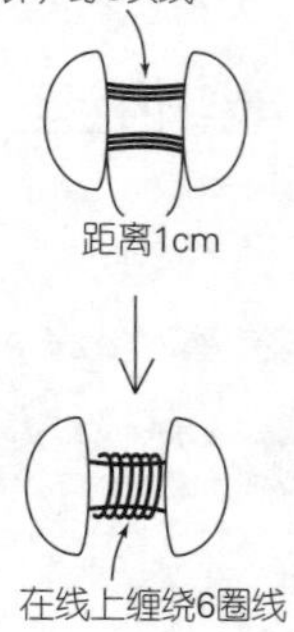


※纽扣两侧均穿到织片的孔上使用

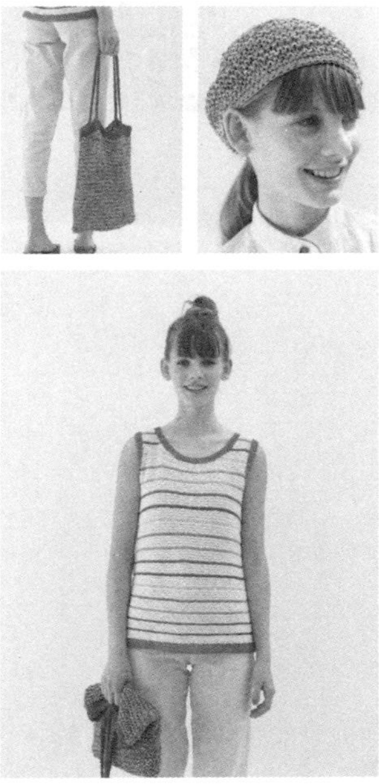

**材料**

[贝雷帽] 手织屋 Original Hard Line B 蓝绿色(15) 35g、浅粉色(01)、深粉色(02)、红色(03)、黄色(16)各15g

[手提包] 手织屋 Original Hard Line B 红色(03)、浅粉色(01)、深粉色(02)、蓝绿色(15)、黄色(16)各30g

[背心] 手织屋 Original Cotton S 原白色(16)160g; Original Hard Line A 深粉色(02) 45g,浅粉色(01)、红色(03)、蓝绿色(15)、黄色(16)各10g

**工具**

棒针9号、6号、8mm,钩针10/0号

**成品尺寸**

[贝雷帽] 头围52cm,帽深20.5cm

[手提包] 宽30cm,深31.5cm

[背心] 胸围92cm,肩宽37cm,衣长56.5cm

**编织密度**

10cm×10cm面积内:条纹花样19.5针,34.5行;起伏针11针,19行

**编织要点**

●通用…全部取5根指定颜色的线编织。

●贝雷帽…手指起针,一边分散减针,一边环形编织起伏针。帽口钩织短针。

●手提包…另线锁针起针,环形编织起伏针和下针编织。编织终点做伏针收针。底部拆开锁针起针引拔接合。参见图示,包口和提手钩织短针。

●背心…另线锁针起针,编织条纹花样。减针时,2针以上时做伏针减针,1针时立起侧边1针减针。下摆拆开锁针起针挑针,编织单罗纹针。编织终点做下针织下针、上针织上针的伏针收针。肩部盖针接合,胁部使用毛线缝针挑针缝合。衣领、袖窿挑取指定数量的针目,环形编织单罗纹针。编织终点和下摆相同。

## 背心

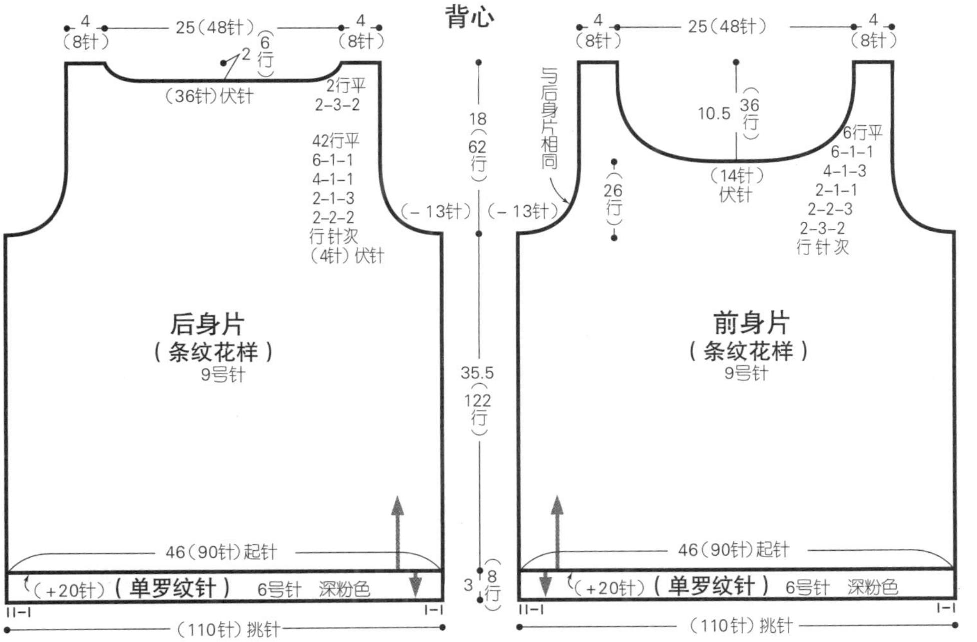


※ 取5根指定颜色的线编织

## 衣领、袖窿 (单罗纹针) 6号针

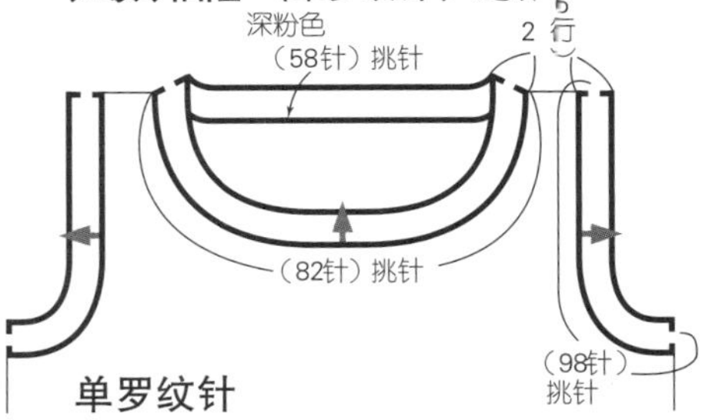


### 单罗纹针

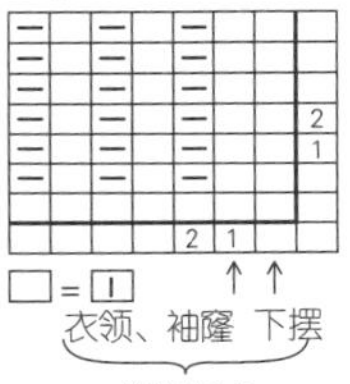


### 条纹花样

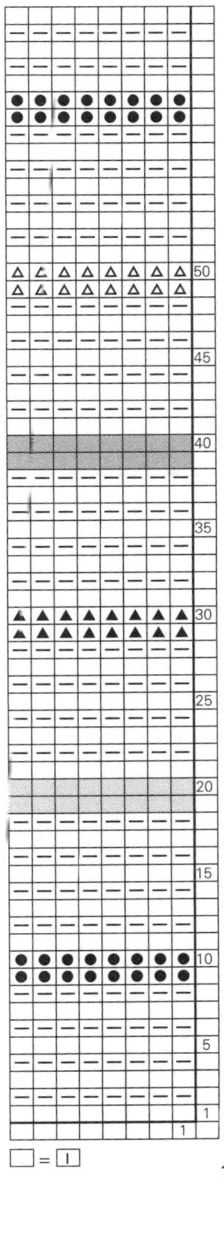


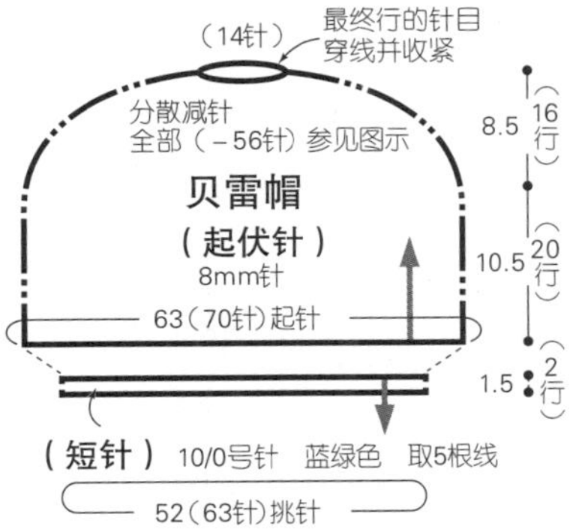


※ 除指定以外,取浅粉色、深粉色、红色、蓝绿色、黄色等5根线钩织

### 贝雷帽的减针

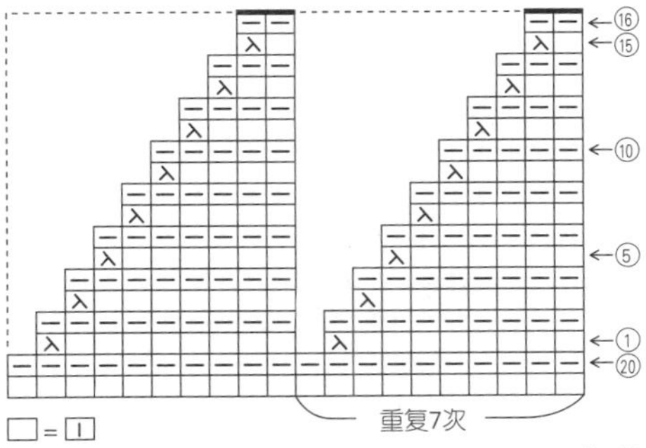


## 包口、提手 (短针)

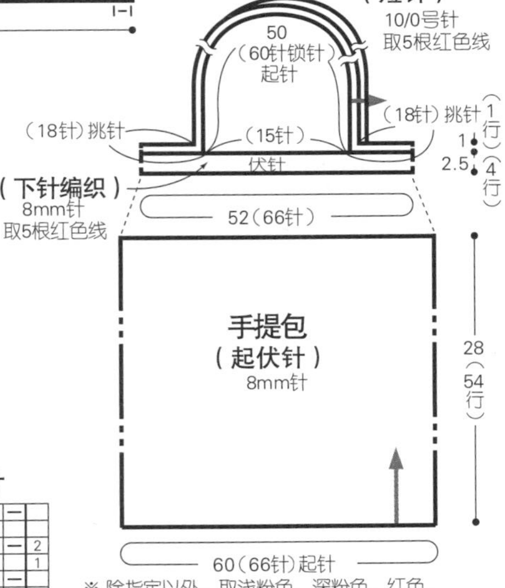


※ 除指定以外,取浅粉色、深粉色、红色、蓝绿色、黄色等5根线钩织

### 起伏针

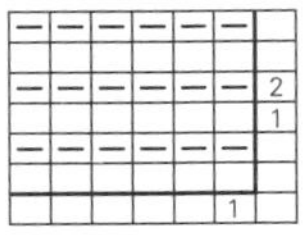


配色

□=原白色
●=红色
▨=深粉色
▲=浅粉色
■=蓝绿色
△=黄色

### 短针

### 包口和提手的编织方法

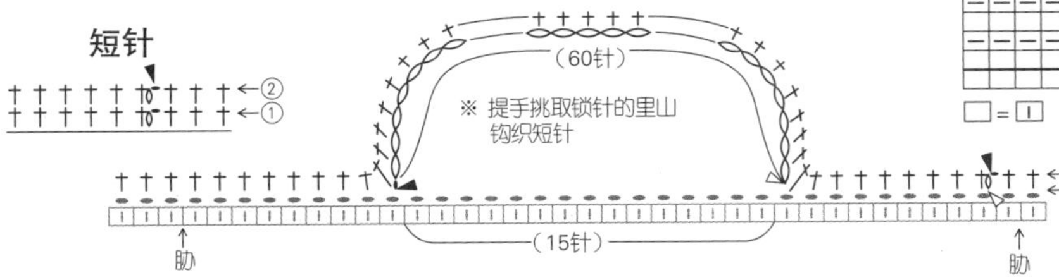

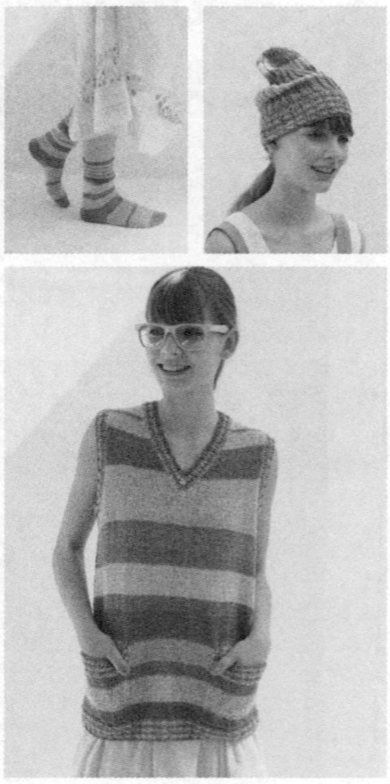

**材料**

[帽子] 手织屋 Original Hard Line B 浅蓝色(11)、蓝色(12)、浅茶色(37)各20g，灰紫色(07)15g，浅灰色(38)10g

[袜子] 手织屋 Original Hard Line A 浅蓝色(11)35g，灰紫色(07)、蓝色(12)、浅茶色(37)各15g，浅灰色(38)10g；弹力纱(透明)少量

[背心] 手织屋 Original Hard Line B 浅蓝色(11)85g，浅灰色(38)75g，灰紫色(07)、浅茶色各60g，蓝色(12)30g

**工具**

棒针6号、5号、3号

**成品尺寸**

[帽子] 头围48cm，帽深26cm

[袜子] 袜底21.5cm，袜筒高26.5cm

[背心] 胸围94cm，肩宽36cm，衣长65cm

**编织密度**

10cm×10cm面积内：条纹花样A 21针，23.5行；双罗纹针条纹B 23.5针，28行；下针编织及下针条纹B、C均为28针，42行

**编织要点**

●帽子…取2根指定颜色的线编织。另线锁针起针，一边分散减针，一边环形编织双罗纹针条纹B。编织终点的最终行穿线并收紧。帽口拆开锁针起针看着织片反面挑针，编织双罗纹针条纹A。编织终点做双罗纹针收针。

●袜子…取4根指定颜色的线编织。土耳其起针，参见图示一边编织扭针加针，一边环形做下针编织。袜背和袜底编织下针条纹B，袜跟一边参见图示编织加减针，一边做下针编织。然后编织下针条纹C、单罗纹针条纹。编织终点加上弹力纱松松地做伏针收针。

●背心…取2根指定颜色的线编织。另线锁针起针，编织下针条纹A。减针时，2针以上时做伏针减针，1针时立起侧边1针减针。下摆拆开锁针起针挑针，编织双罗纹针条纹A。编织终点做双罗纹针收针。口袋手指起针，编织下针条纹A和双罗纹针条纹A。编织终点和下摆相同，参见连接方法固定在指定位置。肩部盖针接合，胁部使用毛线缝针挑针缝合。衣领、袖窿挑取指定数量的针目，编织双罗纹针条纹A。编织终点和下摆相同。

※织片容易倾斜，要用蒸汽熨斗熨烫定型。

## 背心

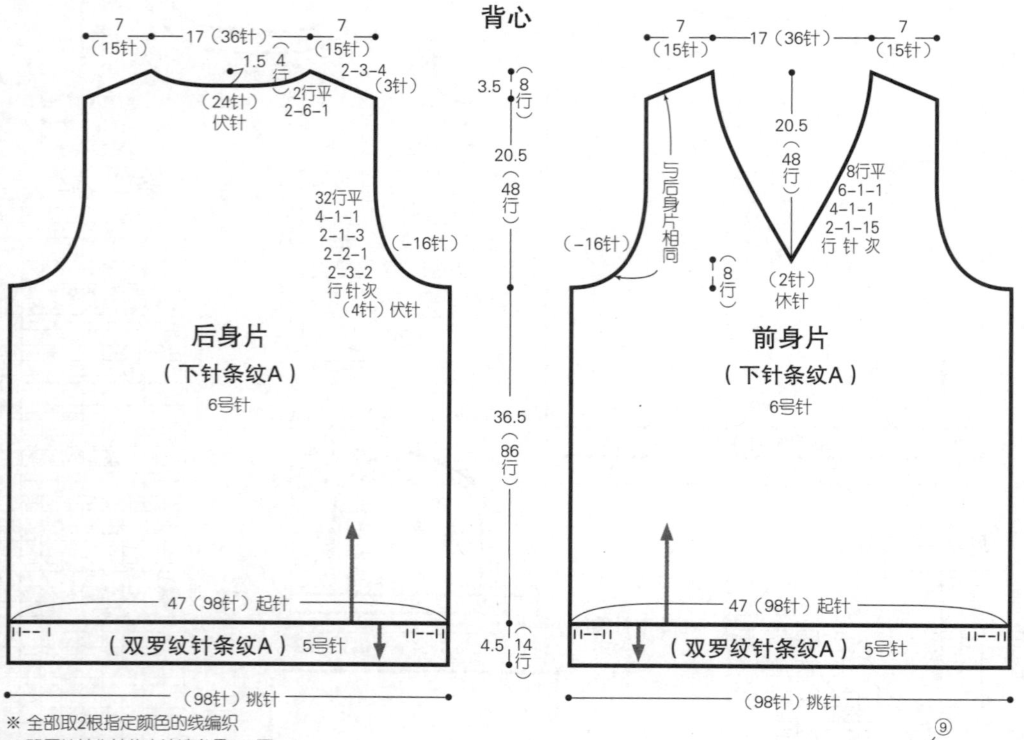


※ 全部取2根指定颜色的线编织

※ 双罗纹针收针的方法请参见131页

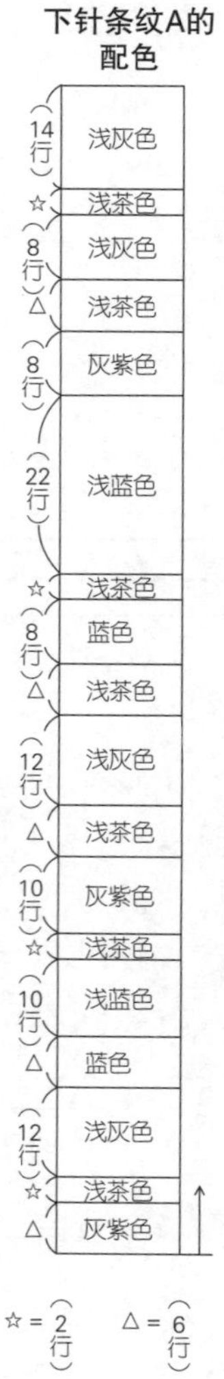


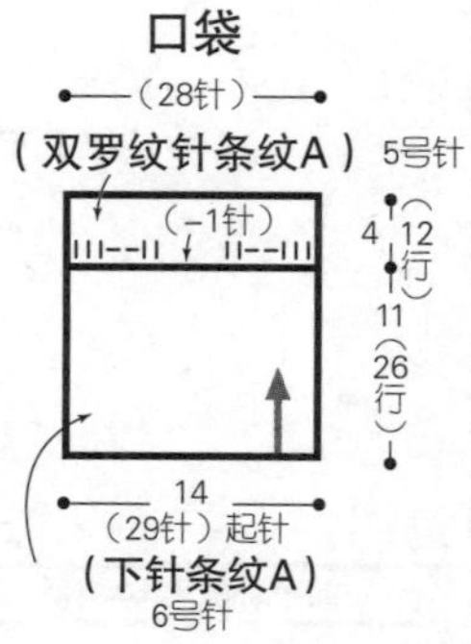


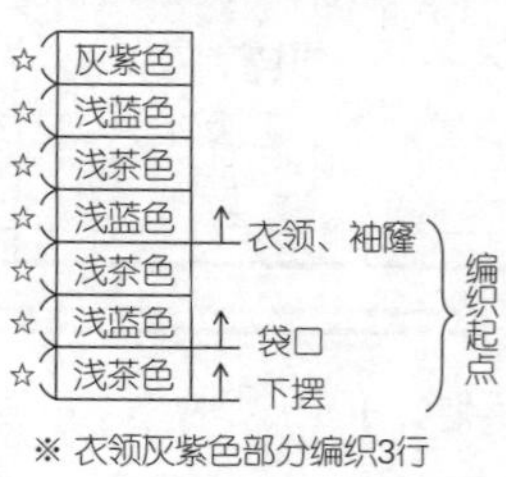


※ 衣领灰紫色部分编织3行

※条纹的配色请参见相关图示

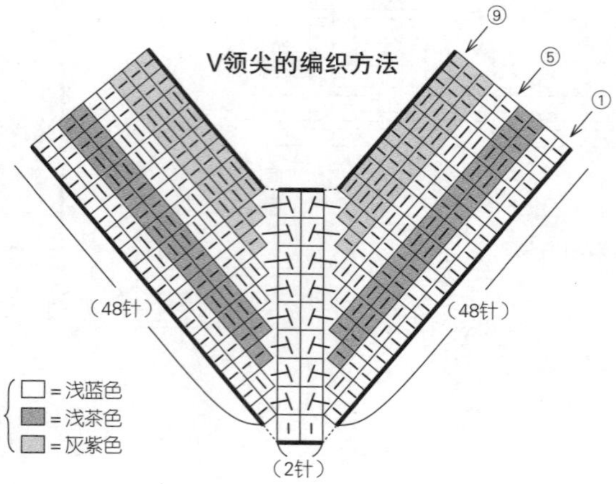

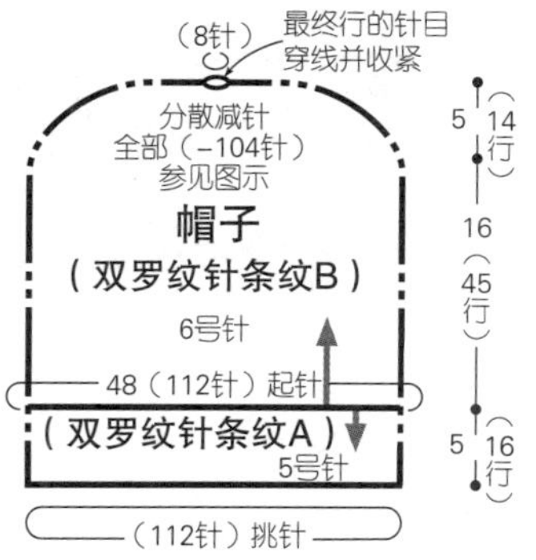


※ 全部取2根指定颜色的线编织
※ 双罗纹针收针的方法请参见131页

## 双罗纹针条纹B的配色

## 左、右扭针加针

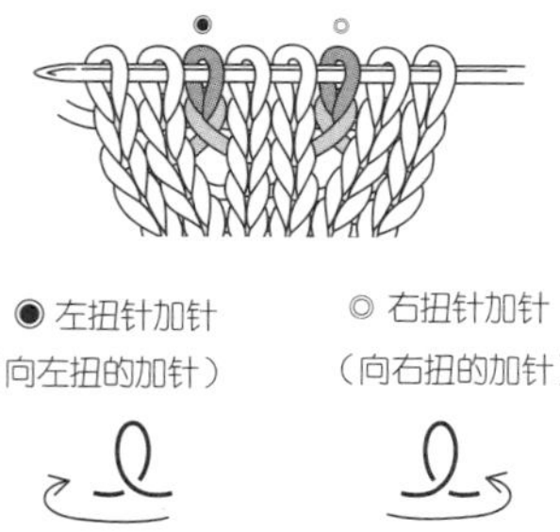


## 衣领、袖窿（双罗纹针条纹A） 5号针

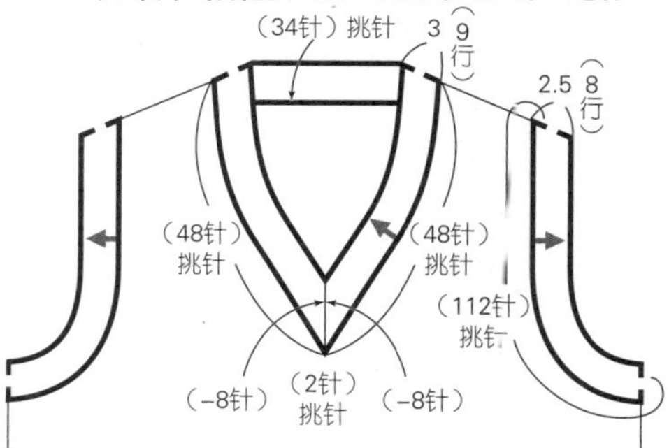


## 口袋的缝合方法

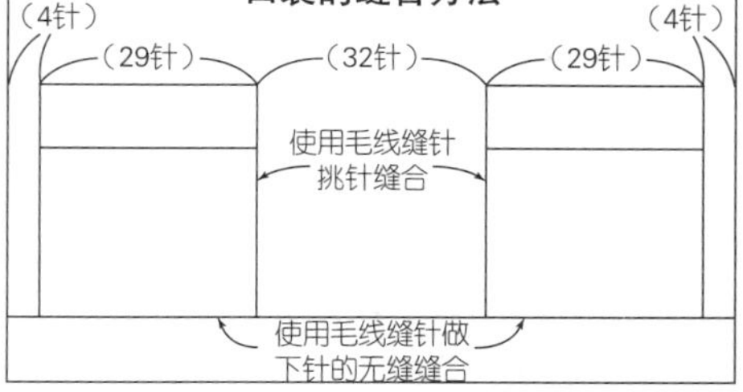


## 双罗纹针条纹A（帽子）

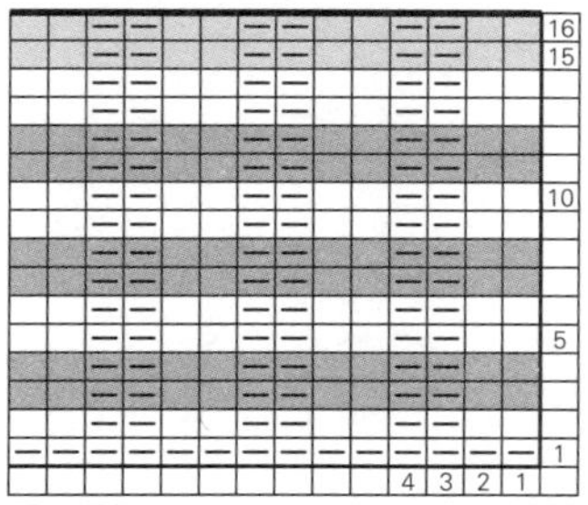


□＝□

配色 □＝浅蓝色 ■＝浅茶色 ■＝灰紫色

## 帽子的分散减针

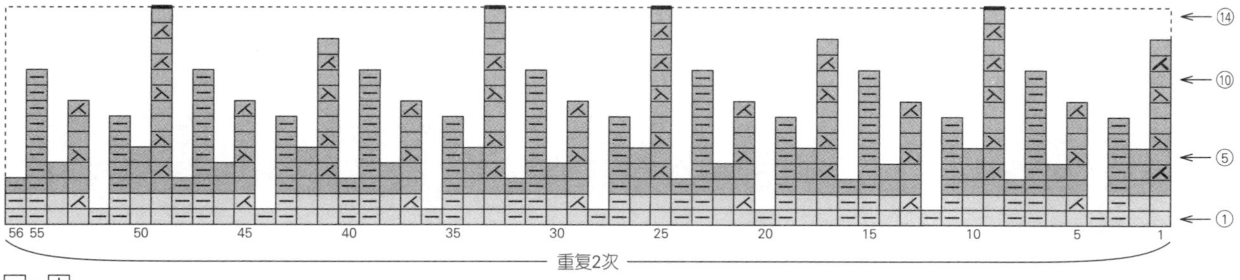


□＝□

配色 ■＝浅茶色 ■＝蓝色

## 袜子

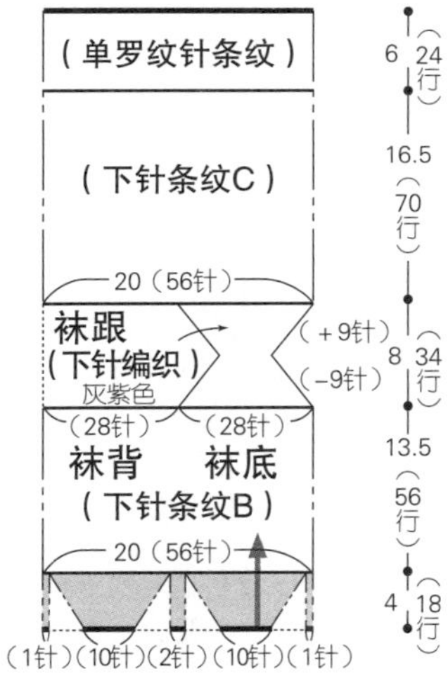


※（24针）起针（参见107页）
※ 全部取4根指定颜色的线编织

■＝（下针编织）蓝色

## 下针条纹B的配色

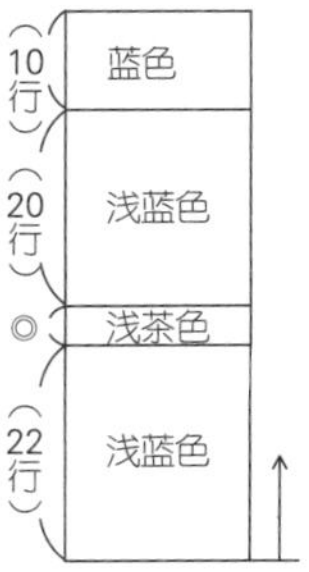


## 袜子的编织方法

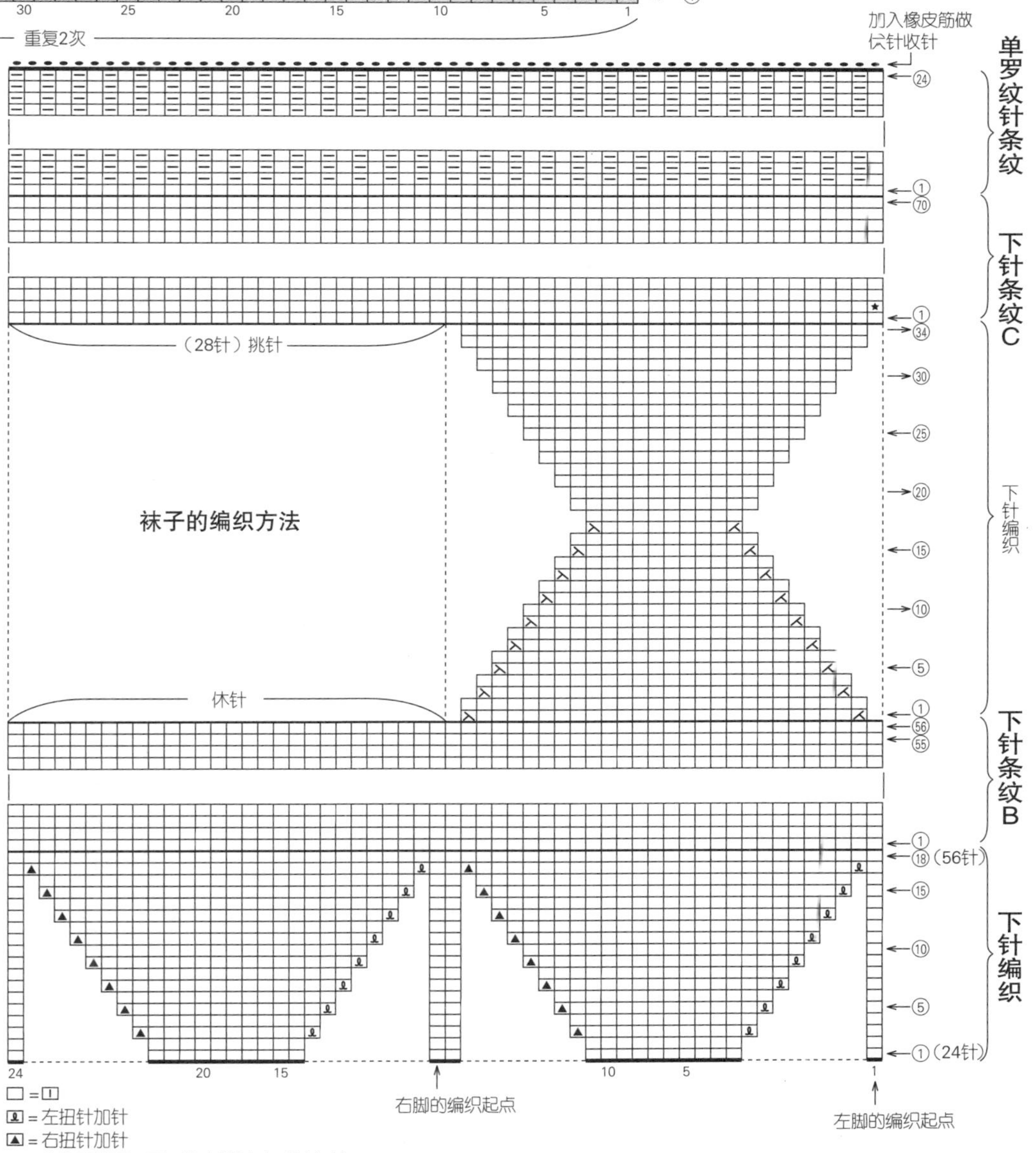


□＝□
■＝左扭针加针
▲＝右扭针加针
★＝挑取渡线扭一下，第1针和左上2针并1针

## 下针条纹C的配色

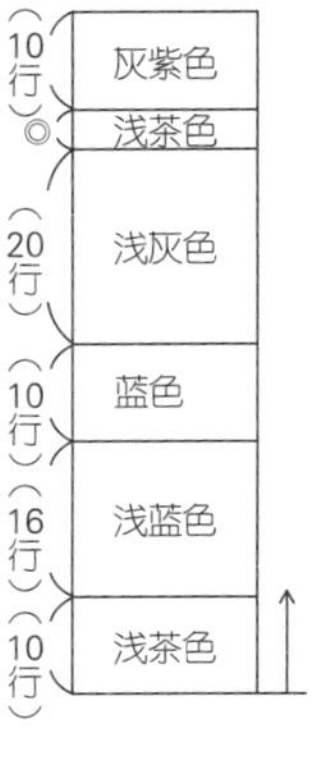


## 单罗纹针条纹配色

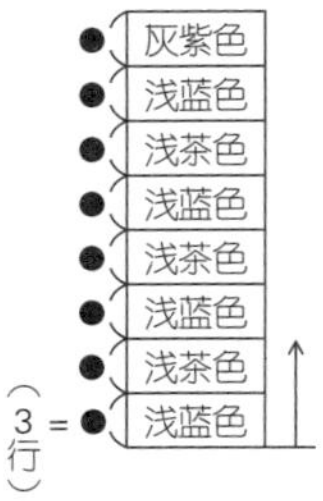

**材料**

和麻纳卡 Eco-Andaria 蓝绿色（63）85g/3团；长18cm的拉链1条

**工具**

钩针7/0号

**成品尺寸**

宽28cm，深18cm

**编织密度**

10cm×10cm面积内：短针16针，17行；花片大小请参见图示

**编织要点**

●主体部分锁针起针，往返编织钩织短针。参见图示加针。参见图示钩织花片。参见图示组合，用卷针缝的方法将主体和花朵花片连接在一起。缝上拉链。

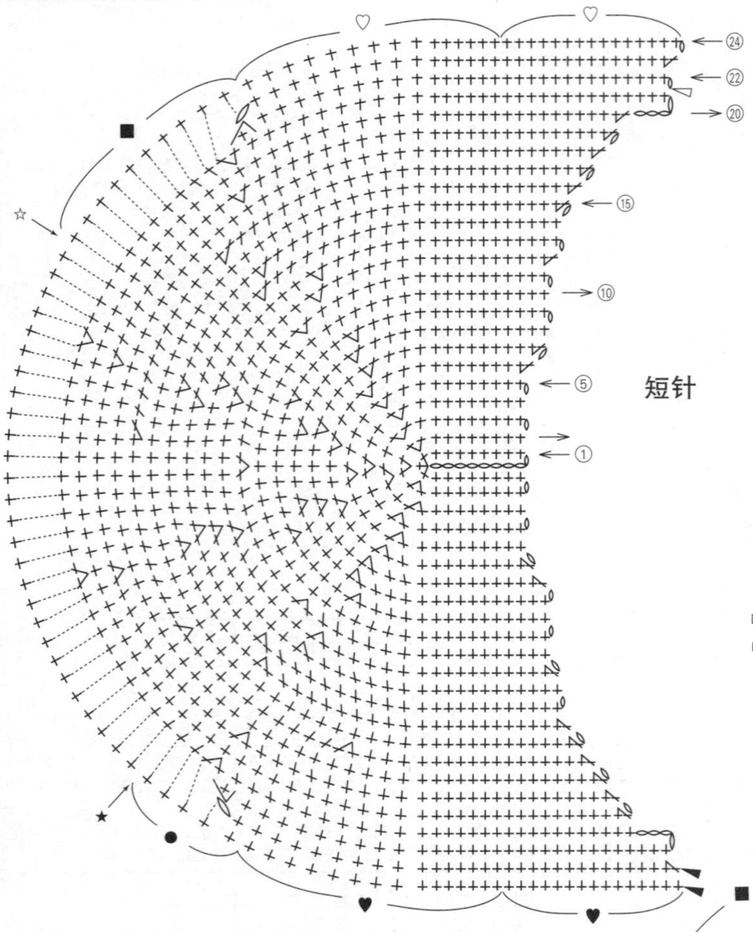


## 主体

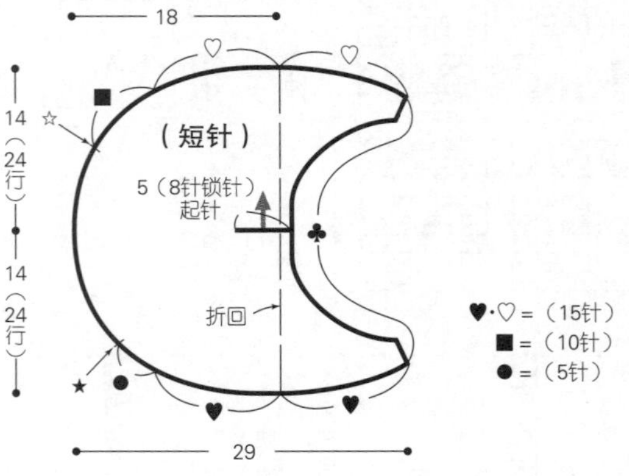


※ 全部使用7/0号针钩织

▷ ＝加线
▶ ＝剪线

## 花朵花片

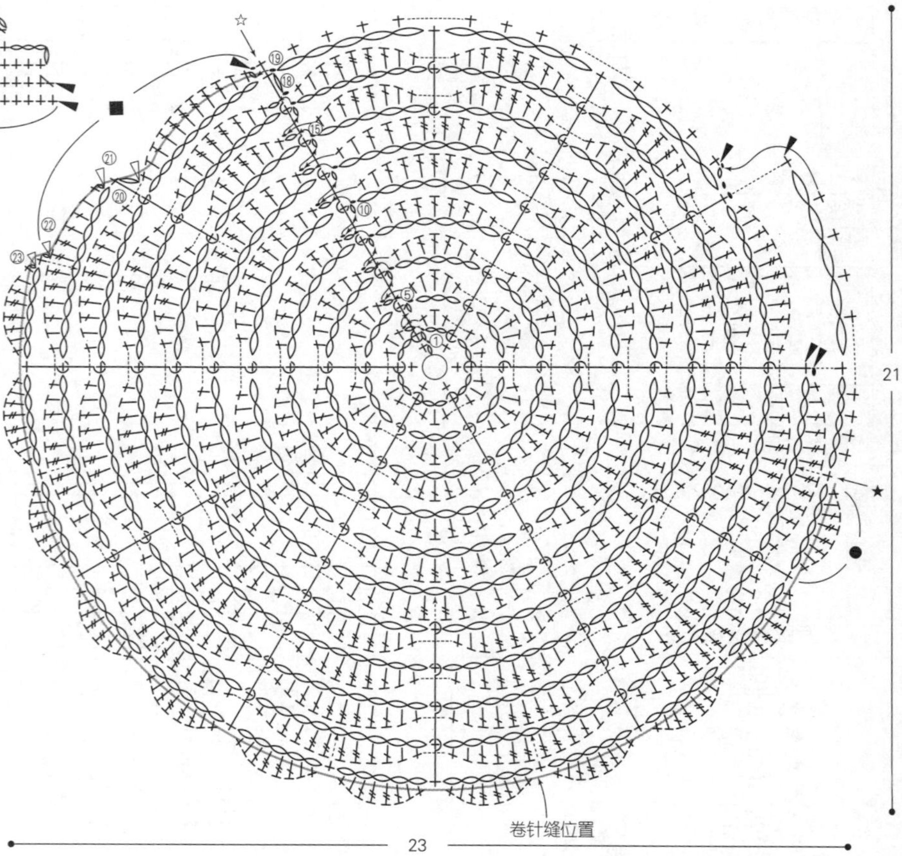


## 组合方法

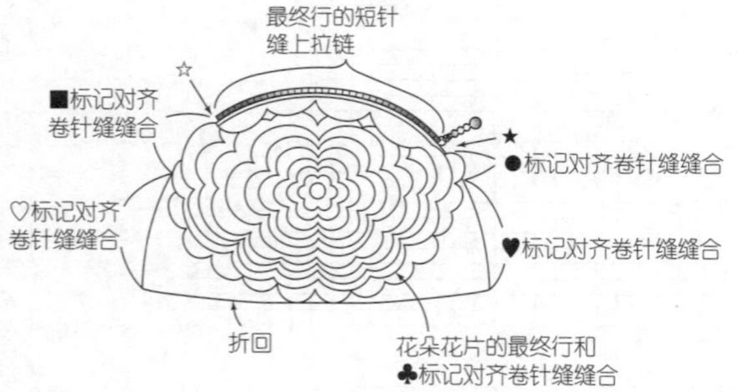


＝短针的反拉针
※ 编织方法请参见100页

＝将前一行倒向前侧，在前2行的锁针上钩织短针

**材料**

和麻纳卡 Eco-Andaria 金色(182) 115g/3团，红色(178)、绿色(183)各35g/各1团，蓝绿色(184)、藏青色(186)各30g/各1团

**工具**

钩针6/0号

**成品尺寸**

宽27m，深27.5cm(不含提手)

**编织密度**

花片边长9cm

**编织要点**

●参见表，环形起针开始钩织。钩织指定数量的花片后，参见第164页，使用毛线缝针做半针的挑针缝合。底部锁针起针，钩织短针条纹A。底部参见图示加针。底部和侧面反面相对对齐钩织短针缝合。参见图示钩织提手，固定在指定位置。

## 侧面（花片连接）

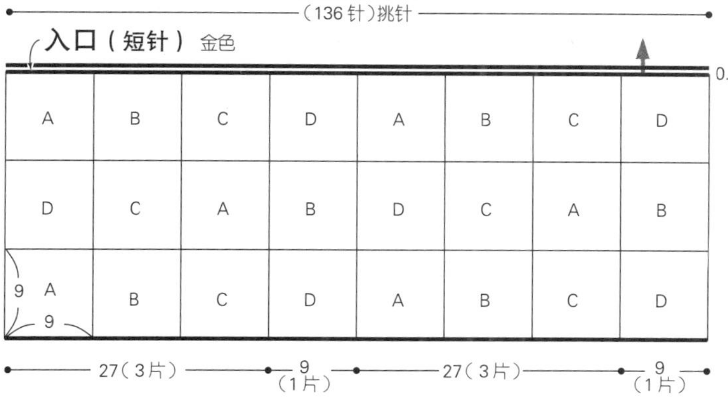


## 底部(短针条纹A)

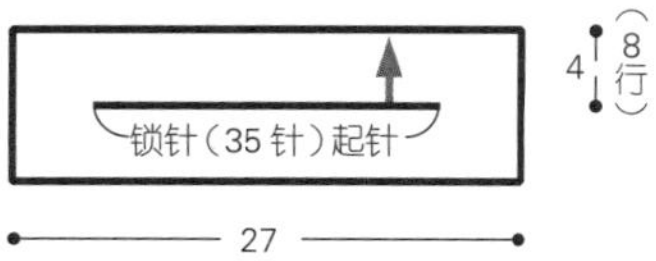


※ 全部使用6/0号针钩织

## 短针条纹A的配色和加针

| 圈数 | 配色 | 针数 | |
|---|---|---|---|
| 第8圈 | 金色 | 128针 | (+8针) |
| 第7圈 | 绿色 | 120针 | (+8针) |
| 第6圈 | 红色 | 112针 | (+8针) |
| 第5圈 | 金色 | 104针 | (+8针) |
| 第4圈 | 蓝绿色 | 96针 | (+8针) |
| 第3圈 | 藏青色 | 88针 | (+8针) |
| 第2圈 | 绿色 | 80针 | (+8针) |
| 第1圈 | 红色 | 72针 | |

## 花片

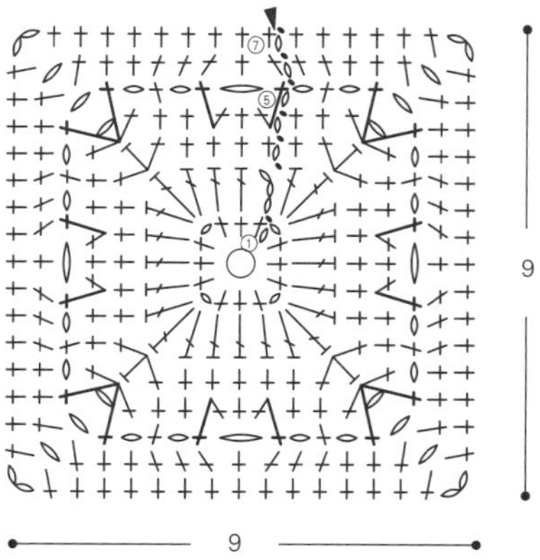


※ ✝一边包住前一行，一边将针插入前2圈钩织

## 花片的配色

| | 1～4行 | 5～7行 | 数量 |
|---|---|---|---|
| A | 藏青色 | 金色 | 6 |
| B | 绿色 | 金色 | 6 |
| C | 红色 | 金色 | 6 |
| D | 蓝绿色 | 金色 | 6 |

## 提手(短针条纹B)

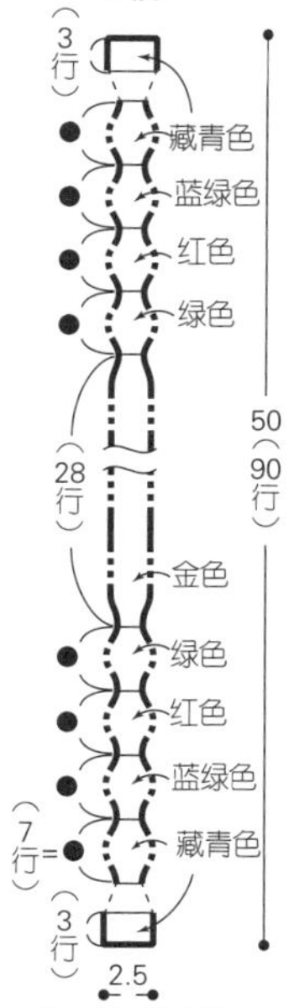


※ 各色1根线留55cm后剪断。一侧端头打结，一边穿过中心一边钩织

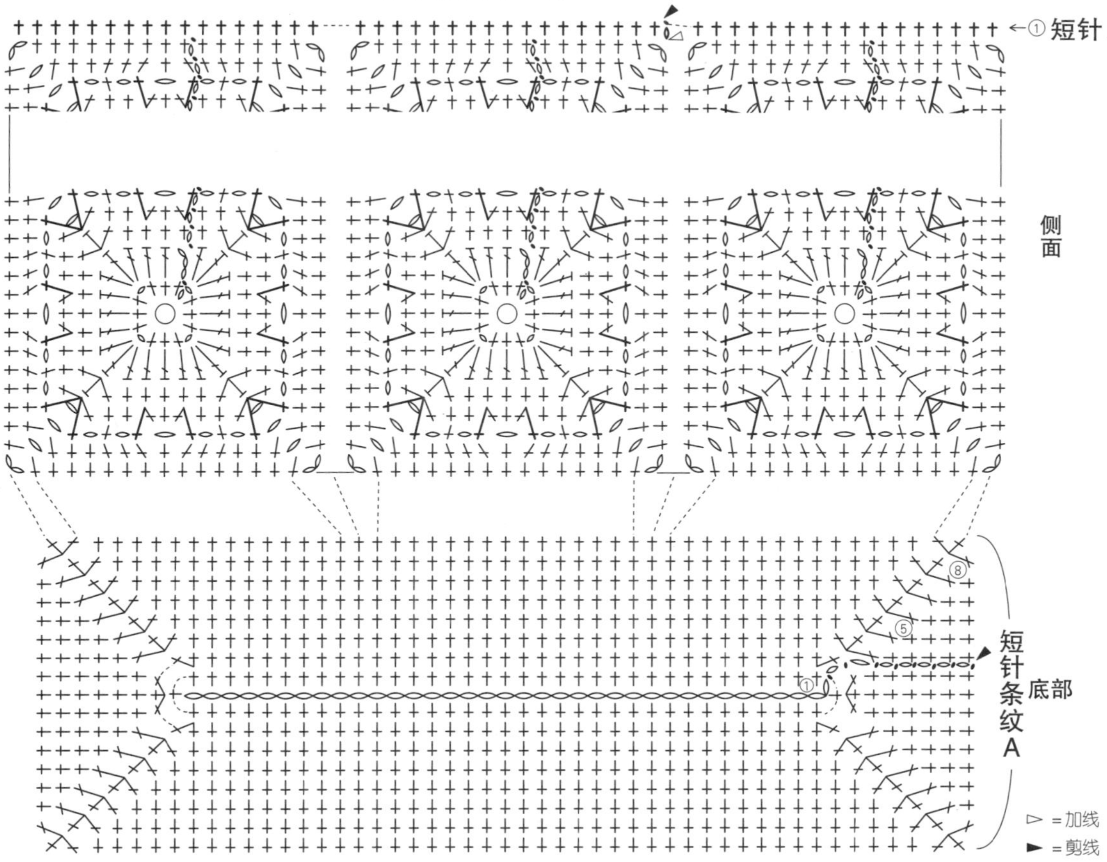


## 提手的编织方法

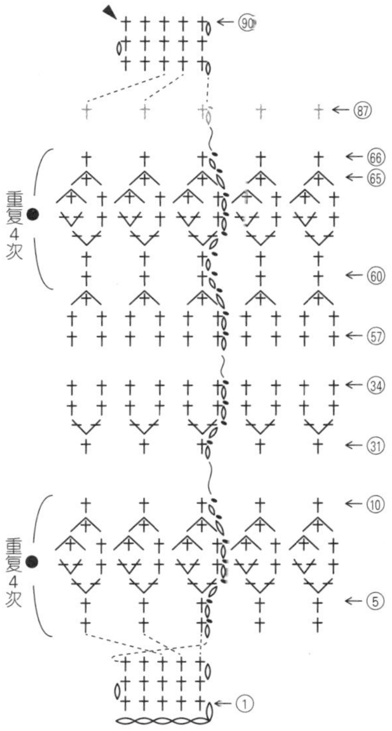

## 半针的挑针缝合

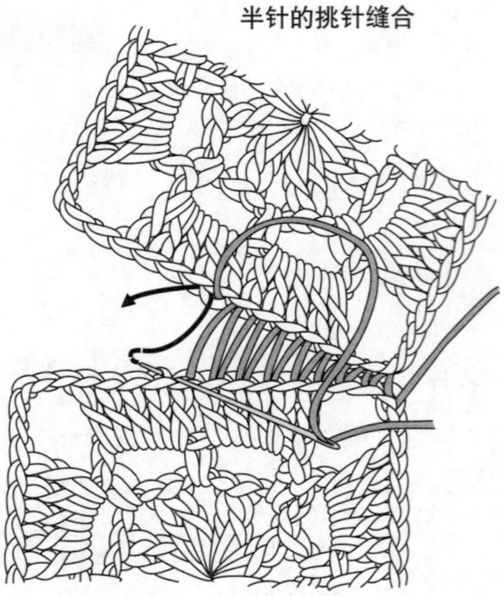

看着2片织片的正面，不断挑取最终行的半针缝合。针目完美地连接在一起，连接处非常平整

## 组合方法

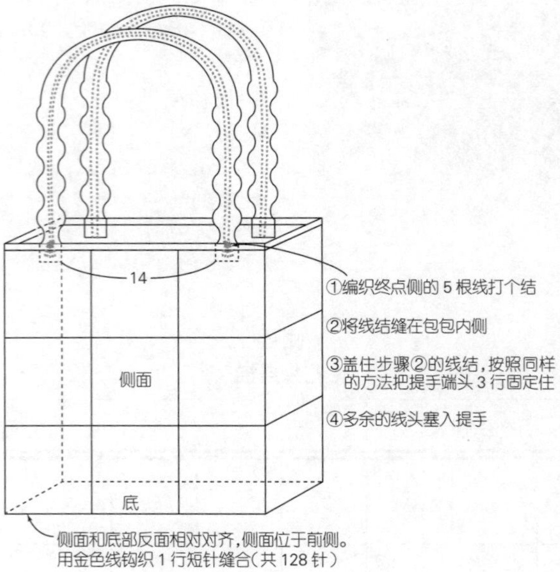


接165页 ▶

## 组合方法

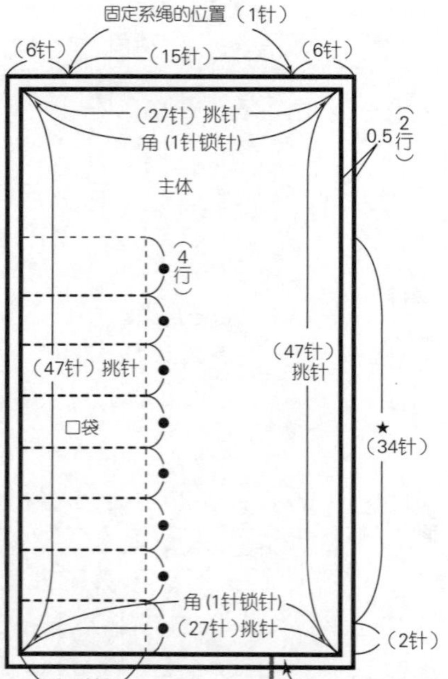


※口袋部分和主体重叠在一起，2个织片一起挑针做边缘编织A

----- = 主体和口袋重叠在一起做回针缝的位置

※参见图示

## 花朵的组合方法

## 叶子的刺绣

## 直线绣

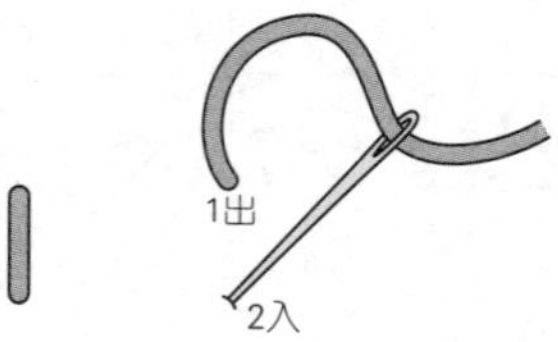


## 轮廓绣

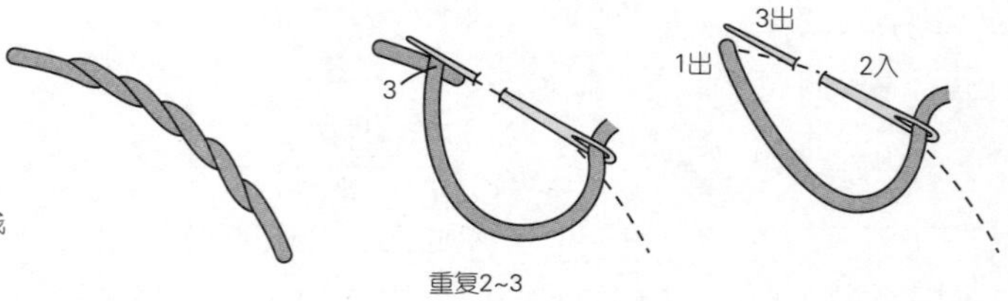


## 飞鸟绣

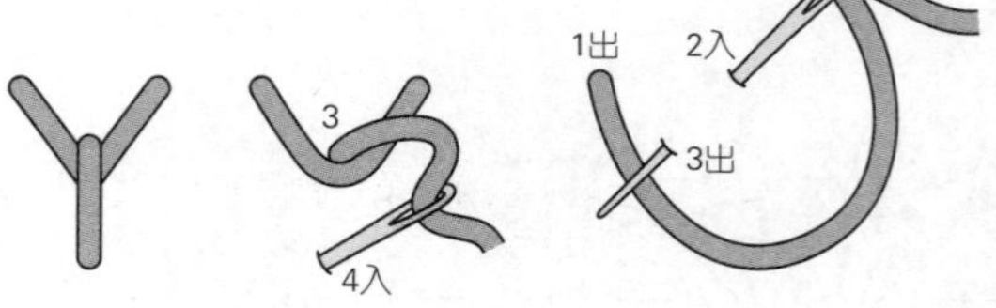


## 飞鸟绣底部的刺绣

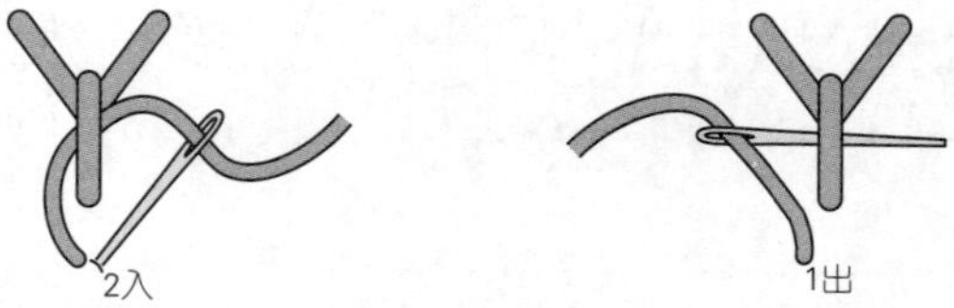


## 花朵和叶子的编织方法

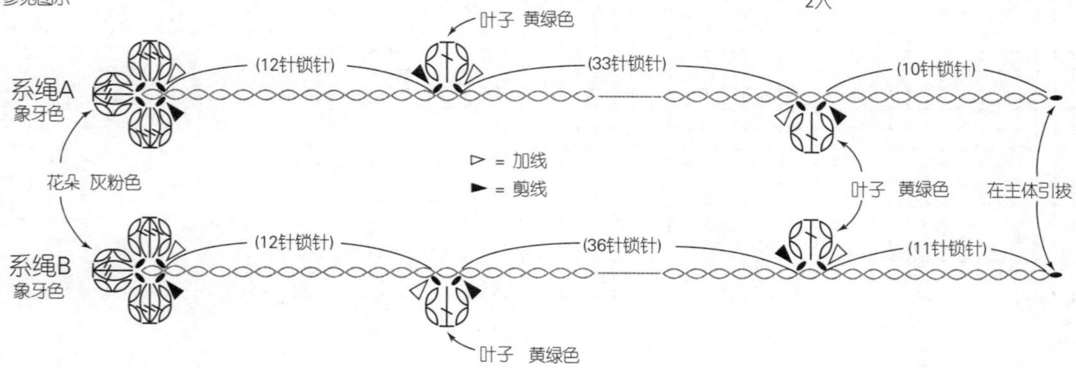

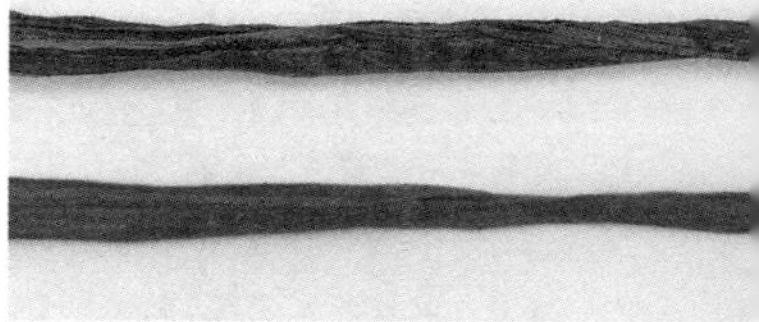

**材料**

和麻纳卡 Eco-Andaria 灰蓝绿色(68)25g/1团，象牙色(168)、沙米色(169)各20g/各1团，黄绿色(19)、灰粉色(71)各少量/各1团；Eco-Andaria <Crochet> 深棕色(804)少量/1团

**工具**

钩针6/0号，棒针6号

**成品尺寸**

宽16.5m，深27.5cm(不含提手)

**编织密度**

10cm×10cm面积内：短针条纹17.5针，16行；下针编织21.5针，25行

**编织要点**

●口袋锁针起针，钩织短针条纹。主体和口袋同样钩织至第32行。第33行和口袋重叠在一起，同时在2个织片上挑针钩织。参见图示，主体部分刺绣。口袋和主体指定位置用同色线做回针缝。主体周围做边缘编织A，口袋部分2个织片重叠在一起挑针。从边缘编织A的指定位置挑针，包盖做下针编织。编织终点从反面做伏针收针，做边缘编织B。在指定位置钩织系绳，钩织花朵和叶子。花朵的底部缠上线，叶子做刺绣。

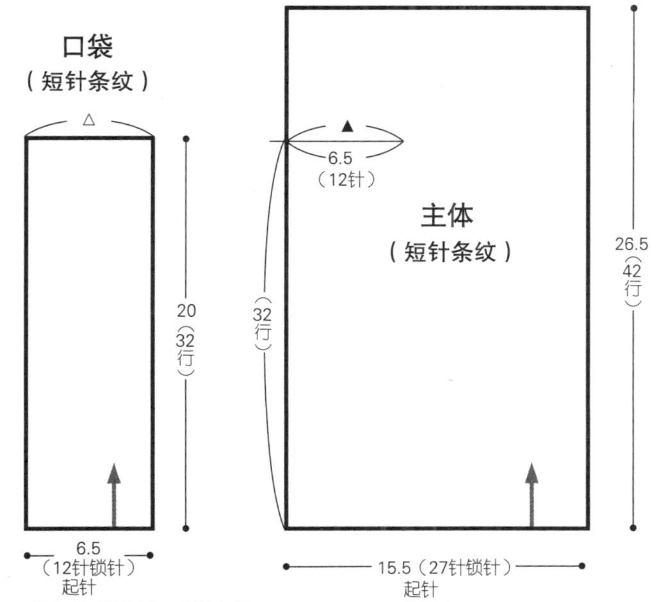


※除指定以外均用6/0号针钩织

※主体的▲和口袋的△重叠，2片织片一起挑针

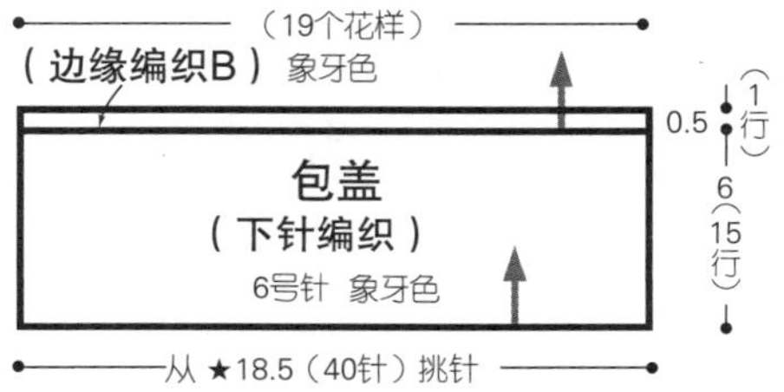


※挑取边缘编织A后侧的1根线

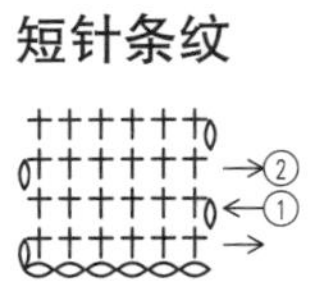


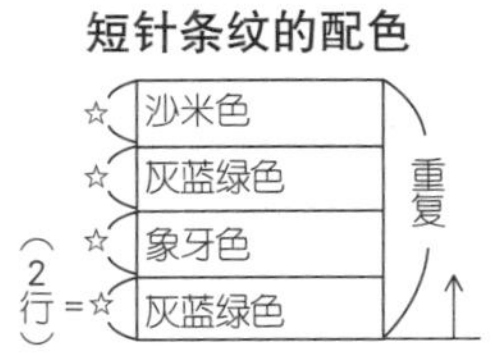


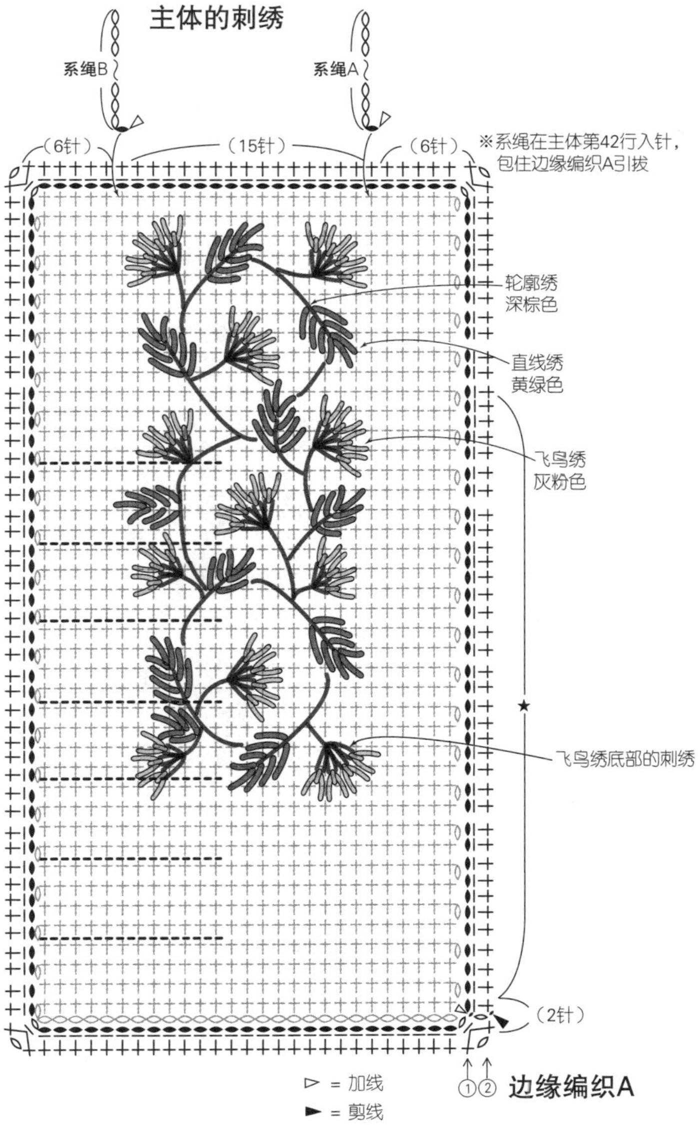


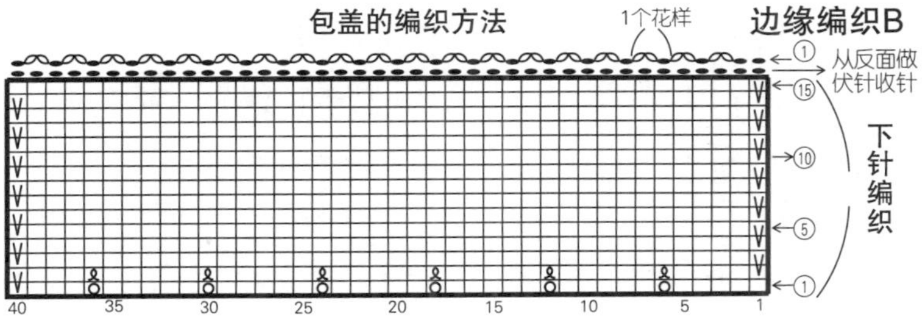


□=| ※边缘编织B挑取伏针收针针目前侧的1根线钩织

◀组合方法接164页

**材料**

Avril Bulky Silk Wool 胭脂色(13) 95g；Wool Ring 番茄色(14) 75g

**工具**

棒针5号(双头棒针)

**成品尺寸**

胸围92cm，肩宽46cm，衣长53cm

**编织密度**

10cm×10cm面积内：条纹花样18.5针，40行

**编织要点**

●身片…手指起针，编织单罗纹针、条纹花样。参见图示减针。肩部花样不规则。

●组合…肩部盖针接合，胁部使用毛线缝针挑针缝合。衣领、袖口挑取指定数量的针目，环形编织单罗纹针。编织终点做下针织下针、上针织上针的伏针收针。

## 71 页的作品 ★★★

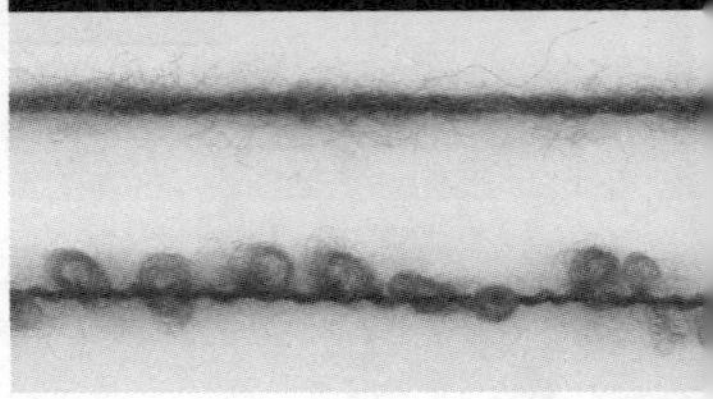

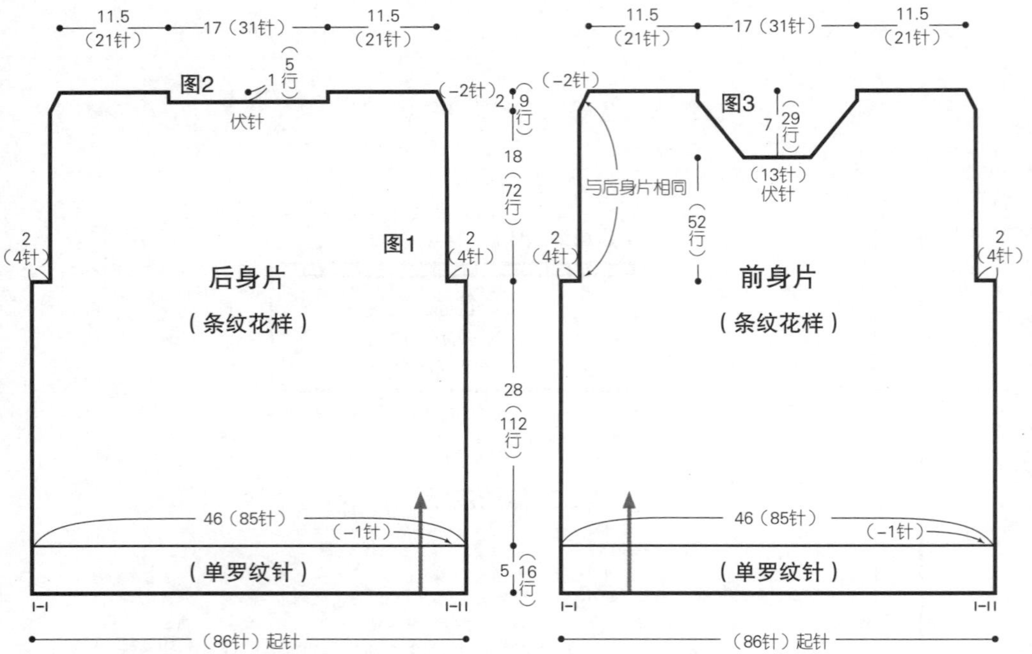


※ 全部使用5号针编织

※ 除指定以外全部用Bulky Silk Wool线编织

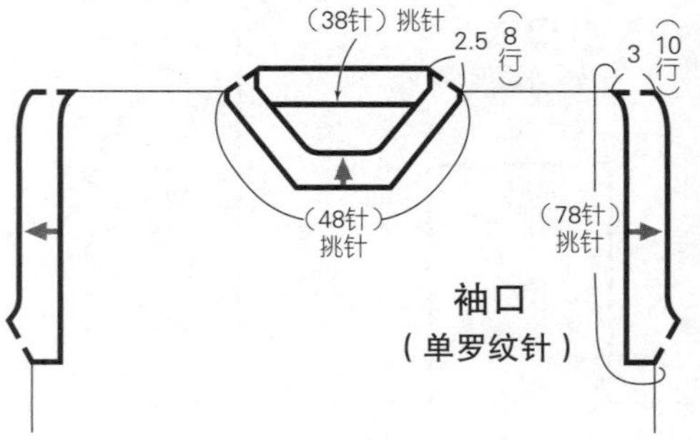


### 单罗纹针

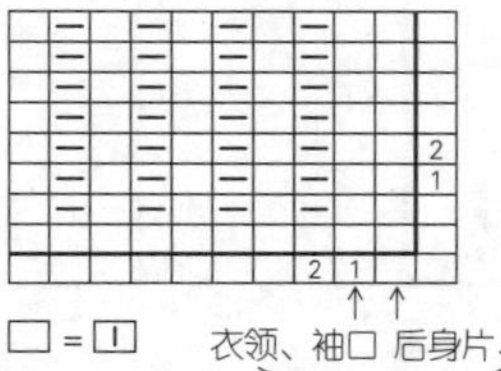


□ = 丨

衣领、袖口 后身片、前身片

编织起点

### 条纹花样

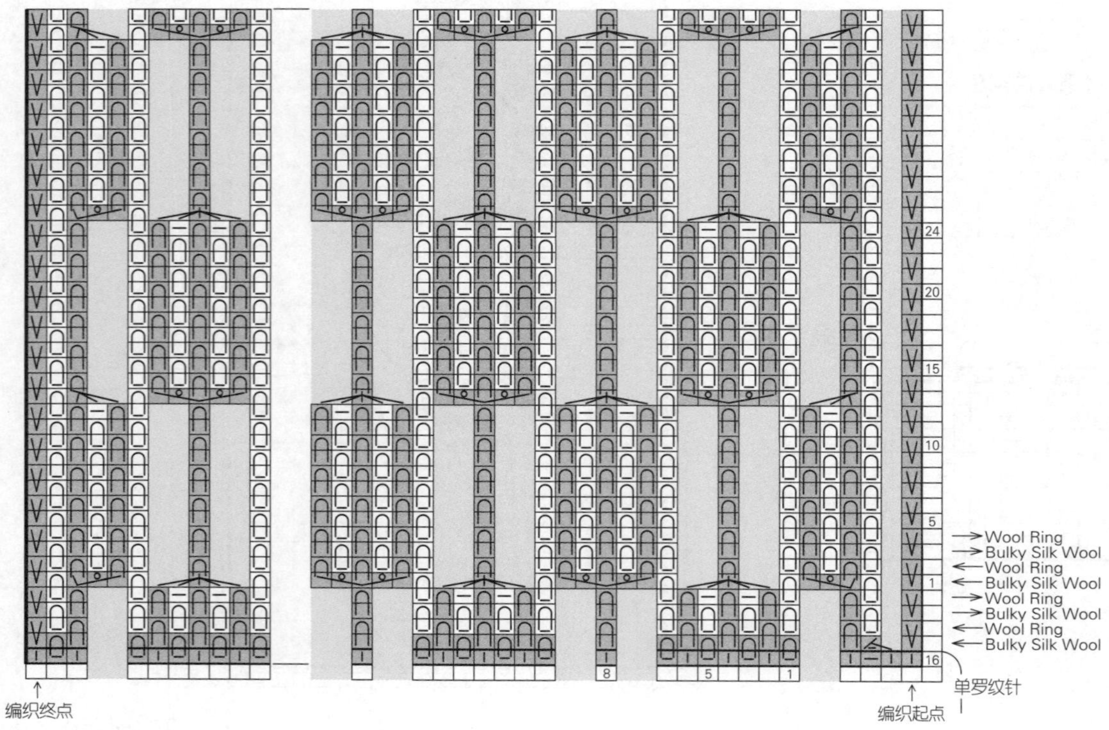


配色 { ■ = Bulky Silk Wool ; □ = Wool Ring }

■ = 无针目处

V = 滑针

※ 编织方法请参见124页

= 上针的拉针

= 拉针

※ 编织方法请参见148页

= 拉针的1针放5针的加针

※ 编织方法请参见167页

· = 拉针的1针放3针的加针

※ 编织方法请参见145页

= 拉针的中上5针并1针

※ 编织方法请参见72页

= 拉针的左上3针并1针

= 拉针的右上3针并1针

※ 编织方法请参见156、157页

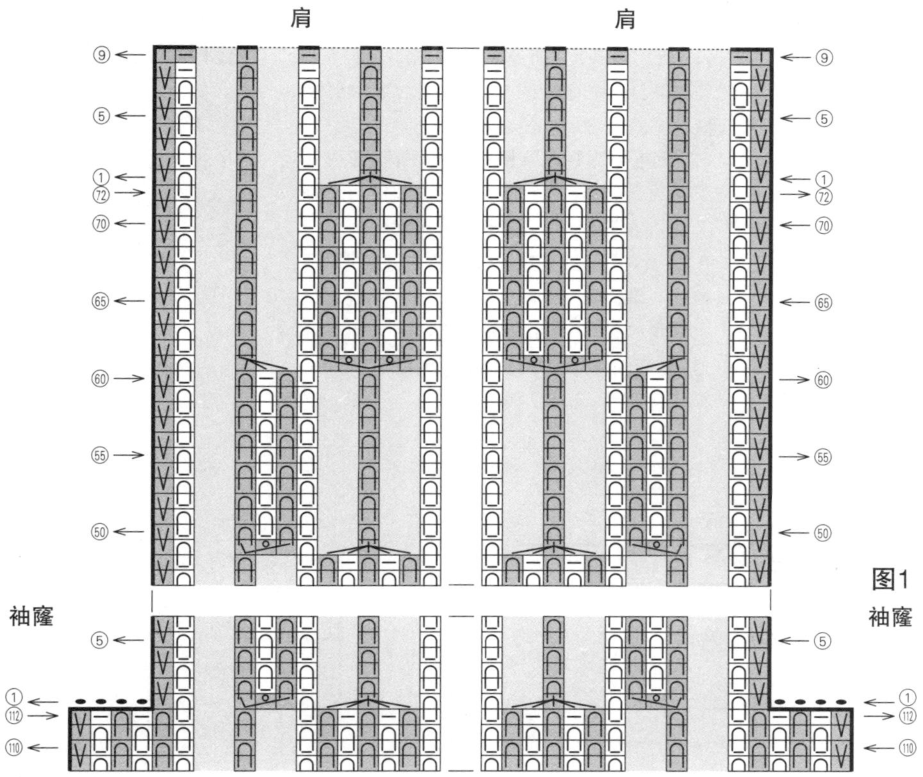


图1

配色 { (灰色) = Bulky Silk Wool / (白色) = Wool Ring

= 无针目处

= 滑针
※ 编织方法请参见124页

= 上针的拉针

= 拉针
※ 编织方法请参见148页

= 拉针的1针放5针的加针

※ 编织方法请参见167页

· = 拉针的1针放3针的加针

※ 编织方法请参见145页

= 拉针的中上5针并1针

※编织方法请参见72页

= 拉针的左上3针并1针

= 拉针的右上3针并1针

※ 编织方法请参见156、157页

= 左上2针并1针下一行的滑针

= 右上2针并1针下一行的滑针

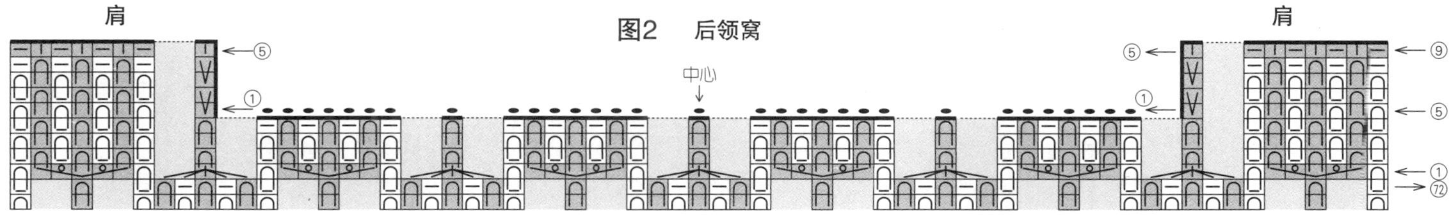


图2 后领窝

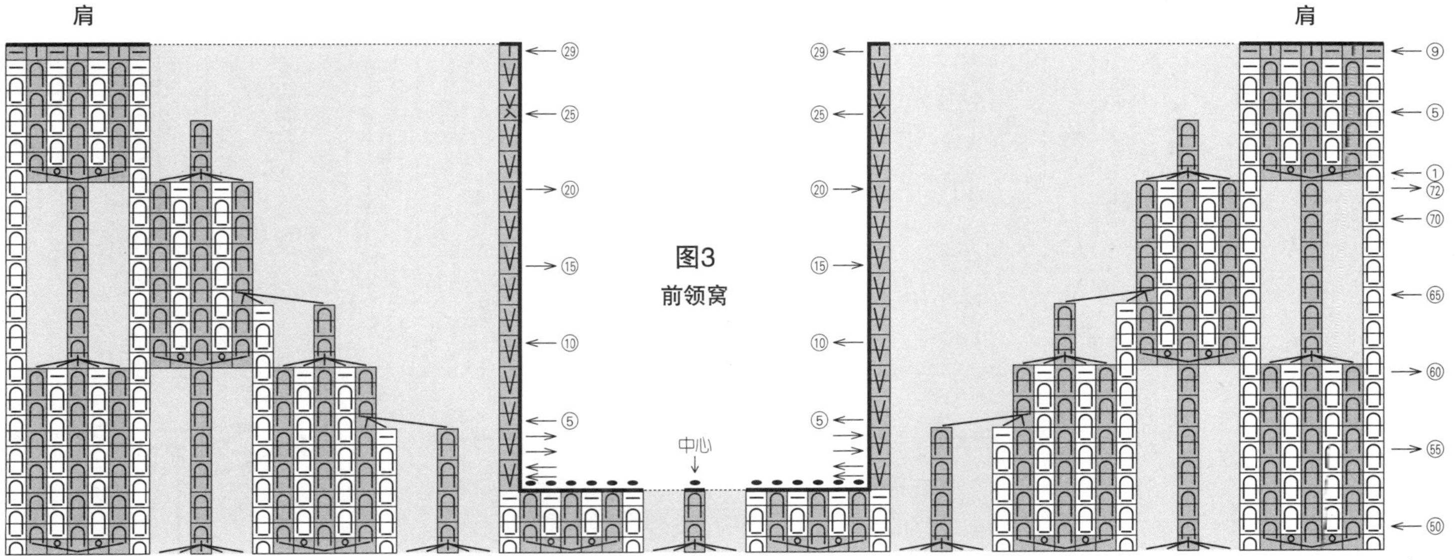


图3
前领窝

## 拉针的1针放5针的加针

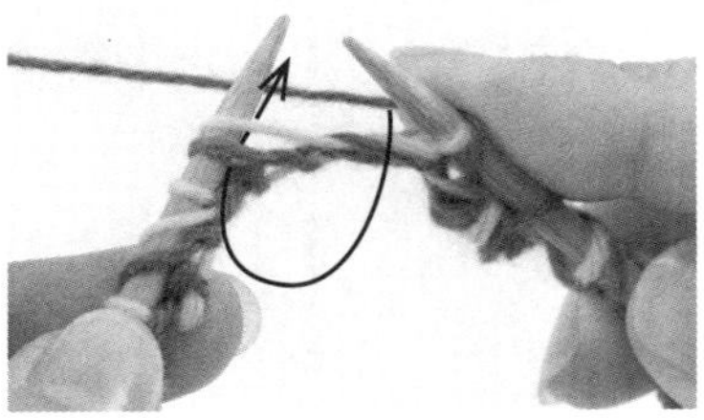

1 如图所示，将右棒针入针（2个线圈）编织下针，但左棒针的针目保留在左棒针上。

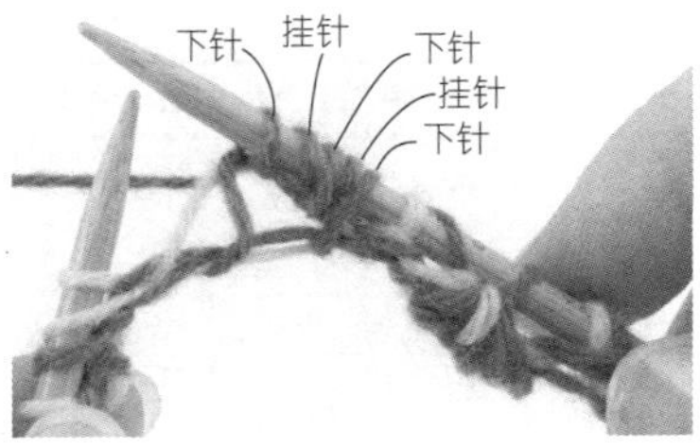


2 接着在同一个针目中编织挂针、下针、挂针、下针。

3 下一行重复"将线放在后面、移动针目、编织上针"。

**材料**

Avril Wool Lily Yarn 香瓜色(304)160g；Mohair Tam 薄荷绿色(31)150g；直径16mm的纽扣7颗

**工具**

棒针6号(双头针)

**成品尺寸**

胸围108cm，衣长51.5cm，连肩袖长60.5cm

**编织密度**

10cm×10cm面积内：条纹花样A 12针，36行；条纹花样B 14针，34行

**编织要点**

●育克、身片、袖…育克另线锁针起针，编织条纹花样A。第1行将成为反面行。参见图示加针。作为前、后身片差，后身片编织12行，然后后身片、前身片连在一起编织条纹花样A、条纹花样B、单罗纹针。编织终点做单罗纹针收针。袖从前、后身片相差的12行、育克的休针以及腋下针目挑针，环形编织条纹花样A、条纹花样B、单罗纹针。袖下参见图示减针。编织终点和下摆相同。

●组合…衣领拆开锁针起针挑针，编织单罗纹针。编织终点和下摆相同。前门襟挑取指定数量的针目，编织单罗纹针。右前门襟开扣眼，编织终点和下摆相同。缝上纽扣。



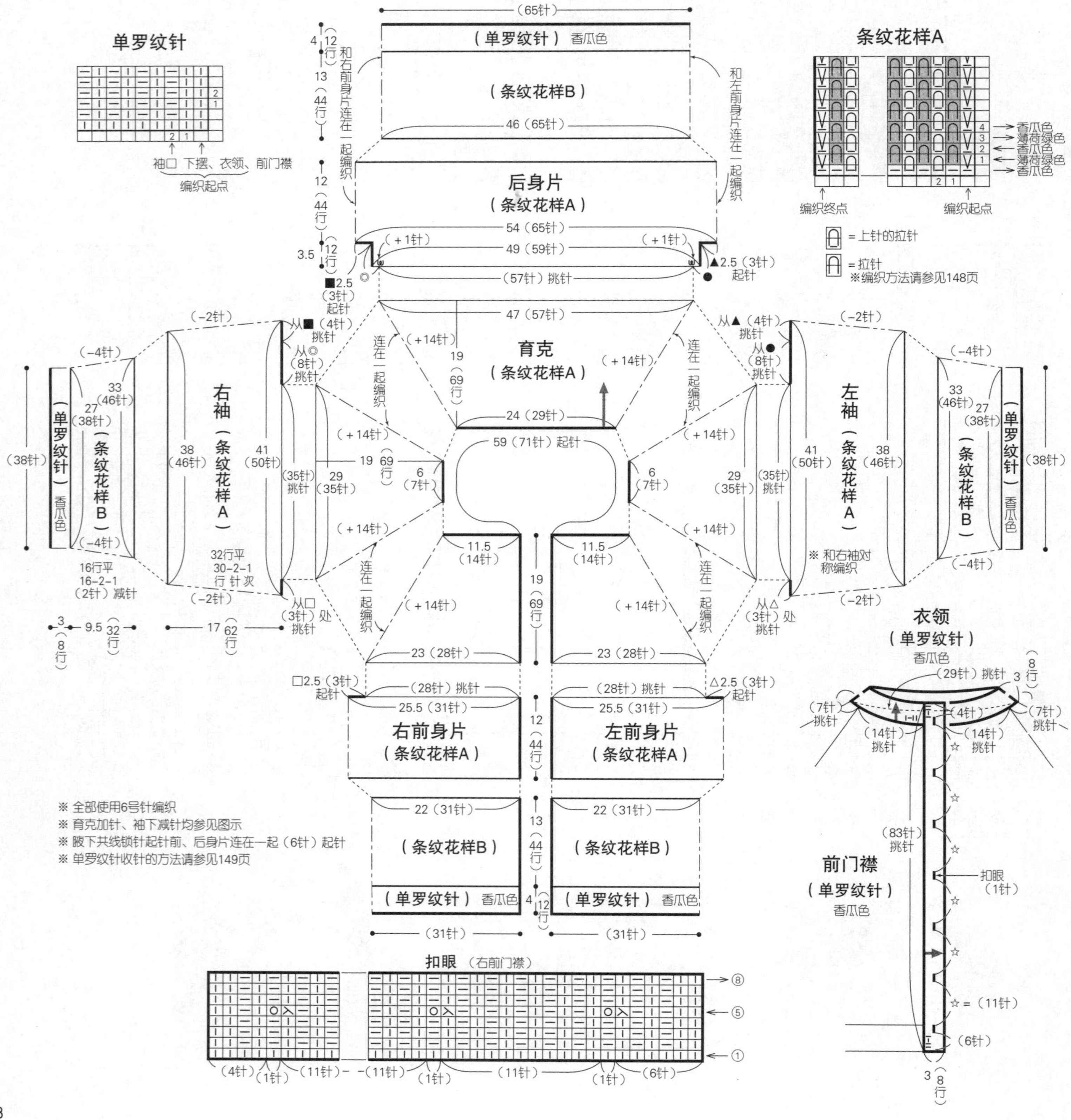

## 育克的编织方法

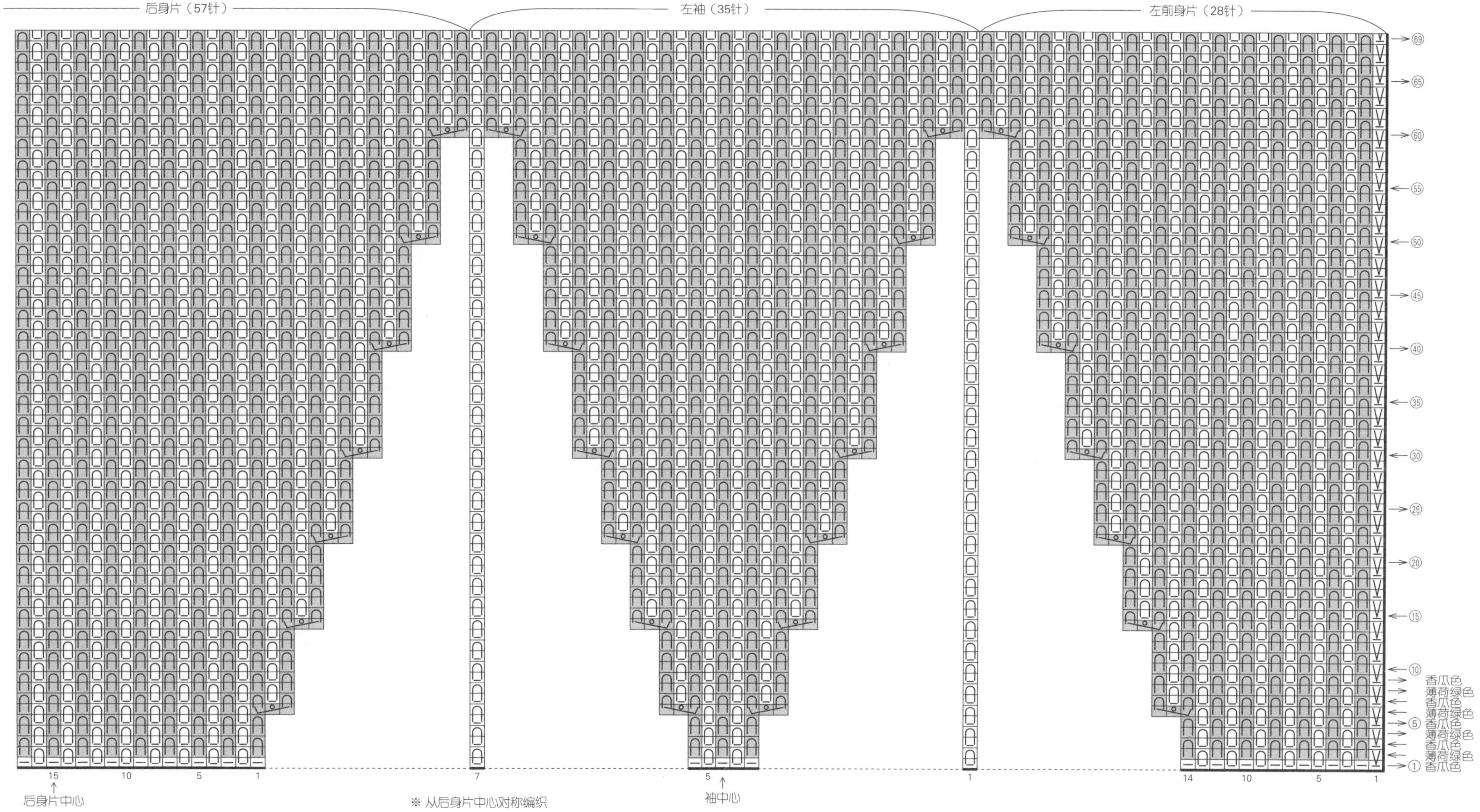


※ 从后身片中心对称编织

配色 { ▨ = 薄荷绿色 / □ = 香瓜色 }

= 上针的拉针

= 拉针

※编织方法请参见148页

= 拉针的1针放3针的加针

※编织方法请参见145页

## 条纹花样B （身片）8针1个花样

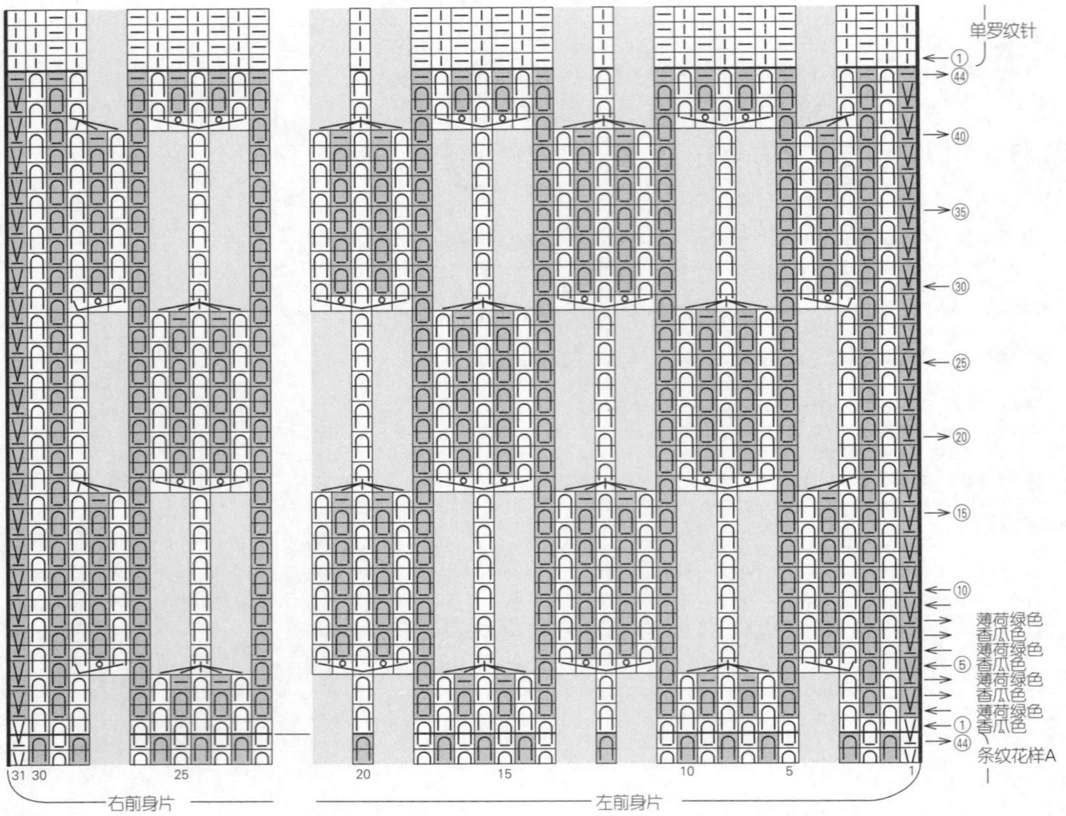


配色 { ▓ = 薄荷绿色 / □ = 香瓜色

▒ = 无针目处

= 上针的滑针

= 上针的拉针

= 拉针

※ 编织方法请参见148页

= 拉针的1针放5针的加针

※ 编织方法请参见167页

= 拉针的1针放3针的加针

※ 编织方法请参见145页

= 拉针的中上5针并1针

※ 编织方法请参见72页

= 拉针的左上3针并1针

= 拉针的右上3针并1针

※ 编织方法请参见156、157页

## 袖的编织方法

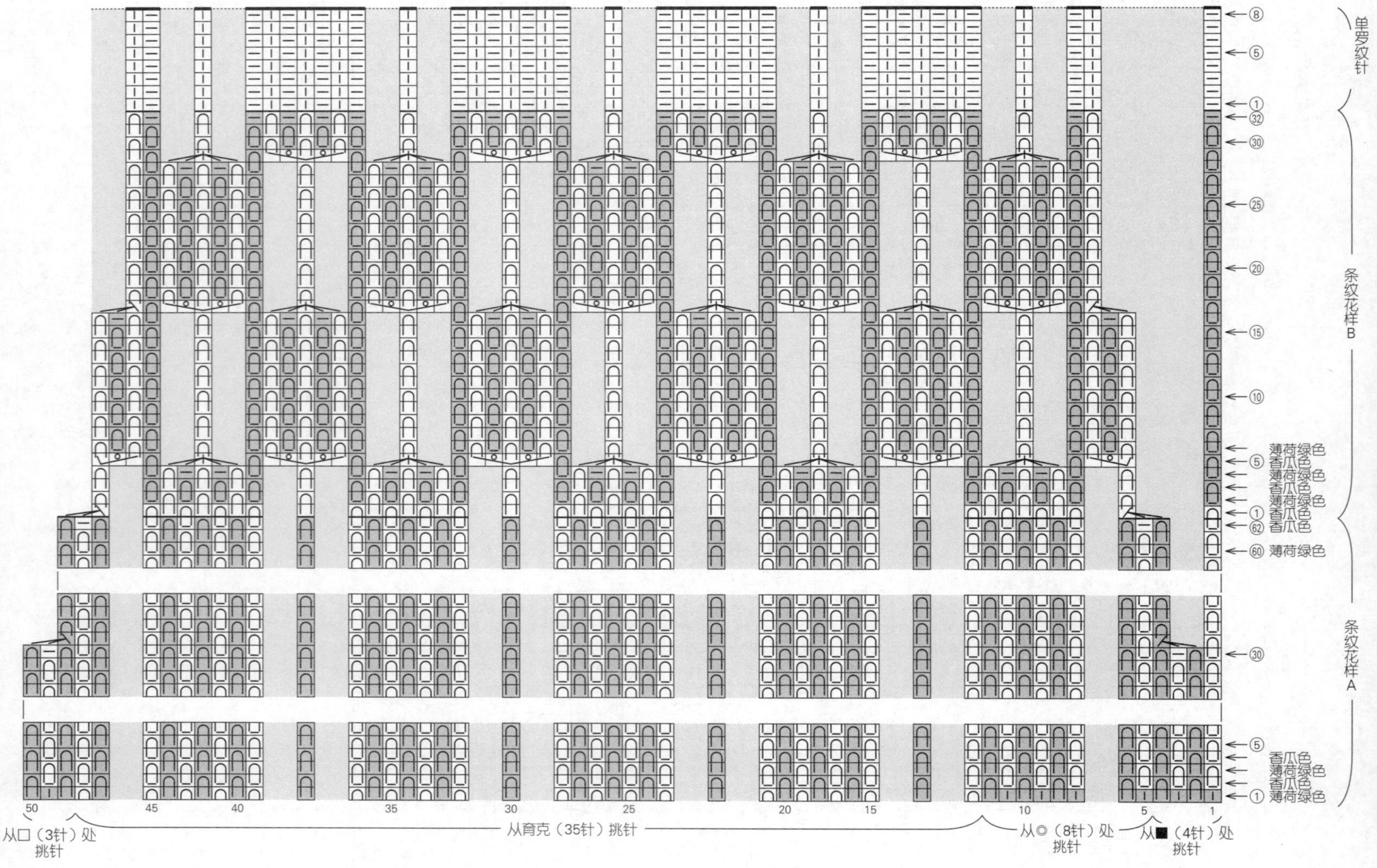

### 材料
钻石线LC米色(6102) 130g/5团

### 工具
棒针5号、4号、3号

### 成品尺寸
衣长31cm

### 编织密度
10cm×10cm面积内：编织花样27针，30行(编织起点一侧)

### 编织要点
●另线锁针起针，按编织花样环形编织。参见图示分散减针。随后使用边缘编织A编织衣领，在第3行改变针的号数，编织的同时在指定的位置减针。编织终点做上针的伏针收针。下摆拆开起针的锁针，挑取针目，编织边缘编织B。编织终点与衣领的处理方法相同。



## 编织花样

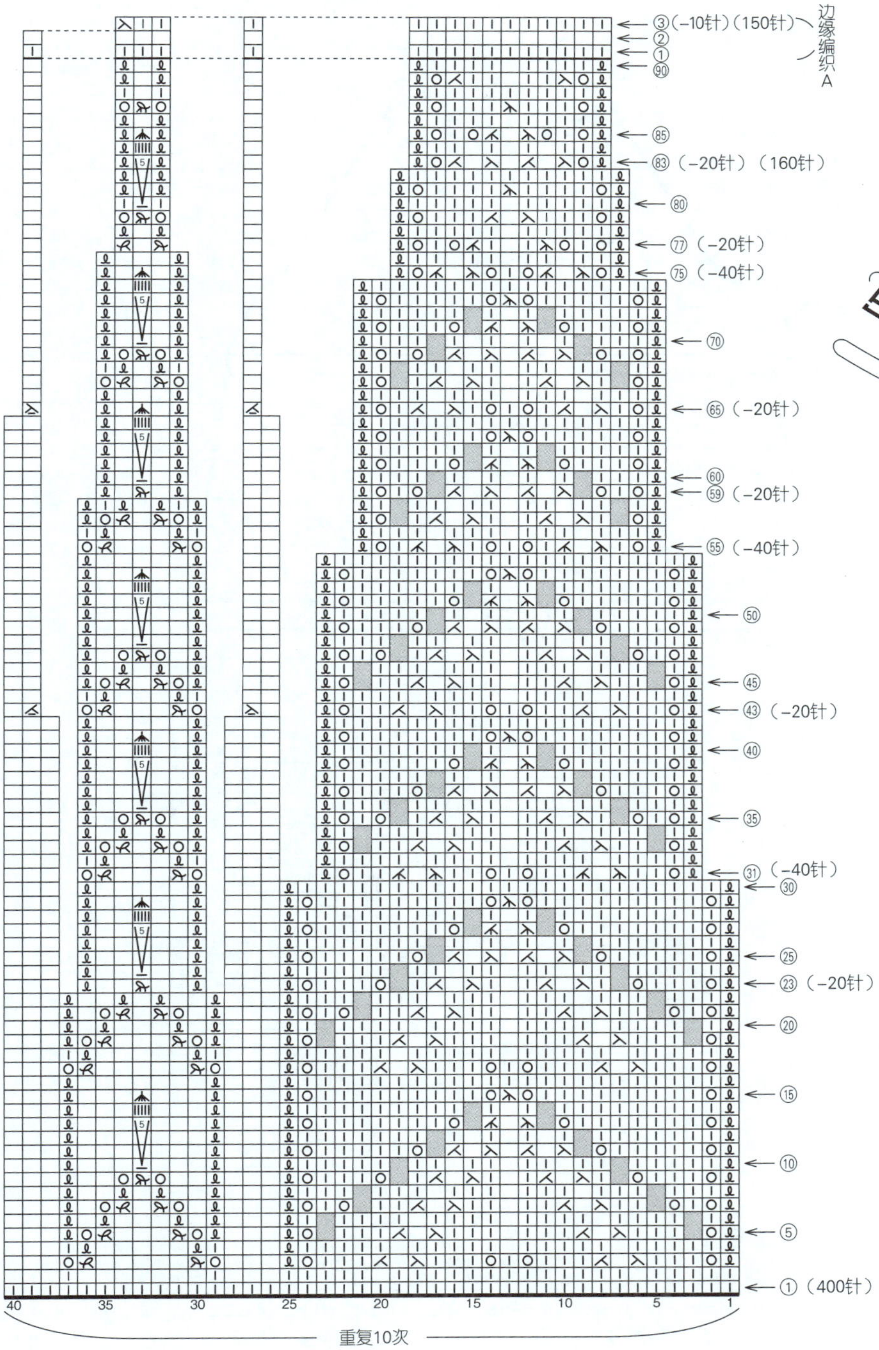


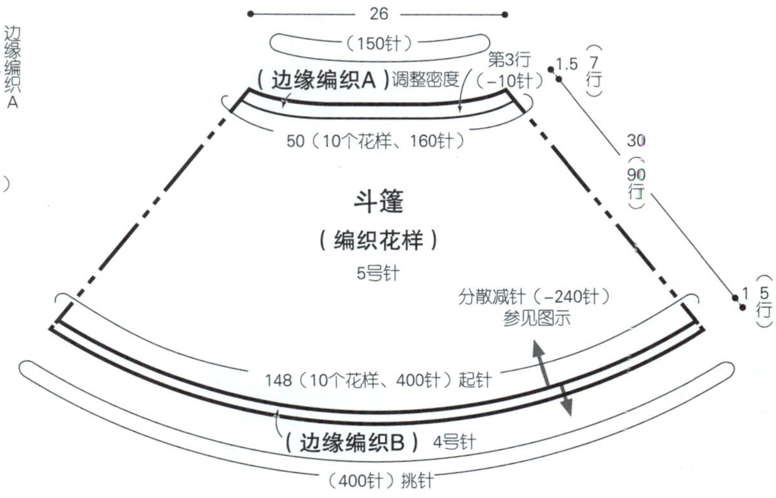


## 边缘编织A

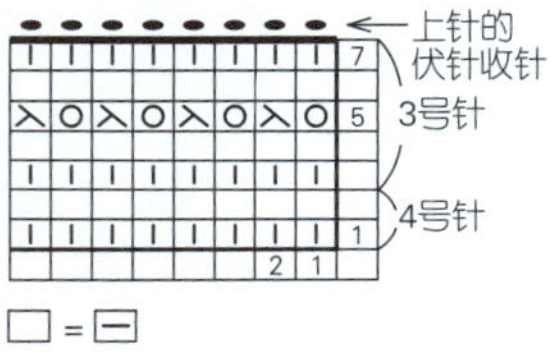


□=⊟

## 边缘编织B

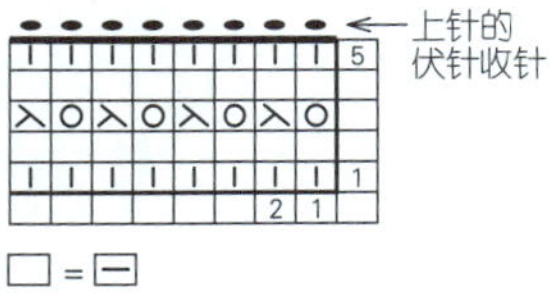


□=⊟

□=⊟

= 扭针的右上2针并1针

= 扭针的左上2针并1针

※ 编织方法参见152页

= 扭针的右上3针并1针

= 下滑3行的5针的小球球

※ 编织方法参见174页

= 无针目处

## 扭针的右上3针并1针

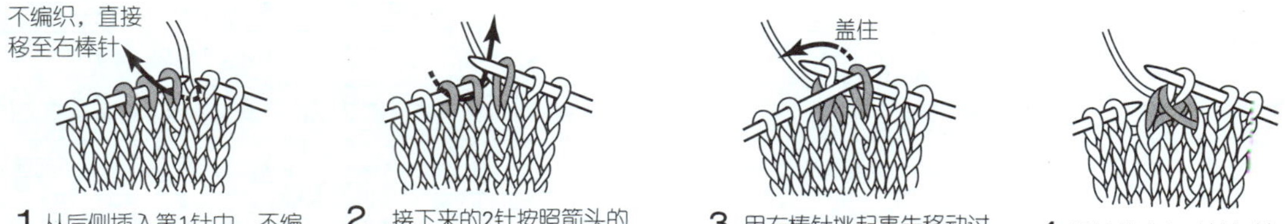


1 从后侧插入第1针中，不编织，直接移至右棒针。

2 接下来的2针按照箭头的方向入针，编织2针并1针。

3 用左棒针挑起事先移动过来的针目，盖住刚刚编织的针目。

4 扭针的右上3针并1针完成。

**材料**

K' s K Royal Thai Silk 深紫色(5)、粉色(3)各80g/各2团，原白色(1) 50g/2团，浅紫色(4) 30g/1团

**工具**

棒针4号，钩针5/0号

**成品尺寸**

胸围100cm，衣长57cm，连肩袖长40cm

**编织密度**

10cm×10cm面积内：条纹花样A、B均为22针，22行

**编织要点**

●身片、袖…身片另线锁针起针，从挑针开始钩织编织花样，组合编织条纹花样A、起伏针、条纹花样B。衣袖共线锁针起针，编织条纹花样B。参见图示分散减针，插肩袖、领窝、袖山的减针，2针及2针以上时做伏针减针，1针时立起侧边1针减针。拆开下摆起针的锁针，挑取针目，编织起伏针。编织终点从反面做伏针收针。

●组合…胁、袖下、插肩袖使用毛线缝针挑针缝合，腋下的针目使用毛线缝针做下针编织无缝缝合。袖口编织边缘编织。衣领挑取指定数量的针目，编织起伏针，袖山处将针目重叠后再挑针。编织终点做上针的伏针收针。

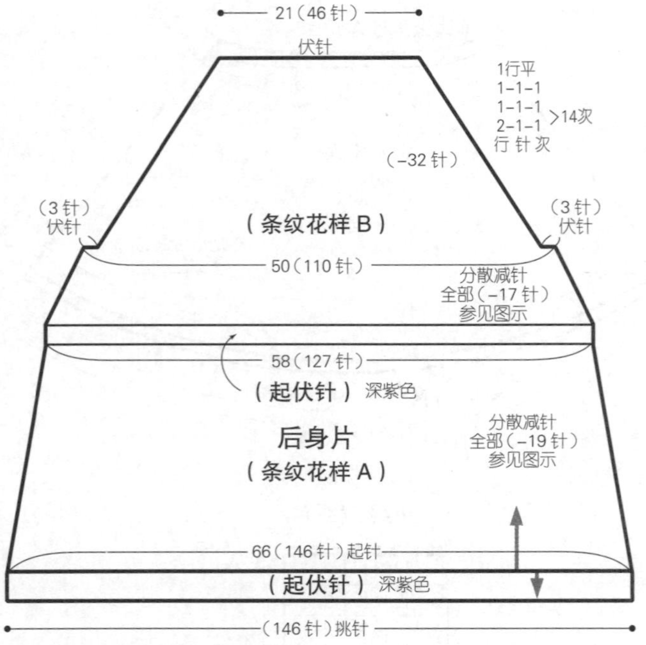


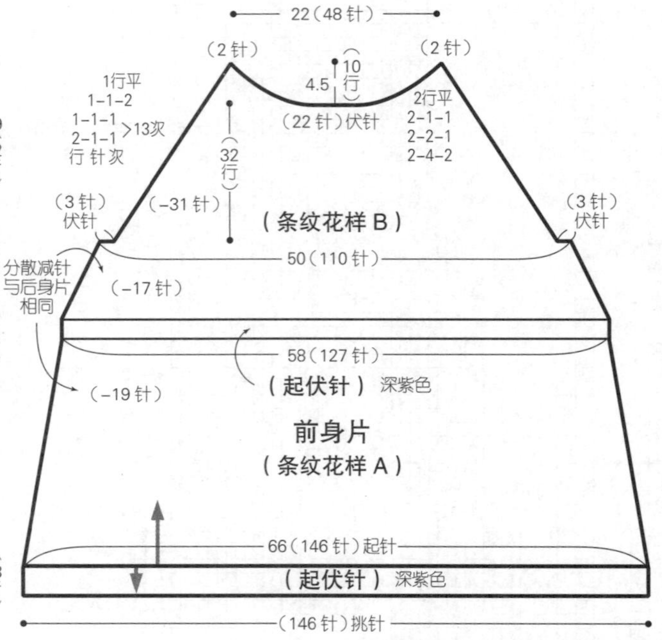


※ 除指定以外均用4号针、1根线编织

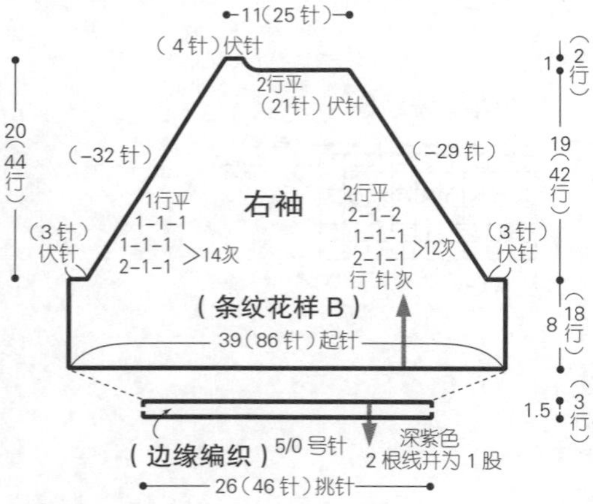


※ 左袖对称编织

**起伏针**（下摆）

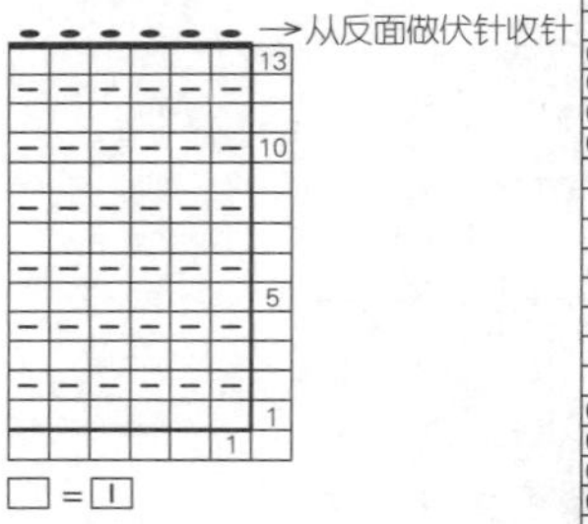


**边缘编织**

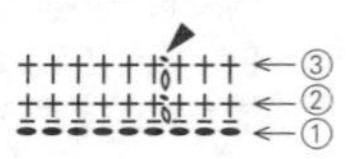


± = 短针的条纹针

※ 编织方法参见130页

► = 剪线

**条纹花样B**（身片上、袖）

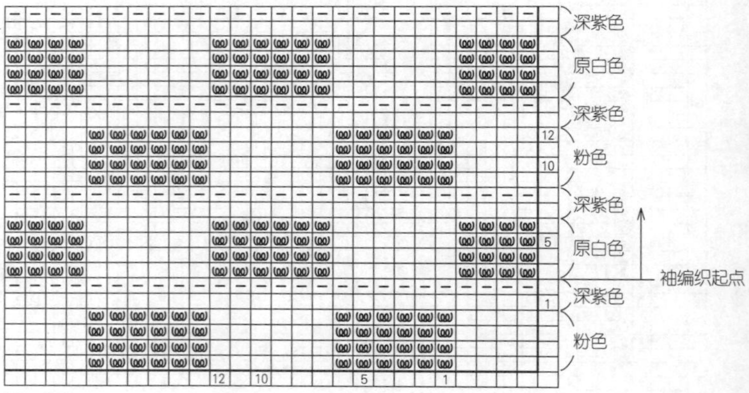


※ 袖从第2行开始编织绕线编　※ 身片分散减针的18行参见图示

**衣领（起伏针）** 粉色

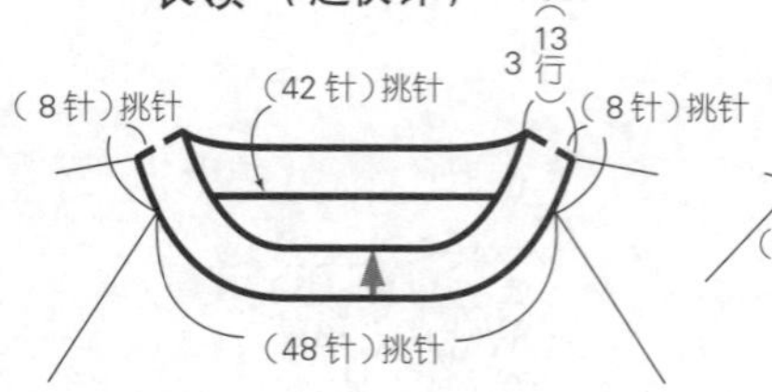


将袖山重叠后再挑针编织衣领

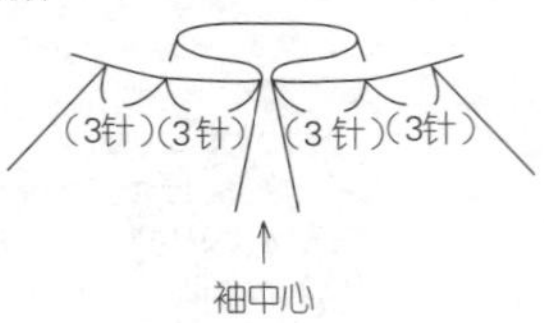


**条纹花样A**

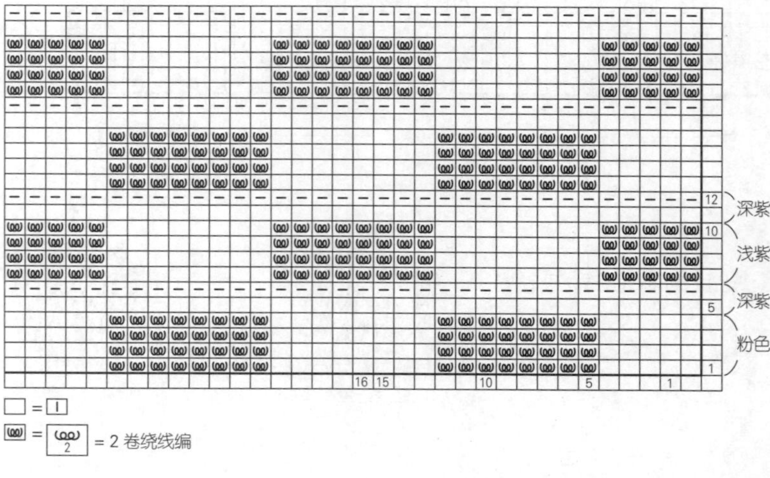

## 后身片、前身片的分散减针

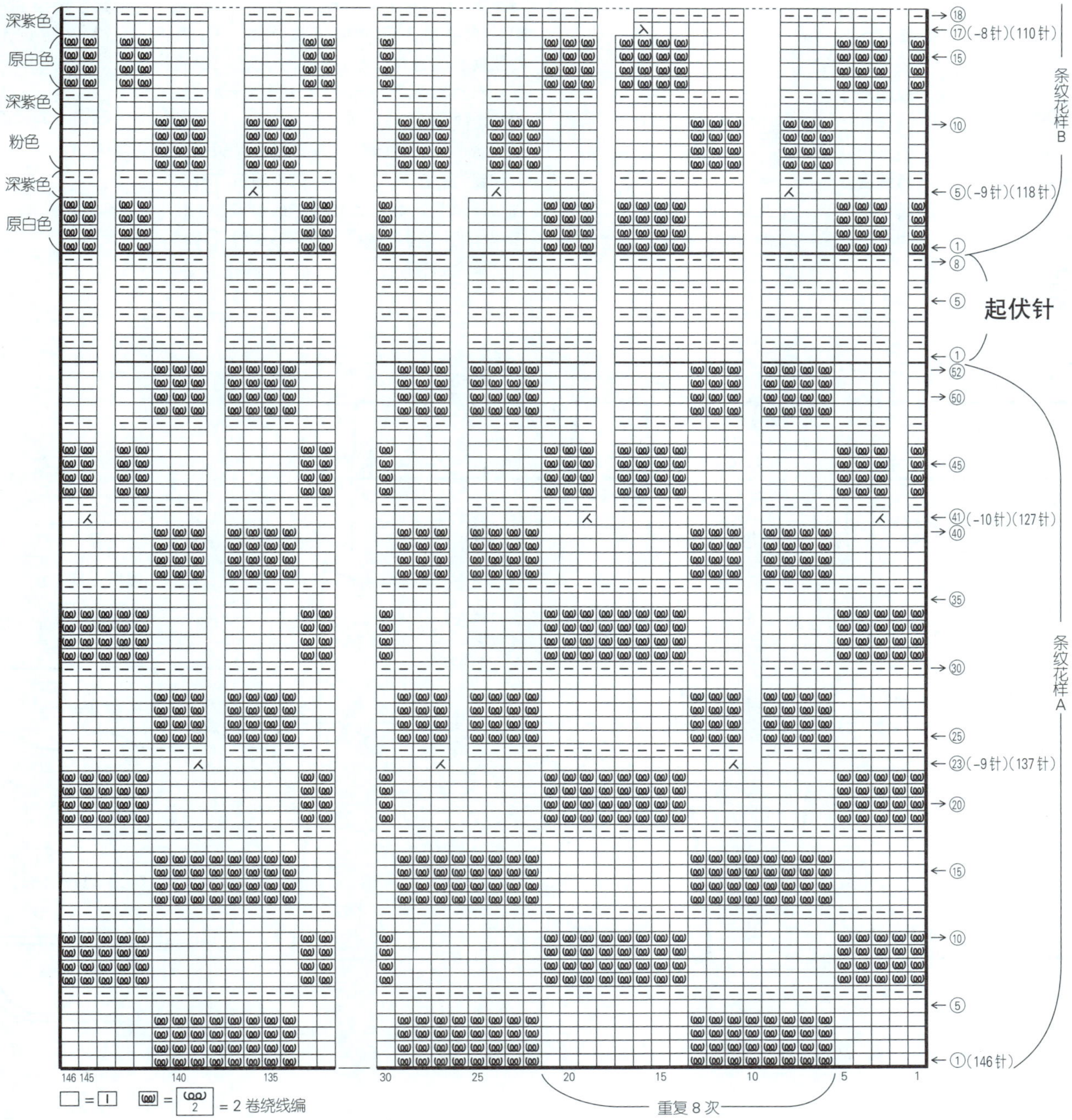


### 2卷绕线编

1 将右棒针插入针目中，在右棒针上绕2圈线，将线拉出。

2 编织下一行时将绕上去的线松开。

3 2卷绕线编完成。

### 右上2针交叉（中央1针上针入针）

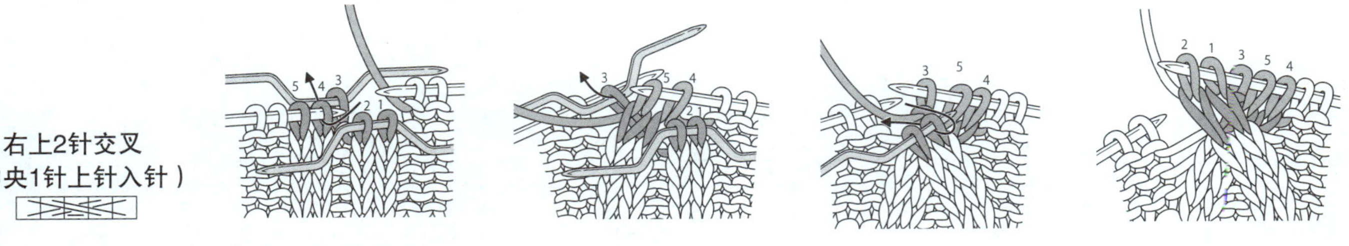

1 将右侧的2针、中央的1针分别移至麻花针上，右侧的2针放在前侧，中央的1针放在后侧休针，第4、5针编织下针。

2 休针的第3针编织上针。

3 第1、2针编织下针。

4 右上2针交叉（中央1针上针入针）完成。

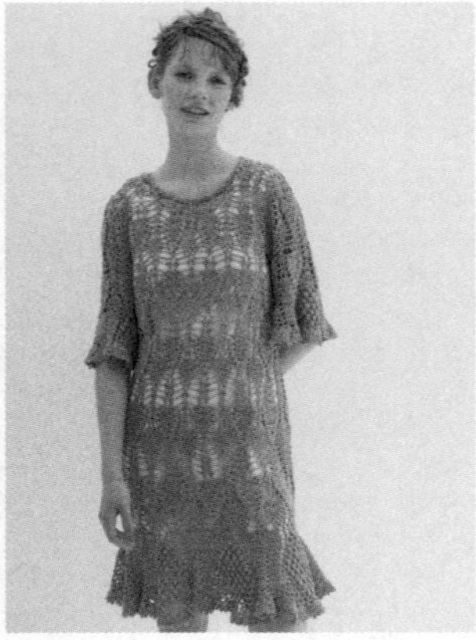

**材料**

K' s K Royal Thai Silk 浅紫色(4) 485g/13团

**工具**

钩针5/0号、4/0号

**成品尺寸**

胸围88cm，肩宽36cm，衣长91cm，袖长31.5cm

**编织密度**

编织花样A，1个花样16针为7.4cm，9.5行为10cm（编织起点一侧）

**编织要点**

●身片、袖…身片锁针起针开始钩织。参见图示在钩织编织花样A的同时分散加针，有需要换针的地方。挑取起针的锁针，钩织肩部。衣袖与身片使用同样的方法起针，从袖山开始钩织编织花样A。

●组合…肩部、胁部、袖下使用钩针做引拔针和锁针的接合。衣领钩织边缘编织。下摆、袖口挑取指定数量的针目，按编织花样B、C，做环形的往返编织。使用毛线缝针将袖挑针缝合到身片上。

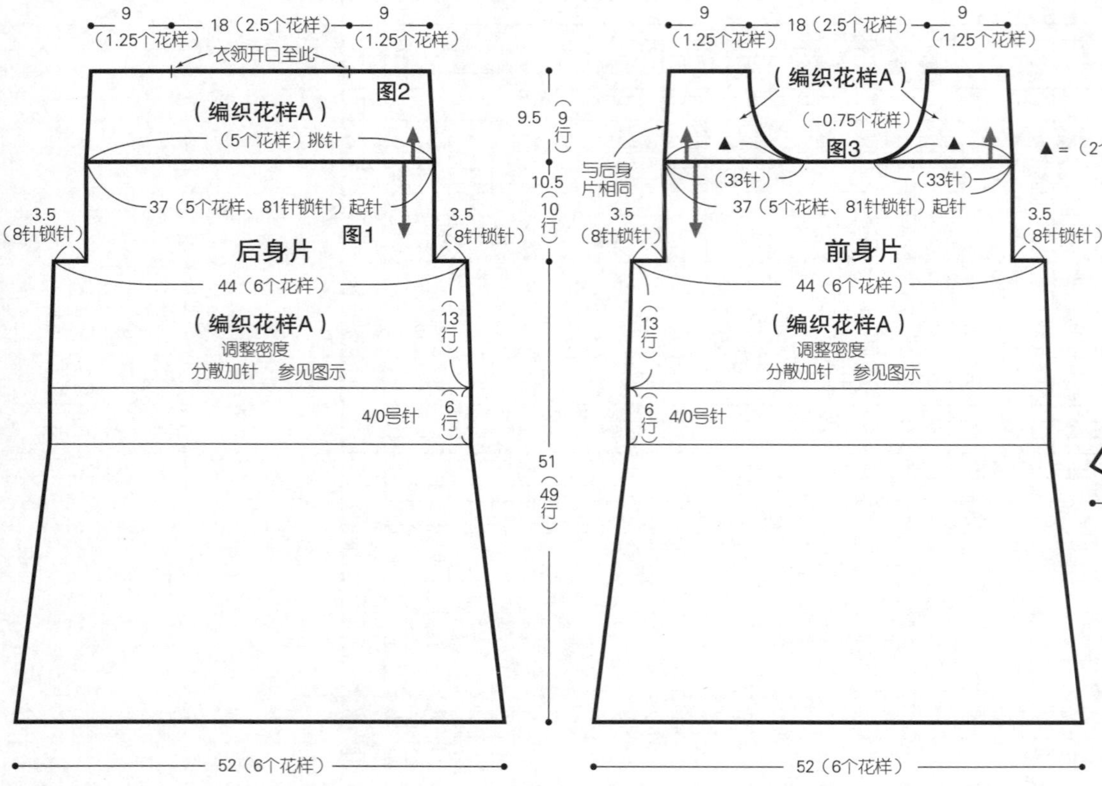


※ 除指定以外均用5/0号针钩织

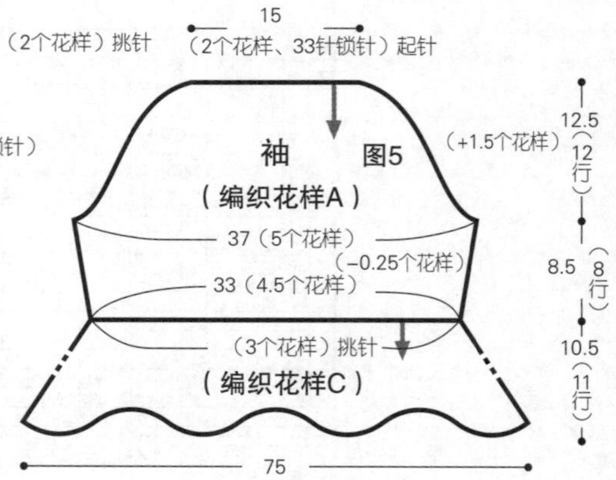


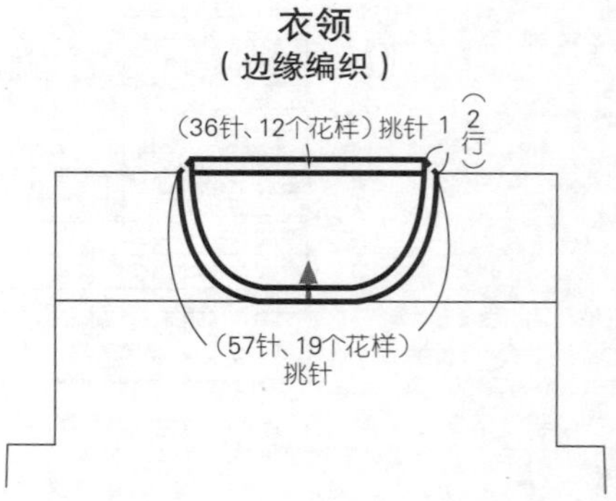


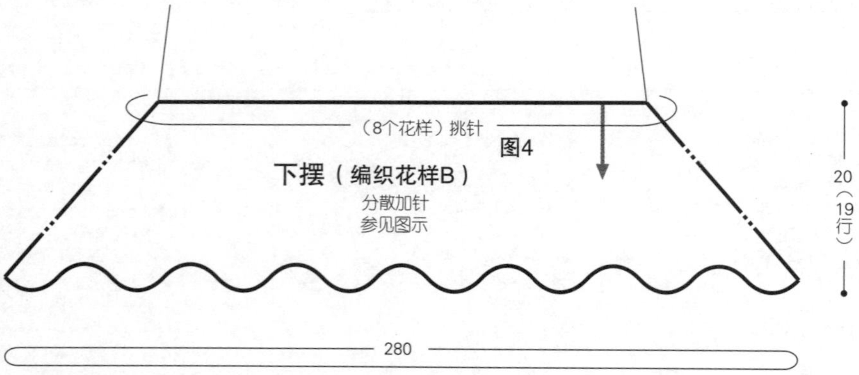


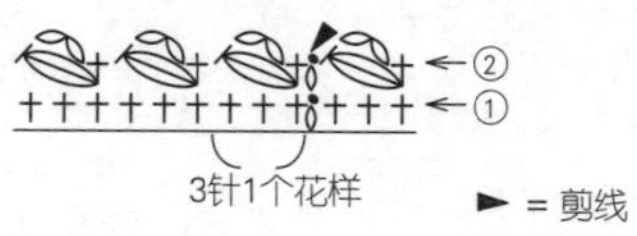


下滑3行的5针的小球球

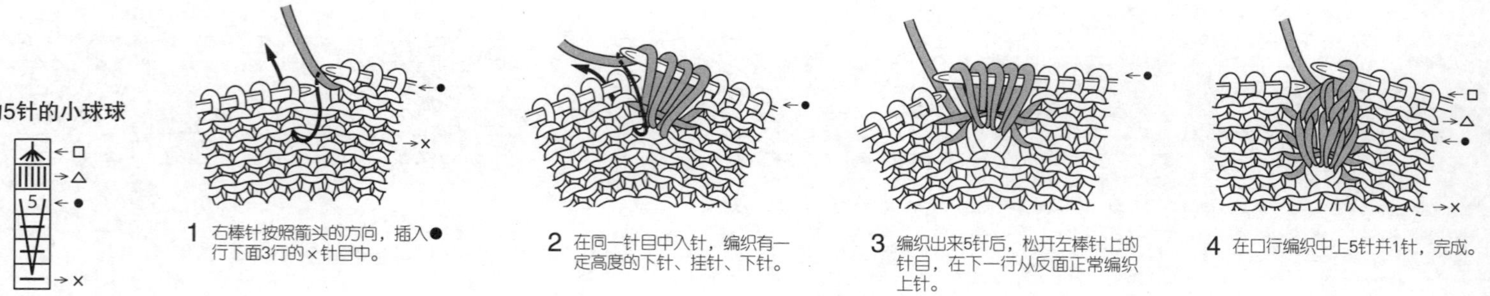

1 右棒针按照箭头的方向，插入●行下面3行的×针目中。

2 在同一针目中入针，编织有一定高度的下针、挂针、下针。

3 编织出来5针后，松开左棒针上的针目，在下一行从反面正常编织上针。

4 在□行编织中上5针并1针，完成。

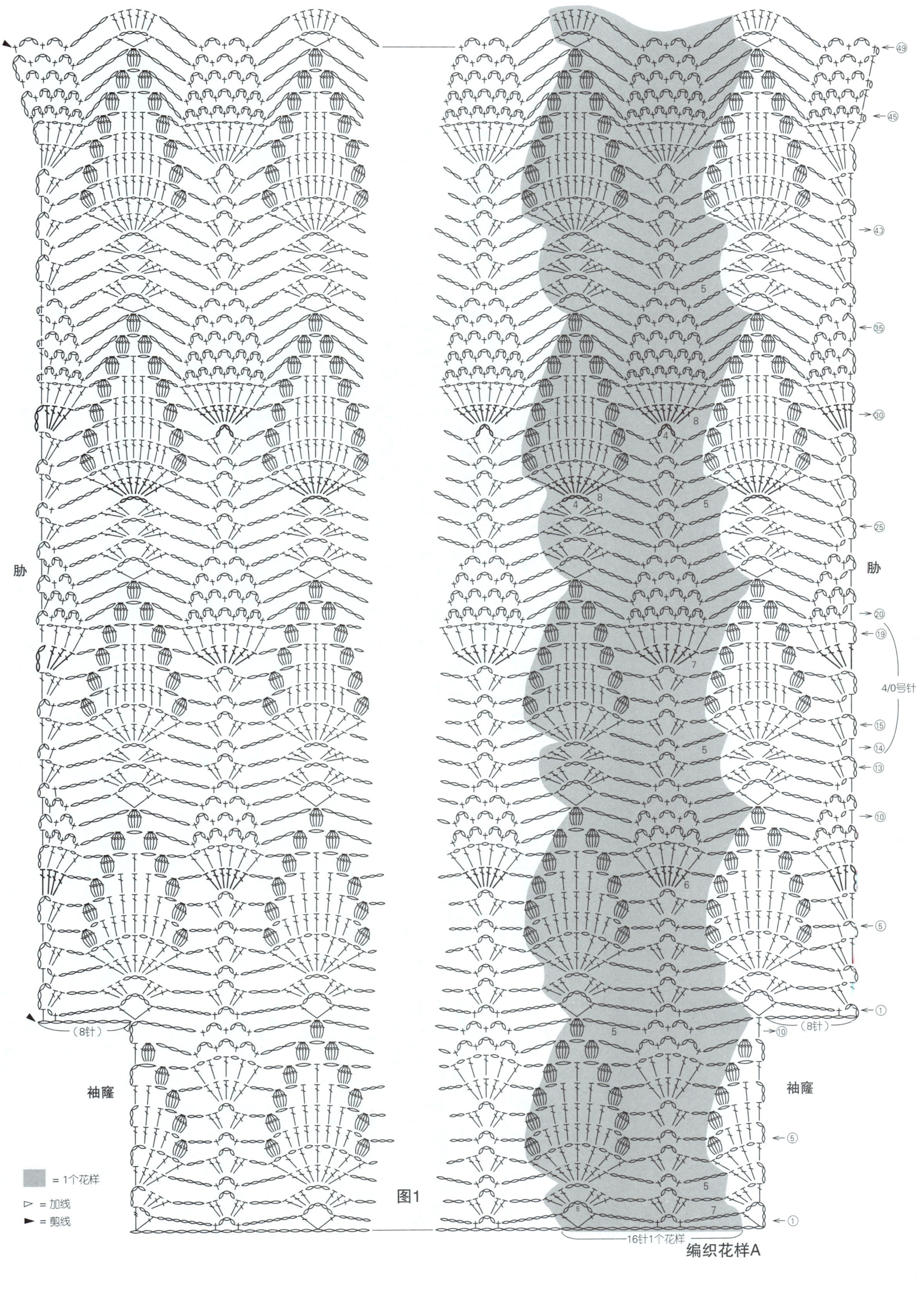

肋
肋
袖窿
袖窿
49
45
40
35
30
25
20
19
15
14
13
10
5
1
4/0号针
(8针)
(8针)
10
5
1
= 1个花样
▷ = 加线
► = 剪线
16针1个花样


图1

编织花样A

**图2**
**后身片领窝**

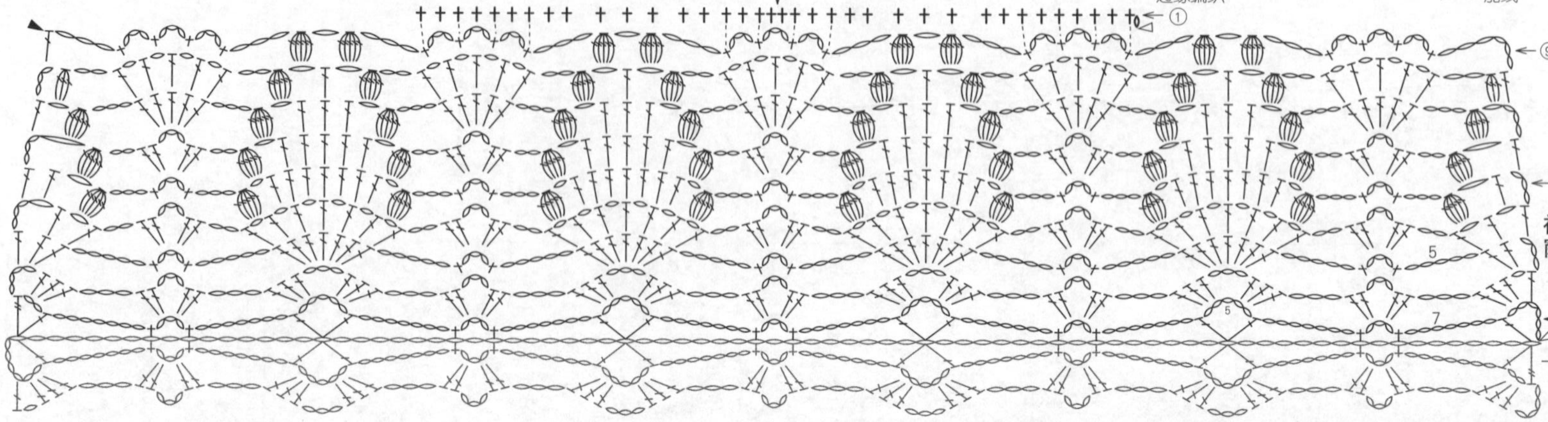


▷ = 加线

**图4**
**下摆**

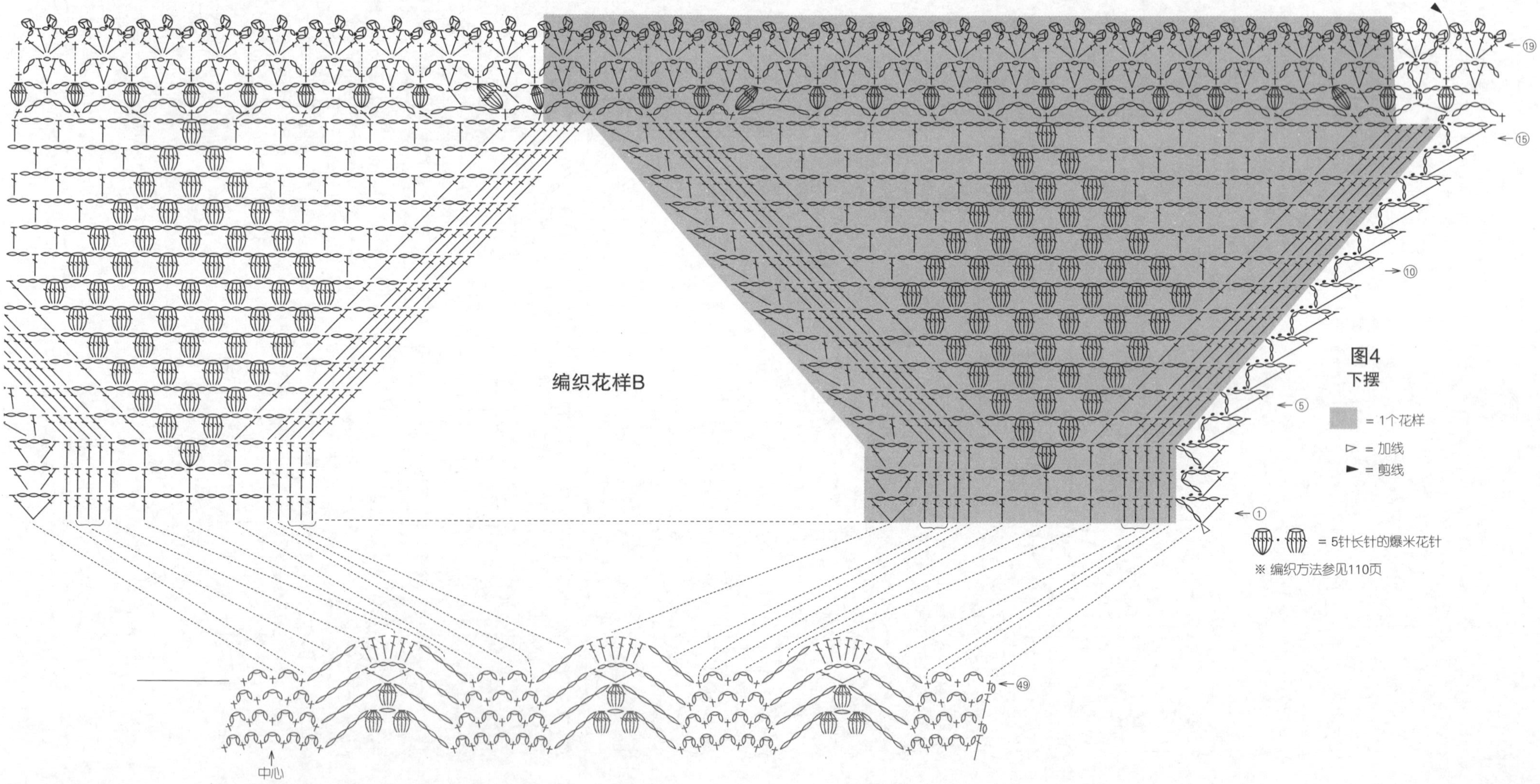


= 1个花样

▷ = 加线

► = 剪线

= 5针长针的爆米花针

※ 编织方法参见110页

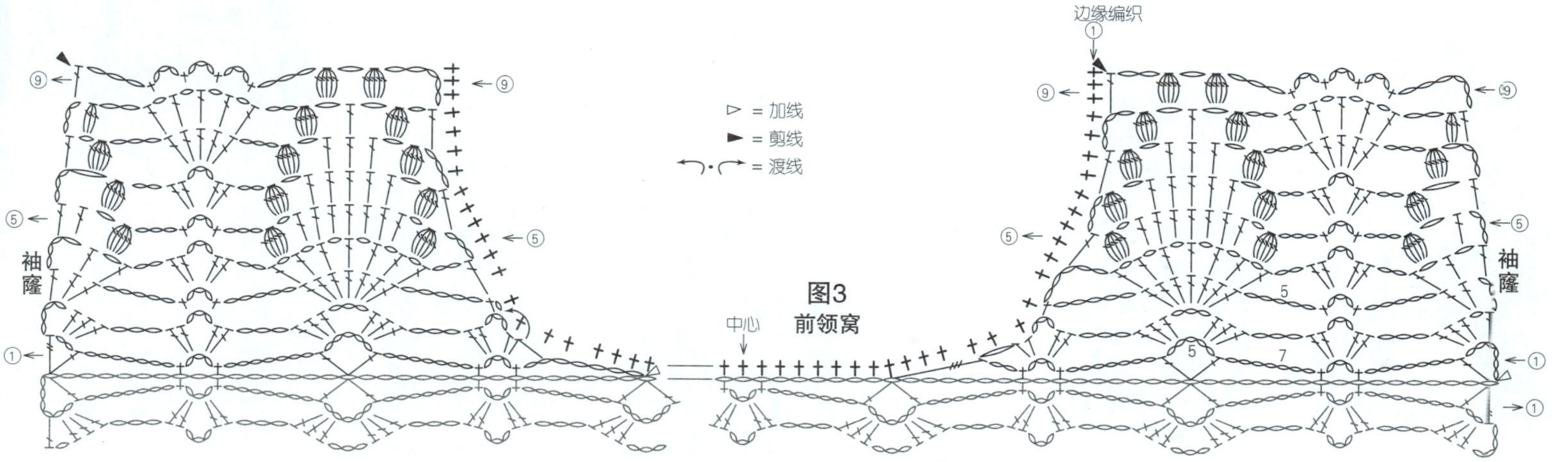


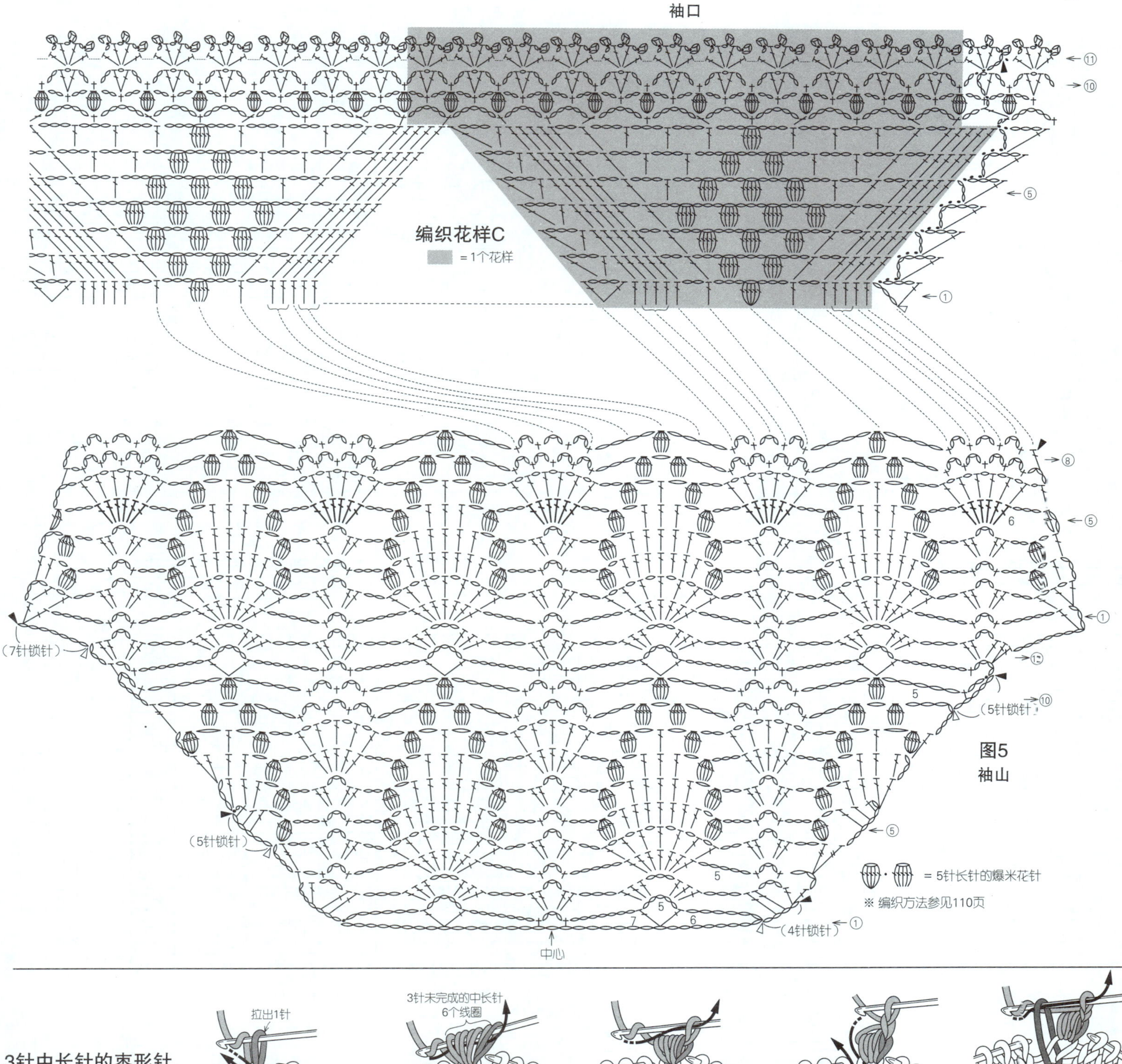


## 3针中长针的枣形针

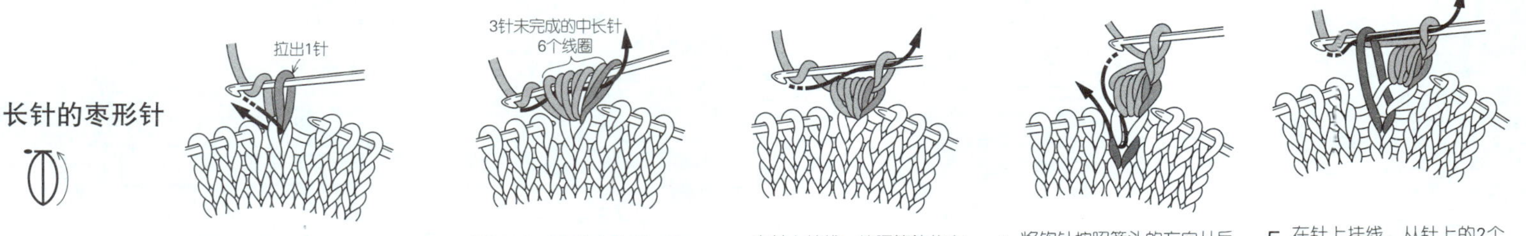


1 使用钩针松松地拉出1针，在针上挂线，插入同一针目中。

2 重复3次"在针上挂线、拉出"，从钩针上的所有线圈中一次性引拔出。

3 在针上挂线，按照箭头的方向再一次引拔以收紧。

4 将钩针按照箭头的方向从反面插入枣形针下面1行针目的上半弧中，将线拉出。

5 在针上挂线，从针上的2个线圈中一次性引拔出，将该针目移至右棒针。

**材料**

[装饰领] 钻石线MSC白色(101) 30g/1团；串珠及其他材料请参见一览表所示

[手提包] 钻石线MSC白色(101) 55g/2团；串珠及其他材料请参见一览表所示

**工具**

棒针5号、4号、2号、1号

**成品尺寸**

[装饰领] 宽9cm，衣领内围45cm

[手提包] 宽25cm，包深19cm

**编织密度**

10cm×10cm面积内：编织花样A 25针，37行(5号针)；编织花样B 32针，46行

**编织要点**

●装饰领…另线锁针起针，在做编织花样、起伏针的同时，分散减针并调整编织密度。在右前端开扣眼。随后在减针的同时挑取针目，编织起伏针。编织终点从反面做伏针收针。拆开起针的锁针，编织衣领下侧的起伏针。编织终点做上针的伏针收针。使用下针编织制作包扣，编织终点做伏针收针。在衣领和包扣上缝上串珠。参见组合方法，在衣领上钉上包扣即完成。

●手提包…手指起针，按编织花样B环形编织。编织至第74行后，在指定的位置做伏针收针，剩余的针目休针。将55个大圆串珠穿到线上，从休针上挑取66针，编织边缘编织，编织终点，重复"编织下针、送串珠、编织上针"的步骤，做伏针收针。另一侧也使用同样的方法编织。在指定的位置缝上串珠。底部使用钩针做引拔接合。制作内袋，参见组合方法缝合。在内袋的穿口金处穿入口金棒，挂上链子后即完成。

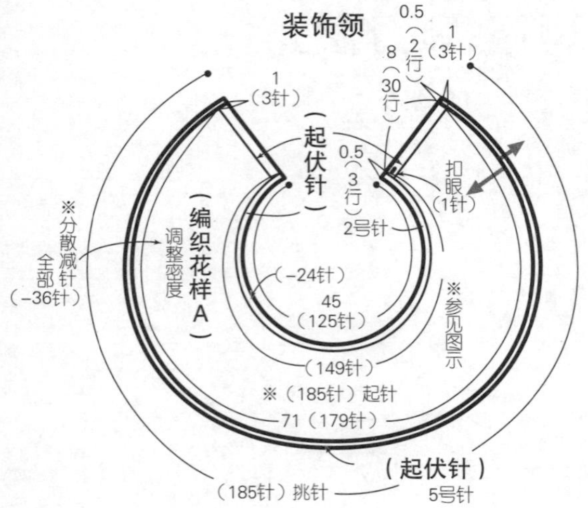


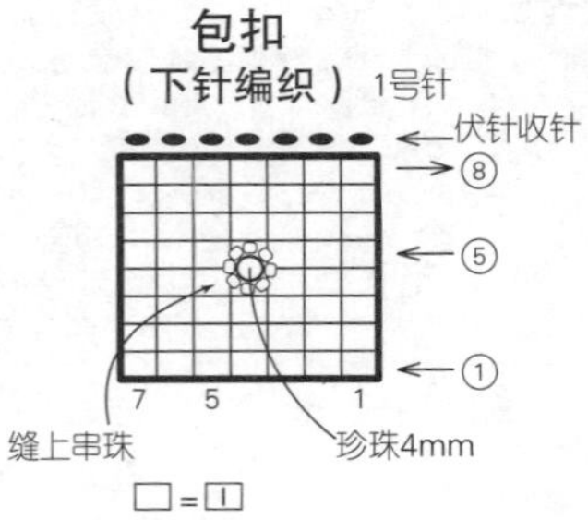

**使用材料一览表**

| 记号 | 品名 | 手提包 | 装饰领 |
|---|---|---|---|
| (枣形) | 高级彩色珍珠(枣形) 3mm×6mm (K252/301) | 32颗 | 76颗 |
| ○ | 高级彩色珍珠4mm (K252/4) | 78颗 | 11颗 |
| ● | 高级彩色珍珠3mm (K252/3) | 112颗 | 10颗 |
| • | 高级玻璃珍珠3mm (J603/3) | 64颗 | 113颗 |
| □ | 大圆串珠 #1 (#701) | 468颗 | 166颗 |
| ◎ | 亮片龟壳形6mm (H1291/501) | 118片 | 18片 |
| ▭ | 筒串珠1.7mm×6mm #3 (#62) | 112颗 | |
| | 手提包用链子40cm 银色 (DF407/S) | 1颗 | |
| | 口金14.5cm 银色 | 1颗 | |
| | 底布 | 27cm×37cm | |
| | 直径10mm的包扣里面的纽扣 | | 1颗 |

※使用的串珠、链子为MIYUKI

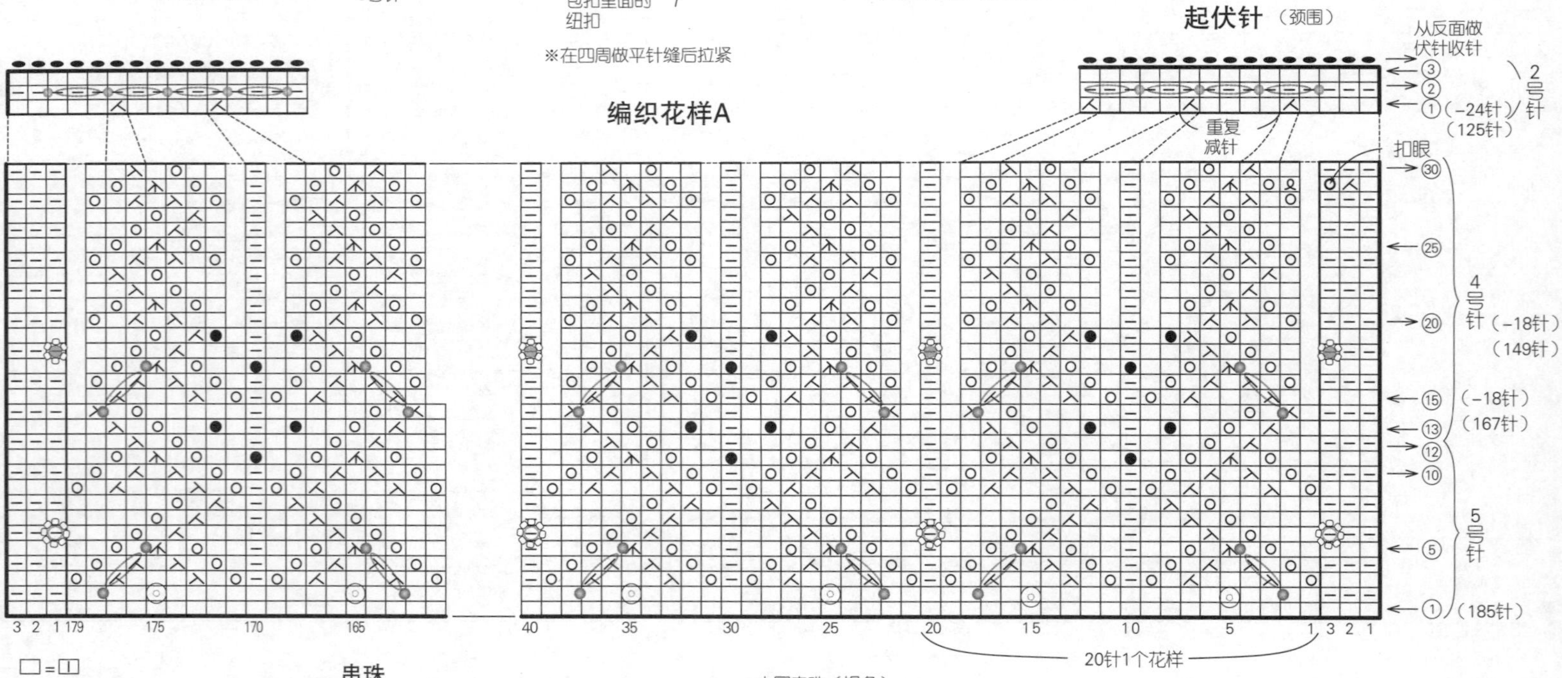


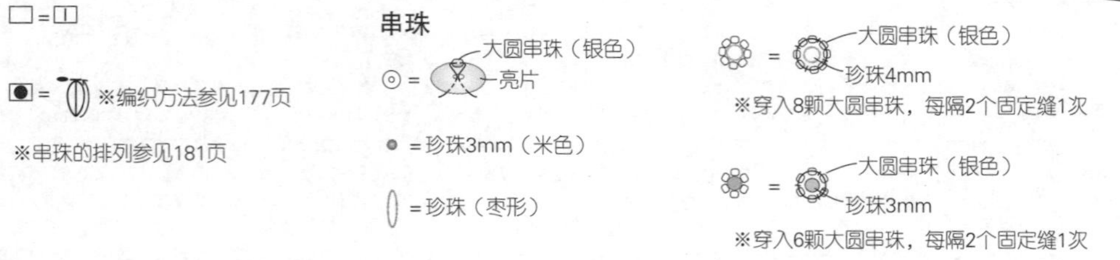


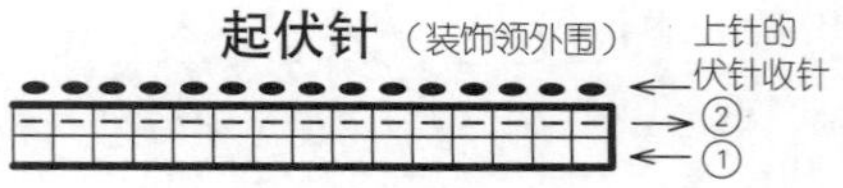

## 手提包

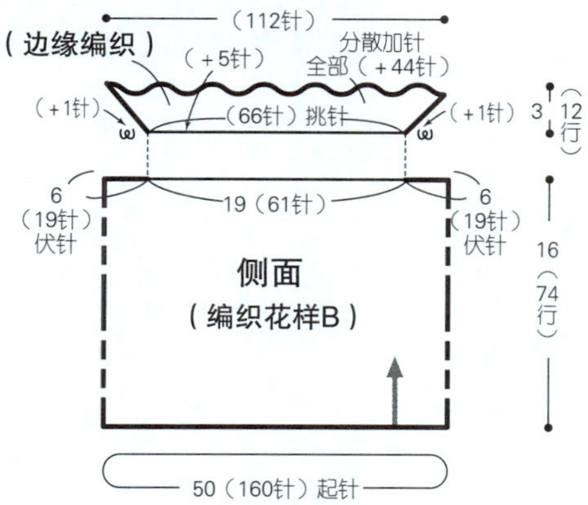


※全部使用2号针编织

## 手提包内袋布

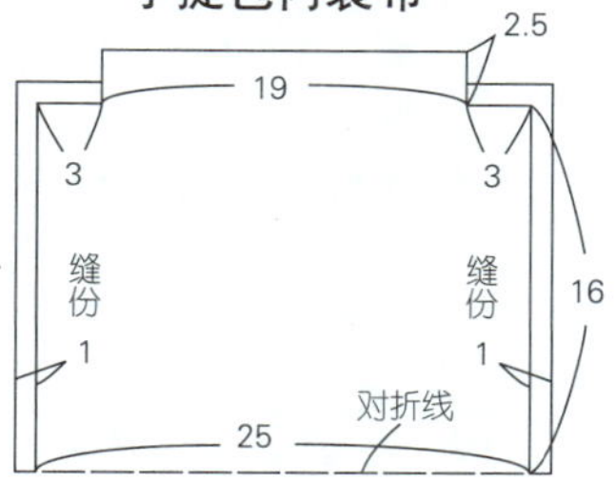


## 手提包内袋的制作方法

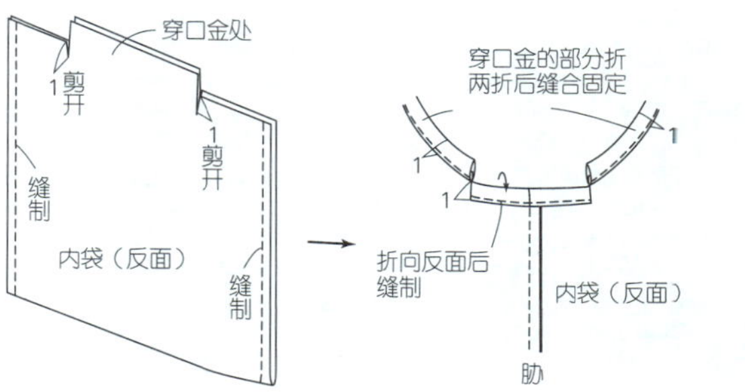


## 边缘编织

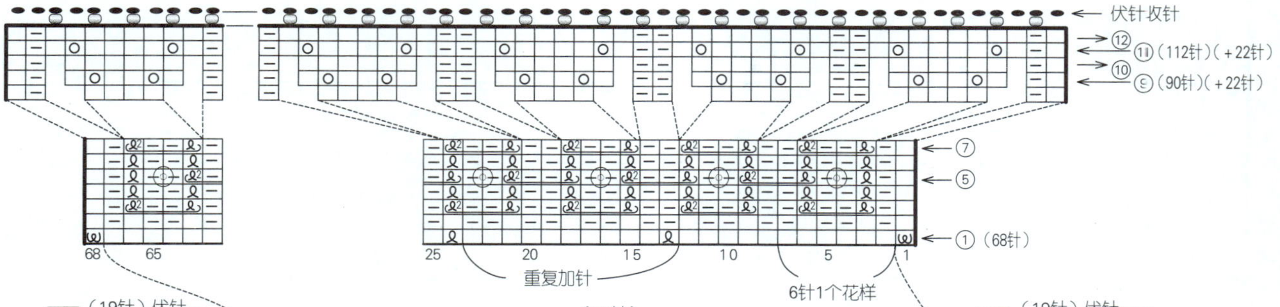


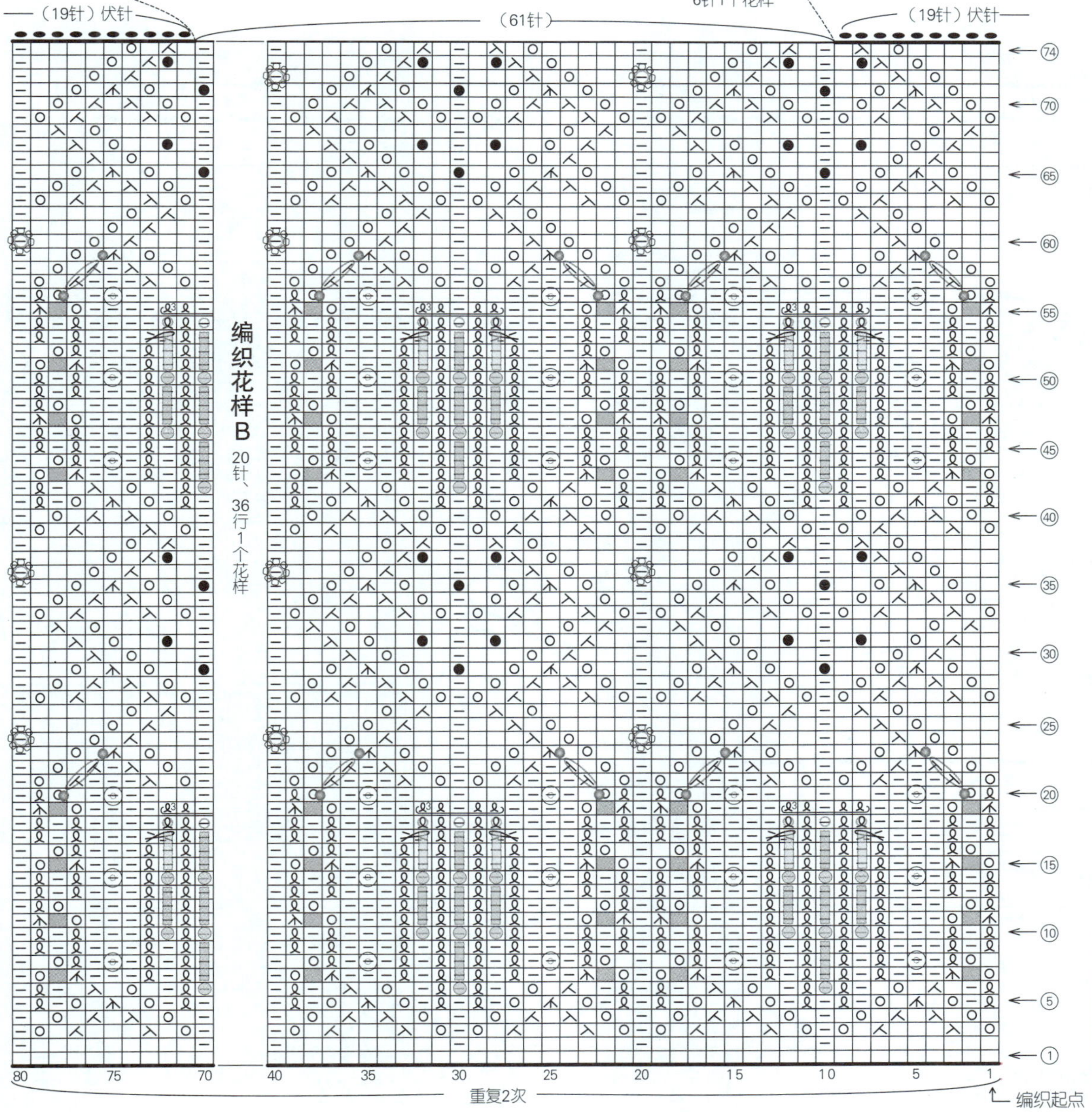


● = 做下针的伏针收针
= 送入大圆串珠后做上针的伏针收针
= 卷针
= 2卷结编
※编织方法参见180页

※在做边缘编织之前，在线上穿入55颗大圆串珠备用

□ = ⊟
▨ = 无针目处
= 扭针的右上2针并1针
= 扭针的左上2针并1针
= 3卷结编
= ※编织方法参见177页

**串珠** ※除边缘编织的伏针收针以外，均为事后缝制

⊙ = 大圆串珠（银色）、亮片
○ = 珍珠4mm
● = 珍珠3mm
▯ = 长筒串珠（金色）
• = 珍珠3mm（米色）
⬯ = 珍珠（枣形）
= 大圆串珠（银色）、珍珠4mm

※穿入8颗大圆串珠，每隔2个固定缝1次

## 组合方法

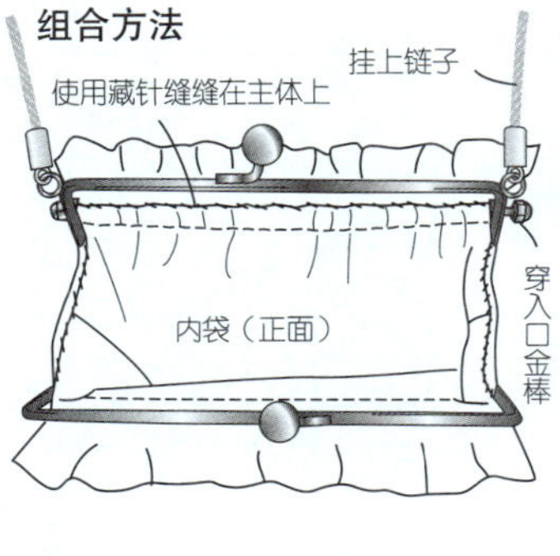


◀串珠的排列及种类见181页

**材料**

钻石线MI黑色(810) 240g/10团

**工具**

棒针5号、4号、3号

**成品尺寸**

胸围94cm，衣长56.5cm，连肩袖长33cm

**编织密度**

10cm×10cm面积内：下针编织25针，33行(5号针)；编织花样A 27针，35行(编织起点一侧)

**编织要点**

●身片、育克…事先用共线锁针钩81针锁针的起针。手指起针，在环形编织下针编织的同时调整编织密度。两胁的14针做伏针收针，后身片编织10行往返编织作为前后差。编织终点休针。育克从身片的休针及事先钩好的锁针的起针上挑针，按编织花样A环形编织。参见图示分散减针，编织终点做伏针收针。衣领挑取指定数量的针目，编织边缘编织。编织终点做扭针的单罗纹针收针。下摆、袖口挑取指定数量的针目，分别按照编织花样B、B'编织。编织终点交替编织下针和上针，做伏针收针。

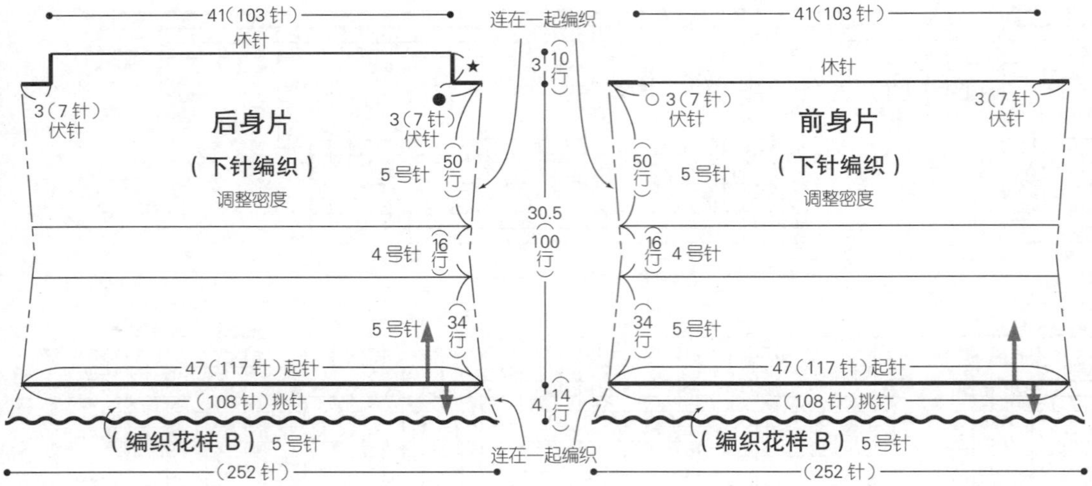


## 边缘编织

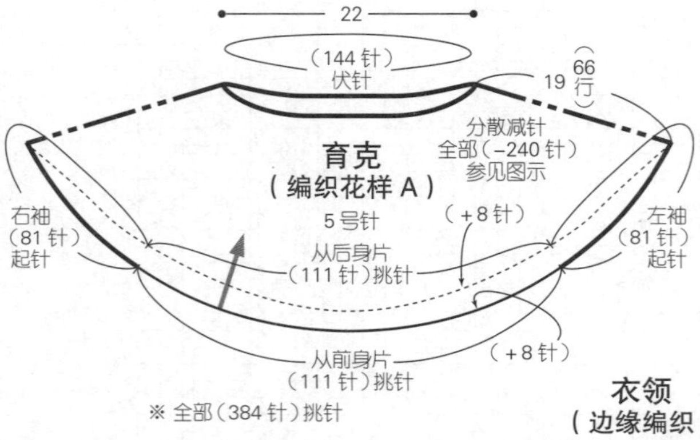


## 编织花样 B

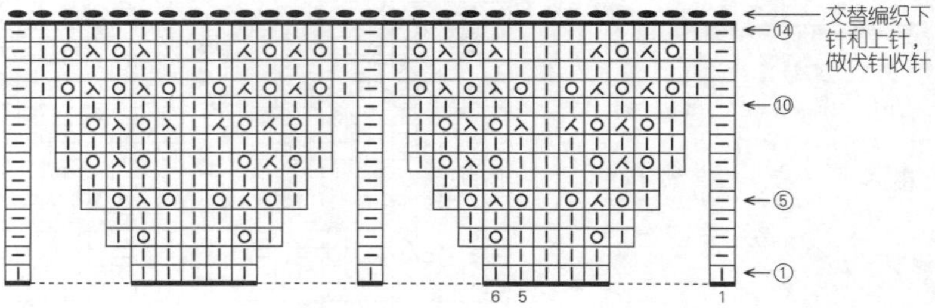


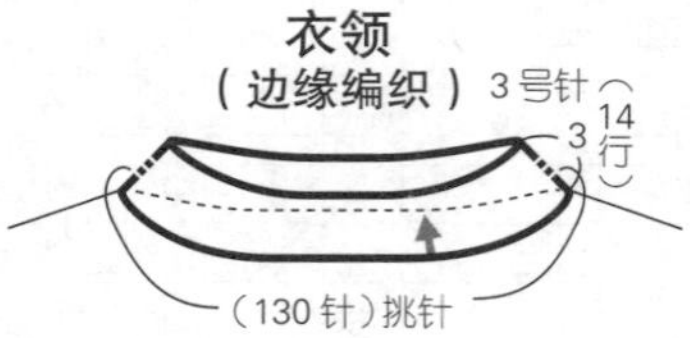


## 编织花样 B'

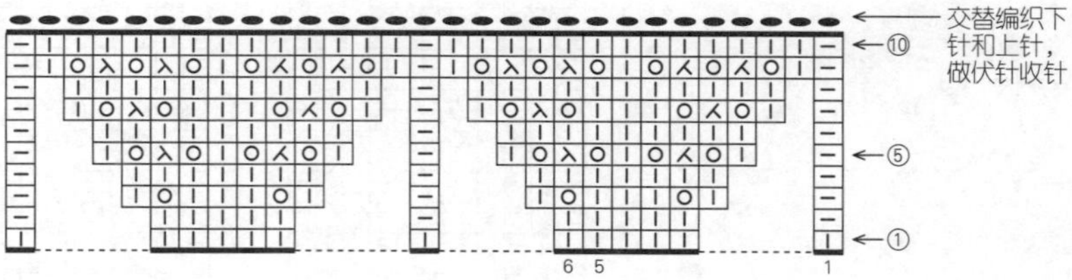


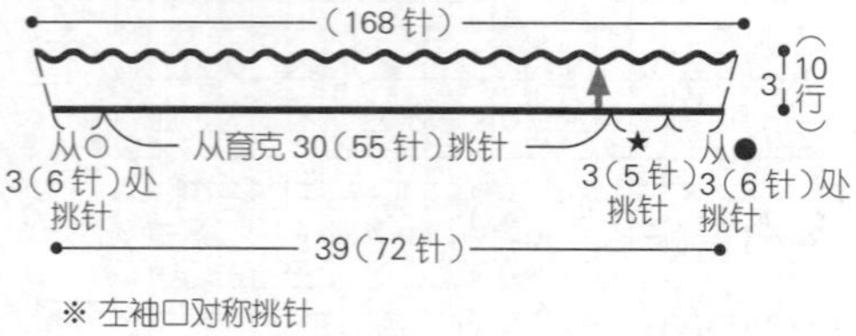


## 2卷结编

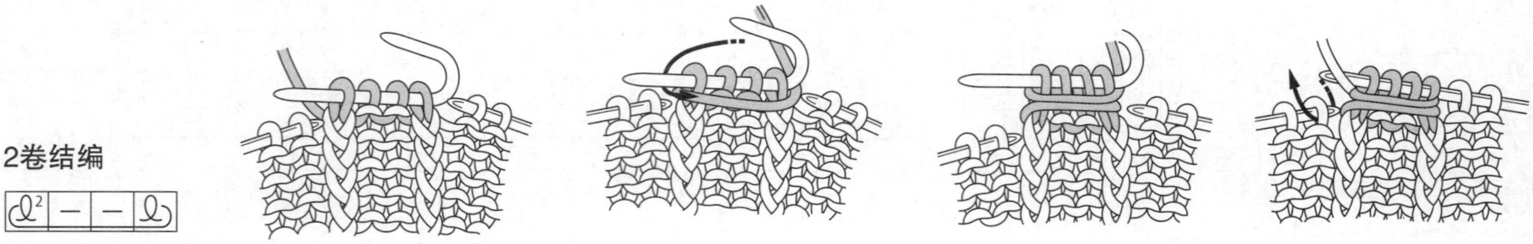

1 编织4针后，将其移至麻花针上。

2 围绕着刚刚移动的4针按照箭头的方向绕线。

3 逆时针绕2圈。

4 从麻花针上移回右棒针，完成。

## 编织花样 A

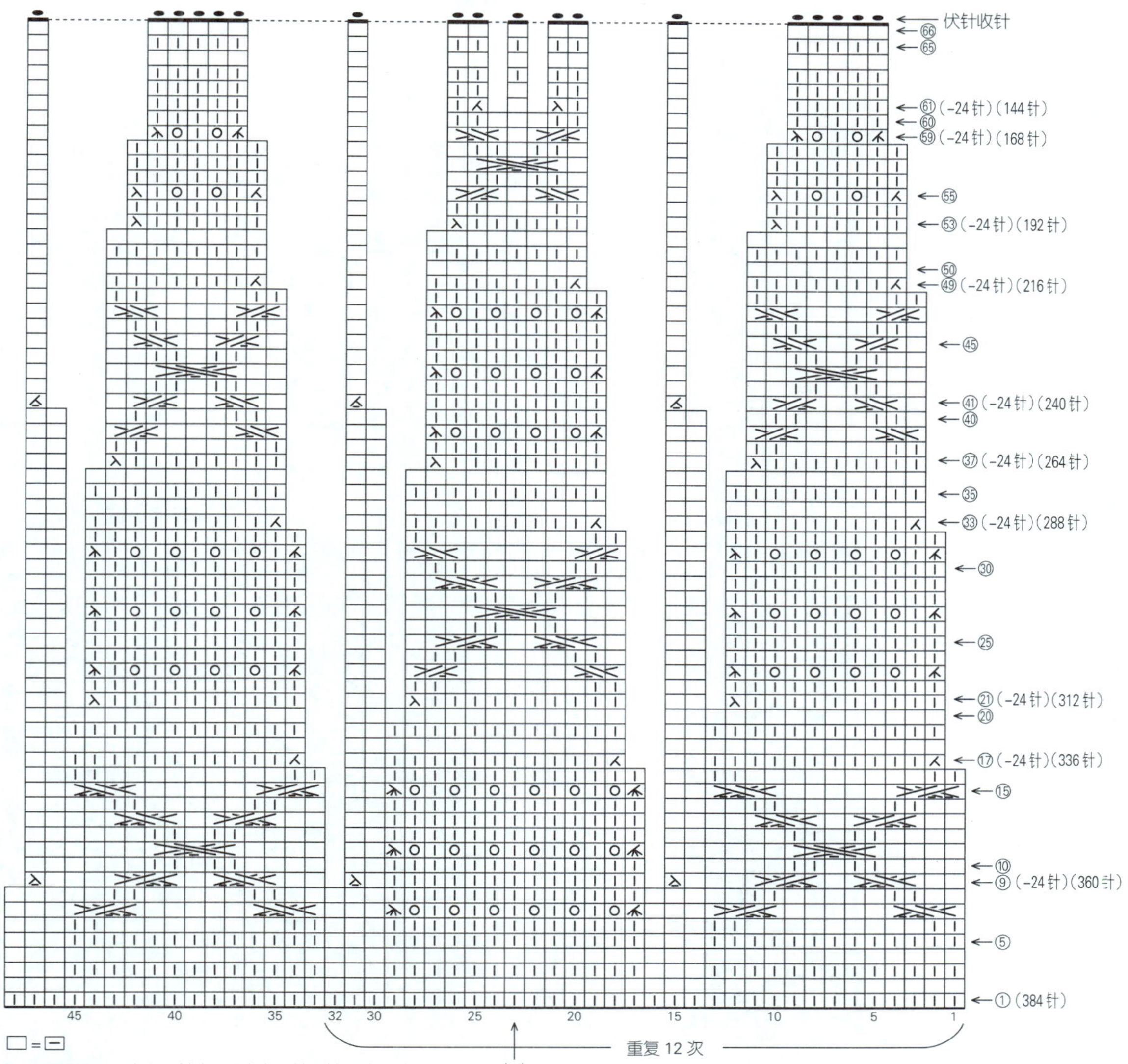


□ = ⊟

= 右上 2 针交叉（中央 1 针上针入针）

※ 编织方法参见 173 页

= 左上 4 针并 1 针　= 右上 4 针并 1 针

◀接 179 页

### 串珠

- ◎ = 大圆串珠（银色）、亮片
- ● = 珍珠3mm（奶油色）
- ○ = 珍珠4mm
- ● = 珍珠3mm
- ⬯ = 珍珠（枣形）
- ▯ = 长筒串珠（金色）
- = 大圆串珠（银色）、珍珠4mm

※穿入8颗大圆串珠，每隔2颗固定缝1次

- = 大圆串珠（银色）、珍珠3mm

※穿入6颗大圆串珠，每隔2颗固定缝1次

### 串珠的排列及种类

（装饰领）

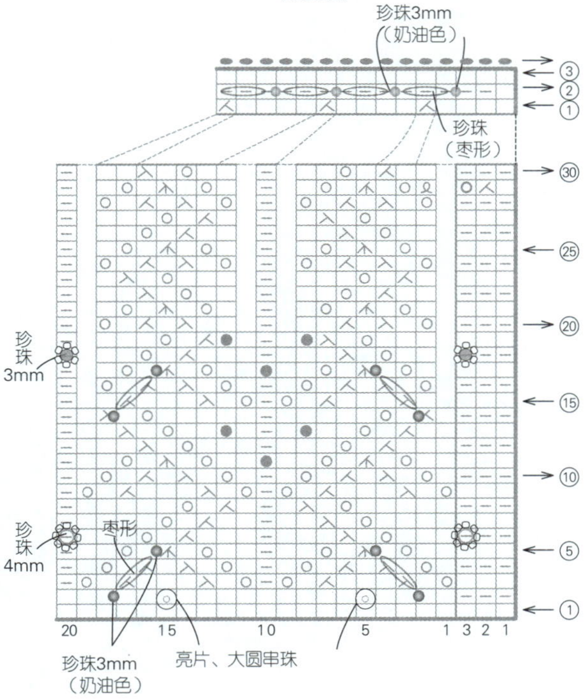


### 串珠的排列及种类

（手提包）

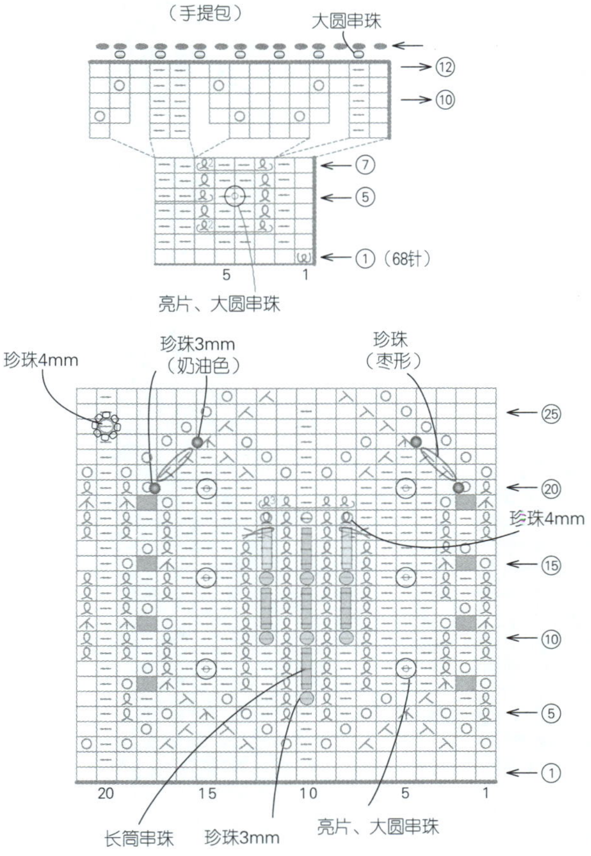

◀接141页

## 袖口的编织方法

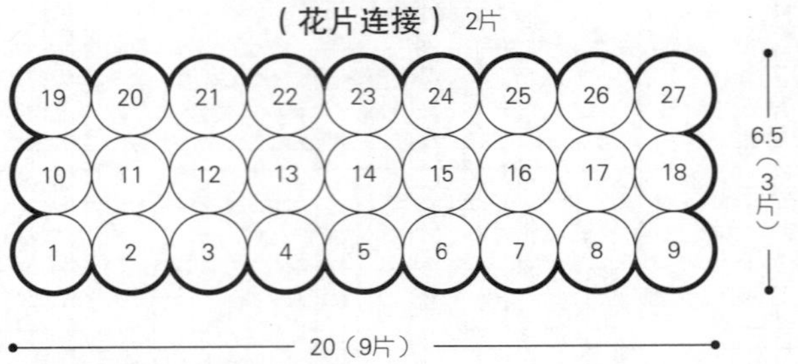


※ 花片内的数字表示花片连接顺序
※ 全部使用6号蕾丝针钩织

## 花片连接方法（袖口）

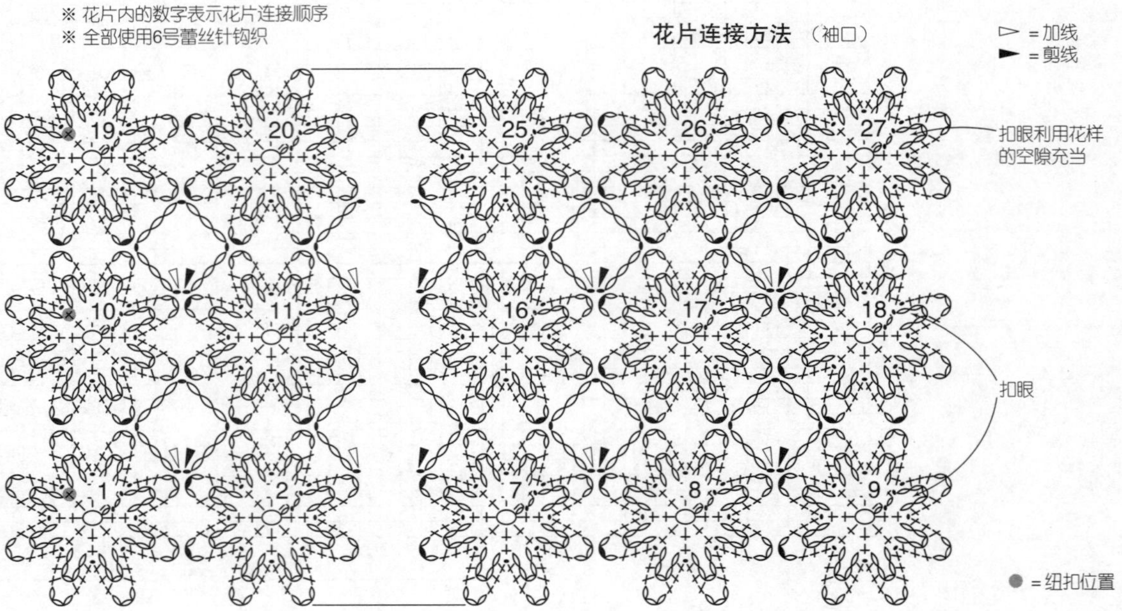

# 棒针编织基本技法

## 手指起针

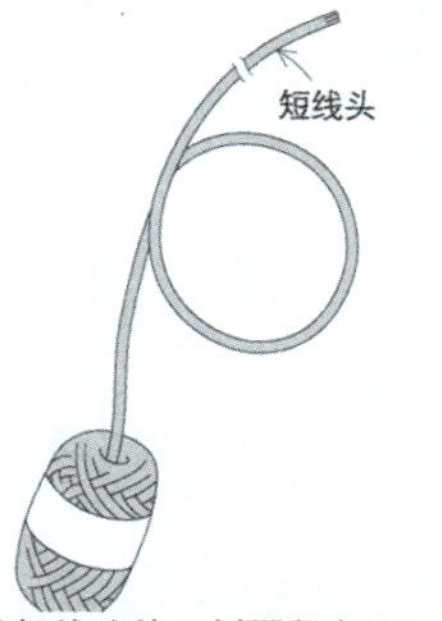


❶短线头的一侧要留出 3 倍于编织宽度的长度。

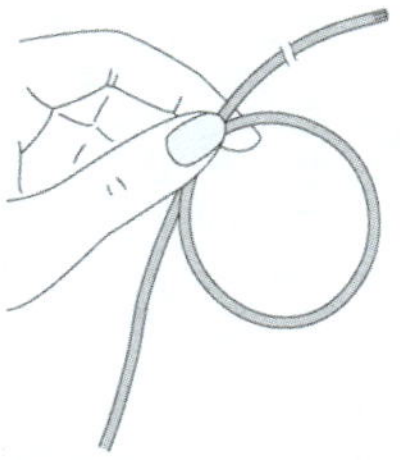

❷用线做成环形，用左手按住交叉的地方。

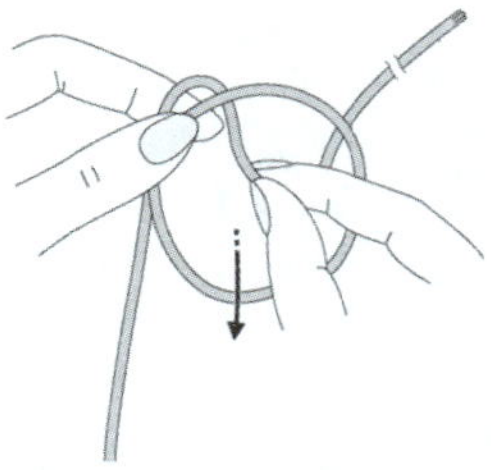

❸在圆圈中捏住短线头。

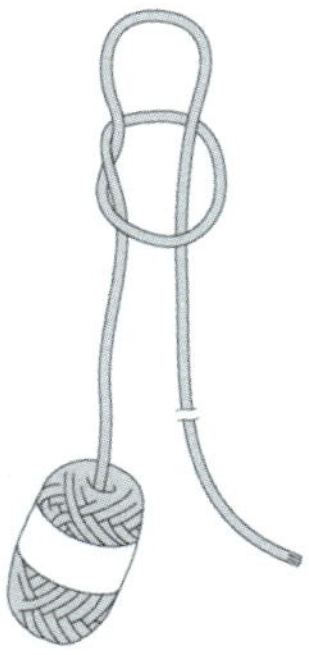

❹从环中拉出线，做出小圆环。

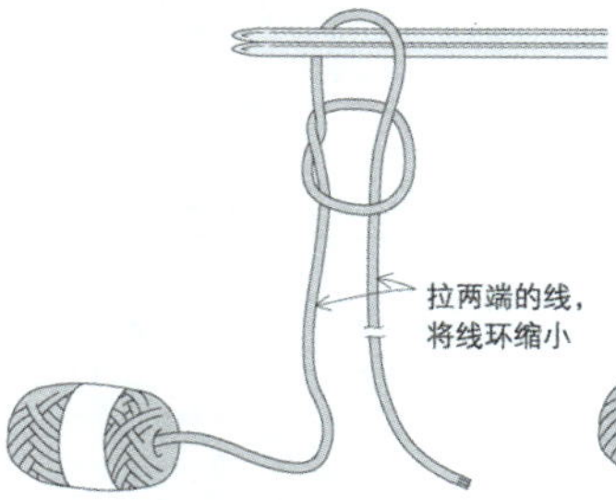


❺在小圆环中插入 2 根棒针，拉紧两端的线。

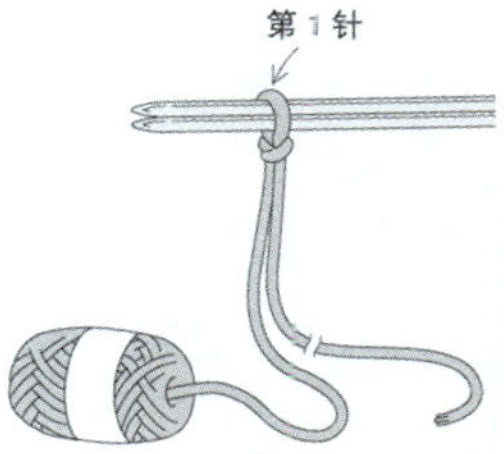


❻第1针完成。

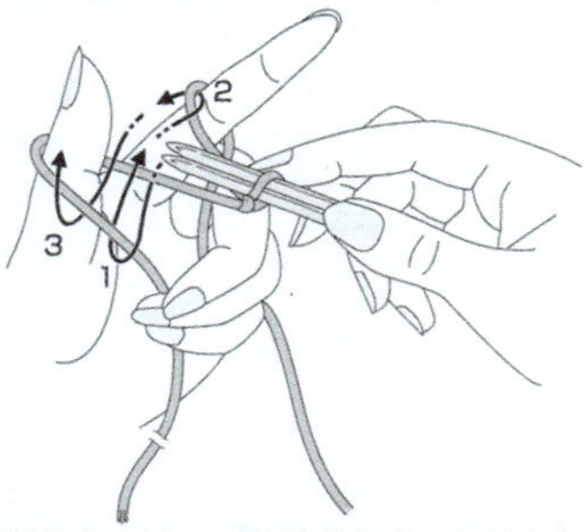


❼按箭头的号码顺序转动针头，把线绕在棒针上。

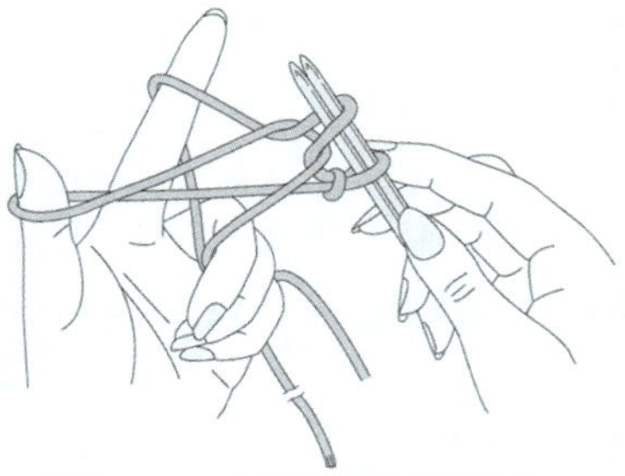

❽按 1、2、3 的顺序在棒针上绕线，挑起线 3。

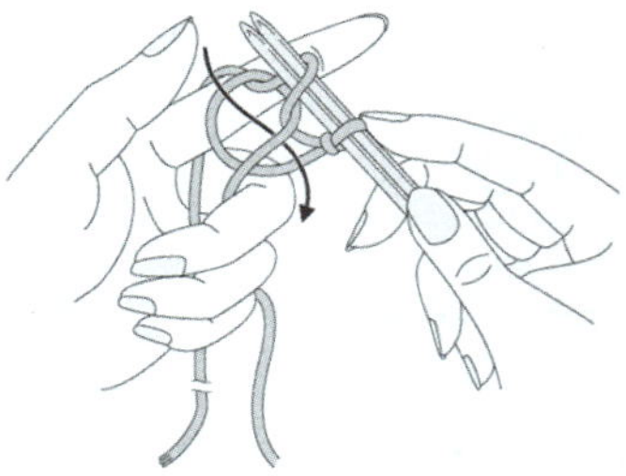

❾放开拇指上的线，按箭头所示插入拇指。

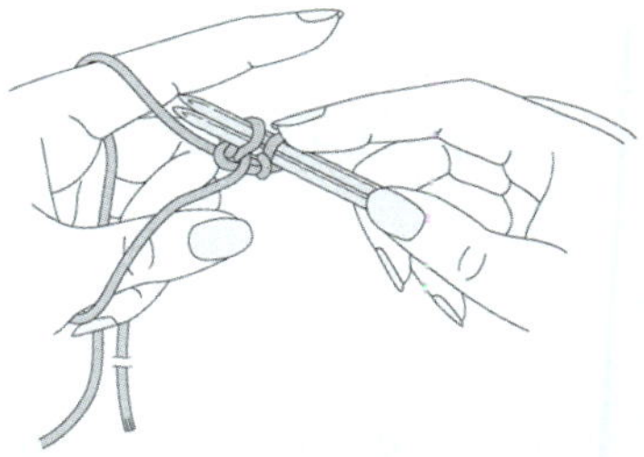

❿拉拇指上的线，拉紧针目（第 2 针完成）。重复步骤❼～❿。

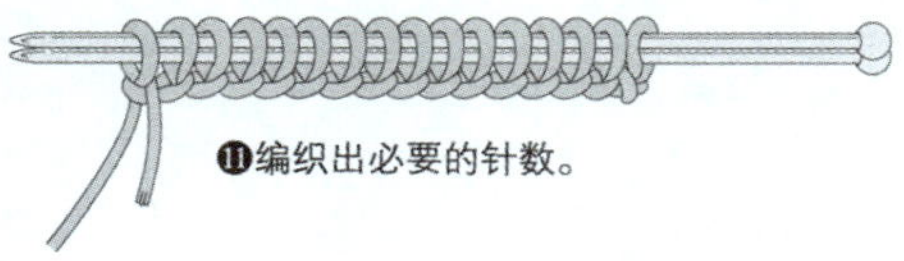

⓫编织出必要的针数。

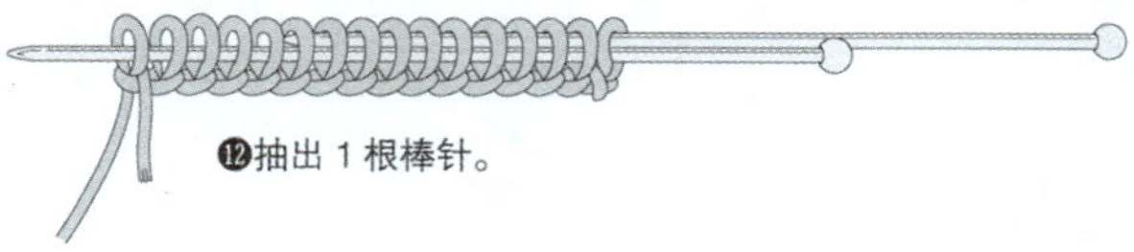

⓬抽出 1 根棒针。

⓭起针完成。

## 从内山挑起另线锁针的起针

### 锁针起针

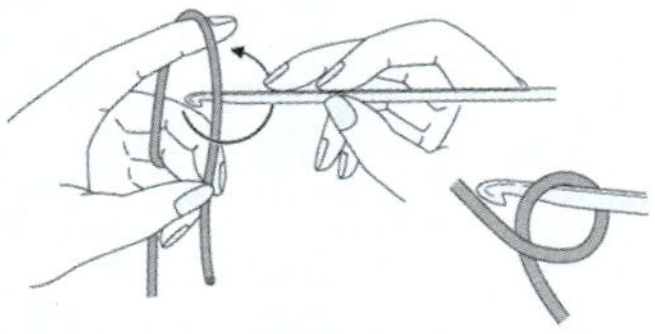

❶将钩针按箭头方向旋转 1 圈，使线绕于钩针上。

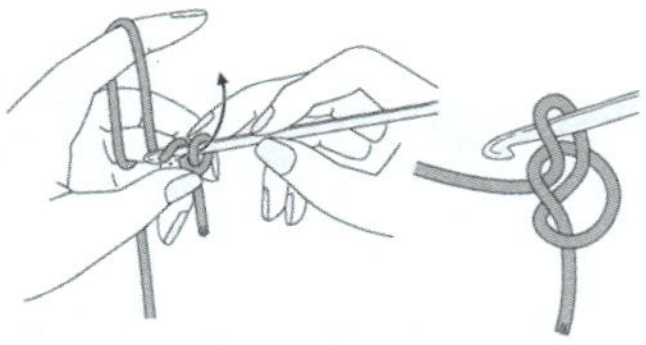

❷钩针挂线，穿过线圈拉出线。

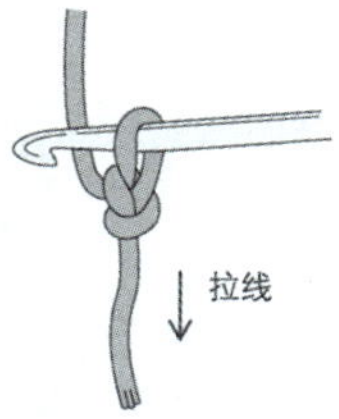


❸拉住线头使线圈收紧。这个针目不能算作 1 针。

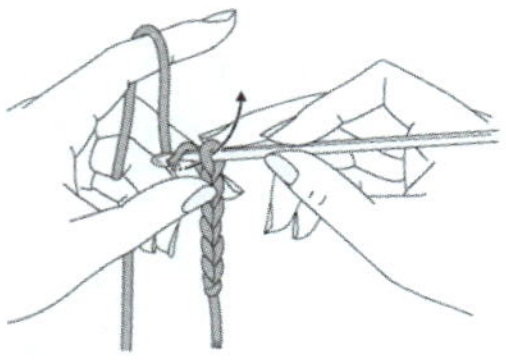

❹重复步骤❷。

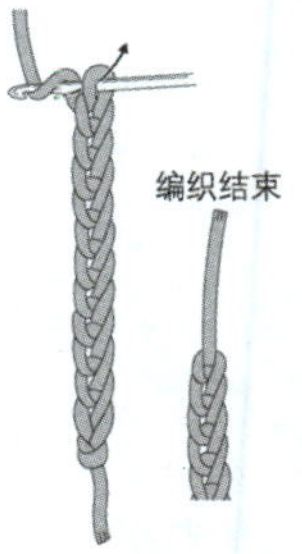


❺钩织必要的针数，最后剪断线，从针目中拉出。

## 从内山挑起另线锁针的方法

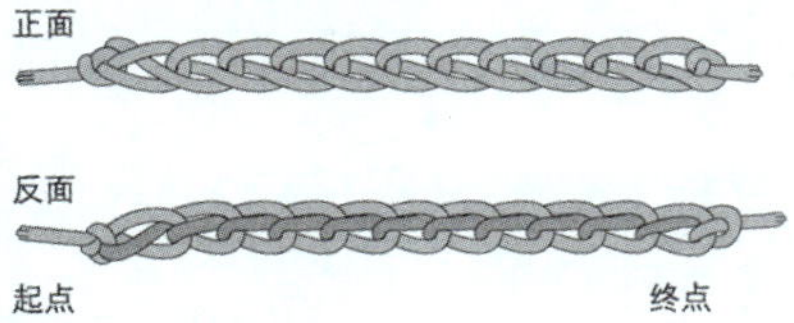


确认锁针的正面和反面。

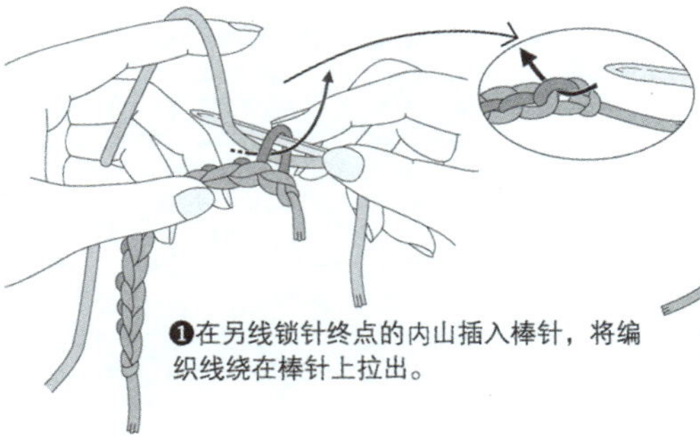

❶在另线锁针终点的内山插入棒针，将编织线绕在棒针上拉出。

❷重复步骤❶。不要分开另线锁针的线挑针。

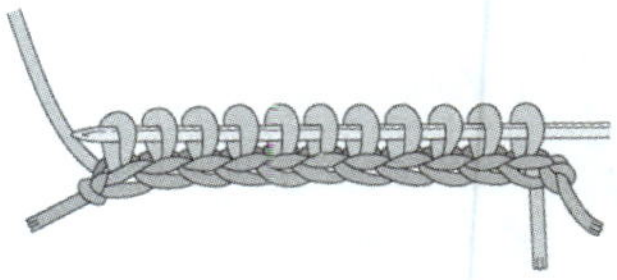

❸挑出必要的针数。

## 从内山挑起共线锁针的起针

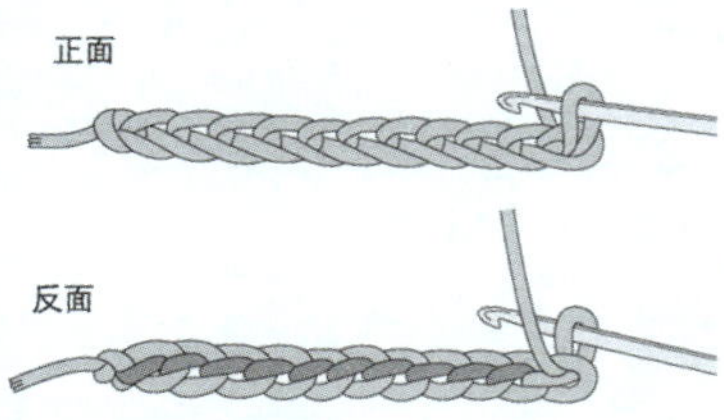


确认锁针的正面和反面。

❶钩织必要针数的锁针，在最后的针目中插入棒针。

❷空 1 针，在锁针的内山插入棒针，将线绕在棒针上拉出。

❸重复步骤❷。这些针目构成了第 1 行。

KEITODAMA 2016 SUMMER ISSUE（NV1710）

Photographers：SHIGEKI NAKASHIMA、HIRONORI HANDA、TOSHIKATSU WATANABE、NORIAKI MORIYA、YUKARI SHIRAI
Original Japanese edition published in Japan by NIHON VOGUE CO., LTD.,
Simplified Chinese translation rights arranged with BEIJING BAOKU INTERNATIONAL CULTURAL DEVELOPMENT Co., Ltd.


备案号：豫著许可备字-2016-A-0110

**图书在版编目（CIP）数据**

毛线球. 18，绚烂的花朵花片/日本宝库社编著；风雨花译. —郑州：河南科学技术出版社，2016.8（2022. 6重印）
ISBN 978-7-5349-8264-4

Ⅰ.①毛… Ⅱ.①日… ②风… Ⅲ.①绒线-手工编织-图解 Ⅳ.①TS935.52-64

中国版本图书馆CIP数据核字（2016）第172877号

---

**出版发行**：河南科学技术出版社
地址：郑州市郑东新区祥盛街27号　　邮编：450016
电话：（0371）65737028　　65788613
网址：www.hnstp.cn
**策划编辑**：刘　欣
**责任编辑**：张　培
**责任校对**：柯　姣
**封面设计**：张　伟
**责任印制**：张艳芳
**印　　刷**：北京盛通印刷股份有限公司
**经　　销**：全国新华书店
**幅面尺寸**：235 mm × 297 mm　　**印张**：11.5　　**字数**：350千字
**版　　次**：2016年8月第1版　　2022年6月第2次印刷
**定　　价**：69.00元

---